COLLECTION DES GUIDES JOANNE

BAINS DE MER DE BRETAGNE

DU MONT SAINT-MICHEL A SAINT-NAZAIRE

HACHETTE & Cie

Prix : 4fr

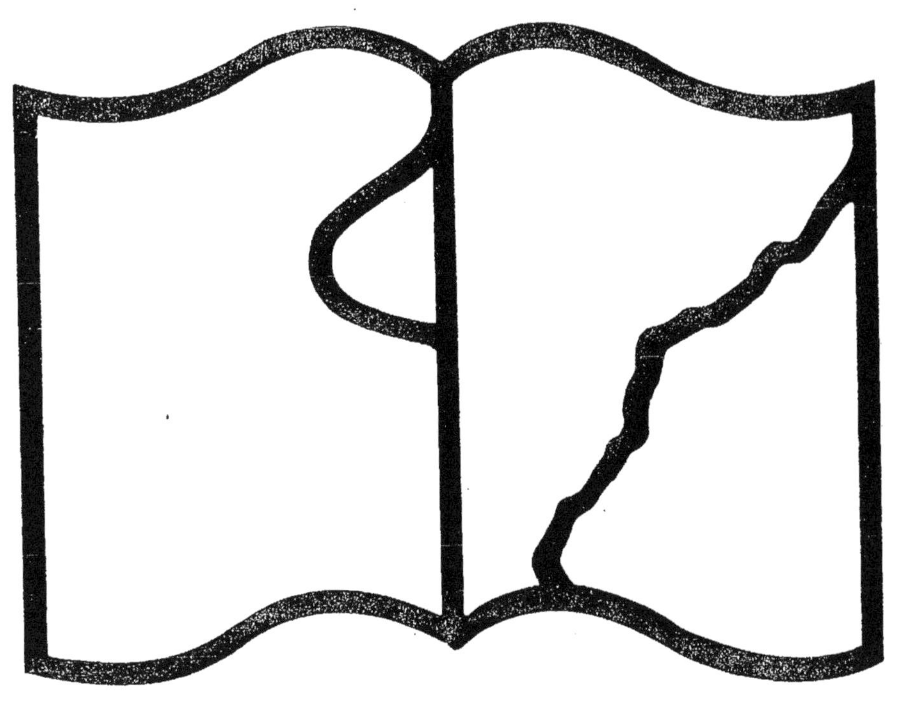

Texte détérioré — reliure défectueuse

NF Z 43-120-11

PUBLICITÉ DES GUIDES JOANNE

BAINS DE MER DE BRETAGNE

HÔTELS & ÉTABLISSEMENTS DIVERS

MORGAT

GRAND HOTEL DE LA MER

1er ordre. — *Accès direct sur la plage.* — *Situation unique sur la mer.* — **Vaste parc.** — **Tennis.** — **Voitures et bateaux automobiles pour excursions.** — Service automobile desservant tous les bateaux du Fret à Morgat vice versa. — **Postes et téléphone dans l'hôtel.** — 1er *prix du T. C. F., concours du bon hôtelier.* — **T. C. F. A C. F.**, diplômé Touring-Club. — **Location de villas, vente de terrains.** A. PECHIN, Prop.

MORGAT

GRAND HOTEL HERVÉ

Pension de famille

56 chambres Touring-Club avec W.-C. anglais

Petit déjeuner, 0 fr. 75. — Déjeuner, 2 fr. 50. — Dîner, 3 fr. nsion fin octobre à fin mai, 5 fr. — 1er juin à fin septembre, 6 à 9 f • Auto au Fret. — Bateau pour la visite des Grottes. — Voitures pou. excursions. — *Cabines de bains.* — Arrangement pour familles.

MORLAIX

HOTEL BOZELLEC

En face la gare. — *Entièrement remis à neuf.* — Recommandé aux voyageurs et touristes. — Déjeuner, 2 fr. 50; dîner 3 fr. — Chambres depuis 2 fr. — Salle de bains, Auto-garage T. C. F. — **Téléphone n° 22.** — W.-C. — Service de voiture gratuit pour la ville. — Pas besoin de prendre d'omnibus, l'hôtel se charge du transport des bagages à l'arrivée et au départ.

E LE CONTE-BOZELLEC Successeur, Propriétaire.

NANTES

GRAND HOTEL DE FRANCE

Place du Théâtre-Graslin

Ascenseur. — Complètement remis à neuf. — **Maison de tout premier ordre.** — Electricité. — Bains. — Téléphone 635. — Confort moderne. — Garage pour autos dans l'hôtel A. C. F. ; A. C. A.

G. CRÉTAUX

NANTES

GRAND HOTEL

Rue Crébillon, 24, et place du Théâtre-Graslin

Ascenseur
Chauffage central hygiénique
à eau chaude

Salles de bains
Eau courante froide et chaude
dans les chambres

Jardin d'hiver. — **Table renommée,** service par petites tables

GARAGE — TÉLÉPHONE **4.08**

QUIMPER

HOTEL DE L'ÉPÉE

ERNEST LE THEUFF

Situé dans le plus beau quartier de la ville

ENTIÈREMENT NEUF

Electricité. — Chauffage central

SALLES DE BAINS

AUTO-GARAGE

QUIMPER

HOTEL DU PARC

A. BOUTHELIER. Propriétaire

De 1er ordre. — Situation unique en face du Mont Frugy. — Électricité. — Salles de bains. — Chauffage hygiénique à eau chaude. — **Garage et fosse pour autos.** — Chambre T. C. F. — Hôtel diplômé du Touring-Club. — **Téléphone 4.**

SAINT-MALO

Grand Hôtel de France et de Chateaubriand

PLACE CHATEAUBRIAND

OUVERT DU 1er AVRIL A OCTOBRE

A L'ENTRÉE DE LA PLAGE — VUE SUR LA MER

TÉLÉPHONE 0.39

De tout premier ordre, exclusivement fréquenté par les familles soucieuses du bien-être et de la bonne tenue.

135 chambres — Salles de bains — Éclairage électrique

Installation sanitaire. — Chambre noire

INTERPRÈTES

AUTO-GARAGE A. C. F. — C. T. C.

Prix de pension : 10 à 15 francs

Même direction : **Restaurant Continental,** *ouvert seulement en juillet, août et septembre,* en face de l'entrée de la plage. — Déjeuner, 3 fr. 5o. — Dîner, 4 fr. 5o.

VANNES

HOTEL DU COMMERCE ET DE L'ÉPÉE

H. MÉNARD

ÉTABLISSEMENT DE PREMIER ORDRE

Situé dans le plus beau quartier de la ville

APPARTEMENTS AVEC SALLE DE BAINS PRIVÉE

Table d'hôte et salons particuliers

CHAUFFAGE CENTRAL

Garage et fosse pour automobiles. — Chambre noire

ENGLISH SPOKEN. — ÉLECTRICITÉ

OMNIBUS A TOUS LES TRAINS

VITRÉ

GRAND HOTEL DE FRANCE

Tout premier ordre, à droite de la gare

Petit déjeuner, 0 fr. 75 ; déjeuner, 3 fr. ; dîner, 3 fr. Chambres depuis 3 fr. — Pension depuis 7 fr. 50. — Table d'hôte à toute heure. — Salon pour famille. — Chambre noire. — **Grand garage avec fosse.** — C. T. C.

A. GUIGNARD, Propriétaire

VITRE

GRAND HOTEL DES VOYAGEURS

De premier ordre. — Le plus ancien de Vitré

PRÈS LA GARE

Petit déjeuner, 1 fr. ; déjeuner, 3 fr. ; dîner, 3 fr. — Chambres depuis 3 fr. — Pension 7 fr. 50 à 10 fr. — Table d'hôte et salons pour familles. — Chambres hygiéniques T. C. F. — The Cyclists Touring Club. — Médailles d'argent du T. C. F. — Voitures conduisant au château de Mme de Sévigné. — Chambre noire. — Garage et fosse. — Chauffage central. — *Téléphone 39.* **LE GUERN,** Propriétaire.

BAINS DE MER
DE BRETAGNE

COLLECTION DES GUIDES-JOANNE

FONDÉE EN 1840 PAR AD. JOANNE, PUBLIÉE
SOUS LA DIRECTION DE MARCEL MONMARCHÉ

BAINS DE MER DE BRETAGNE

DU MONT SAINT-MICHEL À SAINT-NAZAIRE

GUIDE PRATIQUE DES STATIONS BALNÉAIRES
AVEC LEURS VOIES D'ACCÈS
ET LEURS PRINCIPALES EXCURSIONS

par M. PAUL GRUYER.

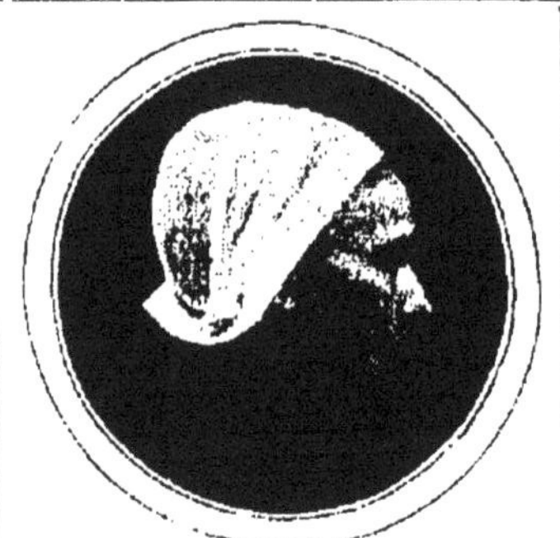

26 CARTES ET PLANS ET 82 GRAVURES

LIBRAIRIE HACHETTE ET Cie
79, Bd SAINT-GERMAIN, PARIS
1911

Cl. P. Grayer.

HOMMES ET FEMMES DE LA PRESQU'ILE DE CROZON
(FINISTÈRE)

A nos Collaborateurs volontaires.

M. MONMARCHÉ, directeur des Guides Joanne (79, boulevard Saint-Germain, Paris), recevra avec gratitude toutes les observations que les touristes voudront bien lui adresser et remercie d'avance ses collaborateurs volontaires.

Ce feuillet est destiné à recevoir les observations du lecteur.

RENSEIGNEMENTS GÉNÉRAUX

BUT ET UTILITÉ DE CE GUIDE.

Ce Guide des BAINS DE MER DE LA BRETAGNE est spécialement destiné aux personnes qui désirent s'installer au bord de la côte bretonne. *Il est le meilleur conseiller pour le choix d'une plage.* En effet, pour chaque plage et station balnéaire, petite ou grande, il donne : — la **voie d'accès par la route** ; — les **distance et prix en chemin de fer**, au départ de Paris ; — les **Billets de Bains de Mer** d'aller et retour, valables 33 jours, avec faculté de prolongement, délivrés par les deux Compagnies de l'Etat et de l'Orléans.

Il indique : — la **catégorie de la plage**, mondaine ou familiale ; — les **prix d'hôtel et de pension** que l'on paie ; — les **moyens de s'y loger chez soi**, soit **en villa meublée**, soit, **en chambre et en appartement**, pour les petites bourses. — Il renseigne également, aidé de gravures, sur l'**aspect général de la localité et du pays**. Il décrit enfin les **points d'accès principaux** les plus proches de ces plages, ainsi que les **diverses excursions** qui en rayonnent.

Le *Guide des Bains de Mer* se complète de lui-même, tant pour ceux qui désirent plus de développements descriptifs et de détails que pour les touristes curieux d'excursionner dans l'intérieur du pays, par le Guide-Joanne : BRETAGNE, et par nos différentes MONOGRAPHIES de villes.

DIVISION GÉNÉRALE DU PAYS ET MODE DE VOYAGE.

Voyage en chemin de fer. — Pour la configuration géographique du pays, autant que par le tracé des deux grandes lignes de chemins de fer qui le desservent, les Plages de Bretagne se classent naturellement en DEUX SECTIONS : — l'une, au Nord, qui va du Mont Saint-Michel ou, plus exactement, de Saint-Malo à Brest ; — l'autre qui part de Saint-Nazaire, comprend la côte Sud et rejoint à Brest la première section.

L'Itinéraire Général du voyage en Bretagne suit, de lui-même, la même division, toutes les lignes secondaires vers la mer se greffant sur ces deux lignes principales.

Voyage par la route. — On peut en dire autant du voyage par la route. Celle-ci, à quelques rares exceptions près, suit le même tracé que la voie ferrée et lui demeure parallèle, pour pousser successivement ses diverses bifurcations vers la côte.

Il est facile, avec la carte d'ensemble que nous donnons (dans la pochette à la fin du volume) et avec le tracé des Billets Circulaires ou des Cartes de Circulation délivrés par les Compagnies (p. 5 et 6), d'établir un itinéraire général de la côte.

Le voyage à *bicyclette* est fort agréable en Bretagne, sauf dans le Finistère, où les routes sont montueuses et souvent très dures. La même observation s'applique aux *automobiles* ; ce ne peut être, en aucun cas, un pays propre à « faire de la vitesse ».

Voyage à pied. — Enfin, depuis que les sports et l'entraînement physique sont revenus en honneur en France, le voyage à pied semble avoir repris en Bretagne, où il est particulièrement charmant, un certain regain de succès. Il est facile d'ailleurs, comme pour le voyage à bicyclette, de le mêler à l'emploi du train.

CE QU'EST LA PLAGE BRETONNE. — HOTELS. — LOCATIONS. — VIE PRATIQUE.

Plages. — Il existe en Bretagne peu de plages du type de la grande plage normande, avec public mondain, casino luxueux, concerts, théâtre et jeux divers. Dans cette catégorie peuvent seuls être rangés Saint-Malo, Paramé-Rochebonne, Dinard, Saint-Lunaire et la Baule.

La plage bretonne, d'ordinaire, est plus familiale. Même aux stations balnéaires les plus fréquentées (Saint-Cast, le Val-André, Perros-Guirec, Roscoff, Morgat, Beg-Meil, Concarneau, Quiberon, le groupe de Pornichet, du Pouliguen et du Croisic), où la foule est grande au mois d'août et qui possèdent d'importants hôtels, une entière liberté d'allures est admise et les plaisirs de la mer ou de la promenade font le principal attrait du séjour.

Enfin, plus que partout ailleurs, on rencontre en Bretagne une quantité de petites plages très simples, sans aucun décorum, où l'on se baigne souvent sans cabines, et où l'on peut vivre soit dans un ou deux petits hôtels, soit chez soi, dans un chalet, dans une petite maison meublée, ou dans un logement, chez l'habitant.

Installation à l'hôtel ou chez soi. — Nous donnons dans le Guide, à chaque station balnéaire, les renseignements qui lui sont propres. D'une façon générale, on peut dire que, même dans les centres les plus fréquentés, ou autour d'eux, on trouve des conditions de vie à la portée des moyennes et des petites bourses.

Si l'on a l'intention de *loger à l'hôtel*, soit dans un établissement de 1er ordre, soit dans l'un de ceux où les prix moyens de pension vont de 4 fr. 50 à 6 fr. 50 par j., nous recommandons d'écrire à l'hôtelier avant de se mettre en route. Quoique les prix que nous donnons aient été le plus souvent vérifiés par nous, ou communiqués par l'hôtelier même, il est toujours prudent de se les faire confirmer et de s'assurer, d'autre part, qu'il y a des chambres disponibles. Par contre, nous conseillons de ne traiter définitivement que sur place.

Des hôtels munis du confort moderne, et haussant leurs prix en retour, commencent à s'élever un peu partout. Dans les hôtels de 2e ordre, l'installation est souvent rudimentaire, mais la literie est généralement propre.

Si l'on veut *s'installer chez soi*, nous dirons aux petites bourses qu'un séjour un peu prolongé en Bretagne permet d'ordinaire à une famille de récupérer les frais du voyage. Les vivres sont généralement abondants et d'un prix peu élevé.

Approvisionnements. — La viande, veau, bœuf ou mouton, se paye 75 c. à 1 fr. la livre, quel que soit le morceau ; les œufs valent de 5 c. 1/2 à 10 c. la pièce et sont frais ; le lait est à 20 c. le litre, le beurre, salé et peu travaillé, à 1 fr. la livre ; les légumes sont environ à moitié prix de Paris. Quant aux fruits, ils font souvent défaut et suivent la saison. Le poisson abonde, temps permettant, dans la plupart des ports de pêche, où l'on a un petit maquereau pour 10 c., un beau mulet pour 50 c. Ces prix que nous donnons sont, bien entendu, des prix moyens, les prix

« du pays », indépendants des fluctuations extérieures qu'ils peuvent subir; mais cette base peut être tenue pour juste.

L'*eau* est souvent médiocre et l'on fera bien d'en vérifier la provenance, de la filtrer avec soin, ou de boire d'une eau minérale quelconque, si la source en paraît douteuse. L'hygiène publique a encore de grands progrès à faire en Bretagne. Se défier, en principe.

La boisson nationale est le *cidre*, mais il manque parfois à partir d'août, si l'année a été peu abondante en pommes, et devient « dur » à partir de septembre; il s'améliore facilement alors avec un peu de sucre. Il demeure la règle dans la plupart des hôtels de la région de Saint-Malo, dans le but évident de compter le *vin* en supplément. Chez soi, on aura le choix entre ces deux boissons; le vin blanc ou rouge est à peu près au même prix qu'à Paris.

Climat. — Ajoutons, en ce qui concerne le climat, que, dans son ensemble, il est plutôt doux, mais sujet à de brusques variations de température. Les vêtements de laine sont de toute nécessité. — D'une façon générale la *Côte Nord* est plus dénudée, plus sauvage, et offre de moins en moins d'abri, à mesure que l'on s'avance vers l'extrémité du Finistère. — La *Côte Sud* offre de nombreuses baies bien abritées (baies de Morgat, de Bénodet, de Fouesnant, de Concarneau), mieux protégées dans l'arrière-saison, contre les vents froids, et permettant un séjour plus tardif.

LISTE DES PLAGES.

1° Plages de la côte Nord.

(Du Mont Saint-Michel à Brest.)

Cancale.................... 21
Rothéneuf.................... 19
Paramé.................... 17
Saint-Malo.................... 5
Saint-Servan.................... 13
Saint-Suliac.................... 35
Dinard.................... 23
Saint-Enogat.................... 26
Saint-Lunaire.................... 37
Saint-Briac.................... 39
Lancieux.................... 39
Saint-Jacut.................... 41
La Garde-Saint-Cast.................... 44
Saint-Cast.................... 43
Erquy.................... 51
Val-André.................... 49
Plages de Saint-Brieuc.................... 56
Binic.................... 57
Étables.................... 58
Portrieux.................... 59
Saint-Quay.................... 59
Plouha.................... 60
Bréhec.................... 60
Kérity-Paimpol.................... 65
Ile Bréhat.................... 66
Port-Blanc.................... 69
Perros-Guirec.................... 75
Ploumanach.................... 77
Trégastel.................... 79
Trébeurden.................... 81
Plestin-les-Grèves.................... 83
Saint-Efflam.................... 83
Saint-Michel-en-Grève.................... 83
Locquirec.................... 89
Saint-Jean-du-Doigt.................... 91
Plougasnou.................... 92
Trégastel-Primel.................... 93
Carantec.................... 95
Pempoul.................... 97
Roscoff.................... 99
Santec et Sieck.................... 101
Brignogan.................... 111
Guisseny.................... 112
L'Aberwrach.................... 121
Portsall-Kersaint.................... 125
Argenton.................... 123
Porspoder.................... 123
Lanildut.................... 124
Le Conquet.................... 127
Le Trez-Hir.................... 127

2° Plages de la côte Sud.

(De Saint-Nazaire à Brest.)

Saint-Nazaire.................... 219

Sainte-Marguerite	217
Pornichet	217
La Baule	215
Le Pouliguen	213
Le Bourg-de-Batz	211
Le Croisic	209
La Turballe	207
Piriac	207
Billers	206
Damgan	205
Saint-Gildas-de-Rhuis	203
Port-Navalo	203
Locmariaquer	187
Larmor-Baden	202
Ile-aux-Moines	202
Conleau	201
La Trinité-sur-Mer	190
Carnac-Plage	190
Penthièvre	192
Saint-Pierre-Quiberon	192
Port-Halignen	193
Quiberon	191
Belle-Ile-en-Mer	195
Etel	189
Port-Louis	178
Larmor	178
Ile de Groix	179
Le Fort-Bloqué	178
Le Pouldu	173
Port-Manech	168
Concarneau	163
Fouesnant	162
Beg-Meil	161
Bénodet	159
Loctudy	153
Guilvinec	155
Saint-Guénolé	157
Audierne	147
Douarnenez	143
Pentrez	136
Morgat	129
Camaret	133

BILLETS D'ALLER ET RETOUR. — BILLETS CIRCULAIRES.

1° Si l'on se rend à un point fixe de la côte, on a grand intérêt à utiliser les **Billets d'aller et retour**, dits **de Bains de mer**, qui procurent des réductions considérables sur le tarif ordinaire.

Ces billets, délivrés par les compagnies de l'État (*ancien réseau de l'Ouest*) et de l'Orléans, du jeudi précédant la fête des Rameaux au 31 octobre, sont valables *trente-trois jours* et peuvent être prolongés de *deux périodes de trente jours*, moyennant 10 p. 100 par période. *Ils donnent droit également à un arrêt en cours de route*, à l'aller comme au retour. On en trouvera les prix dans le corps du Guide, à chacune des villes ou stations balnéaires pour lesquelles ils sont établis.

Ces prix sont ceux *au départ de Paris*. Mais ces billets sont également délivrés *de toutes les gares de province* du réseau de l'Orléans ou de l'État (*ancien réseau de l'Ouest*). Leur prix, variant alors avec la distance, est établi sur la base de 40 p. 100 de réduction sur les prix du tarif ordinaire.

2° Pour un voyage d'ensemble, des **Billets circulaires** sont délivrés, toute l'année, par les chemins de fer de l'Etat et de l'Orléans :

A. — ***Billet à Itinéraire fixe***, du prix de 65 fr. en 1re classe et de 50 fr. en 2e classe, suivant l'itinéraire marqué sur la carte ci-jointe, par un trait noir. L'itinéraire peut être pris soit de *Rennes* (arrivée par l'État), soit de *Savenay* (arrivée par l'Orléans), soit de *Redon* (État ou Orléans). Ils donnent droit d'arrêt à toutes les gares du parcours, sont val. 30 j. et peuvent être prolongés de *3 périodes de dix jours*, moyennant 10 0/0 par période.

N.-B. — Des billets complémentaires de 1re et de 2e classes, *comportant une réduction de 40 0/0*, avec droit d'arrêts en cours de route, sont délivrés par toutes les gares de l'Etat (*ancien réseau de l'Ouest*) et de l'Orléans, pour rejoindre l'itinéraire du billet circulaire, soit à Rennes, soit à Savenay, soit à Redon, et pour rentrer au point de départ ou se

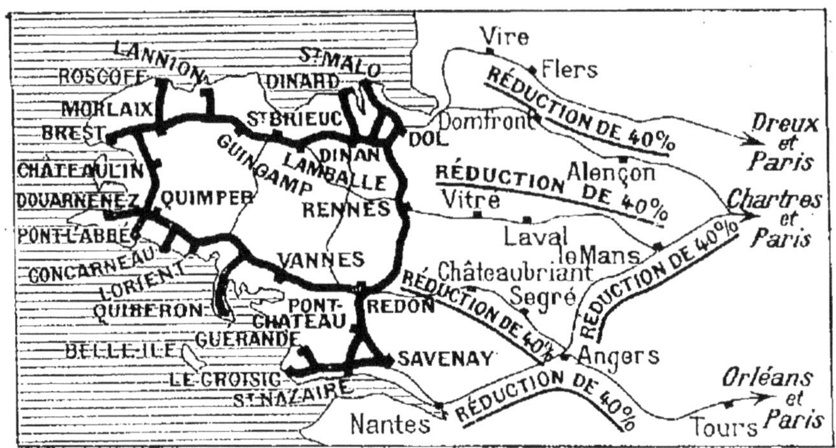

rendre sur toute autre gare des réseaux de l'Etat (*ancien réseau de l'Ouest*) et de l'Orléans.

B. — ***Billet à Itinéraire facultatif***, établi au gré du voyageur, depuis son point de départ, et dont le prix varie selon le nombre de kilomètres parcourus. Ce billet, qui n'est pas toujours très avantageux, est délivré par toutes les gares de Paris ou de province des 6 grands réseaux français. Une carte portant le barème des kilométrages d'un point à un autre est remise à chaque personne qui en fait la demande, dans toute gare.

3° *Cartes de libre Circulation*. C'est la combinaison *la plus avantageuse et recommandée* pour les personnes qui désirent parcourir la côte bretonne.

Ces cartes, délivrées du jeudi précédant la fête des Rameaux au 31 octobre, par l'Etat (*ancien réseau de l'Ouest*) et par l'Orléans, sont de 4 types différents :

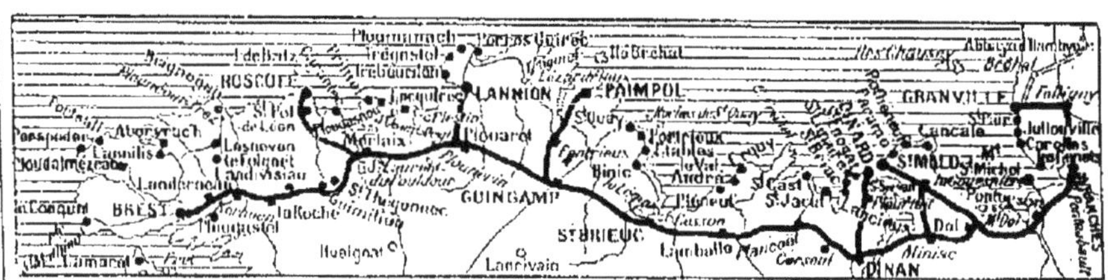

A. — ***Carte Nord*** ou ***Carte Sud***, Etat ou Orléans, donnant droit à l'un ou l'autre des deux parcours des cartes ci-jointes (*Granville à Brest* ou *Nantes et Saint-Nazaire à Châteaulin*), avec embranchements vers la mer. Le prix de chacune de ces cartes est de 100 fr. en 1re cl., de 75 fr. en 2e cl.

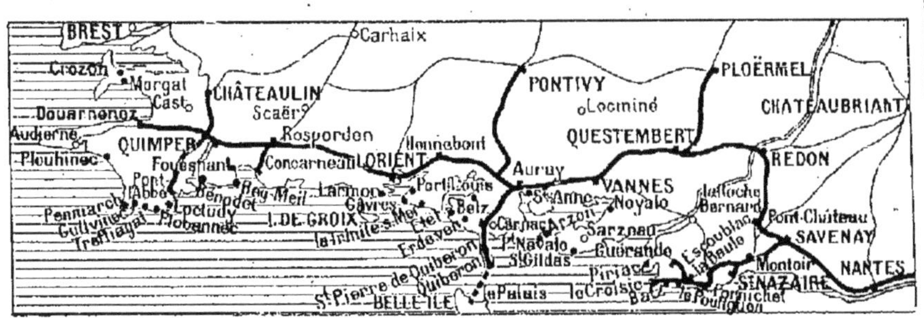

B. — **Carte Nord et Sud**, État, Orléans et un certain nombre de ch. de fer départementaux, réunissant les deux parcours ci-dessus (côte et lignes intérieures), au prix de 150 fr. en 1re cl., 110 fr. en 2e cl.

C. — **Carte Nord et Sud**, moins complète que la précédente et avec des solutions de continuité qui la rendent peu pratique, au prix de 130 fr. en 1re cl., de 95 fr. en 2e cl.

N.-B. — Ces 4 types de cartes, outre le libre parcours sur chacun des itinéraires choisis, donnent droit au voyage d'aller et de retour d'une des gares quelconques des réseaux État (ancien réseau de l'Ouest) et Orléans, jusqu'à concurrence de 1.000 k , avec arrêts facultatifs en cours de route. Enfin une réduction de 10 à 50 0/0 est accordée aux familles dans la délivrance de ces cartes.

BUREAUX DE RENSEIGNEMENTS ET AGENCES DE VOYAGES.

Bureaux de renseignements. — Un bureau central, consacré à la délivrance des billets de bains de mer, billets circulaires, billets de circulation et à tous renseignements dont le public peut avoir besoin à ce sujet, est installé gare Saint-Lazare, au 1er étage (salle des Pas-Perdus), côté de la Cour de Rome, pour les chemins de fer de l'État. Un semblable bureau se trouve, 8, rue de Londres, au rez-de-chaussée, pour la Compagnie d'Orléans. — On y délivre également des billets ordinaires pour tous les trains de la journée et de la nuit, ce qui évite l'attente aux guichets.

Des bureaux similaires fonctionnent aux gares Montparnasse, d'Austerlitz et du quai d'Orsay.

Enlèvement des bagages à domicile. — Un service spécial pour l'enlèvement et le transport des bagages à domicile, leur pesage et leur enregistrement, est organisé par la société des *Voyages Duchemin*, au prix de 30 c. par 10 kilog. ou fraction de 10 kilog., avec minimum de 2 fr. 50 au départ pour la gare, de 2 fr. au retour de la gare ; une surtaxe de 50 c. ou 1 fr. est perçue pour les quartiers éloignés. Écrire pour tous renseignements à l'Agence Duchemin, r. de Grammont, 20, qu'il est nécessaire de prévenir *24 heures à l'avance, pour le départ, avec envoi de 2 fr. 50 en timbres ou mandat.* — A l'arrivée, s'adresser au bureau de l'agence, qui se trouve aux gares Saint-Lazare, Montparnasse et du quai d'Orsay.

Compartiments à couchettes. — Les trains express de nuit, circulant entre Paris-Brest et Paris-Redon pour l'État, entre Paris-Quimper pour l'Orléans, contiennent des wagons de 1re classe à couchettes, d'une grande commodité. Le supplément à payer pour la couchette n'est que de 5 francs pour l'État (6 francs, si elle est retenue d'avance) et de 10 francs pour l'Orléans.

Agences de voyages. — Les agences de voyages *délivrent des billets de chemins de fer* (billets simples, de bains de mer, circulaires, etc.), aux mêmes conditions que les Compagnies. — Elles organisent en outre des *voyages à forfait*, à prix fixe par jour, avec coupons qu'il n'y a plus qu'à présenter dans les hôtels correspondants. Ce système a l'avantage de permettre d'établir d'avance, avec certitude, son budget complet de voyage.

Les principales agences sont : — *Lubin*, bd Hausmann, 36; — *Duchemin*, r. de Grammont, 20; — *Voyages Universels*, direction : rue du Faubourg-Montmartre, 17 : bureaux de vente : r. du Faubourg-Montmartre, 17, et r. Auber, 10; — *Voyages Modernes*, av. de l'Opéra, 4; — *Administration des Grands-Voyages* (Le Bourgeois et Cie), r. du Helder, 1, et bd des Italiens, 38; — *Voyages Pratiques*, r. de Rome, 9; — *Cook*, pl. de l'Opéra, 1, et au Grand-Hôtel, bd des Capucines; — *Dean et Dawson*, r. de Rivoli, 212. — La *Compagnie internationale des Wagons-lits et des Grands Express Européens*, bd des Capucines, 5, délivre aussi des billets de chemins de fer.

SERVICES MARITIMES DIVERS ET RELATIONS AVEC L'ANGLETERRE.

Outre un certain nombre de petits services côtiers, sur bateaux généralement médiocres, la Bretagne est reliée à l'Angleterre par les bons navires de la « London and South-Western Railway », en relation directe avec *Saint-Malo* (pour *Jersey-Guernesey*, et pour *Southampton-Londres*), et de la « Great-Western-Railway » entre *Roscoff* et *Southampton*, entre *Brest* et *Plymouth-Londres*. — Voir dans le Guide aux mots : Saint-Malo, Roscoff et Brest.

Enfin des lignes françaises relient : *Saint-Malo* à *Saint-Brieuc* et à *Brest*; *Saint-Brieuc* à *Saint-Malo, le Havre, Jersey et Guernesey*; *Brest* à *Saint-Malo, le Havre, Lorient* et *Nantes*. — Voir dans le Guide aux mots : Saint-Malo, Saint-Brieuc, Brest, Lorient et Nantes.

CARTOGRAPHIE. — ORIENTATION.

La meilleure carte. — Nous donnons dans la pochette, à la fin du volume, une excellente *carte d'ensemble* de la Bretagne, en quatre couleurs.

Outre cette carte, une bonne *carte de détail* est le complément indispensable du voyage par la route, à pied, à bicyclette, ou en auto. La carte *la plus pratique et la plus complète* est celle du *Service vicinal*, à l'échelle de 1/100,000e (1 centimètre pour 1 k.), publiée par le Ministère de l'Intérieur et éditée par la librairie Hachette, au prix de 80 c. la feuille (1 fr. 05 avec cartonnage). Elle est imprimée sur papier du Japon, pouvant se plier sans se couper, et est tirée en cinq couleurs, ce qui en rend la lecture facile (envoi franco de la feuille d'assemblage, sur demande à la librairie Hachette, boulevard Saint-Germain, 79, Paris).

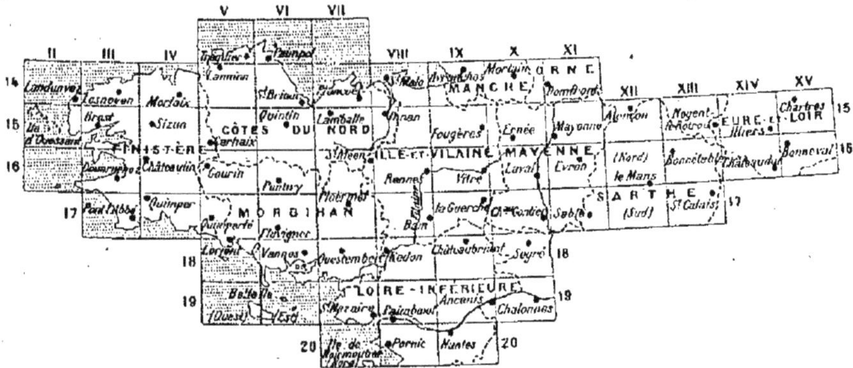

Pour trouver le Nord. — Il est souvent utile, lorsque l'on est en excursion, de pouvoir s'orienter, soit pour se reconnaître sur sa carte, soit pour suivre les indications du Guide. Mais on n'a pas toujours une boussole avec soi. Voici un moyen très simple de trouver rigoureusement le Nord; une montre ordinaire y suffit, à la seule condition qu'il y ait du soleil.

On tourne sa montre de telle façon que l'ombre de la petite aiguille soit recouverte par cette aiguille même, autrement dit que le soleil se trouve dans l'axe exact de cette aiguille (V. la figure ci-dessus). On obtient ainsi avec le chiffre XII du cadran un angle ABC. La bissectrice (D), ou ligne médiale de cet angle, donne le Nord.

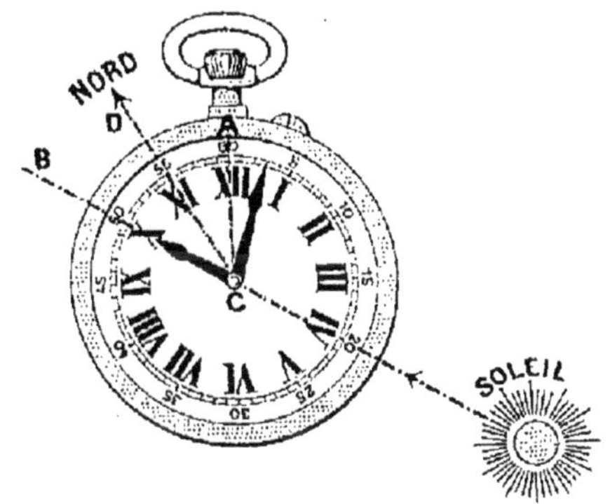

ITINÉRAIRE GÉNÉRAL

1° BRETAGNE DU NORD

De Vitré à Brest et embranchements vers la mer.

N.-B. — Les chiffres qui se trouvent entre parenthèses, à la suite de chaque nom, indiquent la page du Guide où ces localités sont décrites.

A. — LE VOYAGE PAR CHEMIN DE FER.

État, à Paris, gares Montparnasse, Invalides ou Saint-Lazare. — Les prix au départ de Paris et, pour les petits embranchements, au départ de la ville la plus proche, sont indiqués dans le Guide à chacune des localités décrites.

88 k. (de Paris) *Chartres.* — 149 k. *Nogent-le-Rotrou.* — 170 k. *La Ferté-Bernard.* — 211 k. *Le Mans.* — 291 k. *Laval.* — Pour la description du trajet, V. le Guide-Joanne : *Bretagne.*

N.-B. — Un certain nombre de trains, pour Saint-Malo et Dinard, sont acheminés sur ces deux villes par la Normandie (via Dreux, Laigle, Flers, Folligny, Avranches et Pontorson-Mont-Saint-Michel), en laissant de côté Vitré et Rennes.

336 k. **VITRÉ**. — ***Hôtels*** : *des Voyageurs* (déj. 2 fr. 50, dîn. 3 fr., ch. dep. 2 fr. 50), pl. de la Gare; *de France* (déj. ou dîn. 3 fr., ch. dep. 3 fr.). id.; *du Parc* (4 fr. 50 par j.), r. Chateaubriand. — Vitré, V. de 10.775 hab., sur un coteau dominant la vallée de la Vilaine, est une des villes de France qui ont encore conservé en partie leur pittoresque physionomie du moyen âge. On prend, en face de la gare, la *rue Garangeot*, qui croise bientôt la **rue Poterie**, à dr. (*vieilles maisons*), puis la *rue Saint-Louis*, à g. On prend celle-ci et on croise la **rue Baudrairie** (*vieilles maisons*), pour arriver au château. — Le **Château** (50 c. pour une pers.; 25 c. pour chaque pers. en plus; publ. les 1er et 3e dim. du mois et jours de fête) est un magnifique spécimen de l'architecture militaire féodale; élevé à la fin du XIe s., rebâti du XIVe au XVe s., il a été restauré de nos jours. Il renferme le **Musée** (intéressants *objets d'art anciens* : tableaux, sculptures, faïences, tapisseries, ferronnerie; *musée d'histoire naturelle*). Sortant du château, on prend en face de soi la *rue Notre-Dame* (pas d'écriteau), parallèle à la rue Saint-Louis, qui amène à l'église Notre-Dame. — L'**église Notre-Dame** est un beau monument du gothique flamboyant (XVe-XVIe s.), avec clochetons à crochets et clocher de pierre (refait au XIXe s.); sur la face latérale, jolie *chaire* à prêcher extérieure. A l'int. : *buffet d'orgue* de la Renaissance; *vitrail* de la Renaissance (3e travée du bas-côté dr.); *retable* ancien en bois sculpté (4e travée); à la sacristie, précieux *triptyque* du XVIe s. — Continuant à suivre, le long de l'église, la *rue Notre-Dame* (*maisons de la Renaissance* aux nos 27 et 16), on atteint la *place du Marché*, puis celle de la **Halle-aux-Grains** (*maisons anciennes*; à dr., *église Saint-Martin*, moderne, de style pseudo-roman; face à la Halle-aux-Grains, *rue de Paris*, avec *maisons anciennes*), où l'on prend à g. la Promenade du Val. — La **Promenade du Val** descend le long des **Remparts**. L'allée ne tarde pas à tourner à g. et à descendre vers le fond de la *vallée de la Vilaine*, par la **rue du Rachapt**, noirâtre et pittoresque (à g., en face d'une croix, *porte-poterne* qui ramènerait directement en ville). On arrive ainsi à la base du château et à la ville basse (à dr., par la *rue Pasteur*, **chapelle Saint-Nicolas**, avec *maître-autel* ancien, en bois sculpté et doré, et *vitrail* ancien). Tournant vers la g., on contourne la base du château, par la *rue des Augustins*; on atteint ainsi la *place Saint-Yves*, puis (à g.) la gare.

A 6 k. S.-E. de Vitré (voit. de louage : 6 fr.), **Château des Rochers**, ancienne demeure de Mme de Sévigné, construit au XIVe s., remanié aux XVIIe et XVIIIe s. On visite : la *cour-jardin*; la *chapelle* (souvenirs divers); la *chambre* dite *de Mme de Sévigné* (nombreux souvenirs); le *jardin français*, dessiné par Le Nôtre.

[⛝ pour *Pontorson* et le **MONT-SAINT-MICHEL** (*V.* p. 1); — 78 k. de Vitré à Pontorson, par :

37 k. **FOUGÈRES** (hôt. : *Voyageurs*, déj. ou dîn. 3 fr., ch. 2 fr.; *de l'Ouest*, déj. ou dîn. 2 fr. et 2 fr. 50, ch. 2 fr.), vieille ville pittoresque. De la gare (30 min. env.; prendre un omn. d'hôtel jusqu'à la place Gambetta), on monte le *boulevard de la Gare*, qui amène à la *rue du Tribunal* et à la **place Gambetta**. Traversant celle-ci, on suit le *boulevard de Rennes* (à g., la ville s'étage sous un aspect pittoresque), qui redescend vers le hâteau (à g. de la *place Raoul-II*). — Le **château** a son entrée au bord de la rivière (pourboire au gardien). C'est une importante ruine féodale (XIIe-XVIe s.), en partie restaurée, entourant une vaste enceinte intérieure. On visite, la *tour du Cadran*; la **tour Surienne** (*musée de chaussures et salle de sculpture*); la **tour Mélusine** (*musée de peinture et d'archéologie*; le sommet est à 63 m. à pic); les *tours du Gobelin, Guibé* et *Coigny*. — Au delà du château on peut aller visiter l'**église Saint-Sulpice** (XVe-XVIe s.), du gothique flamboyant (beau *maître-autel* de l'époque Louis XIV; derrière celui-ci, bonnes peintures de même époque; *statue* ancienne *de N.-D. des Marais*). Sinon, on remonte directement en ville par la **rue de la Pinterie** (*vieilles maisons*), qui ramène à la *place du Théâtre*. — De là on peut (en face de soi) gagner la *place d'Armes* et la gare, ou prendre à dr. la *rue Nationale* (à dr., près d'un *marché* couvert, au nº 8 de la *rue de l'Horloge*, restes de l'ancien **Auditoire** (XVe s.) et **tour du beffroi**), qui amène à l'église Saint-Léonard. — L'**église Saint-Léonard** (XVe-XVIe s.; portail moderne) est du style flamboyant. A l'int., *monument aux morts pour la patrie*; 4 tableaux de *Dévéria*; débris de vitraux anciens. — A g. de l'église (en regardant celle-ci) l'**Hôtel de Ville** est du XVe s. et voisin d'un beau **jardin public**, de la **terrasse** duquel on découvre une vue magnifique. — La *rue de Pommereuil*, face à Saint-Léonard, descend à la **place Lariboisière** (à g., avec *statue* du général de ce nom), d'où la *rue Rallier*, suivie de la *rue du Maine*, ramènent à la gare.]

Au delà de Vitré, la voie suit la vallée de la Vilaine.

374 k. **RENNES** Ⓑ. — ***Hôtels*** : *Continental**, r. d'Orléans, 1; *Moderne** (déj. 3 fr., dîn. 4 fr.), quai Lamennais, 17; *Grand-Hôtel** (idem), r. de la Monnaie, 17; *de France** (déj. 3 fr., dîn. 4 fr., ch. dep. 3 fr. 50 par pers.), r. de la Monnaie, 6; *Le Moine* (déj. 2 fr. 50, dîn. 3 fr., ch. dep. 2 fr.), r. Lanjuinais, 4; *Central* (déj. 2 fr. 50, dîn. 3 fr., ch. dep. 2 fr. 50);

de Bretagne (déj. 2 fr. 50, dîn. 3 fr., ch. dep. 2 fr.), près de la gare; *Parisien* (déj. 2 fr. 50, dîn. 3 fr., ch. dep. 2 fr. 50), id.; *des Voyageurs* (6 fr. par j.), av. de la Gare. — Rennes, V. de 74,676 hab., ch.-l. du départ. d'Ille-et-Vilaine, est situé au confluent de l'Ille et de la Vilaine. De la gare, laissant à g. le **Champ de Mars** (*monument aux morts pour la patrie*), on suit en face de soi l'*avenue de la Gare* qui, passant à g. devant le *Lycée*, amène aux quais de la Vilaine et, à g. (angle du *quai de l'Université*), aux **Musées** (publics le jeudi et le dim., de midi à 4 h. en hiver, à 5 h. en été; les autres j., de 10 h. à 4 h., en s'adr. au gardien-chef, pourboire). Les Musées (art et science) possèdent une des plus riches collections de province: ils sont actuellement en remaniement. On y voit des salles : de *sculpture moderne* et de *sculpture comparée*; d'*histoire naturelle* et de *géologie*; de *dessins* (dessins originaux des grands maîtres); de *peinture ancienne* (*J. Cousin*, Jésus aux noces de Cana; *Véronèse*, Persée délivrant Andromède); de *peinture moderne*; d'*archéologie* (Egypte, Grèce, Etrurie, Gaule celtique, Moyen-Age et Révolution); de *céramique* (faïences de Delft, Rouen, Nevers, Strasbourg, Quimper). — Suivant ensuite vers la g. le quai de l'Université, on passe devant le *pont de Berlin* et devant la *statue de Le Bastard*, ancien maire de Rennes, pour arriver au **Palais du Commerce**, inachevé, en face duquel on prend le *pont de Nemours*. Celui-ci amène à la *rue de Rohan*, où la *rue Volvire* (1re à dr.) conduit à l'**Hôtel de Ville**, du XVIIIe s., d'après les dessins de Gabriel. — Face à l'hôtel de ville, on voit les **Galeries Méret**, dites vulgairement *les Arcades*, et le **Théâtre** (1832 et 1835). Derrière les Galeries Méret se trouve la *place du Palais*. — Le **Palais de Justice**, ancien palais du Parlement, est un magnifique monument du XVIIe s. (1618-1654; les mauvaises statues de la façade sont modernes). A l'int. (s'adr. au concierge; pourboire), on visite la grande *Salle des Pas-Perdus*, la *Grand'Chambre du Parlement*, les *1re, 2e et 3e chambres*, la *Cour d'Assises*. On en admire les peintures par Ehrard, Coypel et Jobbé-Duval, ainsi que la riche décoration.

Du palais de Justice on va : — 1° à dr., par la *rue Nationale*, suivie des *rues La-Fayette* (à dr., dans la *rue du Champ-Jacquet*, *statue de Leperdit*; à g., dans la *rue de Montfort*, **église Saint-Sauveur**, du début du XVIIe s., avec riche ornementation, beau *buffet d'orgue*, *chaire* en fer forgé et doré, *maître-autel* à baldaquin et à colonnes de marbre rouge), *de Toulouse* et *de la Monnaie*, à la Cathédrale. — La **Cathédrale** ou **Saint-Pierre**, important monument de style néo-grec (1787 à 1844), a 2 *tours* commencées au XVIe s. (Renaissance), terminées en 1700. A l'int., dont l'ornementation est somptueuse, on remarque : (bas-côté dr.; chap. avant le transept) un *retable* en bois sculpté et doré, chef-d'œuvre allemand du XVe s. (Vie de la Vierge); à l'abside et au pourtour du chœur, les *peintures* de Le Hénaff (J.-C. et ses Apôtres; évêques, moines, personnages divers des anciens diocèses de Rennes); le beau *buffet d'orgues*. — Face à la Cathédrale, une courte ruelle conduit à la **Porte Mordelaise**, du XVe s. (tours à mâchicoulis), par où les ducs de Bretagne faisaient leur entrée dans la ville. — Derrière l'abside de la Cathédrale, *rue Saint-Guillaume*, curieuse **maison double**, du XVIe s., dite à tort « maison de Du Guesclin ». — En continuant la rue de la Monnaie, on arriverait au *carrefour de la Croix-de-Mission* et au confluent du *canal d'Ille-et-Rance* et de la Vilaine. Au delà, en traversant la rivière, on regagnerait directement la gare (vers la g.), par la *place de Bretagne*, le *boulevard de la Liberté* et le Champ de Mars.

2° A g., en sortant du palais de Justice, on prend la *rue Hoche*, qui longe le monument et amène à la *place Hoche*. On y tourne à dr., par la *rue Saint-Melaine*, et on arrive à la place *Saint-Melaine* où l'on voit : à dr., l'ancien archevêché (XVIIIe s.), auj. **Faculté de Droit**; l'**Hôpital général** (s'adr. au concierge, pourboire; boiseries de 1767, dans la *chapelle*; beau *cloître* du XVIIe s.); l'**église Saint-Melaine** ou **Notre-Dame**, mélange de nombreux styles (*tour*, romane à sa base, surélevée au XIVe s., refaite en partie au XVIIe s., défigurée au XIXe par un dôme de mauvais goût; *porche* roman du XIe s., avec *tombeau du curé Meslé*, par Valentin; la *nef*, romane, est du XIIIe s. et est séparée du chœur par une arcade d'aspect byzantin; le *chœur* est des XIIIe et XIVe s.; l'ensemble est sévère et non sans grandeur). — Place Saint-Melaine commence la **Promenade du Thabor** (à dr., *Archives départementales*). On y rencontre d'abord le *Carré Du Guesclin* (statue de 1825) et la *Colonne de la Liberté* (1830); puis une double rampe conduit aux allées supérieures du Thabor (vieux *chêne de Saint-Melaine*; *Trou* gazonné *de l'Enfer* et *Allée des Chênes*, à g.) et aux *Parterres*. Ceux-ci (beaux groupes sculptés) sont bordés à g. par les *serres* et se terminent au *Jardin Botanique*, d'où l'on revient au chêne de Saint-Melaine; on descend vers la g. au *Jardin Suisse* et une allée, suivie d'escaliers avec fontaines, conduit à la *rue de Belair*. — Suivant cette rue vers la dr., on longe le **square de la Motte** (beaux *hôtels* des XVIIe et XVIIIe s., dont l'un est occupé par la *Préfecture*) et la *rue Victor-Hugo* ramène à la place du Palais. — En bas de celle-ci, par la *rue Saint-Georges* (au n° 3, dans la cour, jolie façade Renaissance) et par une courte ruelle à dr., l'**église Saint-Germain**, du style ogival flamboyant, a conservé (au transept dr. et à la fenêtre qui est derrière le maître-autel) de belles *verrières* anciennes.

[⛌ pour **SAINT-MALO** (p. 5), par *Combourg* (p. 12) et *Dol* Ⓑ (p. 12);
pour (une partie des trains) **DINAN** Ⓑ (p. 29) et **DINARD** (p. 23).]

Au delà de Rennes, le ch. de fer parcourt un pays verdoyant; les champs sont entourés de talus et de grands arbres.

411 k. *La Brohinière*.

[⛌ pour (une partie des trains) **DINAN** Ⓑ (p. 29) et **DINARD** (p. 23).]

Le pays, de plus en plus boisé, a presque l'air d'une immense forêt.

455 k. **LAMBALLE** (p. 47). — Visite de la ville.

[⛌ pour Dinan, par *Plancoët* (point de départ du tram à vap. de **Saint-Jacut**, p. 41, **La Garde-Saint-Cast** et **Saint-Cast**, p. 43);
pour (par voit. de corresp.) *Dahouët*, *Pléneuf*, **Val-André** (p. 49) et **Erquy** (p. 51).]

Le pays se découvre; un peu avant Saint-Brieuc, on aperçoit à dr. la *baie de Saint-Brieuc*.

476 k. **SAINT-BRIEUC** Ⓑ (p. 53). — Visite de la ville.

[⛌ pour (par 🚋 départemental) **Binic** (p. 57), **Etables** (p. 57) et **Portrieux-Saint-Quay** (p. 59).]

Au delà de Saint-Brieuc, on franchit la vallée rocheuse du Gouët sur le beau *viaduc de la Méaugon*; puis le paysage redevient verdoyant.

506 k. **GUINGAMP** Ⓑ (p. 63). — Visite de la ville.

[⛌ pour (🚋 départemental) **Paimpol** (p. 65) et l'**île Bréhat** et pour **Tréguier** (p. 67);

de Tréguier 🚂 départemental pour *Lannion* (p. 71), par *Penvenan*, station desservant **Port-Blanc** (p. 69).]

En sortant de Guingamp, on voit à dr. la ville, qui se présente sous un *aspect pittoresque*, et on traverse la vallée du Trieux. A g., on découvre bientôt la *montagne du Ménez-Bré*.

532 k. *Plouaret*. — *Eglise* (à 1 k. env. de la station) du XVIe s., avec tour-clocher de la Renaissance et belle maîtresse-vitre à l'abside; sur la place, *monument de François-Luzel* (1821-1895), par Boucher.

[✕ pour **LANNION** (p. 71). — Visite de la ville; excursion des *Châteaux de Lannion* (p. 72).

De Lannion, 🚂 départemental pour **Perros-Guirec** (p. 75); route de voit., de Perros-Guirec ou de Lannion, à **Ploumanach** (p. 77) et **Trégastel** (p. 79).

De Lannion, route de voit. et voit. de corresp. pour **Trébeurden** (p. 81); — route de voit. pour **Saint-Michel-en-Grève** (p. 83).]

Au delà de Plouaret, on laisse à dr. la ligne de Lannion.

540 k. *Plounérin*.

[Voit. de corresp. pour **Plestin-les-Grèves** et **Saint-Efflam** (p. 83).]

Après avoir longé, à g., *l'étang de Trogoff* et franchi la route Paris-Brest (*vallée du Douron*) sur un viaduc de 8 arches, on découvre, sur la g., la chaîne des *Monts d'Arrée*; puis, après une tranchée, on débouche sur le gigantesque *viaduc de Morlaix* qui passe par-dessus la ville.

564 k. **MORLAIX** (p. 85). — Visite de la ville; excursion recommandée à *Huelgoat* (p. 103).

[✕ pour **SAINT-PAUL-DE-LÉON** et **Pempoul** (p. 97), **ROSCOFF**, **Santec** et **l'île de Batz** (p. 99):

pour (🚂 jusqu'à *Henvic-Carantec*, puis voit. de corresp.) **Carantec** et le **château du Taureau** (p. 95).

pour (🚂 départemental) **Saint-Jean-du-Doigt** (p. 91), **Plougasnou** (p. 92) et **Trégastel-Primel** (p. 93);

pour (🚂 départemental et voit. de corresp.) **Locquirec** (p. 89).]

Au delà de Morlaix, la voie passe dans une tranchée taillée dans le roc vif, puis on retrouve, sur la g., la silhouette des Monts d'Arrée fermant l'horizon.

579 k. **Saint-Thégonnec** (p. 107). — Eglise, cimetière et calvaire.

La voie franchit la Penzé sur un *viaduc* de 8 arches.

583 k. **Guimiliau** (p. 108). — Eglise, cimetière et calvaire.

On côtoie, pendant 6 k., la *belle et pittoresque vallée* du Quilivarou, affluent de l'Elorn, puis, au delà de *Landivisiau* (p. 110), celle de l'Elorn.

600 k. *La Roche*, dans un site pittoresque et rocheux (p. 110). — Château ruiné et intéressante église.

Le ch. de fer continue à suivre la vallée de l'Elorn, puis s'embranche, à g., avec la ligne de Quimper et Nantes.

605 k. **Landerneau** Ⓑ (p. 109). — Visite de la ville; excursions.

[✕ (🚂 Orléans), pour *Châteaulin*, *Quimper*, et les lignes de la Bretagne du Sud;

pour (🚂 départemental) **Le Folgoët** (p. 111), **Guisseny** (p. 112; station de *Plounéour-Trez*) et **Brignogan** (p. 112).]

Au sortir de Landerneau, on côtoie l'Elorn, qui s'élargit en un vaste *estuaire*, gonflée par la marée; le paysage est admirable (à g.).

616 k. *Kerhuon*, station desservant **Plougastel-Daoulas** (p. 113) et son célèbre calvaire.

L'Elorn s'élargit de plus en plus. On découvre *la rade et le goulet de Brest*.

624 k. **BREST** (p. 115). — Visite de la ville et du port de guerre; nombreuses excursions.

[✉ pour (🚌 départemental) **l'Aberwrach** (p. 121);
pour (🚌 départemental; station de *Saint-Renan*) **Lanildut** (p. 124);
pour (station de *Plourin*) **Argenton** (p. 124) et **Porspoder** (p. 124);
pour **Portsall-Kersaint** (p. 125).
pour (tram électrique) **le Trez-Hir** (p. 127) et **Le Conquet** (p. 127);
pour (⛴ et voit. de corresp.) *Le Fret*, **Crozon** et **Morgat** (p. 129);
pour (⛴ et voit. de corresp.) *Le Fret* (ou *Quélern*) et **Camaret** (p. 133).]

B. — *LE VOYAGE PAR LA ROUTE*

86 k. (de Paris) *Chartres*. — 142 k. *Nogent-le-Rotrou*. — 164 k. *La Ferté-Bernard*. — 209 k. *Le Mans*. — 286 k. *Laval*. — Pour la description de ce trajet, *V.* le Guide-Joanne : *Bretagne*.

323 k. *Vitré* (p. 9*). — Visite de la ville et du *château des Rochers*.

[109 k. de Vitré à *Saint-Malo* (p. 5), par *Fougères* (27 k.; p. 10*), *Pontorson* (65 k.; excursion au *Mont-Saint-Michel* : 9 k., p. 1) et *Dol* (84 k.; p. 12).]

Au delà de Vitré, la route, parallèle au ch. de fer, suit la vallée verdoyante de la Vilaine. Route *presque plate*.

360 k. *Rennes* (p. 10*). — Visite de la ville.

[81 k. de Rennes à *Saint-Malo* (p. 5), par *Combourg* (39 k.; p. 12) et *Dol* (56 k.; p. 12).

54 k. de Rennes à *Dinan* (p. 29) et (21 k.) de Dinan *à Dinard* (p. 23).]

Après Rennes la route, qui parcourt un pays pittoresque et boisé, devient *très dure*, au delà de *Montauban-de-Bretagne*. Côtes et descentes perpétuelles. On franchit successivement les *vallées de la Rieulle* et *de l'Arguenon*.

440 k. *Lamballe* (p. 47). — Visite de la ville.

[25 k. de Lamballe à *Plancoët*; — 12 k. de Plancoët à *Saint-Jacut* (p. 41);

16 k. 1/2 de Lamballe à *la Garde-Saint-Cast* et à *Saint-Cast*, par les *ruines du Guildo* (p. 41). — De *Matignon* (4 k. en deçà de Saint-Cast), excursion au *cap Fréhel* (14 k. 1/2; p. 45);

13 k. 1/2 de Lamballe à *Dahouët* (p. 50); 16 k. au *Val-André* (p. 50); 13 k. 1/2 et 22 k. 1/2 à *Pléneuf* (p. 50) et à *Erquy* (p. 51).]

La route continue à être *dure et accidentée*. On passe la *vallée de la Truite*, affluent du Gouëssant, puis descente rapide dans la *vallée de l'Evran*. Le paysage se dénude. Après avoir traversé *Yffiniac* et *Langueux* (à dr., baie de Saint-Brieuc), on arrive à Saint-Brieuc sur la place Du Guesclin.

460 k. *Saint-Brieuc* (p. 53). — Visite de la ville.

[45 k. de Saint-Brieuc à *Paimpol* (p. 65), par *Binic* (12 k.; p. 57), *Etables* (16 k.; p. 58), *Portrieux* (19 k.; p. 59), *Saint-Quay* (20 k.;

p. 59), *Plouha* (29 k.; p. 60), l'étang et l'abbaye de *Beauport* (42 k.; p. 66).]

Au delà de Saint-Brieuc, *route accidentée*; à 5 k., on passe la *vallée* rocheuse *du Gouët*.

492 k. *Guingamp* (p. 63). — Visite de la ville.

[28 k. de Guingamp à *Paimpol* (p. 65) et 15 k. de Paimpol à *Tréguier* (p. 67).

30 k. de Guingamp à *Tréguier*, par la route directe.

10 k. de Tréguier à *Port-Blanc* (p. 69); 18 k. 1/2 de Tréguier à *Lannion* (p. 71).

33 k. de Guingamp à *Lannion* (p. 71) par la route directe.]

Au sortir de Guingamp, la route Paris-Brest, toujours *accidentée*, s'élève en droite ligne vers l'O. On voit à dr. la *Montagne du Ménez-Bré* (302 m. d'alt.; 1 k. à pied pour l'ascension, par un chemin de piétons; chapelle Saint-Hervé et vue admirable). Puis on traverse la rivière et les prairies du Léguer, à *Belle-Isle-en-Terre*.

519 k. *Kéramanach*.

[21 k. de Kéramanach à *Lannion* (p. 71), par *Plouaret* (6 k. 1/2; p. 13*), *Kérauzern* et le *château de Kergrist* (13 k. 1/2; p. 74).

10 k. de Lannion à *Perros-Guirec* (p. 75). — 9 k. de Perros-Guirec à *Trégastel* (p. 79), par *La Clarté* et *Ploumanach* (p. 77).

12 k. de Lannion à *Trégastel* (p. 79) par la route directe.

11 k. de Lannion à *Trébeurden* (p. 81).

11 k. de Lannion à *Saint-Michel-en-Grève* (p. 83); 16 k. 1/2 et 18 k. 1/2 à *Saint-Efflam* et *Plestin-les-Grèves* (p. 83); 38 k. à *Morlaix* (p. 85).]

Au delà de Kéramanach, la route continue à être *accidentée et pittoresque*, surtout au delà de l'*étang du Moulin-Neuf*. Elle croise la *vallée du Douron*, sous le viaduc du ch. de fer de Brest, et se relève par de nombreuses courbes. Puis elle file en ligne droite vers Morlaix, sur un plateau élevé (magnifique paysage; à g., les *Monts d'Arrée*). Elle descend ensuite vers le profond vallon de Morlaix, ombragée par de grands arbres.

546 k. *Morlaix* (p. 85). — Visite de la ville; excursion à *Huelgoat* (p. 103).

[24 k. 1/2 de Morlaix à *Roscoff* (p. 99), par *Saint-Pol-de-Léon* (19 k. 1/2 p. 97).

15 k. de Morlaix à *Carantec* (p. 95).

16 k. 1/2 de Morlaix à *Saint-Jean-du-Doigt* (p. 91); 16 k. 1/2 à *Plougasnou* (p. 91); 20 k. 1/2 à *Trégastel-Primel* (p. 93).

22 k. de Morlaix à *Locquirec* (p. 89).]

La route Paris-Brest sort de Morlaix par la ville basse et la rue de Brest; elle est *dure* et s'élève, par une côte de 6 k., à 128 m. d'alt.

558 k. *Saint-Thégonnec* (p. 107).

La route traverse le *vallon de la Penzé* et, toujours *dure*, se relève à nouveau.

562 k. Bifurc. à g. pour *Guimiliau* (4 k.; p. 108).

Redescendant vers *Landivisiau* (p. 110), la route vient rejoindre le ch. de fer et l'*Elorn*, dont elle suit la vallée verdoyante et rocheuse, en un charmant trajet. *Descente perpétuelle*.

581 k. *La Roche* (p. 110).

On continue à suivre la rivière et le ch. de fer et on arrive à Landerneau, au quai de l'Elorn et au vieux pont.

586 k. *Landerneau* (p. 109). — Visite de la ville; excursions.

[43 k. et 70 k. de Landerneau, à *Châteaulin* et à *Quimper* (p. 135 et 137); raccord avec les routes de la Bretagne du Sud.

28 k. de Landerneau à *Brignogan* (p. 112), par *le Folgoët* (15 k.; p. 111). — A 4 k. avant Brignogan, bifurc. à g. pour *Guisseny* (8 k.; p. 112).

12 k. 1/2 de Landerneau à *Plougastel-Daoulas* (p. 113) par la route directe.]

Après Landerneau, la route redevient *accidentée*; elle s'éloigne du large et magnifique *estuaire de l'Elorn*, bordé à g. par les hautes collines rocheuses de Plougastel.

598 k. 1/2. *Guipavas*.

[8 k. de Guipavas à *Plougastel-Daoulas* (p. 113), par *Kerhuon* et le *bac* de l'Elorn (prend les voit. et autos).]

On arrive à Brest, après une dernière *descente*, par le faubourg de Saint-Martin et la place des Portes.

608 k. *Brest* (p. 115). — Visite de la ville et du port de guerre; excursions.

[29 k. de Brest à *l'Aberwrach* (p. 121).

31 k. de Brest à *Portsall-Kersaint* (p. 125).

28 k. 1/2 de Brest à *Argenton* (p. 124); 1 k. 1/2 d'Argenton à *Porspoder* (p. 124).

27 k. de Brest à *Lanildut* (p. 124).

20 k. de Brest au *Conquet* (p. 127), par *le Tres-Hir* (14 k.; 1 k. à g. de la route; p. 127).

11 k. de Brest au *Fret* ⛴; 7 k. du Fret à *Morgat* (p. 129).

11 k. de Brest au *Fret* par ⛴; 8 k. du Fret à *Camaret* (p. 133).

11 k. de Brest à *Quélern* par ⛴; 5 k. de Quélern à *Camaret* (p. 133).

2° BRETAGNE DU SUD

De Nantes et Saint-Nazaire à Brest et embranchements vers la mer.

A. — *LE VOYAGE PAR CHEMIN DE FER.*

🚂 *Orléans, à Paris, gares quai d'Orsay ou Austerlitz.*

🚂 *Etat, à Paris, gares Montparnasse, Invalides ou Saint-Lazare.*

Les prix au départ de Paris et, pour les petits embranchements, au départ de la gare la plus proche, sont indiqués dans le Guide à chacune des localités décrites.

431 k. de Paris (par l'Orléans, *via Etampes, Orléans, Blois, Tours, Saumur* et *Angers*). *Nantes*.

396 ou **394** k. (par l'Etat, *via Chartres, Le Mans, Sablé* et *Angers*, ou *via Sablé, Château-Gontier* et *Segré*). *Nantes*.

NANTES (B). — *Hôtels* : *Grand-Hôtel de France**, pl. du Théâtre-Graslin ; *de Bretagne** (déj. 3 fr. 50, dîn. 4 fr., ch. 4 à 15 fr.), r. de Strasbourg, 23 ; *Grand-Hôtel et des Voyageurs** (déj. 4 fr., dîn. 4 fr. 50, ch. 4 à 12 fr.), r. Crébillon, 24 ; *de la Duchesse-Anne* (10 fr. par j. env.), pl. de la Duchesse-Anne ; *de Paris* (9 fr. par j. env.), r. Boileau, 3 ; *des Trois-Marchands* (déj. ou dîn. 2 fr. 50, ch. dep. 2 fr. 50), pl. de l'Hôtel-de-Ville ; *Hôtel des familles* (chambres meublées, 2 fr. 50 à 3 fr. ; on ne sert que le petit déj., 50 c. à 1 fr.). — Nantes. V. de 132,990 hab., ch.-l. du dép. de la Loire-Inférieure, est situé au confluent des cinq fleuves ou rivières : la Loire, la Sèvre, l'Erdre, la Chézine et le Sail ; c'est une cité vivante et prospère. La plupart de ses monuments datent du XVIIIe s.

A. — En sortant de la gare Nantes-Orléans, on suit le quai du *canal Saint-Félix* et on arrive **place de la Duchesse-Anne**. A g. de cette place est le **Château**, de 1466 ; à l'int. (l'entrée est sur la face opposée : s'adr. au gardien, pourboire), on remarque le *puits*, le *Grand-Logis* (gothique flamboyant) et la *salle des Gardes*. — Revenant ensuite à la place de la Duchesse-Anne (*monument aux morts pour la patrie*), on monte au **Cours Saint-Pierre**, à g. duquel on voit l'abside de la cathédrale, à dr. l'ancienne *église de l'Oratoire* (XVIIe s.), auj. *Archives départementales*. La **place Louis-XVI** (colonne avec *statue de Louis XVI*) sépare le Cours Saint-Pierre du **Cours Saint-André** qui lui fait suite. On prend, à dr. du Cours Saint-Pierre (angle des Archives), la *rue du Lycée* qui conduit au Musée. — Le **Musée des Beaux-Arts** (t. l. j., de midi à 4 ou 5 h. selon saison, sauf lundi et vendr. ; en dehors de ces jours et heures, s'adr. au concierge, pourboire), installé dans un vaste édifice moderne, est un de nos plus riches musées de province, avec des toiles de maîtres anciens et modernes. Au rez-de-chaussée est une grande *Salle de sculpture* ; un *Escalier*, orné de *fresques*, monte au 1er étage, où sont les *Salles de peinture* (Salle 1 : toiles modernes ; Salle 2 : toiles des XVIIe et XVIIIe s. ; Salles 3 et 4 : toiles italiennes ; Salle 5 : toiles anciennes et modernes ; Salles 6, 7 et 8 : toiles anciennes ; Salle 9 : toiles anciennes et modernes de la collection de Feltre ; Salles 10, 11, 12 : toiles modernes. — Au delà du musée, on trouverait, après le *Lycée*, le **Jardin des Plantes** et l'*église Saint-Clément* (moderne, de style pseudo-gothique). — On revient au Cours Saint-Pierre et à la cathédrale. La **Cathédrale** est un magnifique monument du style gothique, commencé en 1434, terminé seulement au XIXe s. ; les *tours* (1 fr. de 1 à 6 pers. ; 1 fr. 50 avec les cloches) ont 63 m. ; la façade est très endommagée. A l'int. (au transept dr.), *tombeau de François II*, duc de Bretagne, *et de Marguerite de Foix*, sa seconde femme, chef-d'œuvre de Michel Colomb (Renaissance ; 1507) ; (au transept g.) beau *tombeau de Lamoricière*, par Boitte (architecte) et Paul Dubois (statuaire) ; (au chœur) bel *autel* de style Louis XV. — Près de la cathédrale, *impasse Saint-Laurent* et **maison de la Psallette** (XVe s.). A g. de la cathédrale (en regardant la façade), on gagnerait la **Préfecture**, beau monument de style néo grec (1763-1777), dont l'arrière-face donne sur la rivière de l'Erdre. Face à la cathédrale, la *rue de Châteaudun* conduirait à l'**Hôtel de Ville** (1816). — On regagne la place de la Duchesse-Anne.

B. — De la place de la Duchesse-Anne, on suit les remparts du château et les quais de la Loire, que longe la voie du ch. de fer, et, après avoir traversé l'Erdre, on arrive *place du Commerce*, où est la **Bourse**, de style néo-grec (1792-1812), par Mathurin Crucy. Sa face principale donne sur un petit **square** avec *statue de Villebois-Mareuil*. De l'autre côté de la Loire, *îles Feydeau, Gloriette et de la Prairie-au-Duc*, où se trouve la gare de Nantes-Etat. — Continuant à suivre le quai de la Loire, on arrive au **pont-transbordeur** (pylones de 76 m.; longueur 191 m.; montée au tablier supérieur, 50 c.). Sur l'autre rive, *chantiers de construction* de navires. On suit encore le quai durant quelques pas, jusqu'à la *rue Mazagran*, à dr., qui amène à l'**église N.-D. de Bon-Port** ou **Saint-Louis**, bâtie de 1844 à 1858, sur les dessins de Chenantais (à l'int., coupole hardie, avec nombreuses *peintures* par Picou et Le Hénaff). — Derrière Notre-Dame on suit la *rue Dobrée*, à dr., puis la *rue Voltaire*. A g. de celle-ci, la *rue Jean-V* conduit au **Musée Archéologique** (publ. le dim., de midi à 4 h.; t. l. j. en s'adr. au gardien, pourboire), installé dans la **Construction Dobrée** (nom de l'amateur qui l'éleva, dans le style pseudo-gothique) et dans le **Manoir du Duc Jean V** (xve s.; restauré). On y voit, au rez-de-chaussée, les *collections Parenteau et Seidler* (bijoux, serrurerie, ivoires, objets celtiques), des *vases* et des *marbres grecs et étrusques*, des *armes* (moyen-âge à xvie s.), une *boîte en or et émail* ayant contenu le cœur de la Reine Anne, le *sabre de Charette*, l'*épée de Cambronne*. La *collection Dobrée* est installée au 1er étage; elle comprend des *tableaux*, une *collection de gravures*, des *manuscrits et incunables*, divers *objets précieux et de curiosité*. — On revient à la rue Voltaire, où se trouve, peu après, le **Muséum d'Histoire naturelle** (mardi, jeudi, dim., de midi à 4 h.; fermé en sept.; t. l. j. en s'adr. au concierge, pourboire), qui possède une riche *collection minéralogique*. — La rue Voltaire mène à la **place Graslin**, où s'élève le **Grand-Théâtre**, par Mathurin Crucy (1788). A dr. de la place (en tournant le dos au théâtre), s'ouvre le **Cours de la République** ou **Cours Cambronne** (*statue de Cambronne*; jardin encadré de maisons, par Mathurin Crucy, 1789). A g. de la place Graslin, on prend la *rue Crébillon*, très fréquentée (à dr., curieux **passage Pommeraye**, de 1843, avec magasins et librairies), qui conduit à la Place Royale. — La **place Royale** est ornée de la *fontaine de la Loire et de ses affluents*, et est dominée par le haut clocher de l'**église Saint-Nicolas** (1844), de style pseudo-gothique. De la place Royale on continue par la *rue d'Orléans*, on traverse l'Erdre et on trouve un peu au delà, à dr., l'**église Sainte-Croix** (1685; chœur de 1840), dont le clocher porte le carillon de l'ancien **Beffroy**, dit **le Bouffay**. On regagne vers la dr. les quais de la Loire.

Au delà de la gare de Nantes-Orléans, le ch. de fer longe les quais de la Loire, parallèlement à la chaussée publique. On voit à dr. le château, à g. le pont-transbordeur. Puis on traverse de grandes prairies marécageuses, en s'éloignant des fleuves.

470 k. (de Paris-Orléans). *Savenay* Ⓑ.

[⨯ pour **SAINT-NAZAIRE** Ⓑ (p. 219), **Pornichet** (p. 217), **LA BAULE** (p. 215), **Le Pouliguen** (p. 213), **Le Bourg-de-Batz** (p. 211) et **Le Croisic** (p. 209).

A la Baule ⨯ pour *Guérande* (p. 216); — à Guérande 🚌 départemental pour **La Turballe** et **Piriac** (p. 207), continuant ensuite vers *la Roche-Bernard* (p. 206) et *Vannes* (p. 197).]

On laisse à g. la ligne de Saint-Nazaire et du Croisic.

448 k. *Ponchâteau-Besné*, où l'on croise la ligne de Paris-Saint-Nazaire (Etat).

Au delà de la station de *Séverac*, la voie traverse le canal de Nantes à Brest; on se rapproche de la Vilaine, que l'on traverse un peu avant Redon, où l'on rejoint les lignes Paris à Redon (Etat), par Le Mans et Rennes, ou par Le Mans et Châteaubriant.

512 k. **REDON** Ⓑ. — ***Hôtels*** : *Lion d'Or et Commerce* (déj. 2 fr. 50, dîn. 3 fr., ch. 2 et 3 fr.), r. des Douves et Du-Guesclin; *de France* (mêmes prix), pl. de Bretagne; *de la Poste* (déj. 2 fr. 50, dîn. 3 fr., ch. 2 fr.), id.; *de Bretagne* (déj. 2 fr., dîn. 2 fr. 50, ch. 1 fr. 50), près la gare. — Redon, V. de 6,935 hab., ch.-l. d'arr. sur la Vilaine, est pour les touristes un centre important de transit. En sortant de la gare, on suit à dr. la *rue de la Gare*, qui descend vers la vaste **place de Bretagne**. Cette place est bordée à dr. par le ch. de fer, que l'on traverse au passage à niveau, pour se trouver sur la **place Saint-Sauveur**. Sur cette place s'élèvent : l'**Hôtel de Ville**, moderne (1909), de style ancien; l'ancien **clocher**, isolé, de l'église Saint-Sauveur (XVe s.; flèche haute de 67 m.; s'adr. au gardien pour y monter, pourboire); l'**église Saint-Sauveur**, qui a subi de nombreux remaniements (*clocher* roman, du XIIe s., à angles arrondis; à l'int., le chœur est du XIIIe s., avec un vaste *maître-autel à retable*, de style Louis XIII, don de Richelieu; le carré qui précède le chœur est roman (XIIe s.); la nef a été défigurée au XVIIIe s.). Contigu à l'église, le *collège Saint-Sauveur* (sonner à la porte) possède un beau **cloître** de l'époque de Louis XIV. — La place Saint-Sauveur communique avec la *place de la Duchesse-Anne*, où s'ouvre la **Grande-Rue** qui a conservé quelques *maisons anciennes*. A son extrémité, on trouve à dr. le **bassin à flot** du canal de Nantes à Brest, à g. les quais de la Vilaine.

Au delà de Redon, le ch. de fer parcourt un pays couvert de bruyères, de landes, de pins et de bois de châtaigniers.

541 k. *Questembert* (à 2 k. 1/2 à g.). — *Eglise* du XVIe s.; *calvaire* au cimetière; *vieilles maisons* et *halle ancienne*.

[⛌ pour (34 k.; 3 fr. 80, 2 fr. 55, 1 fr. 70) **PLOËRMEL**. — ***Hôtels*** : *de France* (déj. 2 fr. 50, dîn. 3 fr.); *du Commerce*. — L'**église Saint-Armel** (XVIe s.) est du gothique flamboyant; la *tour* est du XVIIIe s. A l'int., on voit 8 riches *verrières* anciennes (1533-1602; restaurées) et (en haut du bas-côté g.) le *sarcophage* de marbre, avec statues, *des ducs Jean II* († 1305) et *Jean III* († 1341). — Derrière l'église, *monument du Dr Guérin*. — Dans la vieille ville, plusieurs **maisons anciennes**, surtout du XVIe s. (Renaissance), parmi lesquelles l'*hôtel de Mercœur* et celui *de Jacques II*, roi d'Angleterre. — Au *petit séminaire* est un **cloître**, avec le *tombeau de Philippe de Montauban* († 1514) et de sa femme.

🚌 départemental, 17 k. (1 fr. 30 et 85 c.), de Ploërmel à **Josselin** (hôt. *de France*, déj. ou dîn. 2 fr. 50, ch. 1 fr. 50). **Eglise N.-D. du Roncier** (XVe s.; *chaire* en fer forgé; *tombeau d'Olivier de Clisson*, † 1407, *et de Marguerite de Rohan*, sa femme, avec statues couchées). Le **Château de Josselin** (on visite) est du XVIe s. Du côté de la rivière de l'Oust, il se présente sous un rude aspect féodal, avec murs à pic et tours à toits coniques. La *face intérieure*, au contraire, offre la plus riche ornementation du gothique flamboyant. Dans la cour d'honneur, beau *puits* ancien avec armature de fer forgé. A l'int. : *vestibule* avec escalier de pierre; *musée* (armes, bijoux, portraits); *bibliothèque*; *salon* avec belle cheminée; *salle à manger* avec *statue équestre d'Olivier de Clisson*, par Frémiet. Un **parc** superbe entoure le château. — Entre Josselin (4 k. 1/2) et Ploërmel (7 k. 1/2), par la route, la **Pyramide de Trente** rappelle le célèbre *Combat de Trente* (27 mars 1351), où 30 chevaliers bretons vainquirent, en combat singulier, 30 chevaliers anglais.]

Au delà de Questembert la vue qu'on a du train continue à être bornée.

555 k. *Elven*, à 4 k. 1/2 à dr. de la station (ruines de la *tour d'Elven*). Le ch. de fer descend un petit vallon où le ruisseau du Lizier coule vers Vannes.

566 k. **VANNES** (p. 197). — Visite de la ville; excursion dans le golfe du Morbihan (p. 201).

[✕ pour (🚌 départemental) **Damgan-Kervoyal-Pénerf** (station d'*Ambon*; p. 205) et pour **Billiers** (station de *Muzillac*; p. 206);
pour (🚌 départemental) *Sarzeau* (p. 204), **Saint-Gildas-de-Rhuis** et **Port-Navalo** (p. 203).
⛴ pour le **golfe du Morbihan** (*Conleau*, *Ile-aux-Moines*, **Larmor-Baden**, **Locmariaquer** et **Port-Navalo**), p. 201.]

Le même paysage se continue, avec ses landes et ses bois de pins.

583 k. *Sainte-Anne-d'Auray*, station desservant la basilique de ce nom (p. 182).

On traverse la rivière du Pont-du-Loc, ou rivière d'Auray, sur un *viaduc* de 10 arches, long de 206 m., dans un *beau site*.

585 k. **AURAY** Ⓑ (p. 181). — Visite de la ville; excursion à *Sainte-Anne-d'Auray* (p. 182) et à **Pontivy** (p. 183).

[✕ pour *Plouharnel-Carnac*, station desservant **CARNAC** et ses célèbres alignements mégalithiques (p. 185), **Carnac-Plage** (p. 190), **La Trinité-sur-Mer** (p. 190) et **Etel** (p. 189);
pour *Penthièvre* (**plage de Penthièvre**, p. 192), *Saint-Pierre-Quiberon* (p. 192) et **QUIBERON** (p. 192), point d'accès de **BELLE-ILE** (p. 195).]

Landes et bois de pins. Au delà de *Landévant*, on franchit le Blavet sur un *viaduc* monumental de 7 arches (222 m. de long); à dr., *vue pittoresque* sur Hennebont.

612 k. **Hennebont** (p. 179). — Visite de la ville.

Au delà d'Hennebont et en arrivant à Lorient, le ch. de fer franchit l'*estuaire du Scorff*, sur un pont de 358 m. A g., vue du port militaire et de ses chantiers.

620 k. **LORIENT** Ⓑ (p. 175). — Visite de la ville et du port de guerre.

[⛴ pour les plages de la rade de Lorient (*Kéroman*, *Larmor*, *Port-Louis*, etc.; p. 177) et pour l'*île de Groix* (p. 179).]

Le ch. de fer, un peu avant Quimperlé, coupe sur un *viaduc* de 7 arches, long de 157 m., la belle *vallée de la Laïta* et découvre la ville, à dr., sous un *aspect pittoresque*.

640 k. **QUIMPERLÉ**. — Visite de la ville.

[✕ pour (🚌 départemental) **Pont-Aven** et **Port-Manech** (p. 167), et *Concarneau* (p. 163);
pour (route de voit. et *service d'auto*) **Le Pouldu** (p. 173).]

Avant d'arriver à Rosporden, la voie traverse, sur une chaussée, le bel *étang* de Rosporden, où se reflète l'église (à g.; *joli site*).

665 k. *Rosporden*. — Eglise pittoresque, au bord d'un bel étang.

[✕ pour **Concarneau** (p. 163).]

Le ch. de fer suit, pendant 12 k., le charmant *vallon du Jet*, en un paysage large et puissant, dont les pentes atteignent 128 m. d'alt.

685 k. **QUIMPER** Ⓑ (p. 137). — Visite de la ville.

[✕ pour (route de voit. et *service d'auto*) **Fouesnant** et **Beg-Meil** (p. 161);
pour (route de voit. et *service d'auto*; ⛴ l'été) **Bénodet** (p. 159);

pour (🚌) **Pont-l'Abbé** (p. 151); — route de voit. et *service d'auto* de Pont-l'Abbé à **Loctudy** (p. 153); — 🚌 départemental de Pont-l'Abbé à **Guilvinec** (p. 155) et à **Penmarch-Saint-Guénolé** (p. 157);

pour (🚌) **Douarnenez** (p. 143); — 🚌 départemental de Douarnenez à **Audierne** (p. 147); — route de voit. et voit. de corresp. d'Audierne à la **Pointe-du-Raz** (p. 149).]

Au delà de Quimper, le trajet du ch. de fer est *très pittoresque*. Se placer à dr. jusqu'à Châteaulin; à g., de Châteaulin à Landerneau. Paysages agrestes; prairies dominées par des pentes boisées de hêtres et de sapins; puis l'horizon se dénude et s'élargit; *magnifique arrivée à Châteaulin*, sur un *viaduc* de 7 arches, d'où l'on domine la ville et la vallée de l'Aulne (à dr.).

716 k. **Châteaulin** (p. 135). — Visite de la ville.

[✕ pour (route de voit. et, en partie, médiocre service de voit.; 🚌 départemental projeté) **Pentrez** (p. 136), **Crozon** (p. 130), **MORGAT** (p. 129) et **Camaret** (p. 133).]

De Châteaulin à Landerneau le trajet continue à être magnifique : traversée de l'Aulne sur le gigantesque *viaduc de Port-Launay* (12 arches, 357 m. de long, 50 m. de haut); après la station de *Quimerch* (217 k.), *échappée superbe*, vers la g., sur la rade de Brest et ses côtes découpées; on traverse ensuite la *forêt du Cranou*; viaduc de *Daoulas* (239 k.; haut de 37 m., long de 400 m.), d'où l'on découvre à g. la petite ville. Puis la voie descend vers Landerneau, dans un paysage rocheux, et en pente rapide; on découvre la ville et le ch. de fer se raccorde à la ligne Paris-Brest.

770 k. **Landerneau** Ⓑ (p. 109), point de jonction avec le ch. de fer de l'État et la ligne Paris-Brest. — De Landerneau à Brest, *V.* p. 13*.

789 k. **Brest** (p. 115).

B. — *LE VOYAGE PAR LA ROUTE.*

Nantes (p. 17*) est à 389 k. de Paris, route directe, par *Le Mans* (209 k.), *Sablé* (257 k.), *Château-Gonthier* (287 k.), *Segré* (309 k.), *Saint-Mars-la-Jaille* (349 k.) et *Carquefou* (378 k.). — *N.-B.* Un voyage en Bretagne, par Nantes, peut toutefois se combiner agréablement avec une visite des *Châteaux de la Loire* et la route *d'Orléans*, *Blois*, *Tours*, *Saumur*, *Angers* et *Ancenis*, qui suit la vallée du fleuve. Pour cet itinéraire, recommandé, *V.* le Guide-Joanne : *La Loire* ou *Châteaux de la Loire*.

[88 k. de Nantes au *Croisic* (p. 209), par *Savenay* (36 k.), *Saint-Nazaire* (61 k.; p. 219), *Pornichet* (73 k.; p. 217), *la Baule* (77 k.; p. 215), *Le Pouliguen* (80 k.; p. 213) et *le Bourg-de-Batz* (84 k.; p. 211).

111 k. par la côte, de Nantes à *Vannes* (p. 197), par *Savenay* (36 k.), *La Roche-Bernard* (69 k.; p. 206), *Muzillac* (84 k.; bifurc. de 2 k. 1/2 pour *Billiers*, p. 206), *Ambon* (90 k.; bifurc. de 4 k. pour *Damgan-Kervoyal-Pénerf*, p. 205), *Surzur* (96 k.) et *Noyalo* (102 k.).]

La route de Nantes à Redon est d'abord *accidentée*. Elle s'élève, au delà d'*Orvault* (8 k.; jolie vallée) jusqu'à 75 m. d'alt. et parcourt le *Sillon de Bretagne*, pays en partie désertique. Puis elle redescend vers *Fay-de-Bretagne* (30 k.), passe à l'extrémité de la *forêt du Gâvre* et file alors en ligne droite vers Redon, en laissant à dr. la *vallée de l'Isac* (canal de Nantes à Brest).

67 k. (de Nantes). *Redon* (p. 19*). — Visite de la ville.
Au delà de Redon, on suit la route de Vannes, *très accidentée*, qui parcourt un pays de landes, de bois de pins et de châtaigniers, par *Allaire* (75 k.) et *Le Tourne-Bride* (83 k.; à dr., bifurc. de 1 k. pour *Malansac* et [4 k. 1/2 de Malansac] *Rochefort-en-Terre* et les *landes de Lanvaux*). On coupe le ch. de fer.
97 k. 1/2. *Questembert-gare*.

[De Questembert à *Billiers* (16 k. 1/2; p. 206), par *Muzillac* (14 k.).]

La route, continuant à s'élever, atteint 137 m. d'alt. à *la Vraie-Croix-gare*, puis coupe à nouveau le ch. de fer.
112 k. 1/2. *Elven-gare*.

[30 k. d'Elven-gare à *Ploërmel* (p. 19*), par *Elven* (4 k. 1/2; ruines de la *tour d'Elven*). — 12 k. de Ploërmel à *Josselin* (p. 19*).]

On descend ensuite rapidement sur Vannes.
124 k. *Vannes* (p. 197). — Visite de la ville.

[⛴ pour le *golfe du Morbihan* (*Conleau*, *île aux Moines*, *Larmor-Baden*, *Locmariaquer* et *Port-Navalo*), p. 201.
22 k. de Vannes à *Sarzeau* p. 204); 6 k. de Sarzeau à *Saint-Gildas-de-Rhuis* (p. 203); 12 k. de Sarzeau à *Port-Navalo* (p. 203).
42 k. de Vannes à *La Roche-Bernard* (p. 206), par *Ambon* (21 k.; bifurc. de 4 k. pour *Damgan-Kervoyal-Pénerf*, p. 205) et *Muzillac* (27 k.; bifurc. de 2 k. 1/2 pour *Billiers*, p. 206).
46 k. de Vannes à *Ploërmel* (p. 19*), par *Elven-gare* (11 k. 1/2) et *Elven* (16 k.). — 12 k. de Ploërmel à *Josselin* (p. 19*).]

On sort de Vannes par la route d'Auray, *légèrement accidentée*, qui passe à l'extrémité de la vallée du Vinscin, parcourt des landes avec des moulins à vent, redescend vers l'estuaire d'un des affluents de la rivière d'Auray, puis traverse celle-ci un peu avant la ville du même nom.
141 k. *Auray* (p. 181). — Visite de la ville; excursion à *Sainte-Anne d'Auray* (p.182) et tournée, recommandée, de *Carnac-Locmariaquer* (p.185).

[14 k. d'Auray à *Carnac* et *Carnac-Plage* (p. 190).
27 k. d'Auray à *Quiberon* (p. 191), par *Plouharnel-Carnac* (12 k. 1/2; p. 185), la plage de *Penthièvre* (19 k.; p. 192) et *Saint-Pierre-Quiberon* (23 k.; p. 192); — ⛴ de Quiberon à *Belle-Ile* (p. 195).
18 k. d'Auray à *Etel* (p. 189).
13 k. d'Auray à *Larmor-Baden* (p. 202).
48 k. d'Auray à *Pontivy* (p. 183).]

On sort d'Auray par la route de Lorient, qui file *en ligne droite et en montant*, parallèle au ch. de fer. Elle le coupe un peu avant *Landévant* (173 k.), continue à monter, puis redescend vers la belle *vallée du Blavet*, où se trouve Hennebont.
169 k. *Hennebont* (p. 179). — Visite de la ville.
La route arrive à Lorient par le beau *pont suspendu de Kerentrech* (*estuaire du Scorff*; chantiers de construction du port de guerre) et par le faubourg du même nom.
179 k. *Lorient* (p. 177). — Visite de la ville et du port de guerre; excursions par ⛴ en *rade* et à l'*île de Groix* (p. 177-179).
On sort de Lorient par la route de Quimperlé, *montueuse*, qui croise 2 fois le ch. de fer, puis descend vers la verdoyante *vallée de la Laïta*. On arrive à Quimperlé, à la place Nationale, centre de la ville-basse.

200 k. *Quimperlé* (p. 169). — Visite de la ville.

[12 k. 1/2 de Quimperlé au *Pouldu* (ou 16 k., par *l'abbaye de Saint-Maurice*); p. 173.

21 k. de Quimperlé au *Faouët* (excursion recommandée; p. 172).

17 k. de Quimperlé à *Pont-Aven* (p. 167); — 10 k. de Pont-Aven à *Port-Manech* (p. 168); — 15 k. de Pont-Aven à *Concarneau* (p. 163).]

On prend à Quimperlé la route de Quimper, *dure et très accidentée*. Elle atteint 136 m. d'alt. et arrive au pittoresque *étang* de Rosporden.

225 k. *Rosporden*. — Eglise pittoresque au bord d'un bel étang.

[12 k. de Rosporden à *Concarneau* (p. 163).]

La route croise le ch. de fer à la station de Rosporden, puis 5 k. au delà, dans la belle *vallée du Jet*. Au delà du petit v. de *Saint-Yvi*, elle descend directement sur Quimper, où l'on arrive par la gare et le boulevard de l'Odet.

247 k. *Quimper* (p. 137). — Visite de la ville.

[17 k. de Quimper à *Pont-l'Abbé* (p. 151); — 6 k. de Pont-l'Abbé à *Loctudy* (p. 153); — 11 k. de Pont-l'Abbé à *Guilvinec* (p. 155); — 11 k. et 14 k. de Pont-l'Abbé à *Penmarch* et à *Saint-Guénolé* (p. 157).

21 k. de Quimper à *Douarnenez* (p. 143); — 20 k. 1/2 de Douarnenez à *Audierne* (p. 147); — 15 k. d'Audierne à la *Pointe-du-Raz* (p. 149).

16 k. de Quimper à *Bénodet* (⛴ l'été; p. 159).

21 k. de Quimper à *Beg-Meil* (p. 161), par *Fouesnant* (15 k. 1/2; p. 162).]

Au delà de Quimper, on suit la route de Châteaulin, *très dure*, *très accidentée*, mais pittoresque, à travers un pays montagneux et sauvage, aux vastes horizons. *La descente vers Châteaulin et vers la sinueuse vallée de l'Aulne est magnifique.*

274 k. *Châteaulin* (p. 135).

[36 k. 1/2 de Châteaulin à *Morgat* (p. 129), par *Crozon* (31 k.; p. 130); — 9 k. de Crozon à *Camaret* (p. 133).

16 k. 1/2 de Châteaulin à *Pentrez* (p. 136).]

Au delà de Châteaulin et de *Port-Launay* (belle vallée de l'Aulne), la route reprend *dure et montueuse*, en un vrai pays de montagne et à de hautes altitudes. Après *Quimerch* vient une *belle descente*, très rapide, sur *Le Faou* (294 k.), petit v. et petit port sur l'anse la plus profonde de la rade de Brest. La route se relève et redescend ensuite vers *l'Hôpital-Camfrout* (302 k.), puis vers *Daoulas* (306 k.), dans un site pittoresque. Après de nouvelles côtes, on descend vers la *vallée de l'Elorn* et vers Landerneau, où l'on arrive par la rive g. de la rivière, que l'on passe au vieux pont.

317 k. (de Nantes). *Landerneau* (p. 109), point de jonction avec la route de Paris-Brest. — De Landerneau à Brest, *V.* p. 16*.

339 k. *Brest* (p. 115).

ABRÉVIATIONS ET SIGNES

all. et ret.	aller et retour.
alt.	altitude.
arr.	arrondissement.
asc	ascenseur.
aub.	auberge.
auj	aujourd'hui.
av.	avenue.
b	bourg.
bag.	bagages.
bd	boulevard.
c., cent.	centimes, centimètres
ch	chambres.
chap.	chapelle.
chev.	cheval.
ch.-l. de c.	chef-lieu de canton.
com., comm.	commune.
corresp.	correspondance.
déj.	déjeuner.
départ	département.
dîn.	dîner.
dr	droite.
E	est.
env.	environ.
fr.	franc.
g.	gauche.
h	heure.
hab.	habitants.
ham	hameau.
haut.	hauteur.
hect.	hectares.
hectol.	hectolitres.
hôt.	hôtel.
j.	jours.
k.	kilomètres.
kilog.	kilogrammes.
larg.	largeur.
long	longueur.
m.	mètre.
mat.	matin.
min.	minutes.
mon. hist.	monument historique.
N.	nord.
O	ouest.
Omn	omnibus.
pens	pension.
pl	place.
priv.	privée.
publ	public.
R.	route.
r.	rue.
rest.	restaurant.
S	sud.
s.	soir.
s.	siècle.
St.	Saint.
T. C. F.	Touring-Club.
t. l. j.	tous les jours.
tonn	tonneaux.
V.	ville.
v.	village.
V.	voir.
V. et Enf. J.	Vierge et Enfant Jésus.
voit.	voiture.
voit. publ.	voiture publique.
voit. de corresp.	voiture de correspondance.
vol.	volume.
[signe]	chambre noire.
[signe]	chemin de fer.
[signe]	route de voitures.
Ⓑ	buffet.
Ⓟ	portrait.
[signe]	bifurcation.
[signe]	bateaux à vapeur.

N.-B. — A défaut d'indication contraire, les hauteurs sont évaluées au-dessus du niveau de la mer.

Les *hôtels* sont classés, autant que possible, par ordre d'importance, avec indication des prix qui nous ont été communiqués ou qui ont été payés par nous. Nous prions instamment MM. les touristes de nous adresser toutes les corrections et observations nous permettant de tenir à jour cette partie importante du Guide.

Ce signe * à la suite d'un nom d'hôtel indique un établissement dit « de premier ordre » pour le confortable et pour les prix.

Toutes les mentions et recommandations contenues dans le texte des Guides-Joanne sont entièrement gratuites.

MONT SAINT-MICHEL
(MANCHE)

Cl. Neurdein.

A. — [train] *Etat, 354 k. de Paris à Pontorson, par Folligny (ligne de Normandie) en 7 h. env. : 39 fr. 65, 26 fr. 75, 17 fr. 45 (voie directe).*
B. — [train] *Etat, 414 k. de Paris à Pontorson, par Vitré (ligne de Bretagne), en 10 h. env. : 46 fr. 35, 31 fr. 30, 20 fr. 40.*
Tram à vap. de Pontorson au Mont, 11 k. en 1/2 h. : 1 fr. 15, 85 c., 55 c.
Les billets de bains de mer bretons pour Saint-Malo et Dinard (V. ces noms) autorisent à volonté l'itinéraire par Folligny-Pontorson ou celui par Vitré-Rennes; ils donnent droit à un arrêt de 48 h. à Pontorson, permettant la visite du Mont. — Billets directs d'aller et retour (du jeudi précédant les Rameaux au 31 oct.), de Paris au Mont, par Folligny (y compris le tram de Pontorson au Mont), val. 7 j. : 47 fr. 70, 35 fr. 75, 26 fr. 10. — De Saint-Malo, all. et ret. (3 j.) : 8 fr. 15, 6 fr. 15, 4 fr. 35. — Toutes les autres gares de l'Etat (ancien réseau de l'Ouest) délivrent des billets d'all. et ret. (8 à 8 j. selon distance).
[auto] *324 k. de Paris au Mont par Dreux, Laigle, Argentan, Flers, Avranches et Pontaubault; — 397 k. par Chartres, Le Mans, Laval, Vitré, Fougères et Pontorson.*

Hôtels : — *Etablissements Poulard** (petit déj. 1 fr. 25, déj. 3 fr., dîn. 3 fr. 50; chauffage central; [tél.]); — *Du Guesclin* (petit déj. 75 c., déj. ou dîn. 2 fr., ch. dep. 2 fr. ; pens. 6 fr. par j.); — *Duval* (ex-*Cheval-Blanc*; mêmes prix); — *de la Confiance* (mêmes prix). — Tous les hôtels sont dans la Grande-Rue; la boisson est le cidre ; vin en surplus. — Nombreux petits *restaurants* à tous prix dans la Grande-Rue.

Le **MONT SAINT-MICHEL,** une des merveilles monumentales et pittoresques de la France, est un but classique d'excursion de Saint-Malo et des diverses plages de la région. Nous conseillons de s'y rendre de préférence en temps de « vive eau », c'est-à-dire *36 h. après les pleines* *et les nouvelles lunes*, ou les 2 jours qui précèdent et suivent cette date, afin de le voir sous son plus bel aspect.

De **Pontorson** (hôt. : *Bretagne*, déj. ou dîn. 3 fr., ch. 2 à 5 fr.; *de l'Ouest*, déj. ou dîn. 2 fr. à 3 fr. 50, ch. 2 fr.; nombreux *restaurants* à tous prix), le tram ou la route arrivent au Mont par la **digue** qui le relie seule au continent, traversant d'immenses étendues où paissent des moutons, dits « prés-salés »; à g., on voit le Couesnon.

Le Mont Saint-Michel groupe ses maisons sur une colline granitique, haute de 75 m., qui s'élève dans la **baie** formée par la réunion des côtes de Normandie et de Bretagne. Le sommet de la colline est occupé par l'ancienne abbaye, que domine la statue dorée de St Michel. Le premier ermitage chrétien fut fondé sur le Mont au VIIIe s., par St Aubert, évêque d'Avranches, à la suite d'une apparition de St Michel, dont il aurait été favorisé. Peu à peu un pèlerinage s'y établit, et des bâtiments plus importants s'élevèrent, du XIe au XIIe s.; mais c'est surtout aux siècles qui suivirent (du XIIIe au XVe s.) que furent bâties, dans le style ogival normand, les plus belles parties architecturales que l'on admire aujourd'hui.

ITINÉRAIRE. — La digue s'arrête à la base des remparts (*N.-B. Se défier des pisteurs; l'entrée de l'abbaye est gratuite et elle n'a aucun gardien ni représentant à l'arrivée du tram; notre itinéraire y conduit facilement*) et l'on entre d'abord (par une passerelle, à g.) dans une 1re *cour* fortifiée (2 bombardes, dites *les Michelettes*, prises aux Anglais en 1434). On passe ensuite, par la *porte du Boulevard*, dans une 2e *cour* (hôtel Poulard), puis, par **la porte du Roi** (XVe s.; herse et mâchicoulis), on débouche dans la **Grande-Rue**. — Montant la Grande-Rue, raide et pittoresque, avec ses *vieilles maisons* (nombreux marchands qui vous obsèdent; petite **église paroissiale** et *maison* dite de *Du Guesclin*, à g.), on aboutit à l'*entrée de l'Abbaye*.

L'**Abbaye** (de 8 h. mat. à 6 h. s., du 15 mai au 1er oct.; de 9 h. à 11 h. et de midi 1/2 à 4 h., du 1er oct. au 15 mai) a pour unique entrée la porte fortifiée qui s'ouvre sous le donjon ou **Châtelet**, entre deux hautes tourelles (XVe s.), et d'où part un escalier intérieur à pic, dit **escalier du Gouffre**. Montant cet escalier, on arrive à la **salle des Gardes**, du XIIIe s. (vaste cheminée); à dr. est une *petite cour* avec la loge des **gardiens**. *La visite dure une heure env.; elle est gratuite, mais une légère rémunération au gardien est d'usage.*

Nous signalerons principalement : — A L'ÉTAGE SUPÉRIEUR (3e à partir du bas), où l'on monte par le bel **escalier abbatial** (2 *ponts*; 90 marches) : — **la plate-forme du Saut-Gaulhier** (75 m. d'altit.; un prisonnier nommé Gauthier s'y précipita dans le vide, vue magnifique vers Pontorson); — l'**église** (nef romane; chœur ogival flamboyant; on monte à la *plate-forme de l'abside*, où l'on admire le charmant escalier sculpté, dit **escalier de dentelle**, et la flèche, moderne, que surmonte le *St Michel* doré, par Frémiet; — le **cloître** (1228; chef-d'œuvre de l'art ogival; 227 *colonnettes*); — le **réfectoire des moines** (1225; 59 fenêtres; *chaire* **pour la lecture**). — Le cloître ou le réfectoire font partie de ce qu'on appelle « *la Merveille* », qui est la plus belle partie de l'Abbaye et dont nous retrouverons la suite aux 2 étages inférieurs.

ÉTAGE INTERMÉDIAIRE (2e à partir du haut ou du bas) : — on traverse, **dans les entrailles mêmes du roc**, plusieurs salles souterraines et sinistres (ancien **promenoir des moines**; **charnier ou cimetière des moines**; **chapelle N.-D. des Trente-Cierges** et ancienne *roue* de bois). — Puis on

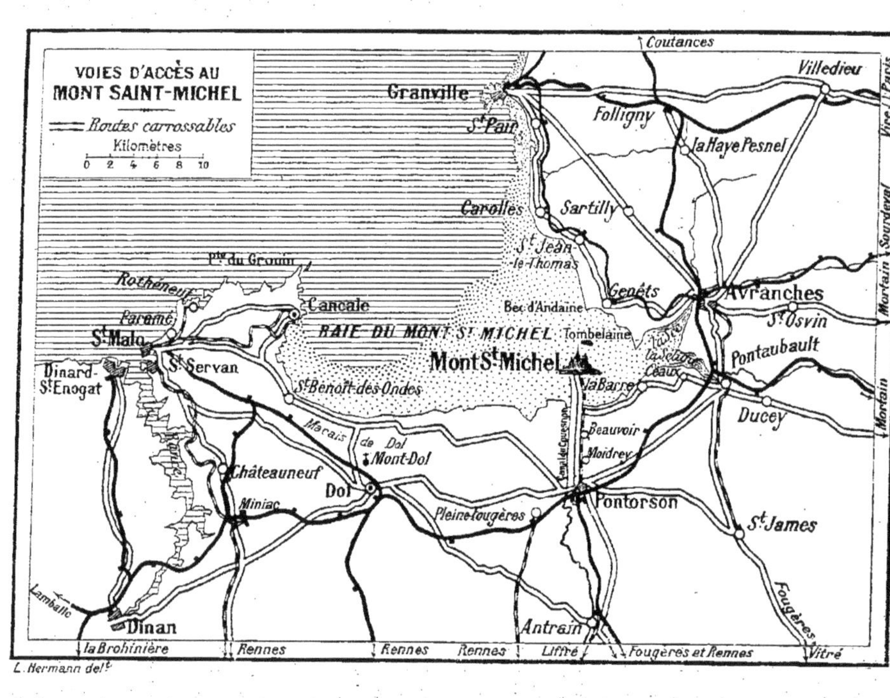
VOIES D'ACCÈS AU
MONT SAINT-MICHEL
Routes carrossables
Kilomètres
0 2 4 6 8 10
Coutances
Villedieu
Granville
Folligny
St Pair
la Haye Pesnel
Vire / Paris
Sourdeval
Carolles
Sartilly
St Jean-le-Thomas
Pte du Grouin
Rothéneuf
Paramé
Cancale
St Malo
Genêts
Avranches
Bec d'Andaine
BAIE DU MONT ST MICHEL
Tombelaine
Mortain
St Osvin
la Sélune
Pontaubault
Ceaux
Mont St Michel
Dinard-St Enogat
St Servan
St Benoît-des-Ondes
la Barre
Ducey
Mortain
Marais de Dol
Mont-Dol
Beauvoir
Moidrey
Canal du Couesnon
Châteauneuf
Dol
Pontorson
Miniac
Pleine-Fougères
St James
Lamballe
Dinan
Antrain
Fougères
la Brohinière
Rennes
Rennes
Rennes
Liffré
Fougères et Rennes
Vitré
L. Hermann delt

rentre dans la « Merveille » avec la remarquable **salle des Hôtes** ou **des Etrangers** (1215; 2 nefs à nervures élégantes; vastes cheminées) et la non moins belle **salle des Chevaliers** (1215 à 1220; colonnes cylindriques; aux voûtes, clefs sculptées); ces 2 salles sont respectivement sous le réfectoire des moines et sous le cloître. — A ce même étage, **crypte des gros piliers**, située sous le chœur de l'église.

Étage inférieur (3e à partir du haut; 1er à partir du bas) : — **galerie de l'Aquilon**; nombreux *cachots*, dont l'un servit pour Barbès; — **cellier** (3 nefs et piliers carrés) et **aumônerie** (les moines y recevaient les indigents) qui font partie de la « Merveille »; le cellier est sous la salle des Chevaliers dont ses piliers supportent les colonnes, l'aumônerie sous la salle des Hôtes.

[Au sortir de l'Abbaye, on peut aller visiter (à g.; écriteaux) le **musée du Mont Saint-Michel** (musée privé; 1 fr. par pers.), qui renferme des figures en cire de divers personnages dont l'histoire est liée à celle du Mont, des curiosités et objets d'art divers et une collection de « coqs » de montres. — Sinon, on redescend par les remparts.]

Au sortir de l'Abbaye, on prend en face de soi la ligne des **Remparts**, dont on suit le chemin de ronde. On y rencontre successivement la *tour Claudine*, la **tour du Nord** (angle du rempart; c'est ici que l'on vient assister au spectacle admirable de la *marée montante*), la *tour Boucle* (*cafés*), la *tour Basse* et la *tour de la Liberté*. Au delà de la *tour* couverte *de l'Arcade*, on redescend, à dr., à la porte de la ville.

TOUR DU MONT. — Il se fait *à pied* à mer basse, en *barque* (1 fr. par pers.) à mer haute. *N.-B. Eviter de se laisser couper le chemin par la marée montante et s'enquérir de l'heure du flot; ne pas s'aventurer trop loin sur les grèves à cause des sables mouvants.* — En sortant du Mont on tourne à dr. et on atteint la jolie **chapelle Saint-Aubert** (XIIIe-XIVe s.), sur un rocher, à la base duquel on passe. Plus loin, on voit le *puits de Saint-Aubert*, le **bois** de l'Abbaye et l'on rejoint la base du rempart à la petite *fontaine Saint-Symphorien* (le sol y devient souvent mauvais et impraticable); on revient en ce cas par le même chemin.

A 3 k. N., par les grèves, îlot de **Tombelaine** (*un guide est indispensable pour s'y rendre*). — Au delà (6 k. 1/2 N.-E. du Mont), petit v. de **Genêts**, sur la côte normande, d'où l'on se rend au Mont avec des voitures spéciales à grandes roues (10 fr. all. et ret. env. pour 2 pers.).

Pour plus de détails, *V.* la Monographie-Joanne : *Mont Saint-Michel*, 1 fr.

Distances par la route : — *Avranches*, 23 k.; — *Dinard*, 76 k.; — *Granville*, 148 k.; — *Rennes*, 65 k.; — *Saint-Malo* (2 routes, par Paramé ou Saint-Servan), 53 k.; — *Vitré*, 74 k.

SAINT-MALO
(ILLE-ET-VILAINE)

Cl. P. Gruyer.

État, 456 k. de Paris, en 7 h. env., par Vitré et Rennes, ou 398 k. en 8 h. env. par Folligny et Pontorson (ce dernier itinéraire permet, de Pontorson, la visite du Mont Saint-Michel). — Billets de bains de mer, val. 33 j. : 56 fr., 37 fr. 80, 26 fr. 65, all. et ret.; ils autorisent à volonté l'un et l'autre itinéraire et un arrêt de 48 h. à Pontorson.

414 k. de Paris à Rennes et 71 k. de Rennes à Saint-Malo, ou 330 k. de Paris à Pontorson et 48 k. 1/2 de Pontorson à Saint-Malo.

Omnibus (tarif officiel) : — à la gare pour la ville (*à domicile et vice versa*) : 50 c. le jour, 75 c. la nuit; 75 c. et 1 fr. avec 30 kilog. de bag.; 10 c. en plus par 10 kilog ; — de la gare à la pl. Chateaubriand (*bureau de l'omnibus*) et *vice versa* : 30 c. le jour, 50 c. la nuit; avec 30 kilog. de bag., 50 c. et 75 c.

Omnibus des hôtels : — prix variables.

Tram à **vapeur** : — à la gare, pour *Saint-Malo* : 15 c. (porte Saint-Vincent) et 25 c. (porte de Dinan); *Paramé* : 15 c. (Casino et Rochebonne) et 25 c. (Paramé-Ville); *Saint-Servan* : 15 c.

De Saint-Malo (porte Saint-Vincent) à *Paramé* (Paramé-Casino et Paramé-Rochebonne) : 20 c. et (Paramé-Ville) 30 c. ; mêmes trajets de Saint-Malo, porte de Dinan : 30 c. et 45 c. — De Saint-Malo (porte Saint-Vincent) à *Saint-Servan* : 20 c.; idem, de la porte de Dinan, 30 c.

De Saint-Malo à *Rothéneuf* (par le tram de Paramé, changement de tram à Paramé-Rochebonne) : 20 c. ou 30 c. jusqu'à Paramé-Rochebonne et 25 c. de *Paramé-Rochebonne* à Rothéneuf.

De Saint-Malo à *Cancale* : 1 fr. 20 et 85 c. pour Cancale-Ville; 1 fr. 25 et 90 c. pour la Houle (port de Cancale).

De Saint-Malo à *Rennes* : 6 fr. 40 et 4 fr. 35, par *Saint-Suliac* (1 fr. 30 et 90 c.).

Commissionnaires : — de la *gare* ou des *Beys* (accostage du bateau de Dinard) à domicile : 75 c. une malle, 50 c. une valise; de la *porte de Dinan* ou du *bateau de Jersey* : 50 c. et 40 c.; de la *cale des bateaux* à un omnibus ou une voiture : 20 c. et 10 c.

Hôtels : — En Ville : — *Grand-Hôtel de France et de Chateaubriand** (avril à novembre; petit déj. 1 fr. 25 et 1 fr. 50, déj. 3 fr., dîn. 4 fr., sans boisson; ch. de 4 à 8 fr. par pers.; pens. 10 à 15 fr.; interprètes; bains; ☎), pl. Chateaubriand; — *Univers** (petit déj. 1 fr. et 1 fr. 50, déj. 3 fr. et 3 fr. 50, dîn. 3 fr. 50 et 4 fr., ch. 2 fr. 50 à 5 fr. par pers.; pens. dep. 10 fr.; bains; chauff. central; ☎), pl. Chateaubriand; — *du Centre et de la Paix* (déj. 3 fr., dîn. 3 fr. 50, ch. 3 à 5 fr. par pers.; les repas pris en dehors de l'hôtel, sauf entente contraire, ne sont pas déduits; pens. 8 fr. 50 à 10 fr.; ☎; bains; chauff. central), r. Saint-Thomas, 6; — *Central-Benoît* (l'été; petit déj. 1 fr., déj. 2 fr., dîn. 2 fr. 50, ch. dep. 2 fr.; pens. dep. 6 fr. 50), Grande-Rue, 10-12; — de *l'Union* (déj. 2 fr. 50, dîn. 3 fr., avec vin; pens. 7 fr. 50 à 9 fr.; ☎), pl. de la Poissonnerie, 4; — *du Commerce* (8 fr. 50 par j.), r. Saint-Thomas, 13; — *du Louvre* (déj. 2 fr. 50, dîn. 3 fr.; pens. dep. 7 fr. 60; bains), r. Boursaint, 9; — *Provence et Angleterre* (déj. 2 fr., dîn. 2 fr. 50; 6 fr. 50 par j.), r. de la Poissonnerie, 11; — *de la Marine* (déj. 2 fr., dîn. 2 fr. 50, ch. dep. 2 fr.; pens. 6 à 7 fr.; ☎), r. des Marins, 7; — *de la Plage* (déj. ou dîn. 2 fr.; pens. à prix très modérés), r. Saint-Thomas, 2; — *Jacques Allory* (déj. 1 fr. 50, dîn. 1 fr. 75; pens. dep. 5 fr. par j.), r. Migneaux, 7, près la Halle à la Boucherie; — *Hôtel-restaurant Parisien* (déj. 1 fr. 50, dîn. 1 fr. 75; 5 fr. 50 par j.), r. de Dinan, 9; — *de l'Entente cordiale* (pens. dep. 5 fr.), rue des Cordiers, 8.

Pensions de Famille : — *Pension Sainte-Anne* (7 à 8 fr. par j.), r. Sainte-Anne, 4, sur la mer; — *Pension ex-Mlle Garel* (5 fr. par j.), r. de la Victoire, 9, près la mer.

Hors la Ville, sur la route de Paramé : — *Grand-Hôtel Franklin** (avril à oct.; petit déj. 1 fr. 50, déj. 3 fr. 50, dîn. 4 fr. 50, sans vin; ch. dep. 4 fr. pens. 9 à 20 fr.; bains; ☎), près du Casino; — *Jacques Cartier*, sur le Sillon (route de Paramé).

À la Gare : — *Chadoin* (petit déj. 60 c., déj. 2 fr., dîn. 2 fr. 50, ch. 2 fr.); — *des Voyageurs et de la Gare* (dep. 6 fr. 50 par j.).

N.-B. — Dans un certain nombre d'hôtels le vin n'est pas compris. — Les prix sont souvent susceptibles d'augmentation au mois d'août; il est recommandé aux touristes de les bien spécifier en arrivant à l'hôtel.

Restaurants : — *Continental** (l'été; déj. 5 fr., dîn. 6 fr., vin compris; service à la carte), pl. Chateaubriand; — *Chuche* (à la carte; prix modérés; avec chambres; huîtres), pl. de la Poissonnerie; — *Au Rocher de Cancale* (avec chambres; huîtres), idem. — Nombreux petits restaurants à prix modérés (repas à 1 fr. 50 et 1 fr. 75), pl. Chateaubriand et en ville.

Cafés : — pl. Chateaubriand (plusieurs avec musique, le soir).

Appartements et chambres meublés : — en ville (nombreux écriteaux) et en s'adr. aux agences. — Prix moyens (fournis par Mme Briand) : 2 ch., cuisine, salle à manger, w.-c., eau et vue de la mer, 350 à 400 fr. en août; 100 à 150 fr. en juill. et sept.; — 1 ch. confortable, vue de mer, 4 à 5 fr. par j. en août; dep. 3 fr. en juillet et sept., ou 80 fr. par mois env.; dep. 1 fr. 50 par j. les autres mois.

Agences de location (pour la ville et la région) : — En ville : — *Mme Briand*, r. Toullier, 4, près la pl. de l'Église; — *Agence Malouine*, r. de Toulouse, 2; — *Haran*, près de la Halle à la Boucherie; — *Mlle Delaunay*, r. Porcon-de-la-Barbinais, 22. — Hors les murs : — — *Nabucet*, route de Paramé; — *Agence du Sillon*, route de Paramé, à la bifurc. des trams (station de Rocabey).

Poste-et-télégraphe : — r. de la Paroisse, 5, près de l'église.

Voitures de place (le tarif détaillé

est affiché à la porte Saint-Vincent) : — la *course*, 1 fr. 25 de la gare à Saint-Malo (porte Saint-Vincent); 1 fr. 75 à domicile ou à la porte de Dinan; 1 fr. 25 de la gare à Paramé (casino, Rochebonne ou ville); 1 fr. de la gare à Saint-Servan (hôtel de ville); 1 fr. 75 à domicile ou au port Saint-Père. — 1 fr. 25 de Saint-Malo à Saint-Servan (hôtel de ville); 1 fr. 75 à domicile ou au port Saint-Père; 1 fr. 25 de Saint-Malo à Paramé (casino, Rochebonne ou ville); 2 fr. de Saint-Malo à Saint-Ideuc; 3 fr. 50 de Saint-Malo à Rothéneuf; — transport de 10 kilog. de bagages à main gratuit, 25 c. jusqu'à 30 kilog., 10 c. par 10 kilog. en plus. — La *course de nuit* (prix unique) 2 fr. 50. — *L'heure*, sur les com. de Saint-Malo, Paramé, Saint-Servan, 2 fr. 25 (heures suiv. 2 fr., calculées par 1/4 d'h.); la nuit (de 9 h. s. à 6 h. mat.) 3 fr. (heures suiv. 2 fr. 50„ par 1/2 h.).

Loueurs de voitures : — *Avril*, pl. Chateaubriand (bureau de l'omnibus du ch. de fer); — *De Folligné*, r. Jean-de-Châtillon, 12; — *Leroux*, route de Paramé; — à la station de la porte Saint-Vincent.

Excursions collectives : — l'été, en breaks; départ (de la pl. Chateaubriand, 2) à 1 h. 1/2, rentrée à 7 h.; tous les jours pour *Cancale*, par Paramé et Rothéneuf; 2 fois par sem. à *Saint-Suliac*; 2 fr. 50 par pers. — Autres excursions facultatives.

Cycles et automobiles : — *Portalier*, pl. Chateaubriand. — Garage, près de la Gare. — Garage, sur le Sillon, près de l'hôtel Franklin.

Bains de mer : — A LA GRANDE-PLAGE : — *Bains de la porte Saint-Thomas* (par la pl. Chateaubriand; avant le 1er juill. s'adr. aux bains chauds) : bain complet 1 fr., par 10 cachets 4 fr. 50 (réduction pour plusieurs pers.); leçon de natation 60 c.; pliant 10 c. — A LA PLAGE DES BEYS (Grève de Bon-Secours) : — *Bains Gentil-Morin*; — *Bains Lesaunier*; — *Bains Cardinal-Morin* (bain complet 60 c.; pliant, 10 c.; baigneur).

Bains chauds (à l'entrée de la route de Paramé) : — (eau douce ou eau de mer) bain 1 fr., 6 bains 4 fr. 80, 12 bains 8 fr.; douches, etc.

Concerts publics : — au kiosque de la pl. du Château (musique militaire et municipale).

Casino municipal : — entrée, 50 c.; abonnement (y compris fêtes ordinaires, concerts et théâtre), 8 j. 25 fr., 15 j. 40 fr., 1 mois 55 fr., saison 80 fr.; tarif décroissant pour plusieurs pers. de même famille. — Théâtre : places de 2 à 5 fr. — Café, cercle, petits-chevaux, salons de lecture. — Bals d'enfants; feux d'artifice; batailles de fleurs. — *Musée breton*, dans le sous-sol du Casino.

Bateaux à voile : — 2 fr. l'h. env., pour excursion en mer; — 25 c. env. par pers. pour le passage *Saint-Malo-Dinard* (facile par beau temps).

Vedettes automobiles : — à louer pour excursions (s'adr. au port).

Bateaux à vapeur et vedettes automobiles pour : — *Dinard* : 25 c. et 15 c. par le *grand bac à vap.* (prend les voit. et autos; départ à l'heure 30); 15 à 25 c. par *vedettes* automobiles (départs fréquents). — *Dinan*, par la Rance, *V. Excursions de Saint-Malo*. — *N.-B. Plusieurs compagnies font le service de Dinard et de Dinan; les prix sont sujets à variation; un des services possède un ascenseur à Dinard.*

L'été, *excursions en mer*, indiquées par journaux et affiches.

Services maritimes pour : — *Jersey*, 2 ou 3 fois par sem. selon saison (écrire ou s'adr. au port, « London and South-Western Railway ») : 11 fr. 15 et 7 fr. 30; all. et ret., val. 6 mois (faculté de retour par Granville) : 17 fr. 20 et 11 fr. 55; — *Guernesey*, par Jersey (même Cie) : 16 fr. 15 et 11 fr. 15; aller et ret. (mêmes conditions que pour Jersey) : 24 fr. 70 et 17 fr. 20; — *Southampton*, par Jersey et Guernesey (même Cie), billets val. 4 j. : 29 fr. 90 et 22 fr. 40; all. et ret., val. 6 mois : 45 fr. 95 et 33 fr. 45. Billets directs *Saint-Malo-Southampton-Londres* : 44 fr. 90 et 32 fr. 40; all. et ret. : 67 fr. 20 et 51 fr. 60. — *Saint-Brieuc* (port du *Légué*) : 5 fr., 4 fr., 3 fr.; départ le samedi ou vendredi (vérifier au port); traj. en 3 h.

Courses : — une semaine, au milieu d'août.

Régates : — une semaine, en fin juillet ou commenc. d'août.

SAINT-MALO, ville maritime pittoresque, encerclée de remparts sur son îlot de granit, est, avec les localités qui l'environnent, Paramé, Saint-Servan, Dinard, et les petites stations de moindre importance, le centre balnéaire le plus considérable de la Bretagne. Les ressources y sont nombreuses et la foule y afflue, presque en cohue, durant le mois d'août. Dans la ville même de Saint-Malo, on trouve, outre les hôtels et les pensions de famille, des chambres et des logements meublés, la plupart dans des rues noires et tristes; mais les commodités de la ville et la mer, qui n'est jamais loin, font qu'ils trouvent toujours amateurs. Pour les villas élégantes, on les trouvera à *Paramé* ou à *Dinard*. Des installations plus modestes sont, soit à *Saint-Servan*, qui est comme un faubourg de Saint-Malo, mais un peu loin de la pleine mer, soit sur la côte, vers *Rothéneuf* et *Cancale* (*V.* ces noms).

ITINÉRAIRE. — La *gare* est au faubourg ouvrier et industriel du *Talard* (hôtels, restaurants et cafés). On a : en face de soi, Saint-Malo; à dr., le faubourg de *Rocabey* et Paramé; à g. Saint-Servan (trams, omnibus et fiacres pour ces trois endroits; pour les tarifs, *V.* ci-dessus). — Pour gagner Saint-Malo (1 k. env.) on prend devant soi le **boulevard Louis-Martin**, établi sur une digue sans abri, et qui aboutit à la porte Saint-Vincent.

La **porte Saint-Vincent** (2 portes; l'une du commenc. du XVIIIe s., l'autre moderne avec armoiries) est précédée d'une petite place où se trouvent une station de voitures et celle des *trams de Paramé, Cancale, Saint-Servan, et Rennes par Saint-Suliac*. A dr., un **square** orné de la *statue de Chateaubriand*, en bronze, par Aimé Millet, précède le **Casino** (salle des fêtes, café, théâtre, petits chevaux; *musée breton* : 50 c.). Près du Casino, *établissement de bains chauds*. — Au delà, vers la dr., *chaussée du Sillon* et route de *Paramé* (*V.* ce nom).

1° ***VISITE DE LA VILLE***. — Par la porte Saint-Vincent on entre dans la ville proprement dite, qui a conservé la vieille physionomie des jours de gloire où ses marins illustres parcouraient les mers; la plupart des maisons, sévères d'aspect, datent des XVIIe et XVIIIe s. On se trouve d'abord **place Chateaubriand,** bordée à dr. par le château (*V.* ci-dessous : 2°) et ombragée de platanes (hôtels et cafés; dans l'*hôtel de France* est la chambre où naquit Chateaubriand). Au fond de la place, de ce même côté, on pourrait prendre aussitôt, par la porte Saint-Thomas, le *Tour des remparts* (*V.* ci-dessous : 2°).

Sur la place Chateaubriand s'ouvre la **rue Saint-Vincent,** que l'on suit (au n° 3, *maison de la famille Lamennais*). On laisse à g. la *rue de la Poissonnerie*, menant au **marché aux poissons,** et on trouve un carrefour à dr. duquel est la *rue de Jean-Châtillon* (au n° 2, une maison du XVIe s., à façade de bois, vit naître *Duguay-Trouin*). De ce carrefour, prenant à g. la *rue Porcon-de-la-Barbinais*, on voit bientôt à dr. une arcade sous laquelle passe la *rue des Halles*, qui longe (*entrée de la tour*, *V.* ci-dessous) le flanc de l'ancienne cathédrale.

La **Cathédrale** date, dans ses plus anciennes parties, du XIIe s. La façade est de la Renaissance et du XVIIIe s. La *tour* centrale (*belle vue* du sommet; s'adr. au gardien, pourboire) est du XVe s.; elle a été couronnée, en 1859, d'une belle flèche en pierre. — A l'int., l'église a d'abord des voûtes basses et des piliers à chapiteaux romans (partie la plus ancienne), puis s'élève pour former le chœur (XIVe s.), du style ogival flamboyant); au pavé de l'entrée du chœur, *inscription en mosaïque* marquant la place où *Jacques Cartier* s'est agenouillé, le 16 mai 1535, en partant pour la découverte du Canada.

Sortant de la cathédrale, on se trouve *rue de la Paroisse* (*Poste-et-Télégraphe*). — Un peu à dr. est la *place de l'Hôtel-de-Ville*.

L'**Hôtel de Ville** (1840) renferme le **Musée** (public le jeudi et dim., de 1 h. à 4 h.; tous les j. on s'adr. au concierge, de 9 h. à 6 h., pourboire). On y voit les portraits des principaux *hommes illustres* nés à Saint-Malo, parmi lesquels : *Lamennais*, *Surcouf*, *Jacques Cartier*, *Duguay-Trouin*, *Mahé de la Bourdonnais*, *Chateaubriand*, le médecin *Broussais*, *Porcon de la Barbinais*. — On y voit également un certain nombre de *tableaux intéressants pour l'histoire rétrospective de Saint-Malo* (entre autres : *Explosion de la machine infernale*, à l'aide de laquelle les Anglais tentèrent de faire sauter la ville). — La visite se termine (2e étage) par un petit **musée historique** (débris de la *Petite Hermine*, navire sur lequel Jacques Cartier découvrit le Canada; reliques de *Napoléon* à Sainte-Hélène; intéressants *autographes*), suivi d'une *collection ethnographique*, *archéologique et d'histoire naturelle*.

La *rue Toullier*, sur laquelle s'ouvre la place de l'Hôtel-de-Ville, longe à g. le *square Duguay-Trouin* (au centre, *statue de Duguay-Trouin*, par Molchnecht, 1829) et amène aux remparts par la porte des Champs-Vauverts (à dr.) ou la porte des Beys (à g.). On a en face de soi les deux rochers du Grand-Bey et du Petit-Bey (*V.* ci-dessous).

2° ***TOUR DES REMPARTS.*** — C'est la promenade classique de Saint-Malo. Afin de la faire dans son entier, il faut la reprendre à la porte Saint-Vincent et à la place Chateaubriand.

A dr. de la place (en entrant en ville) est le **Château** (auj. caserne). C'est une énorme masse à l'int. de laquelle s'élève le *donjon central*. Deux *tours* donnent sur la place Chateaubriand, bâties en 1498, par la reine Anne; celle de dr. s'appelle *la Générale* et celle de g. *Quiquengrogne*, parce que la reine y fit graver : QUI QU'EN GROGNE, AINSI SERA, C'EST MON PLAISIR. — Contre la tour Quiquengrogne, au fond de la place Chateaubriand, s'ouvre la **porte Saint-Thomas**, qui donne accès à la 1re plage de bains, dite **bains Saint-Thomas ou de la Grande-Plage** (les mieux fréquentés), et où un escalier, à g., monte aux remparts.

Les **Remparts** datent des XVe et XVIe s.; une partie en a été remaniée d'après les plans de Vauban; ils ont été restaurés de nos jours. Le *chemin de ronde* offre une vue magnifique. — Montant par l'escalier de la porte Saint-Thomas, on a d'abord à ses pieds la plage de bains, que domine le château; plus loin, vers la dr., on voit la **Grande-Grève**, dont on suit la courbe vers Paramé, et l'*îlot de Rochebonne*; en face de soi, on a l'îlot du *Fort-National*. Suivant vers la g. les remparts, on passe devant la *prison*, puis, au delà d'un angle avancé en mer (*tour Bidouane*), au-dessus de la **porte des Champs-Vauverts**. De là, on voit les 2 îlots du Grand-Bey et du Petit-Bey et, plus loin en mer, l'*île Cézembre* et le *phare du Jardin*; on voit nettement, à g., la longue bande du cap Fréhel.

L'îlot du **Grand-Bey**, ou *Grand-Bé* (*Bé* ou tombe; les druides, jadis, y ensevelissaient leurs morts), porte **le tombeau de Chateaubriand** (✝ 1848). On y va à marée basse, par une chaussée partant d'une grève de sable fin, qui est la 2e plage de bains, dite **plage de Bon-Secours**. Un petit chemin, avec escalier, taillé dans le roc, mène au sommet (débris de *fortifications*; belle vue sur Saint-Malo; *s'inquiéter de l'heure de la marée, afin de ne pas se laisser couper le passage au retour*).

Voisin du Grand-Bey, le **Petit-Bey**, ou *Petit-Bé*, est tapissé de varechs jaunes; il porte un *ancien fort*. — C'est entre les deux Beys que viennent aborder, à mer basse, les *bateaux de Dinan et de Dinard*.

Continuant le tour des remparts par le chemin de ronde, on dépasse la **porte des Beys**, la *porte Saint-Pierre*, et on arrive à un **square** avec *statue de Jacques Cartier*, par Bareau (1905). On aperçoit en face de soi Dinard, l'embouchure de la Rance et, plus sur la g., Saint-Servan.

Dépassant la petite jetée ou **môle des Noires**, que l'on a sous ses pieds, on atteint la **porte et cale de Dinan** (*statue de Surcouf*, par Caravaniez; embarcadère, à marée haute, des *bateaux de Dinan et de Dinard*; station terminus des *trams de Paramé et de Saint-Servan*). — Suivant toujours le faîte des remparts, qui dominent les *quais* du port, plantés d'arbres, on voit la *Bourse*, le *pont-roulant* qui relie Saint-Malo à Saint-Servan (p. 14), la **porte Saint-Louis**, l'embarcadère des *bateaux de Jersey*, la **Grande Porte** (2 tours à mâchicoulis gothiques), puis on se retrouve porte Saint-Vincent et place Chateaubriand.

Saint-Servan et **Paramé** sont comme deux prolongements immédiats de Saint-Malo. — *V.* ces deux noms pour itinéraire, voies d'accès de Saint-Malo et description.

EXCURSIONS. — **1° Rothéneuf** (*V.* ce nom); — **2° Cancale** (*V.* ce nom); — **3° Saint-Suliac** (*V.* ce nom).

4° Dinard et Saint-Enogat. — Un grand [bateau] (prend les voit. et autos) et de petits bateaux automobiles, dits « vedettes » (départs fréquents), font le service de Saint-Malo à Dinard (*V.* tarifs p. 7). On peut aussi passer en barque à voile (25 c. env. par pers.; agréable et facile par beau temps). On s'embarque à la *porte de Dinan* à mer haute, au rocher des *Beys* à mer basse). — Pour la description de Dinard, *V.* ce nom.

5° Saint-Lunaire et Saint-Briac. — Traversée en [bateau] de Saint-Malo à Dinard (*V.* ci-dessus). De Dinard à *Saint-Lunaire* et à *Saint-Briac*, tram à vap. (*V.* ces deux noms).

6° Dinan et la Rance. — De petits bateaux dits « vedettes » (2 fr. voyage simple; 3 fr. all. et ret.), et de grands [bateaux] (buffet à bord) font tous les j. le trajet de Saint-Malo à Dinan, en 2 h. à 2 h. 1/2 env.; les heures dépendent de la marée (*consulter les affiches*). Pour la description du trajet, *V.* p. 34 et la carte ci-jointe). — *N.-B. Plusieurs compagnies font en concurrence ce service et les prix sont sujets à variations*. — Nous recommandons de faire un des trajets seulement (all. ou ret.) par le bateau, l'autre par la [voiture] (30 k. de Saint-Malo à Dinan, par Châteauneuf), ou par le [chemin de fer] : *A.* ligne de Saint-Malo, La Gouesnière, Miniac, Dinan (35 k. en 1 h. 1/2 env. : 2 fr. 90, 2 fr. 65, 1 fr. 70); *B.* en se faisant passer à Dinard et en y prenant le train de Dinan (21 k. en 1/2 h. env. : 2 fr. 35, 1 fr. 60, 1 fr. 05).

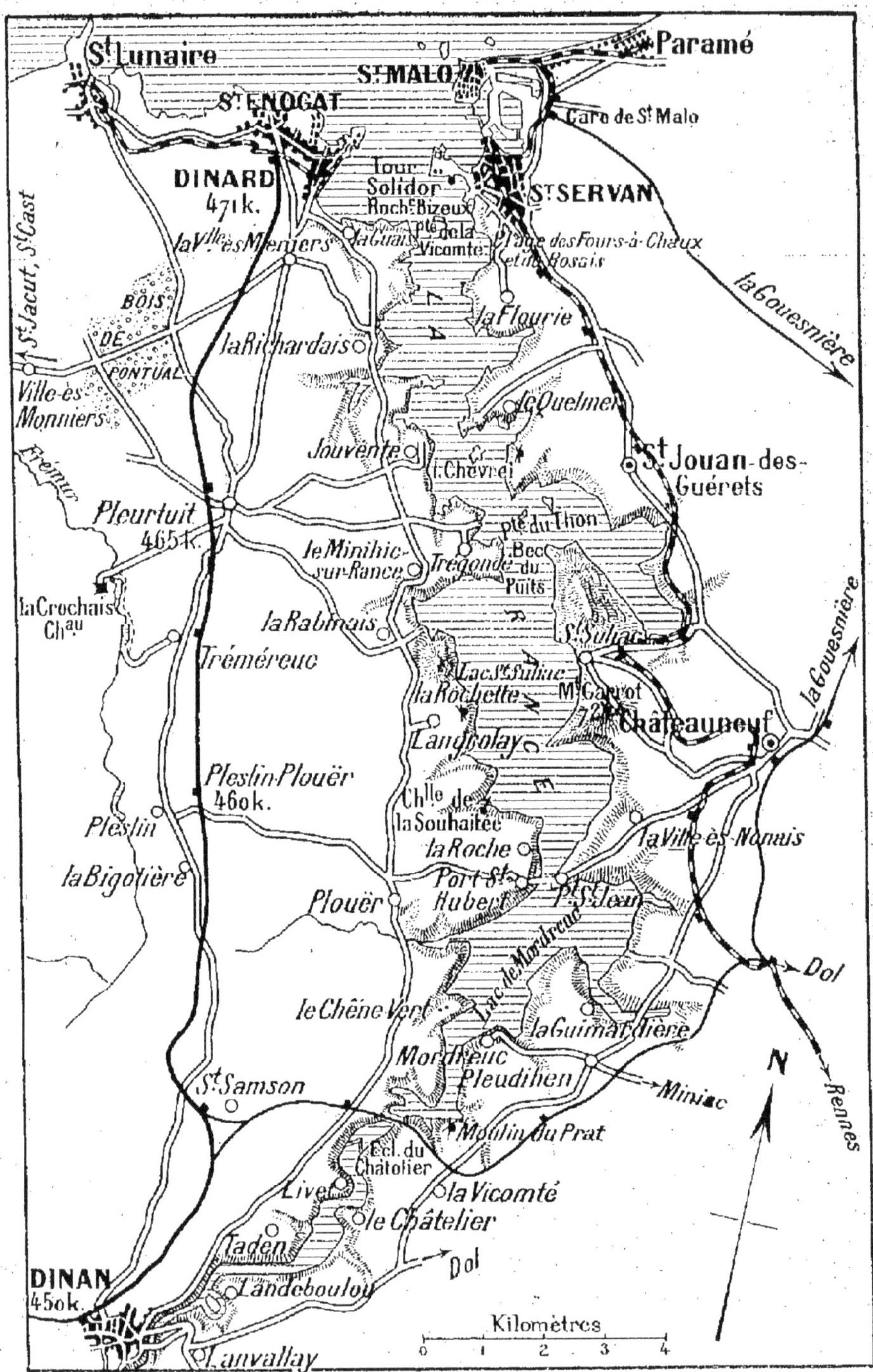

St Lunaire
St MALO
Paramé
St ENOGAT
Gare de St Malo
DINARD
471 k.
Tour Solidor
St SERVAN
la Vlle ès Meniers
Plage des Fours-à-Chaux et du Rosais
la Gouesnière
St Jacut, St Cast
BOIS DE PONTUAL
la Richardais
la Flourie
Ville-ès-Monniers
le Quelmer
Jouvente
St Jouan-des-Guérets
Frémur
Pleurtuit
465 k.
le Minihic-sur-Rance
Trégondé
Bec du Puits
la Crochais Chau
la Rabinais
St Suliac
Tréméreuc
la Rochette
Mt Garrot
Châteauneuf
Landcolay
la Gouesnière
Plestin-Plouër
460 k.
Chlle de la Souhaitée
Plestin
la Roche
la Ville-ès-Nonais
la Bigotière
Port St Hubert
Plouër
Dol
le Chêne Vert
la Guimardière
Mordreuc
Pleudihen
N
St Samson
Miniac
Rennes
Moulin du Prat
Écl. du Châtelier
Livet
la Vicomté
le Châtelier
Taden
Dol
DINAN
450 k.
Landeboulou
Kilomètres
0 1 2 3 4
Lanvallay

7° Mont-Saint-Michel. — On peut faire en une journée, par 🚂, l'excursion all. et ret. du Mont Saint-Michel. Nous conseillons d'y coucher, pour voir le Mont sous ses différents aspects. — Billets simples de Saint-Malo au Mont : 6 fr. 10, 4 fr. 20, 2 fr. 70 ; all. et ret. (de la veille des Rameaux au 31 oct.), val. 3 j., : 8 fr. 15, 6 fr. 15, 4 fr. 35.

De Saint-Malo au Mont par la 🚲 : 53 k., par *Paramé*, Saint-Benoît-des-Ondes, Le Vivier, Saint-Georges-de-Gréhaigne et Pontorson ; même distance par *Saint-Servan*, Dol, Baguer-Pican, Champ-Blot et Pontorson.

Pour la description du Mont Saint-Michel, *V.* ce nom.

8° Dol et **Combourg**. — On peut faire l'excursion : soit par le 🚂 Saint-Malo-Rennes, qui dessert ces deux localités ; soit par la 🚲 : 25 k. pour Dol ; 17 k. de Dol à Combourg. — A *Dol* (hôt. *Grand'Maison*, déj. 2 fr. 50, dîn. 3 fr., ch. 2 fr. 50 et 3 fr.), ancienne **cathédrale** (XIIIe-XVIe s.), où l'on voit : un beau *porche* latéral (XVe s.) ; le *tombeau de l'évêque Thomas James*, † 1504 ; les *stalles* sculptées du chœur (XVe s.) et la magnifique *verrière* du chevet (XIIIe s.). *Menhir de Champ-Dolent* (1 k. 1/2 S.-E., par la route de Combourg ; haut de 9 m. 30 et surmonté d'une croix). *Mont-Dol* (3 k. N.-O. ; à son sommet, belle vue, petite tour et chapelle). *Château* et beaux *étangs de Beaufort* (8 k. S.-O.).

A *Combourg* (hôt. : *de France*, déj. 2 fr. 25, dîn. 2 fr. 50, ch. 1 fr. 50 ; *du Château*), magnifique **château** féodal (XIe-XVe s. ; visible le mercredi, de 1 h. à 5 h.), illustré par Chateaubriand qui y passa son enfance (bustes, souvenirs et chambre de Chateaubriand).

9° Rennes, Vitré et **Fougères**. — Pour la description de ces trois villes, que l'on visite soit de Saint-Malo, soit qu'on s'y arrête en venant de Paris, *V.* p. 10*, 9* et 10*.

10° Excursions en mer. — Organisées, l'été, pour : le *Cap Fréhel* (*V.* ce nom ; navigation dure parfois) ; — *Cancale* ; — *Granville* ; — les *îles Chausey* ; — le *Mont Saint-Michel* ; — *Portrieux* ; — *Val-André* ; — *Saint-Cast* ; — l'*île Bréhat*. — *V.* affiches et journaux locaux.

Un service régulier de bons vapeurs relie Saint-Malo à **Jersey** et à **Guernesey** (*V.* les prix p. 7). L'été, de Saint-Malo ou de Dinard, *excursions à Jersey*, all. et ret. dans la même journée. — Pour la description de Jersey et de Guernesey, *V.* la Monographie-Joanne : *Jersey-Guernesey*, 2 fr.

Distances par la route : — *Fougères*, par Saint-Servan, La Gouesnière, Dol, La Boussac, Trans, Antrain, Saint-Brice et Saint-Étienne-en-Coglès, 75 k. ; — *Vitré*, par Fougères (*V.* ci-dessus), 103 k. ; — *Rennes*, par Saint-Servan, Saint-Jouan-des-Guérets, Châteauneuf, Saint-Pierre-de-Plesguen, Saint-Domineuc (bifurc. pour le *château de Combourg*), Tinténiac, Hédé et Mongerval, 71 k. ; — *Vannes*, par Saint-Servan, Châteauneuf, Dinan, Caulnes, Saint-Méen, Mauron et Ploërmel, 147 k. ; — *Pontivy*, par Saint-Servan, Châteauneuf, Dinan, Jugon, Lamballe et Loudéac, 121 k. ; — *Saint-Brieuc*, par Saint-Servan, Châteauneuf, Dinan, Jugon, Lamballe et Yffiniac, 89 k.

Pour plus de détails sur la région, *V.* la Monographie-Joanne : *Saint-Malo-Dinard*, 1 fr.

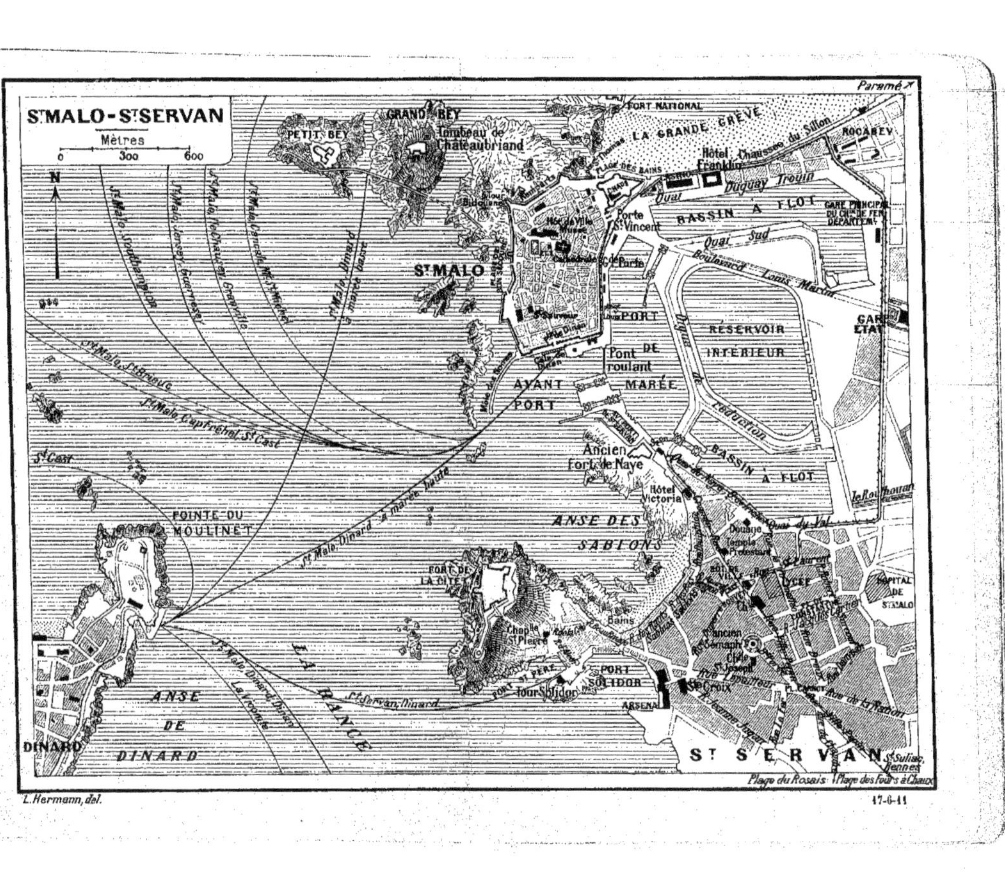

L. Hermann, del.

17-6-11

SAINT-SERVAN
(ILLE-ET-VILAINE)

Cl. Neurdein.

État de Paris à Saint-Malo (V. ce nom pour distance, prix, billets de bains de mer). — De Saint-Malo à Saint-Servan, 1 k. env. — A la gare de Saint-Malo : omnibus du ch. de fer (50 c. le j., 75 c. la nuit; avec 30 kilog., 75 c. et 1 fr.): tram à vap. (15 c.); voitures de place (1 fr. pour l'hôtel de ville; 1 fr. 75 à domicile ou au port Saint-Père).

Tram à vapeur : — de la gare, V. ci-dessus. — De Saint-Malo-ville (*porte Saint-Vincent*) à l'hôtel de ville : 20 c.; de la *porte de Dinan* : 30 c. — Correspondance avec le tram de *Paramé* (20 c. et 30 c.) et de *Cancale*.

Saint-Servan est en outre desservi par le tram à vap. de *Saint-Malo à Rennes* (p. 16).

Voitures de place : — de la gare, V. ci-dessus. — De Saint-Servan (hôtel de ville) à Saint-Malo (porte Saint-Vincent) : 1 fr. 25; à Saint-Malo (domicile) : 1 fr. 75.

Hôtels : — *Victoria** (omn. à la gare de Saint-Malo, 75 c.; petit déj. 1 fr., déj. 3 fr., din. 3 fr. 50, ch. dep. 3 à 8 fr.; pens. dep. 9 fr.; bains; chauffage central), Grande-Rue, près de l'ancien fort de Naye; — *du Sémaphore*, pl. Carnot; — *de la Rance* (déj. 2 fr., din. 3 fr., ch. dep. 2 fr.; pens. 5 fr.), près de la tour Solidor.

PENSIONS DE FAMILLE : — *Mlle Dreux*, pens. 5 fr. 50, pour 2 mois 5 fr., en août 6 fr. 50), r. du Chapitre, 8; — *pension Pallot* (maison Mathias). — S'adr. aussi aux agences (pensions françaises et anglaises).

Locations meublées : — villas de 1,200 à 1,800 fr. pour la saison (10 à 12 pièces); au-dessus et plus luxueuses, jusqu'à 4,000 fr.; — petites maisons avec jardinet, 150 à 600 fr. par mois (6 à 7 pièces); — appartements complets, linge compris, 100 à 400 fr. par mois; — chambres dep. 25 fr. par mois; avec vue de mer, dep. 2 fr. par j.; avec cuisine, 3 fr. par j.

Agences de location : — *Ch. Fonteyne*, r. Duperré, 3 *ter*; — *l'Indicateur Général de l'Ouest* (*Morin*), près l'hôtel de ville, station du tram de Saint-Malo; — *Mme Vve Le Péchon*, r. Dreux.

Poste-et-télégraphe : — r. Le Pommellec, 10.

Bains de mer : — cabines et costumes (bain complet 75 c.; bains de mer chauds), à l'anse des *Bas-Sablons* (Saint-Servan); — à celle des *Fours-à-Chaux* (hors la ville).

Concerts publics : — kiosque de la place Bouvet (musique militaire et musique municipale).

Loueurs de voitures : — *Oliverant*, r. Ville-Pépin; 14; — *Lamour*, bd Porée, 5; — *Ruellan*, r. Godard, 5; — *Clément*, r. Godard, 8.

Cycles et automobiles : — *Bedel*, Grande-Rue.

Bateaux (près de la tour Solidor, au port Saint-Père): — pour *Dinard*, par grand bac à vap. : 50 c., 25 c., 20 c. (départ toutes les heures, sauf à midi; prend les voit. 1 fr., les chevaux 1 fr., les autos 3 à 10 fr.), et par « vedettes » (départ à l'heure 30) : 25 c.; bateaux à voile, 15 c. par pers. env. (agréable et facile par beau temps). — « Vedettes » pour *la Vicomté* : 25 c. (heures variables). — *N.-B. Plusieurs compagnies font ces services et les prix sont sujets à variations.*

Renseignements généraux : — s'adr. ou écrire au *Syndicat d'initiative*, r. Duperré, 3.

Eglises : — culte catholique et culte réformé.

SAINT-SERVAN, petite ville et station balnéaire tranquille, forme une dépendance directe de Saint-Malo. Son aspect, vu de cette dernière ville, est peu avenant. Mais à l'intérieur de Saint-Servan sont de nombreux jardins et c'est à l'opposé de Saint-Malo, vers la Rance, que le pays est le plus agréable. C'est un lieu de villégiature moins mondain et plus calme que Saint-Malo, plus distant aussi de la pleine mer. Nombreuses locations meublées et pensions de familles: ressources abondantes et vivres à bon compte. Fabriques de *meubles bretons.*

ITINÉRAIRE. — De Saint-Malo, on se rend à Saint-Servan par le tram ou en fiacre (tarifs ci-dessus), ou à pied : — *A*, par la porte Saint-Vincent et la *digue de réduction*; — *B*, par le pont roulant situé sur le quai de Saint-Malo, près de la Bourse.

Le **pont roulant** (10 c.; de 7 h. mat. à 7 ou 8 h. s., selon saison) est un petit wagonnet porté par 4 piliers à roulettes, qui reposent sur 2 rails immergés dans l'eau : une chaîne sans fin, que meut une machine à vap., l'amène alternativement d'une rive à l'autre.

Tandis que le *tram* amènerait derrière l'hôtel de ville (y prendre ci-dessous notre itinéraire), le *pont roulant* dépose les voyageurs à l'extrémité d'une digue, que l'on suit jusqu'à l'ancien *fort de Naye*. A dr. on a l'anse des Sablons, encerclée par la ville et par la presqu'île que termine le fort de la Cité. Au delà, on voit l'embouchure de la Rance et Dinard. — Au fort de Naye (on y est rejoint par la route de Saint-Malo qui suit la digue de réduction), on prend la **Grande-Rue**, qui passe devant l'hôtel Victoria et amène *place Alexandre-III* (à g., *temple protestant*). Puis, laissant à dr. la rue Dauphine (nombreux logements meublés) qui conduirait directement à la *tour Solidor* et aux *bateaux de Dinard* (*V.* ci-dessous), on continue la Grande-Rue, qui monte **place Bouvet** (*marché*) et à l'hôtel de ville.

L'**Hôtel de Ville** (s'adr. au concierge; pourboire) renferme au 1er et au 2e étage quelques tableaux (*marines* représentant des combats livrés, sous la République et sous le 1er Empire, par l'amiral Pierre Bouvet). En avant de l'hôtel de ville, *buste de Pierre Bouvet*, par Ogé. — Derrière l'édifice, station terminus des *trams de Saint-Malo et Paramé.*

La Grande-Rue se continue par la *rue Ville-Pépin*. A dr., une *avenue* plantée d'ardres conduit à l'ancien **sémaphore**, entouré d'un jardin (belle vue de la plate-forme; s'adr. au gardien). La rue Ville-Pépin aboutit à la **place Carnot**.

C'est de la place Carnot qu'on se rend aux *plages des Fours-à-Chaux* et *du Rosais* (*V.* ci-dessous) et à *Saint-Suliac* (*V.* : *Excursions*).

De la place Carnot, la *rue Lepailleur*, à dr., amène à l'église.

L'**Eglise** paroissiale (1742-1840) est lourde extérieurement. — A l'int., elle a assez grand style. Sa forme est celle d'une basilique romaine; le long de la nef, frise de **fresques** peintes sur fond or, par Louis Duvau, peintre malouin; sous l'orgue, à dr., *statue du Christ* par Caravaniez, faite en huit jours; dans la nef, **chaire** en pierre blanche, du sculpteur Valentin.

Sortant de l'église par le grand portail, on se rend, par la *rue de la Fontaine*, à g., au *port militaire* ou **port Solidor**, en passant sous la voûte du *commissariat de la marine*. Du quai (*Arsenal* à g.), on aperçoit en face de soi la tour Solidor.

La **Tour Solidor** (s'adr. au gardien; pourboire), sur un rocher à l'embouchure de la Rance, fut bâtie en 1384 (3 tours réunies en triangle, hautes de 18 m., percées de meurtrières et couronnées de mâchicoulis; le sommet restauré). L'int. a 3 étages avec anciennes cheminées et niches des veilleurs (104 marches jusqu'au faîte).

Au pied de la tour est le petit **port Saint-Père** (*bateaux de Dinard et de la Vicomté*).

De la tour Solidor, par la *rue d'Aleth*, on monte vers la g. à la *place Saint-Pierre* (**chapelle de Saint-Pierre-d'Aleth**) derrière laquelle sont les glacis gazonnés du **fort de la Cité** et le *puits des Sarrasins*. — On regagne Saint-Malo en prenant, face à l'entrée de la chapelle, la *rue de la Cité* (pas d'écriteau); on incline bientôt à dr. avec la *rue Beau-Rivage* (pas d'écriteau), en contournant l'anse des Sablons. La *rue des Hauts-Sablons* à g., lui fait suite (petite place plantée d'arbres, avec *hôtel des Ventes* et plage de bains (*V.* ci-dessous), puis devient *rue des Bas-Sablons*.

La *rue Amiral-Magon* (1re à dr., au delà de la place, dans la rue des Bas-Sablons) remonterait à l'hôtel de ville, derrière lequel on trouve le tram de Saint-Malo. — Sinon, continuant la rue des Bas-Sablons, qui prend ensuite le nom de *rue Dauphine*, on se retrouve place Alexandre-III, d'où l'on revient à pied par le pont roulant ou les digues.

PLAGES DE BAINS. — On se baigne, à Saint-Servan, de deux côtés opposés : — 1° sur la face de la ville qui regarde Saint-Malo, dans l'**anse des Sablons**. La *plage* est en bordure de la *rue des Hauts-Sablons* (*V.* ci-dessus); tournée vers le N., elle est assez froide et le manque de verdure lui donne un aspect triste. Mais elle est commode par sa proximité de la ville et il s'y trouve un petit établissement de *bains de mer chauds*.

2° Les deux autres plages sont sur la Rance. On s'y rend (15 min. env.) par la place Carnot, où l'on sort de Saint-Servan par la rue Ville-Pépin et la *rue du Chapitre* (à dr.), qui amène d'abord à la petite **plage des Fours-à-Chaux** (cabines), dans un site charmant et sur une anse bien abritée (en face, pointe de la Vicomté et *rocher Bizeux*, avec statue de la Vierge). — La **plage du Rosais** lui fait suite et n'en est séparée que par quelques rochers.

EXCURSIONS. — **1°** Les excursions directes de Saint-Servan se font sur la rive dr. de la Rance (départ par la place Carnot), vers **Saint-Jouan-des-Guérets** (5 k. S.-E.), **Saint-Suliac** (5 k. au delà de Saint-Jouan) et **Châteauneuf** (4 k. 1/2 de Saint-Suliac). — Ces localités sont desservies par le tram à vap. de *Saint-Malo à Rennes*, qui arrive par la *gare de Saint-Malo*, fait, à l'entrée de Saint-Servan, un crochet vers le pont-roulant (arrêt), remonte la Grande-Rue et passe devant l'hôtel de ville (arrêt), pour continuer par la rue Ville-Pépin et sortir de Saint-Servan par la place Carnot (arrêt au delà, au *boulevard Douville*).

Pour la description de Saint-Jouan, de Saint-Suliac et de Châteauneuf, *V.* à *Saint-Suliac*, p. 35.

2° Les autres excursions sont les mêmes qu'au départ de *Saint-Malo* et de *Dinard* (*V.* ces noms).

PARAMÉ et ROTHÉNEUF

(ILLE-ET-VILAINE).

Cl. Neurdein.

Etat de Paris à Saint-Malo (V. ce nom pour distance, prix, billets de bains de mer). — De Saint-Malo à Paramé, 2 k. env. — A la gare de Saint-Malo : omnibus du ch. de fer (50 c. le j., 75 c. la nuit ; avec 30 kilog., 75 c. et 1 fr.) ; tram à vap. (15 c. pour Paramé-Casino ou Paramé-Rochebonne ; 25 c. pour Paramé-Ville) ; voitures de place (1 fr. 25) ; omnibus des hôtels (prix divers).

Tram à vapeur : — de la gare, *V.* ci-dessus. — De Saint-Malo-Ville (*porte Saint-Vincent*) à Paramé-Casino ou Rochebonne : 20 c., pour Paramé-Ville : 30 c. ; même trajet de la *porte de Dinan* : 30 et 35 c.

Tram à vap. pour : — *Cancale* : 90 c. et 65 c. (1 fr. 05 et 75 c. pour *La Houle*, port de Cancale) ; — (l'été) *Rothéneuf* : 25 c.

Voitures de place : — de la gare, *V.* ci-dessus. — De Saint-Malo-ville (*porte Saint-Vincent*) : 1 fr. 25 ; de la *porte de Dinan* ou à *domicile* : 1 fr. 75.

Hôtels : — *Grand-Hôtel de Paramé* * (déj. 3 fr. 50, dîn. 4 fr. 50, ch. dep. 4 fr. ; pens. de 10 à 20 fr. ; bains et douches ; télégraphe ; lawn-tennis), à mi-route entre Saint-Malo et Paramé ; — *Bristol-Palace* * (pens. 8 fr., 12 fr. 50 et 15 fr. par j. ; bains et douches), bd Chateaubriand, à Rochebonne ; — *de la Plage* *, annexe du Bristol (pens. dep. 8 fr. par j.), à Rochebonne ; — *de Courtois-Ville* * (déj. 3 fr. 50, dîn. 4 fr., ch. dep. 4 fr. ; pens. 10 à 12 fr. ; bains), bd Hébert près le Casino ; — *de France* et *Villa-Colbert* (6 à 8 fr. et 8 à 12 fr. par j. selon la saison), près du carrefour de Rochebonne ; — *de l'Océan* (petit déj. 1 fr. ; déj. ou dîn. 3 fr., sans vin ; ch. dep. 3 fr. ; pens. 7 à 10 fr.), près du carrefour de Rochebonne et de la grève ; — *de la Paix*, à Rochebonne, sur la grève ; — *Notre-Dame-des-Grèves* (petit déj. 1 fr. 50, déj. 3 fr., dîn. 3 fr. 50, ch. 4 à 8 fr. ; pens. 8 à 15 fr.), bds Chateaubriand et Surcouf ; — *des Bains* (déj. ou dîn. 2 fr. 50 sans boisson ; pens. 6 fr. 50 à 10 fr.) ; — *Continental* (petit déj. 75 c., déj. ou dîn. 2 fr. 50 ; pens. 6 à 10 fr.), carrefour de Rochebonne; — *International* (déj. 2 fr. 50, dîn. 3 fr.; pens. 7 à 10 fr.), carrefour de Rochebonne.

N.-B. — Un grand nombre de ces hôtels n'ouvrent que l'été (avril ou mai à oct.).

Pensions de famille : — *Les Charmettes* ou *Ker-Antrez* (déj. 2 fr., dîn. 2 fr. 50; pens. dep. 7 fr. par j., arrangements pour famille), route de Saint-Malo à Paramé; — *Ker-Alexandra* (du 1er mai au 10 oct.; petit déj. 50 et 75 c., déj. 2 fr., dîn. 2 fr. 50; dep. 5 fr. par j., 6 fr. 50 en juillet et août), bd Hébert; — *La Hoguette*, bd Hébert.

Hotels de 2e ordre : — *Hôtel-restaurant de la Marine* (déj. ou dîn. dep. 1 fr. 50; pens. dep. 5 fr. par j.), r. des Masses, à Paramé-Ville; — *Central* (prix modérés), pl. de la Mairie, à Paramé-Ville; — *Restaurant de Paris* (déj. ou dîn. dep. 1 fr. 50), av. Jacques-Cartier, à Rochebonne.

Locations meublées : — villas et appartements à Paramé-plage et environs, de 500 à 10,000 fr. env. pour la saison. — Chambres meublés, à prix modérés, à Paramé-Ville. — V. aussi à *Rothéneuf* (locations moins chères).

Agences de location (envoi de plans, devis, photos) : — *Jules Boutin*, carrefour de Rochebonne; — *Villalon-Bidel*, idem; — *Agence générale* (Bazantay et Brouard), idem; — *Cooper-Meese*, route de Saint-Malo, à la station du Casino; — *Agence du Sillon*, entre Paramé et Saint-Malo, sur la route.

Casino : — jeux, salle d'armes, théâtre. Abonnements : 15 j. 1 pers. 30 fr.; chaque pers. d'une même famille 25 fr.; 1 mois 45 et 35 fr.; saison 70 fr. et 45 fr.

Bains de mer : — Plage de Rochebonne : — *Bains Périnet* (bain complet 1 fr., 12 cachets 9 fr.; chaise 10 c.; baigneur 50 c.); — *Bains Chopier*; petits *bains de mer chauds*.

Plage du Casino : — *Bains du Casino* (bain complet 1 fr., 12 cachets 10 fr.).

Bains chauds : — *Saint-Louis* (eau de mer, eau douce).

Poste-et-télégraphe : — près de la nouvelle église.

Loueurs de voitures et ânes : — *Pibault*, carrefour de *Rochebonne*; — *Le Rolland*, av. J. Cartier et carrefour de Rochebonne; — *Ernou*, bd de Rochebonne et av. de Lorraine.

Cycles et automobiles : — *Raynot*, carrefour de Rochebonne; — *Garage de Courtois-Ville* (Denis), près du Casino de Paramé.

Lawn-Tennis-Court : — en face du Casino : 8 fr. pour 8 j.; 20 fr. un mois; 40 fr. saison; réduction pour familles; spectateurs 50 c.

Renseignements généraux : — s'adr. ou écrire au *Syndicat d'initiative de Saint-Malo, Saint-Servan, Paramé*.

Eglises : — culte catholique et culte réformé.

PARAMÉ, station balnéaire renommée et mondaine, aux prix plutôt élevés, forme une dépendance directe de Saint-Malo.

Le vieux bourg de Paramé, situé à 3 k. de Saint-Malo, lui est auj. complètement relié par une série d'hôtels, de pensions de famille et de riches villas, parfois baroques, s'étendant le long d'une immense grève sablonneuse que l'on peut suivre à pied, sur une digue qui la borde, et que longent, à quelque distance, la route et le tram.

ITINÉRAIRE. — La *route de Saint-Malo-Paramé*, longeant d'abord la mer, passe devant le Casino de Saint-Malo, puis devant l'hôtel Franklin. Elle suit le **Sillon**, isthme étroit qui jadis, avant la création des digues qui relient la ville à la gare et à Saint-Servan, rattachait seul Saint-Malo à la terre ferme. Bordé par la **Grande-Grève**, de sable fin, et où l'on se baigne, il est protégé contre les flots du large par un mur de granit, précédé d'un *brise-lames* fait de troncs d'arbres décharnés; la mer y est admirable. Par gros temps et grandes marées, on y vient en foule pour regarder les vagues qui sautent en l'air à des hauteurs prodigieuses, couvrant la route de leur écume.

Arrivée au faubourg de *Rocabey* (1 k.; ✕ des trams de Saint-Servan), la route ne tarde pas à s'éloigner légèrement de la mer (on la quittera, si l'on veut longer celle-ci) et atteint (2 k.; station du tram) le **Grand-Hôtel** et le **Casino**. L'un et l'autre font face à la mer, où s'avance l'épi rocheux **de la Hoguette** et où s'étend la **plage de bains** dite du **Casino**.

La route ne tarde pas ensuite à bifurquer vers la g. et à prendre le nom de *boulevard Chateaubriand*, pour arriver à (2 k. 1/2) **Rochebonne**. — A g. du carrefour de ce nom (agences de location; *tram de Rothéneuf*, V. ci-dessous) s'étend la **plage de Rochebonne**.

La route, dite *boulevard de Rochebonne*, et le tram, tournant vers la dr., gagnent de là (3 k.) **Paramé-Ville** (*église* moderne en granit bleu, de style pseudo-roman; l'ancienne église a été transformée en *hôtel de ville*). — Au delà, continuent la route et le tram de *Cancale* (*V.* ce nom).

EXCURSIONS. — Les excursions qui se font directement de Paramé sont celles de **Rothéneuf** (*V.* ci-dessous) et de **Cancale** (*V.* ce nom).

Les autres excursions sont les mêmes que de *Saint-Malo*.

ROTHÉNEUF est une agréable station balnéaire, dans un joli site, avec de beaux rochers; voisine de Paramé (4 k. N.-E.), les prix y sont beaucoup moins élevés et la vie y est plus simple.

Tram pour : — *Paramé* (au carrefour de Rochebonne; l'été) : 25 c.

Hôtels : — *Hôtel-Restaurant Terminus* (pens. 5 fr. 50 par j., en août 6 fr.), à la station du tram; — *Grand-Hôtel* (6 fr. 50 à 8 fr. par j., selon étage, avec cabine de bains; réduc. pour familles), à la Plage du Val; — *du Centre* (5 fr. par j.), dans le bourg.

Locations meublées : — pour les villas, s'adr. ou écrire au gardien de la Plage du Val; aux agences de Paramé. — Prix moyens : 500 à 3,000 fr. pour la saison (de 5 à 12 pièces); 150 à 900 fr. en juillet, 300 à 1,800 en août, 150 à 600 en sept. — Chambres au bourg dep. 100 fr. pour la saison.

Voiturier : — *Allain* (pour *Saint-Malo* : 3 fr. 50).

ITINÉRAIRE. — Du carrefour de Rochebonne, la route de Rothéneuf), que suit le tram, s'élève (à dr., clocher de Saint-Ideuc), et l'on ne tarde pas à retrouver et à dominer la mer, à g. Une grève de sable (**plage du Minihic**), prolongement de celle de Rochebonne dont la sépare une pointe rocheuse, s'étend jusqu'à un cap avancé en mer (*pointe* et *fort de la Varde*) que contourne le tram, laissant la route à dr. Il la rejoint à la **plage du Val** (cabines, hôtels, villas), pour s'arrêter aux premières maisons du bourg de Rothéneuf.

On entre dans le village par un chemin étroit entre des maisons, qui donne dans une rue transversale. Tournant vers la g., on gagne, par un chemin où il y a une croix, un cap de **rochers** noirâtres et pittoresques, dont quelques-uns ont été bizarrement **sculptés** par un ancien prêtre du pays (entrée : 25 c.). On aperçoit de là, vers la dr., un gros promontoire qui s'allonge dans les flots ; c'est la *presqu'île de Bénard* (sémaphore), que suivent deux îlots, le *Petit* et le *Grand-Chevreuil* (tour en ruines).

Revenant au bourg, on en suit la rue principale et, passant devant l'*église*, on incline à g. par un chemin qui descend au **havre de Rothéneuf** ou **anse du Lupin**, abritée et charmante, et s'ouvrant en mer par un étroit goulet entre la pointe de Rothéneuf et la presqu'île de Bénard. — Dans le fond, on voit le village de *la Guimorais* (hôt. : *Vve Jougan*, 5 fr. par j. ; *du Golfe*). — Une agréable promenade consiste à gagner à pied (2 h. env. all. et ret.) le joli **bois du Lupin** et le petit *moulin* que l'on aperçoit à l'extrémité de la baie.

On regagne Paramé soit par la même voie, soit (3 k. 1/2 de l'église de Rothéneuf) par la maison de Jacques Cartier et le village de Saint-Ideuc.

Tournant le dos à la mer, on suit pour cela, droit devant soi, la route qui passe devant l'église. On rencontre bientôt le cimetière à dr., puis, à g., à un carrefour, une ferme dont le mur (à dr. du portail d'entrée) porte une plaque de marbre. C'est la *maison de Jacques Cartier* (armoiries à g. du portail). Les bâtiments de dr. de la maison sont modernes et la tourelle qui est au centre de la façade était jadis plus élevée, de façon à dépasser le toit et à dominer la campagne.

La bifurc. de g. de la route se dirige sur *Cancale* (7 k. O. ; *V.* ce nom) ; on prend celle de dr., qui passe devant une petite *chapelle*, et amène à (2 k. 1/2) **Saint-Ideuc.** — L'église, de 1721, est sur une place avec des tilleuls. A l'int., au chœur, 3 vastes *retables* peints et dorés ; *grille* de la table de communion, bel ouvrage de serrurerie du XVIIIe s. ; tableau ancien figurant l'*Adoration des Mages*, à g. de la chaire ; *fonts-baptismaux* à double cuve de granit (XVIIe ou XVIIIe s.).

A 1 k. au delà de Saint-Ideuc, on atteint Paramé-ville.

CANCALE
(ILLE-ET-VILAINE)

Cliché Neurdein.

État de Paris à Saint-Malo (V. ce nom), ou arrêt à la Gouesnière-Cancale, station précédant Saint-Malo (les express s'y arrêtent), pour laquelle sont délivrés des billets de bains de mer au même prix (56 fr., 37 fr. 80, 26 fr. 65). — De la Gouesnière à Cancale : 9 k. N.-E. et voit. publ. : 1 fr. ; voit. de louage (en écrivant à Cancale) : 8 à 10 fr. env. De Saint-Malo à Cancale, 14 k. N.-E. — Tram à vap., 16 k. : 1 fr. 20 et 85 c. pour Cancale-ville ; 1 fr. 25 et 90 c. pour La Houle, port de Cancale.

Hôtels : — A LA HOULE : — *Du Guesclin* ' (petit déj. 1 fr. 25, déj. 3 fr., din. 4 fr., ch. dep. 3 fr.), au delà du phare ; — *de l'Europe* (déj. 2 fr., din. 2 fr. 50, ch. 2 fr. ; pens. 6 fr.), sur le port ; — *de France* (petit déj. 50 c., déj. ou din. à table d'hôte 2 fr., ch. 2 fr.) ; — *du Phare* (déj. ou din. à 1 fr. 50 et à 2 fr.) ; — *café-restaurant de la Marine* (repas dep. 1 fr. 50).

DANS LE BOURG-D'EN-HAUT : — *du Centre* (petit déj. 50 c., déj. 2 fr., din. 2 fr. 50, ch. 2 fr. ; pens. 6 fr. par j.), près de la nouvelle église ; — *Couvent-pension de la Providence* (5 fr. par j. ; jardin), près de la vieille église.

Villas, chambres et petits appartements à louer : — à prix modérés.

Huîtres : — dans tous les hôtels.

Promenades en mer : — s'adr. aux hôtels ou aux marins qui font des propositions sur le port (2 fr. l'h. env. ; marchander fortement les prix demandés).

CANCALE, petite station balnéaire, est célèbre par ses huîtres, sa belle situation et ses rochers. Le type mâle et énergique de la Cancalaise, et son gracieux bonnet, ont été popularisés par la peinture. — *N.-B. Pour voir les parcs à huîtres, faire l'excursion à marée basse.*

ITINÉRAIRE. — Le tram ou la route amènent les voyageurs : — soit à **Cancale-ville**, sur la hauteur, où l'on suit la *rue de Saint-Malo* (à son extrémité, ancienne *église*, ruinée, et couvent-pension de la Providence), d'où la *rue du Port* (1re à dr.), traversant une grande place (hôtels. restaurants et nouvelle *église Saint-Méen*), descend en pente rapide vers la Houle; — soit à **La Houle**, *port de pêche* de Cancale (chantiers de construction de bateaux).

Longeant le **quai** du port vers la pleine mer (nombreux hôtels et restaurants), on arrive à la petite *jetée de la Fenêtre* (*phare*). Là, on a à ses pieds les **parcs à huîtres** (recouverts à marée haute; à marée basse, ils apparaissent pareils à des damiers; location de sabots pour les parcourir); devant soi, on voit les énormes **rochers de Cancale**, noirs et abrupts, et **l'île des Rimains**; dans le lointain (25 k.), on aperçoit, par temps clair, le cône pittoresque du *Mont Saint-Michel*; enfin, à g., on a la haute **falaise du Hock**, dans un creux de laquelle se trouve l'hôtel Du Guesclin, et qui se termine à la **pointe de la Chaîne**.

EXCURSION. — **Pointe du Grouin** : — *A*. (🚲 3 k. N. et 1 k. 1/2 à pied jusqu'à la pointe). La route se dirige vers *Saint-Jouin*, puis passe à *la Pintelais*, pour cesser 1 k. plus loin. Un chemin de piétons conduit jusqu'à la pointe (*V*. ci-dessous).

B. — 6 à 7 k. *à pied*, de la vieille église de Cancale à la pointe, pour l'aller; 4 k. 1/2 au retour; assez fatigant). On gagne, derrière la vieille église (si l'on part de Cancale-ville), ou par un chemin qui s'élève sur la falaise, un peu en avant l'hôtel Du Guesclin (si l'on part de la Houle), le ham. de *la Broustière* et la pointe de la Chaîne (*belle vue*). De là on se dirige, par le sentier des douaniers, vers *Port-Briac*, petite plage de galets entourée de rochers, puis vers la grève voisine de *Port-Picain*. Après avoir contourné la **pointe de la Châterie**, on parvient (5 k.) à l'*anse de Port-de-Mer*, où est une belle plage de sable. On longe ensuite le *chenal de la Vieille Rivière*, compris entre la côte et les rochers sauvages de l'*île des Landes*.

Du haut de la **pointe du Grouin** (43 m. d'alt.), un *immense panorama* se déroule, par temps clair, depuis le cap Fréhel (à g.) jusqu'au Mont Saint-Michel (à dr.). A l'extrême pointe il y a un *sémaphore* et une *grotte* étroite, où la marée s'engouffre avec fracas; à 3 k. en mer, *phare de la Pierre Herpin*, sur un rocher.

On revient à Cancale par la route directe qui passe à la Pintelais et à Saint-Jouin (prendre à Saint-Jouin la bifurc. de g.).

DINARD - St ENOGAT
Principaux Hôtels
① Grand Hôtel Royal
② Hôtel de la Plage et du Casino
③ id. Crystal
④ Grand Hôtel de Dinard
⑤ Hôtel Bellevue
⑥ id. de Provence et d'Angleterre
⑦ id. de la Vallée
⑧ id. Windsor
Tramway
Mètres
0
200
400
Pointe des Etêtés
Pointe du Grouin
Pointe du Moulinet
Pointe de la Malouine
Grotte de la Goule aux Fées
St ENOGAT
EGLISE
CIMETIÈRE
Tennis de St Enogat
Boulevard de St Enogat
PLAGE du CASINO
GRAND CASINO
Temple Protest.
Gare Terminus du Tram.
Ponton avec ascenseur
DINARD
Avenue Edouard VII
Avenue de la Gare
GARE
HOTEL DE VILLE
EGLISE
PLACE DE L'EGLISE
Boulevard Féart
Halte du Prieuré
ANSE DE DINARD
PLAGE DU PRIEURÉ
Ruines du Prieuré
Croix de pierre
Pointe de la Vicomté
Anse de la Fischerie
Pointe des Dunnets
Avenue Bruzzo
Avenue des Tilleuls
ROND POINT DES BUTTES
LA VICOMTÉ
Ancn couvent
LA BASSE GUAIS
LA HAUTE GUAIS
St Cast
St Malo
St Servan
St Lunaire, St Briac
Dinan
Lamballe
N
d'après le plan de l'Agence Jules Boutin.
L. Hermann, del.

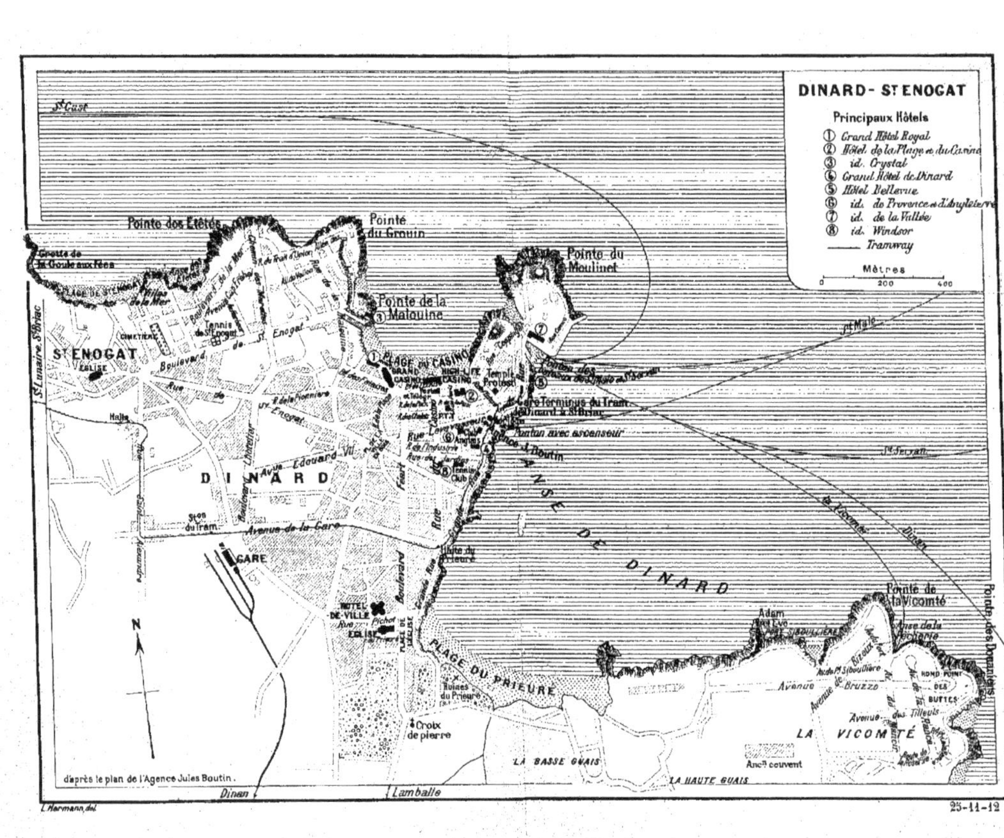

25-11-12

DINARD et SAINT-ENOGAT
(ILLE-ET-VILAINE)

Cl. Guérin.

Etat, 471 k. de Paris, en 8 à 10 h. env. : 45 fr. 90, 30 fr. 30, 19 fr. 75. — Billets de bains de mer, val. 33 j. : 56 fr., 37 fr. 80, 26 fr. 65, all. et ret. — Les trains sont acheminés sur Dinard soit par Rennes, Dol et Miniac, soit par la Brohinière; quelques autres par la Normandie, via Folligny et Pontorson (ce dernier itinéraire permet, de Pontorson, la visite du Mont Saint-Michel; les billets de bains de mer ci-dessus autorisent à volonté les 3 itinéraires et un arrêt de 48 h. à Pontorson). Les 3 lignes se rejoignent à Dinan.

On peut aussi gagner Dinard par Saint-Malo (pour la traversée).

360 k. de Paris à Rennes; 54 k. de Rennes à Dinan; 21 k. de Dinan à Dinard.

Omnibus : — du ch. de fer, 50 c. : 75 c. avec bagages (30 kilog.).

Tram : — de la *gare aux bateaux* et vice versa (tram de Saint-Lunaire) : 15 c.

Voitures de place : — de 6 h. mat. à 11 h. s., la *course*, dans le rayon de l'octroi : 1 fr. 50; de 11 h. s. à 6 h. mat., 2 fr. 50; dans toute l'étendue de la com. de Dinard-Saint-Enogat, l'*heure* 2 fr., la nuit 3 fr. 50; dans les com. limitrophes, 3 fr. et 5 fr.

Hôtels : — A la Cale des bateaux de Saint-Malo : — *Bellevue* (petit déj. 1 fr.; déj. 2 fr. 50, dîn. 3 fr., sans boisson; ch. dep. 3 fr.; pens. dep. 8 fr. par j.; bains); — *de la Vallée* (déj. 2 fr., dîn. 2 fr. 50); — *des Voyageurs* (déj. 2 fr., dîn. 2 fr. 50); — *Hôtel-restaurant Printannière* (déj. 2 fr. 50, dîn. 3 fr.); — *des Bains* (déj. 2 fr. 50; dîn. 3 fr.; ch. dep. 3 fr.; pens. l'été, dep. 6 fr.; hors saison, dep. 30 fr. par sem.), en haut de la côte.

En Ville ou sur la Plage : — *Hôtel Royal* * (luxueux; juin à oct.; petit déj. 2 fr.; déj. 5 fr., dîn. 7 fr., sans boisson; ch. dep. 15 fr., en saison 25 fr.; bains), sur la plage; — *Régina* *; — *Crystal* * (1er juin au 1er oct.; petit déj., 1 fr. 50, déj. 5 fr., dîn. 7 fr., ch. 8 fr. à 30 fr.; pens. 20 fr. par j., hors saison 15 fr.; bains de mer chauds; jardin d'hiv.;

salle des fêtes), sur la plage; — *Grand-Hôtel de la Plage et du Casino** (20 juin à fin sept.; petit déj., 1 fr. 50, déj. 5 fr., dîn. 6 fr., ch. de 5 à 18 fr.; pens. 15 à 27 fr.; bains), bd de l'Écluse; — *des Terrasses**, sur la plage; — *Victoria** (juin à oct.; petit déj. 1 fr. 25, déj. 3 fr. 50, dîn. 4 fr. 50, ch. dep. 3 fr. 50; pens. dep. 8 fr.; bains), r. Levavasseur; — *Grand-Hôtel de Dinard** (petit déj. 1 fr. 50; déj. 3 fr. 50, dîn. 4 fr. 50, sans boisson; ch. 5 à 10 fr.; pens. 9 à 12 fr. hors saison; de 12 à 20 fr. en saison; tennis). Grande-Rue; — *Windsor** (toute l'année; petit déj. 1 fr. 50, déj. 3 fr. 50, dîn. 4 fr., ch. de 5 fr. à 8 fr.; pens. 9 à 15 fr.; — *de Provence et d'Angleterre** (déj. 3 fr., dîn. 4 fr.; ch. 4 à 8 fr.; bains; chauff. central); — *Hôtel-Pension Eden* (pens. dep. 8 fr. l'été, dep. 5 fr. hors saison); — *Bristol** (1er avril au 31 oct.; déj. 3 fr., dîn. 4 fr., ch. 4 à 8 fr.; pens. 8 à 10 fr.; bains), r. du Casino; — *The Anglo-Norman Hôtel** (déj. 2 fr. 50, dîn. 3 fr., ch. 3 à 6 fr.; pens. 8 à 10 fr.; bains); — *des Colonies* (déj. 2 fr., dîn. 2 fr. 50, ch. dep. 3 fr.; pens. dep. 7 fr. 50), r. Levavasseur; — *de la Poste* (déj. 2 fr., dîn. 2 fr. 50, ch. 3 à à 6 fr.), r. de la Plage; — *de la Paix* (déj. 2 fr., dîn. 2 fr. 50), pl. de la Ville-en-Bois.

À LA GARE : — *Moderne et Terminus* (déj. 2 fr. 50, dîn. 3 fr., ch. dep. 3 fr.; pens. dep. 7 fr. 50).

HORS LA VILLE : — *Pension de famille du Prieuré* (6 fr. par j.; 7 fr. en juillet et août; éclairage non compris; séjour de 8 j. au moins).

Locations meublées : — On trouve à Dinard et à ses environs des villas de : 18 à 20 ch., salle de bains, eau et gaz, au prix approximatif de 8,000 à 12,000 fr. pour les 3 mois de la saison (juillet, août et septembre); — 12 à 14 ch., salle de bains, eau et gaz, 2,500 à 6,000 fr.; — 7 à 10 ch., eau et gaz, 1,200 à 2,500 fr.; — 5 à 8 ch., eau et gaz, 600 à 1,200 fr.; — 3 à 5 ch., 300 à 450 fr. — Fortes réductions pour les autres mois. — S'adr. aux agences.

Pour les chambres et petites maisons, *V.* : *Saint-Énogat*.

Agences de location (pour Dinard et ses environs; envoi de plans, devis, photos) : — *J. Boutin*, r. Levavasseur et Grande-Rue; — *Agence Régionale* (Cherruel et Guyot), r. Levavasseur; — *Agence Générale* (Bidel et Hémery), r. Levavasseur; — *Agence de la Maison-Rouge*; — *Legendre*; — *Office Immobilier* (Guérin).

Poste-et-télégraphe : — r. du Casino.

Casino : — *High-Life-Casino* (bals, concerts, jeux, lecture; entrée, 1 fr. jusqu'à 6 h. s., 3 fr. donnant droit au théâtre et au bal), sur la plage.

Cercles : — *Dinard-Club* (120 fr. par an, 100 fr. 6 mois, 70 fr. 3 mois, 30 fr. 1 mois, 10 fr. 1 sem.); — *Dinard-Golf-Club* (dames : 90 fr. d'entrée, 65 fr. 1 an, 25 fr. 1 mois, 15 fr. 1 sem., 3 fr. 1 j.; hommes : 80 fr. d'entrée, 80 fr. 1 an, 25 fr. 1 mois, 15 fr. 1 sem., 3 fr. 1 j.; en juillet, août et sept., majoration des prix); — *Dinard-Lawn-Tennis-Club* (40 fr. 1 an, 15 et 20 fr. 1 mois, 7 et 12 fr. 1 sem., 2 et 3 fr. 1 jour; 150 fr. par an pour une famille; spectateurs : 20 fr. 1 an, 8 et 10 fr. 1 mois; — *Book-Club* (bibliothèque r. des Jardins : lundi, mercredi et samedi, de 11 h. 1/2 à midi : 40 fr. 1 an; 30 fr. 5 mois; 25 fr. 3 mois, 10 fr. 1 mois; 7 fr. 15 j.); — *New-Club* (dames et messieurs : 60 fr. 1 an; 50 fr. 6 mois; 20 fr. 1 mois; 10 fr. 1 sem., réduction pour famille).

Bains de mer : — sur la GRANDE-PLAGE de Dinard, dite PLAGE DE L'ÉCLUSE : — *Bains du High-Life-Casino*; — *Bains Ménétrier* ou *de la Malouine et de l'Hôtel-Royal* (bain complet, 70 c.; par 10 cachets, 5 fr. pour 1 pers., 7 fr. pour 2 pers. dans même cabine); — *Petits-Bains* (prix modérés).

Sur la PLAGE DU PRIEURÉ (près de l'église; embouchure de la Rance) : — *Bains du Prieuré* (prix modérés).

Banques : — *J. Boutin*, r. Levavasseur et Grande-Rue; — *Société générale*, r. Levavasseur.

Bateaux de plaisance : — A la cale des bateaux de Saint-Malo et aux Grands-Bains.

Loueurs de voitures et chevaux : — *Fresnel* (corresp. du ch. de fer), r. Levavasseur, 21 ; — *Biard*, pl. de la Ville en-Bois ; — *Miriel* ; — *Robert* ; — *Ropert* ; — *Denis*. — Le prix des principales excursions est affiché à la cale des bateaux de Saint-Malo (*station de voit.*; demander réductions hors saison).

Automobiles et bicyclettes : — *Sébilleau*, r. de la Pionnière, 45 ; — *Lefoul*, bd Féart ; — *Auto-Garage*, r. de la Plage. — *Station d'autos*, bd Féart (à la plage).

Courses : — (2 journées) au commenc. d'août.

Régates : — l'été, date variable.

Tram pour : *Saint-Lunaire* et *Saint-Briac*, *V.* ces noms.

Voiture publique pour : — *Matignon* et *Saint-Cast*, 2 fr. 50 (1 fr. 50 jusqu'à Beaussais, bifurc. à 4 k. de *Saint-Jacut*).

Mails-Coach et autos d'excursions : — l'été, indiqués, par affiches, pour les *Environs* et pour les *Châteaux de la Loire*.

Bateaux à vapeur et vedettes automobiles pour : — *Saint-Malo*, 25 c., et 15 c. par le *grand bac à vap.* (prend les voit. 1 fr. et chevaux 1 fr., les autos 3 fr. à 10 fr.), départ à l'heure ; — 25 c. par *vedettes*, 40 c. all. et ret.; *carnets d'abonnement*; services de nuit, 1 fr.). — *N.-B. Plusieurs Compagnies font actuellement, en concurrence, le service de Dinard à Saint-Malo; l'une d'elles, avec ascenseur à l'arrivée à Dinard; les prix sont sujets à variations, ainsi que ceux des services suivants* : — *Saint-Servan*, par le *grand bac à vap.* (mêmes prix), départ à l'heure 30, sauf à midi 30, et par les *vedettes* (mêmes prix) ; — *la Vicomté* (l'été ; heures variables), 50 c. ; — *Saint-Cast* (l'été ; heures variables), 2 fr. ; all. et ret. 3 fr.) ; — *Dinan*, par la Rance. *V.* p. 28.

De Dinard à Saint-Malo ou Saint-Servan en *barque à voile* (agréable et facile par beau temps) : 25 c. env. par pers. (pour plusieurs pers.).

L'été, *excursions en mer*, indiquées par affiches (*V.* au mot : *Saint-Malo*, ainsi que pour les services maritimes de *Saint-Malo à Jersey*. — Excursions directes (all. et ret. le même j.) de *Dinard à Jersey*.

DINARD est la station balnéaire la plus mondaine de la Bretagne, celle qui, avec sa voisine Paramé, se rapproche le plus du type de la grande plage normande, avec casino, sports et jeux divers. Baigneurs et touristes y affluent du 1er juillet à la fin sept., mais surtout entre le 1er août et le 8 sept., époque des *courses* et des *régates*. C'est un séjour coquet et riant (beaucoup d'Anglais et d'Américains), qui doit sa célébrité à sa magnifique situation, à la beauté de sa plage, à la douceur de son climat, qui permet d'y cultiver dans ses nombreux jardins le figuier, l'araucaria, les myrtes, les palmiers et les camélias. — La vie y atteint de hauts prix dans les hôtels de 1er ordre ; de superbes villas y sont munies de tout le confortable moderne. Cependant dans les environs de Dinard, soit immédiatement à *Saint-Énogat*, soit vers *Saint-Lunaire*, *Saint-Briac* (*V.* ces noms), ou dans les petits ports des bords de la Rance (*la Richardais*, *Minihic-sur-Rance*), on trouve des installations à la portée des bourses modestes. Le prix des vivres n'est pas sensiblement plus élevé que dans le reste de la Bretagne.

ITINÉRAIRE. — *A*. Si l'on arrive à Dinard par le ch. de fer, on débouche sur une grande place (fiacres et omnibus de ville ; quelques hôtels et restaurants; à g., tram de Saint-Énogat, Saint-Lunaire et

Saint-Briac, ainsi que pour Dinard-ville et la cale des bateaux de Saint-Malo, 15 c.). On prend, face à la gare, une courte avenue aboutissant *avenue de la Gare*, que l'on suit à dr. jusqu'au **boulevard Féart**. — En continuant à suivre les rails du tram, on irait à la *cale des bateaux de Saint-Malo et Saint-Servan*. — Le boulevard Féart, à g., amène au centre de la ville, à la rue Levavasseur (6e à dr.) et à la Grande-Plage (*V.* ci-dessous).

B. — Si l'on arrive à Dinard par les *bateaux de Saint-Malo* ou *de Saint-Servan* (un certain nombre, à marée haute, abordent un peu plus loin, au pied d'un *ascenseur*, qui amène immédiatement en haut de la côte), on incline vers la g. pour passer devant l'hôtel de la Vallée et prendre, à l'extrémité de la cale de débarquement, la **Grande-Rue**, à g. Celle-ci, gagnant le sommet de la côte (*station terminus* du tram pour la gare, 15 c., et pour Saint-Énogat, Saint-Lunaire et Saint-Briac, *V.* ces noms), arrive à un *carrefour* avec une *horloge*. — A dr. de ce carrefour, la *rue des Bains* conduirait directement à la plage et au Casino; *rue Faber* (1re à dr., dans la rue des Bains), *temple protestant*, dans un joli jardin.

En face de soi, on prend la **rue Levavasseur**, qui amène **rue du Casino**, puis boulevard Féart. L'une et l'autre de ces 2 voies transversales conduisent, à dr., aux Casinos, situés tous deux au bord d'une belle plage en hémicycle, dite **Grande-Plage** ou **plage de l'Ecluse**, fermée à g. par la *pointe de la Malouine*, à dr. par la *pointe du Moulinet*. — Le **High-Life Casino** comprend une salle de théâtre et de bal (décorée par Chéret), un café-restaurant, billards, salons de jeu, de lecture, de piano. — Le **Grand Casino**, à g. (plusieurs fois fermé et rouvert), a une façade arrondie avec colonnade. Il est voisin du bel *Hôtel-Royal*. Un peu plus loin est l'*hôtel Crystal*, avec une *tour* haute de 45 m. (50 c.). De là, en tournant à g., on irait à *Saint-Enogat* (*V.* ce nom).

Si, au contraire, on gagnait, à dr. de la plage, la pointe du Moulinet, on y trouverait la **promenade Robert-Surcouf** (agréable le soir), qui la contourne et d'où se déroule un *immense panorama* : à g., cap Fréhel (dans le lointain), pointes du Grouin et de la Malouine, et île Harbour; en face de soi, Saint-Malo, les Boys et île Cézembre; à dr., Saint-Servan, embouchure de la Rance et la pointe de la Vicomté.

Reprenant le boulevard Féart, qui traverse Dinard dans toute sa largeur, on gagne la **place de l'église** (*église* moderne, sans intérêt), voisine de l'*hôtel de ville*, ancienne villa donnée à la ville par Levavasseur, avec un **jardin** ouvert au public.

Plage et ruines du Prieuré. — On prend, place de l'Église, dans l'axe du boulevard Féart, la route de Lamballe, qui passe devant l'ex-*couvent des Sœurs Trinitaires* (à g.; pension de famille); la 1re route à g. après le couvent (*croix de pierre* au carrefour) descend au Prieuré (la façade est sur le 1er chemin de g.). — Le *Prieuré*, fondé en 1324, renferme (on visite; pourboire) une **chapelle** ogivale en ruines, ornementée de lierre (*tombeaux* de chevaliers de Montfort et *statue de la Vierge*). — Derrière le Prieuré s'étend la **plage** du même nom. — En continuant, on irait à la Vicomté (*V.* p. 27).

SAINT-ENOGAT forme comme un prolongement de Dinard. C'est un séjour calme, où la vie est plus simple et familiale.

Hôtels : — *Grand-Hôtel de la Mer* (déj. 2 fr. 50, dîn. 3 fr.; pens. de 6 à 10 fr. par j.); — *des Etrangers et de Saint-Énogat* (l'été; petit déj. 75 c., déj. 2 fr. 25, dîn. 2 fr. 50, ch. dep. 2 fr.; pens. 6 à 7 fr.); — *Michelet* (pens. de 4 à 8 fr. par j.); — *Du Guesclin*; — *d'Arvor*; — *Villa Victoria* (pension de famille).

Agences de location et chalets meublés : — *Legendre-Villas-de-la-Mer* (de 400 à 2,000 fr. pour la saison), à Saint-Enogat; — *Mme Lalouche*; — *Alix*, pl. du Calvaire. — S'adr. aussi aux agences de Dinard.

Chambres et logements meublés : — 50 fr. par ch. en août; 25 à 30 fr. en juill. et sept. — Petites maisons de 5 à 6 pièces, 300 à 500 fr. pour la saison.

ITINÉRAIRE. — On se rend à Saint-Enogat, de Dinard : — *A*. Par le tram de Saint-Lunaire, halte de *Saint-Enogat* (prix unique 30 c.), d'où l'on gagne l'*église* (moderne, sauf le clocher), puis (en descendant vers la mer, derrière l'église), la plage.

B. — A pied ou en voit. (1 k. 1/2 env.), soit par la *rue Saint-Enogat* qui part, à Dinard, de la *place de la Ville-ès-Bois*; soit en prenant, à g. de la plage de Dinard, sur la hauteur et un peu après l'hôtel Crystal, le *boulevard de Saint-Enogat*, à g., qui traverse le *parc de la Malouine*. Les deux chemins se rejoignent près de l'église de Saint-Enogat, d'où l'on descend à la plage.

La **plage de Saint-Enogat**, située au bas d'une falaise abrupte (nombreuses ruelles en escaliers), est pittoresque d'aspect. De grandes grèves de sable, semées de rochers, y découvrent à marée basse; en face, on voit l'*île Harbour* et plus loin l'île Cézembre. — A dr. (en regardant la mer), s'étagent les **villas de la mer** (chalets et villas de toute dimension qui se louent aux baigneurs). — Si l'on suit au contraire la grève vers la g. (à mer basse; rochers et trous d'eau), ou si l'on prend, du même côté, le sentier des douaniers qui escalade et suit le faîte de la falaise, longeant bientôt le mur du parc du *château de la Goule-aux-Fées*, vaste construction de granit, on arrive (15 min. env.) à la **grotte de la Goule-aux-Fées** (un petit sentier à dr. y descend, là où le mur tourne vers la g.). Cette grotte (à marée basse), creusée dans le rocher, au-dessous du château, a des parois d'une belle coloration.

EXCURSIONS DE DINARD ET SAINT-ENOGAT. — *N.-B. Les excursions sont prises au départ de Dinard*. — **1° Pointe de la Vicomté**. — On s'y rend : soit par bateaux (*vedettes*, à prix et heures variables, 25 c. env.); soit par la route (3 k. S.-E.; voit. de louage, 2 fr. l'heure). La route passe par l'église de Dinard, la plage du Prieuré et le ham. de *la Guais*, au delà duquel on prend une bifurc. à g. — *La Vicomté*, ancien domaine divisé par lots, forme un site verdoyant sur l'embouchure de la Rance (hôt. : *Beauvallon*, dep. 8 fr. par j. sauf en août, cabines de bains; *des Fleurs*, dep. 6 fr. par j.), avec de beaux arbres et (vers la dr.), un vieux *manoir* restauré, dans le parc duquel on peut d'ordinaire circuler.

2° La Richardais : 4 k. S.-E. (voit. de louage, 2 fr. l'h.). — Départ par l'église de Dinard et la route de Lamballe (bifurc. à g., à la *Ville-ès-Meniers*). C'est un petit *port* sur la Rance, dans un site tranquille (auberges).

3° Etangs de la Crochais : 9 k. (voit. de louage, 10 à 15 fr.) ou jusqu'à Pleurtuit. — Départ par l'église de Dinard et la route de Lamballe, que l'on quitte à la Ville-ès-Meniers pour suivre la route de *Pleurtuit* (6 k.; station du ch. de fer; hôt. *des Voyageurs*). On prend une route à dr., à l'extrémité du village, et on descend en pente rude au *moulin de la Crochais* (8 k. 1/2; rétribution) au delà duquel on gagne à pied 2 beaux *étangs*, dans un site romantique.

4° Saint-Lunaire, Saint-Briac et Lancieux (*V.* ces noms).

5° Saint-Jacut, Saint-Cast et le cap Fréhel : 17 k. jusqu'à *Saint-Jacut* (*V.* ce nom) et 25 k. jusqu'à *Saint-Cast* (*V.* ce nom); voit. de louage : 20 à 25 fr.; voit. publ. (médiocre) : 2 fr. 50, qui passe à 4 k. S. de Saint-Jacut; l'été, service par entre Dinard et Saint-Cast (2 fr. env.). — A voir, en cours de route (21 k. de Dinard), les belles *ruines du Guildo* et les *Pierres sonnantes* (p. 41) où l'on rejoint le de Plancoët à Saint-Cast.

A *Matignon* (21 k. de Dinard), s'embranche la route du *cap Fréhel* (*V.* p. 45).

L'été, *excursions* (*V.* affiches) de Dinard au cap Fréhel par autos, voitures ou (navigation parfois très dure).

6° Dinan et cours de la Rance (*V.* la carte, p. 11). — L'excursion de Dinan peut se faire : 1° par (21 k., en 30 min. env. : 2 fr. 35, 1 fr. 60, 1 fr. 05; billets d'all. et ret. val. 2 jours : 3 fr. 55, 2 fr. 55, 1 fr. 65); — 2° par la 22 k. S.; — 3° en par la Rance (trajet, all. et ret., 2 h. à 2 h. 30 env.: départs tous les j., soit par grands bateaux, soit par *vedettes* (2 fr.; 3 fr. all. et ret.). *N.-B. Plusieurs compagnies font le service et les prix sont sujets à variations.* — Nous conseillons de faire un des voyages par bateau, l'autre par le ch. de fer ou la route.

Pour les points principaux du parcours par la Rance, *V.* p. 31. On arrive à Dinan, au *vieux pont* gothique, au-dessous du magnifique *viaduc de Lanvallay*; on y prend l'itinéraire de visite de *Dinan*, p. 30.

7° Excursions en automobile de Dinard aux Châteaux de la Loire et Excursions circulaires en Bretagne : — l'été, *V.* les prospectus et affiches, et le Guide-Joanne : *Châteaux de la Loire*.

8° Excursions en mer. — Elles sont les mêmes que de *Saint-Malo*.

Distances par la route : — *Fougères* (p. 10*), par Dinan, *Combourg* (château; p. 12), Bazouges, Antrain, Saint-Brice et Saint-Etienne-en-Coglès, 93 k.; — *Mont Saint-Michel*, par Dinan, Lanvallay, *Dol* (cathédrale; p. 12), Baguer-Pican et Pontorson, 76 k.; — *Pontivy*, par Dinan, Jugon, Lamballe et Loudéac, 119 k.; — *Rennes* (p. 10*), par Dinan, Lanvallay, Evran, Bécherel, La Chapelle-Chaussée, Saint-Gondran, Gévezé et Mongerval, 75 k.; — *Saint-Brieuc*, par Dinan, Jugon, Lamballe et Yffiniac, 77 k.; — *Vannes*, par Dinan, Caulnes, Saint-Méen et Ploërmel, 135 k.; — *Vitré* (p. 9*), par Dinan, *Combourg* (château; p. 12), Saint-Léger, Marcillé, Saint-Rémy, Sens-de-Bretagne, Saint-Aubin-du-Cormier, Livré et Izé, 97 k.

Pour plus de détails sur la région, *V.* la Monographie-Joanne : *Saint-Malo-Dinard*, 1 fr.

DINAN
(CÔTES-DU-NORD)

Cliché Neurdein.

État, 450 k. de Paris, par Rennes, en 8 à 10 h. : 43 fr. 45, 29 fr. 35, 19 fr. 10. — Quelques trains sont acheminés par Folligny et Dol (même temps et même prix).

414 k. de Paris, par Rennes; — 22 k. de Dinard; — 30 k. de Saint-Malo.

Omnibus : — 40 c.; 50 c. avec 30 kilog.; la nuit, 50 c. et 60 c.

Voitures de place : — 1 fr. 50, la *course* en ville (4 pers.); 2 fr. de la gare au bateau de Saint-Malo et vice versa (3 pers.; chaque pers. en plus, 75 c.).

Hôtels : — En ville : — *de Bretagne* * (petit déj. 1 fr. 25, déj. 3 fr., dîn. 4 fr., ch. à 1 lit de 3 à 7 fr., à 2 lits de 5 à 9 fr.; bains; interprètes; chauff. central), pl. Duclos; — *de la Poste* (déj. 2 fr. 50, dîn. 3 fr., chev. et voit. de louage;), pl. Du Guesclin; — *de Paris et d'Angleterre* (petit déj. 1 fr., déj. 2 fr. 50, dîn. 3 fr., ch. dep. 2 fr. 50; pens. 7 fr. 50; chauff. central), r. Thiers; — *de Notre-Dame et de Londres* (petit déj. 50 c., déj. ou dîn. 2 fr., ch. dep. 2 fr.; 5 fr. 50 par j. pour un mois; ; bains), r. des Rouairies, 26; — *Marguerite* (petit déj. 1 fr., déj. 2 fr. 50, dîn. 3 fr., ch. dep. 3 fr.; pens. 8 fr. 50; bains), pl. Du Guesclin, 27.

A la Gare : — *de l'Europe* * (petit déj. 1 fr., déj. 2 fr. 50, dîn. 3 fr., ch. 2 à 5 fr. par pers.; chauff. central; bains;), pl. de la Gare; — *de la Gare* (déj. ou dîn. 2 fr., ch. dep. 2 fr.; pens. 6 fr. par j.); — *de France* (déj. 2 fr., dîn. 2 fr. 50, ch. dep. 2 fr.;), r. de la Gare.

Pensions de famille : — *Pension du Belvédère* (6 à 8 fr. par j. env., selon saison et chambre; bains; jardin; tennis), r. des Buttes; — *Villa St-Yves* [*Mme Buisson*] (5 fr. 50 à 7 fr. par j.), r. Saint-Malo, 12.

Restaurants : — sur le quai de la Rance, en bas de la r. du Jersual (bateaux de Saint-Malo).

Locations meublées : — maisons, 200 à 500 fr. par mois, chambres, 25 à 40 fr.; appart., 125 à 150 fr.

Loueurs de voitures : — *Besnard*,

r. Thiers; — *Thomas*, pl. Du Guesclin; — *Quinet*, pl. de l'Hôtel-de-Ville; — *Hamon*, r. du Viaduc.

Antiquités, meubles bretons : — nombreux marchands, r. Thiers, Grande-Rue, pl. des Cordeliers et r. de l'Horloge (prix élevés).

Eglises : — culte catholique et culte réformé.

DINAN Ⓑ est une vieille ville, dans un site pittoresque sur la Rance, au milieu d'une nature verdoyante et superbe; les excursions sont nombreuses. Aussi Dinan est-il visité par la plupart des touristes et compte-t-il, dans ses murs et dans sa banlieue, une véritable colonie d'Anglais. Le pays, très montueux, rend la marche assez fatigante.

ITINÉRAIRE. — On arrive à Dinan soit par le bateau de Saint-Malo-Dinard, soit par le ch. de fer.

A. — Dans le premier cas, on débarque dans la ville-basse, au vieux pont gothique, que domine le viaduc de Lanvallay. On prendra à ce point la suite de l'itinéraire *B* (*V.* ci-dessous), par le début duquel on terminera ensuite.

B. — Par le ch. de fer on arrive dans la ville-haute. — La gare est reliée par la *rue Carnot*, à g., puis par la *rue Thiers*, à dr., à la **place Duclos** (*statue de Jehan de Beaumanoir*, par Guéniot, 1911), où s'élève l'**Hôtel de Ville** (quelques tableaux sans grand intérêt). Derrière l'hôtel de ville, *promenade des Petits-Fossés* (*V.* p. 33). Sur la place Duclos, à g., s'ouvre la *rue de la Croix*, dans laquelle la *maison de Du Guesclin* (nº 14; un écusson l'indique) a été récemment rebâtie.

De la place Duclos, la *Grande-Rue* (la plus étroite) conduit à l'**église Saint-Malo**, qui a un chœur et un transept datant de 1490 et offrant un beau spécimen de la dernière période ogivale. La nef a été reconstruite de 1855 à 1865, dans le style du XVe s.; sur le flanc dr. de l'édifice, *porte* de la Renaissance. — A l'int., au bas de la nef, curieux *bénitier* de granit supporté par Satan; *chaire* sculptée; dans les chapelles du chœur et des bas-côtés, on remarque une vingtaine de petites *crédences* de pierre (lavabos et niches pour les Saintes-Huiles), toutes charmantes et d'ornementation différente.

Continuant la Grande-Rue, on dépasse à g. la jolie *porte* ogivale (XVe s.) de l'ancien **couvent des Cordeliers** (s'adr. au concierge), fondé au XIIIe s. (arcades d'un cloître du XVe s.).

De la **place des Cordeliers** (*maisons à porche*) on gagne, par la *rue de la Lainerie*, la **rue du Jersual**, rapide et tortueuse, qui offre un aspect saisissant avec ses maisons du XVIe s., et qui aboutit à la **porte du Jersual** (XIVe ou XVe s.).

N.-B. — Si l'on veut abréger la suite de l'itinéraire (intéressant et recommandé, mais assez fatigant; il mènerait en quelques minutes au bateau de Saint-Malo), on reviendra sur ses pas à ce point, et on remontera la rue du Jersual jusqu'à l'entrée de la rue de la Lainerie, avant laquelle la rue de la Poissonnerie, à g., amène à la rue de l'Horloge, à l'église Saint-Sauveur et la plate-forme du jardin anglais (*V.* p. 32).

Au delà de la porte du Jersual, la rue se continue par la *rue du Petit-Fort*, qui aboutit **au vieux pont** gothique (vieilles maisons), près duquel on voit, à g., la *cale des bateaux de Saint-Malo et Dinard*, et le **port** sur la Rance (bateaux pour promenades). De là, le regard embrasse dans son ensemble la masse imposante du **viaduc de Lanvallay** (en granit;

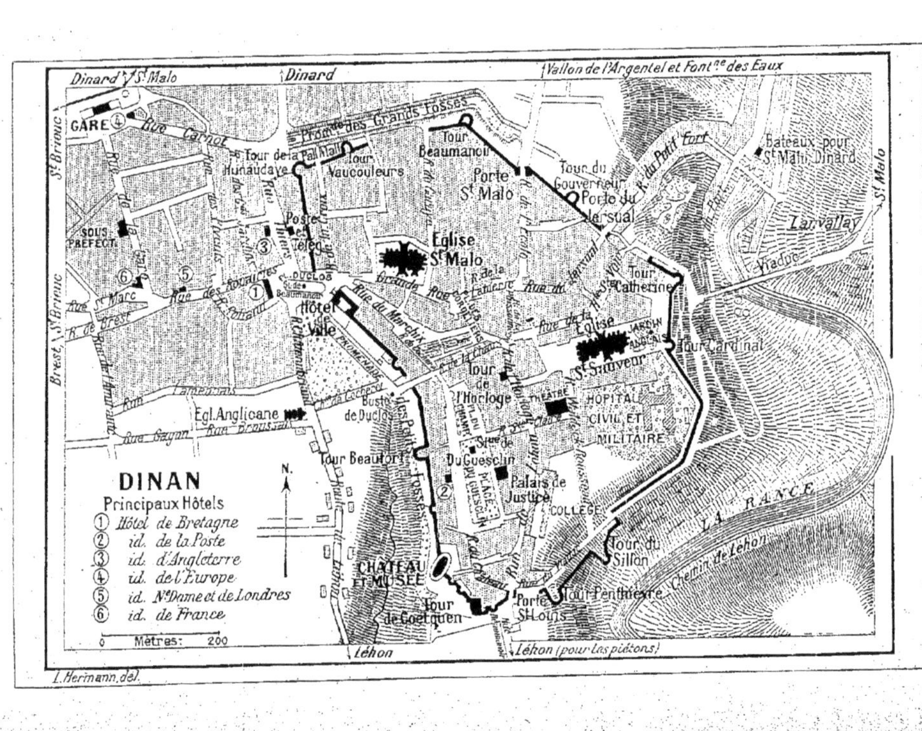

Dinard
St Malo
Dinard
Vallon de l'Argentel et Fontne des Eaux
GARE
Rue Carnot
Promde des Grands Fossés
Tour de la Hunaudaye
Tour Vaucouleurs
Tour Beaumanoir
Porte St Malo
Tour du Gouverneur
Porte du Jersual
R. du Petit Fort
Bateaux pour St Malo, Dinard
St Malo
Lanvallay
Viaduc
St Brieuc
SOUS PRÉFECT.
Poste et Télég.
Église St Malo
Grande Rue
Tour Ste Catherine
Rue St Marc
R. de Brest
Rue des Rouairies
Hôtel de Ville
Rue du Marchix
Église St Sauveur
JARDIN ANGLAIS
Tour Cardinal
Brest
St Brieuc
Tour de l'Horloge
THÉÂTRE
HÔPITAL CIVIL ET MILITAIRE
Egl. Anglicane
Buste de Duclos
Rue Gayon
Tour Beaufort
Du Guesclin
PLACE DU GUESCLIN
Palais de Justice
COLLÈGE
LA RANCE
Tour du Sillon
Chemin de Léhon
CHÂTEAU ET MUSÉE
Tour de Coetquen
Porte St Louis
Tour Penthièvre
Léhon
Léhon (pour les piétons)
DINAN
Principaux Hôtels
① Hôtel de Bretagne
② id. de la Poste
③ id. d'Angleterre
④ id. de l'Europe
⑤ id. Nre Dame et de Londres
⑥ id. de France
N.
0 Mètres: 200
L. Hermann, del.

10 arches, 250 m. de long; 40 m. de haut), sur lequel la route de Dol franchit la vallée et qui relie la ville au bourg de *Lanvallay*.

[*En traversant le vieux pont et en remontant la rive dr. de la Rance (chemin interdit aux voitures dans le sens Dinan-Léhon), on se rendrait à Léhon* (*V.* : *Excursions de Dinan*).]

De la tête du vieux pont, on suit à dr. la *rue du Port* et, prenant un escalier qui commence sous le viaduc, on remonte en ville par des allées en zigzags, qui amènent au sommet du viaduc (belle vue sur la vallée de la Rance), puis au **jardin anglais** ou **square de la Duchesse-Anne**, s'étendant derrière l'église Saint-Sauveur. Au centre de ce square, qui forme terrasse du côté de la Rance, *colonne et buste de Ch. Néel*, maire de Dinan (1762-1851). De la terrasse et surtout de la plate-forme de l'ancienne **tour Sainte-Catherine**, qui en forme un angle, on découvre une *vue magnifique* sur le viaduc et la vallée de la Rance. — De la **tour Cardinal** (à dr.) part le *chemin de ronde* du rempart (charmants aspects), qui aboutirait directement à la porte Saint-Louis (*V.* ci-dessous).

L'**église Saint-Sauveur** est un mélange des styles roman et ogival. Sa façade est romane (XIIe s.), du style flamboyant dans sa partie supérieure; *sculptures* en partie restaurées (au tympan, le *Christ bénissant*). La *tour-clocher* (1557-1558) était surmontée d'un dôme foudroyé en 1749 et remplacé, vers 1779, par la flèche actuelle, haute de 57 m. — A l'int., on remarque la nef voûtée en bois, avec *chaire* en fer forgé (à dr.); le *maître-autel* à baldaquin (fin du XVIIIe s.); les chapelles absidales rayonnantes, ornées de *clefs de voûte à pendentifs* et de jolies *crédences* sculptées dans le mur. Au transept g., **cénotaphe** en granit, renfermant le cœur de **Du Guesclin**. Au bas-côté g., belle **verrière** du XVe s.

Traversant la place qui est devant l'église, on prend à dr. la petite *rue de la Larderie*, puis à g. la *rue de la Haute-Voie* (charmante **porte Renaissance** de l'ancien *hôtel* des Beaumanoir, appelé le *Vieux-Couvent*; au fond de la cour, où l'on peut entrer, tourelle du XVe ou du XVIe s.; fenêtres à frontons), qui mène presque aussitôt à la **rue de l'Horloge**.

Prenant à g. cette rue (*maisons à porches*), on trouve à dr. la **tour de l'Horloge** (fin du XVe s.), avec une flèche d'ardoises, et située dans l'axe de l'église Saint-Sauveur dont la sépare un pâté de maisons. La *cloche* qui sonne encore les heures a été donnée à la ville par la duchesse Anne, en 1507. De la galerie en plomb de la flèche (s'adr. au gardien; pourboire) on découvre un *admirable panorama*.

Au delà de la tour, on rencontre (1re rue à g.) le *casino-théâtre*. Plus loin, la *rue de Léhon*, continuation de la rue de l'Horloge, est bordée à g. par le *collège*, qui compta Chateaubriand et Broussais parmi ses élèves (plaque commémorative, sur la porte).

La rue de Léhon aboutit à la **porte Saint-Louis**, de 1620, qui donnerait accès à la *promenade des Petits-Fossés* (p. 33). — A g. de la porte Saint-Louis, *rue du Viaduc* et **chemin de ronde** des remparts, qui rejoint le jardin anglais (*V.* ci-dessus).

De la porte Saint-Louis, la *rue du Château* amène au château.

Le **Château**, ou **Donjon de la Duchesse-Anne**, construit par les ducs de Bretagne, de 1382 à 1387, a été restauré et renferme le musée.

Le **Musée** (t. les j., de 8 h. mat. à 7 h. s.; 50 c. par pers.; les tickets sont en vente dans les bureaux de tabac; il y en a un en face de l'entrée), dont la visite se confond avec celle du château, renferme quelques statues et tableaux, des antiquités et objets d'art. Franchissant un *pont* de 3 arches et le portail d'entrée, on se trouve en face de l'énorme **donjon**, haut de 34 m. et couronné d'élégants mâchicoulis gothiques. — Ancienne CHAPELLE à voûte ogivale (à dr., logette ou *oratoire* pour entendre la messe, avec petite fenêtre qui regardait l'autel, et siège de pierre, dit *fauteuil de la Duchesse Anne*); drapeaux. — On passe ensuite dans la SALLE DU DUC, réunie à la SALLE DES GARDES. Belle cheminée, large de 4 m.; ancien mouvement de l'horloge de Dinan (1498); dans une vitrine, *giberne de la Tour d'Auvergne*; *cheveux de Napoléon*. — SALLE DU CONNÉTABLE, avec logette du guetteur et chambre des chevaliers de garde. — POSTE DU GUET et SALLE DES ARMURES, avec une belle voûte. — On débouche ensuite sur le *chemin de ronde* et sur la *plate-forme* supérieure du donjon, d'où l'œil embrasse un *admirable panorama* : Dinan, ses églises et la tour de l'Horloge; colline et ruines de Léhon; église de Lanvallay; le Mont Dol, la mer et le Mont Saint-Michel (par temps clair, avec une longue vue; 45 k.). — On redescend ensuite aux étages inférieurs du château : à la SALLE A MANGER, à la CUISINE et aux OFFICES des anciens seigneurs; puis à de sombres CACHOTS, parmi lesquels le *cachot de Gilles de Bretagne*.

Sortant du château, on reprend la rue du Château, que l'on continue jusqu'à la **place Du Guesclin** (concerts pendant l'été), ornée de la *statue* équestre *de Du Guesclin*, par Frémiet (1902). Cette place est bordée par le *palais de justice*, à dr., et se prolonge par la **place du Champ**, d'où la *rue du Marchix* (dans la 2e rue à dr., maisons anciennes) ramène place Duclos.

Place Duclos, derrière l'hôtel de ville commence la belle **promenade des Petits-Fossés**, plantée de grands arbres, et que bordent d'un côté les ruines des vieux **remparts**, élevés à partir du XIIIe s., renforcés à diverses époques. Ils étaient défendus par 24 *tours* dont il subsiste une quinzaine. Vers le milieu de la promenade, que borde, de l'autre côté, le *val Cocherel*, s'élève une *colonne* avec *buste de Duclos-Pinot* (écrivain et historiographe né à Dinan; 1704-1772). On arrive ensuite à la base du château-donjon (à dr., ancienne entrée, murée, entre 2 tours), puis à la porte Saint-Louis, d'où l'on revient sur ses pas.

De la place Duclos on remonte, par la rue Thiers, vers la gare.

Au point où la rue Thiers tourne à g., commence à dr. la **promenade des Grands-Fossés**, précédée du préau gazonné de *Pall-Mall*, et où l'on trouve d'autres tours de l'enceinte, puis la **porte Saint-Malo** (XIVe et XVe s.), d'où part la route de Dinard.

EXCURSIONS. — **1° Fontaine Minérale, ou Fontaine des Eaux, et Vallon de l'Argentel** : — *A*. 🚗 2 k. 1/2 N. (voit. de louage : 5 fr.), par la route de Dinard et le *château de la Coninnais* (*V*. ci-dessous : 4°).

B. — 30 ou 40 min. *à pied*. On sort de Dinan par la porte Saint-Malo et la rue du même nom, que l'on suit jusqu'à une *chapelle* romane (à dr.); on y tourne pour prendre un chemin, à peu près parallèle à la route que l'on quitte, et qui aboutit à la longue *allée de la Fontaine*, bordée de tilleuls. Celle-ci, à son extrémité, descend dans le profond et sombre *vallon de l'Argentel*, aux ombrages épais; c'est un site magnifique (la *fontaine minérale* est tarie).

2° Ruines et église de Léhon. — On s'y rend : soit en voiture (5 à 6 fr.; 2 k.), par la place Duclos, la rue Châteaubriand et la route de Léhon-Plouasne, qui lui fait suite); soit à pied (15 min. env.), par un chemin escarpé, entrecoupé de marches, faisant suite à la *rue Beaumanoir*, que l'on prend à la porte Saint-Louis. — Le petit bourg de

Léhon possède (en face du chemin qui descend de Dinan) les **ruines** de son ancien **château** (XIIe et XIIIe s.), sur une colline où l'on monte par une allée de sapins (*chapelle Saint-Joseph*) et d'où l'on domine la campagne. — Revenant sur ses pas, on trouve dans le bourg (à dr. en descendant de la colline) l'ancienne **église** de Léhon (XIIIe s.), qui a conservé d'intéressants **tombeaux** des sires de Beaumanoir. — Attenant à l'église, sont les **ruines du prieuré**. — On peut revenir à Dinan (*recommandé*) en descendant (20 min. env.) la rive droite de la Rance. On arrive au vieux pont gothique, en bas du viaduc de Lanvallais.

3° Croix du Saint-Esprit : 3 k. par la route de Brest et le chemin qui longe l'asile des Aliénés; ou 20 à 25 min. *à pied*, par la place de Bretagne, la rue Chateaubriand, la rue Lamennais et la rue des Buttes (en prenant soin de ne pas s'égarer). — La *Croix du Saint-Esprit*, en granit (XIVe s.), est ornée de jolies sculptures.

4° Château de la Coninnais (visible le jeudi) : 1 k. 1/2, par la route de Dinard. — Le *château de Coninnais* est du XVe s. et du style gothique, remanié à la Renaissance, dans un beau parc. — On peut ensuite, par la route de Dinard et par une route à dr., gagner le vallon de l'Argentel (*V.* ci-dessus : 1°).

5° Dinard et Saint-Malo, par la Rance : 28 k. env. jusqu'à Saint-Malo; t. l. j., soit par « vedettes » (2 fr. voyage simple; 3 fr. 50 all. et ret.), soit par grands bateaux (prix variable; buffet), traj. en 2 h. à 2 h. 1/2 env. Les heures de départ dépendent de la marée : consulter les affiches. On s'embarque en bas de la rue du Jersual, au vieux pont (*pendant le fort de la saison, il peut être utile d'arriver d'avance pour prendre ses places*). — *N.-B.* Le trajet étant assez long et un peu monotone malgré l'intérêt de ses magnifiques paysages, nous conseillons de faire l'un des trajets, aller ou retour, par le bateau, l'autre par la route (21 k. de Dinan à Dinard; 30 k. de Dinan à Saint-Malo) ou par le (ligne de Dinard ou ligne de Saint-Malo).

Les points les plus intéressants du parcours (*V.* la carte p. 11) sont : (7 k.) *écluse du Châtelier* (11 k.) *lac ou plaine de Mordreuc*, épanouissement de la Rance; (13 k.) *pont métallique* (route de Châteauneuf), du *port Saint-Hubert* au *port Saint-Jean*; puis *lac de Saint-Suliac* (à dr., *Saint-Suliac*, *V.* ce nom), nouvel épanouissement de la Rance, au delà duquel on découvre la mer. On laisse *Saint-Servan* à dr., en passant près du *rocher Bizeux* (au milieu de la rivière) qui porte une Vierge, et on contourne la *pointe de la Vicomté* (à g.), pour faire escale à Dinard avant de mettre le cap sur Saint-Malo.

De Dinan à Dinard : — 21 k.; — 21 k. en 1/2 h. env. : 2 fr. 35, 1 fr. 60, 1 fr. 05; billets d'all. et ret., val. 2 j. : 3 fr. 55, 2 fr. 55, 1 fr. 65.

De Dinan à Saint-Malo : — 30 k., par Lanvallay, Pleudihen, Châteauneuf, Saint-Jouan-des-Guérets et Saint-Servan; — (ligne de Miniac et la Gouesnière), 35 k. en 1 h. env. : 3 fr. 90, 2 fr. 65, 1 fr. 70.

On peut aussi gagner Saint-Malo par le ch. de fer de Dinard (*V.* ci-dessus) et passer ensuite en bateau de Dinard à Saint-Malo.

SAINT-SULIAC

(ILLE-ET-VILAINE)

Cl. H. Le Maillot.

État de Paris à Châteauneuf (ligne de Saint-Malo; bifurc. à la Gouesnière-Cancale), 454 k. en 8 h. env. : 42 fr. 20, 28 fr. 55, 18 fr. 65. — Billets de bains de mer de Paris à la Gouesnière, val. 33 j. : 56 fr., 37 fr. 80, 26 fr. 65, all. et ret. — 4 k., ou tram à vap. 3 k., de Châteauneuf à Saint-Suliac : 40 c. et 25 c.

On se rend d'ordinaire à Saint-Suliac en partant de Saint-Malo : — 12 k. S. par Saint-Servan et Saint-Jouan-de-Guérets, ou tram à vap. 15 k. : 1 fr. 30 et 90 c. — L'été, voitures d'excursion de Saint-Malo à Saint-Suliac : 2 fr. 50 env., all. et ret.

Hôtels : — *Gislain* (pens. 5 fr.), près de l'église; — *de la Plage* (pens. 5 fr.), sur le port.

Locations meublées : — petites maisons de 200 à 400 fr. pour la saison; — chambres 25 à 50 fr. par mois; — logements (3 ch. et cuisine), 100 fr. par mois env.

SAINT-SULIAC, charmant petit village rustique, aux toits de chaume, sur une **baie** de la Rance (promenades en barque; pêche), réunit l'été quelques baigneurs de goûts modestes. — V. la carte p. 11.

ITINÉRAIRE. — Le tram de *Saint-Malo* part de la porte Saint-Vincent et dessert *Saint-Malo-gare*. Il traverse ensuite *Saint-Servan*, en faisant un crochet vers le *pont-roulant*, puis en remontant la Grande-Rue. Il sort de Saint-Servan par la place Carnot et le *boulevard Douville* (5 k.).

9 k. **Saint-Jouan-des-Guérets**, petit v. avec de nombreuses villas, dans une belle situation dominant la Rance. — *Église* moderne, de style pseudo-roman, avec ancien *bénitier* en marbre blanc, orné de 4 têtes à oreilles d'âne. — Au cimetière, vieil *ossuaire*.

15 k. **Saint-Suliac**, à dr. de la station. — Le *cimetière* (portes en ogive) entoure l'**église**, gothique, dont la *flèche* de pierre est découronnée. Au *porche latéral*, statue (refaite) de St Suliac, et 2 anciens

moines de son abbaye, en granit rouge. A dr. du *portail principal*, jolie tête ancienne, dite de St Suliac, ou de l'un de ses moines. A l'int. : voûtes ogivales et charmantes colonnettes (au transept dr.); à dr. en entrant, *St Suliac* en moine blanc, la mitre d'évêque à côté de lui (*pierre tombale* du saint et *reliques*, dont une bague ancienne d'évêque, trouvée à cette place dans sa tombe; ce serait la sienne); *vitraux* modernes (curieuse *Légende de St Suliac* et des ânes qui mangeaient ses récoltes).

EXCURSIONS. — **1°** Au-dessus de Saint-Suliac, par la vieille route de Châteauneuf (10 min. env.; *recommandé*), **Mont Garrot** (72 m.); *croix de pierre* et *ancien moulin* converti en tour (on y monte; pourboire), d'où l'on découvre un *immense panorama* (la Rance; le pays vers Rennes; le Mont Dol et le Mont Saint-Michel par temps clair).

2° Du Mont Garrot on peut gagner (4 k. de Saint-Suliac) **Châteauneuf** (station du tram de Saint-Malo à Rennes et du [chemin de fer] de Saint-Malo, de Dol et de Dinan; hôt. : *Croix-d'Or*), vieux bourg breton. — Dans une propriété privée, où est un *château* habité, du XVIIIe s., avec un beau parc, **ruines du Château-Neuf**, drapées de lierre (Renaissance; on les voit de la route), qui remplaça le vieux château féodal démoli en 1594. — Près de l'entrée du château, petite *église* pittoresque. — De magnifiques prairies entourent Châteauneuf; la vaste *mare de Saint-Coulban* se couvre d'eau pendant l'hiver et, pendant l'été, d'herbes et de fleurs; on y récolte les joncs.

3° En face de Saint-Suliac, de l'autre côté de la Rance (2 k. env.: passage en barque), le **Minihic-sur-Rance** (hôt. : *Grand-Hôtel*) a quelques chambres et logements meublés. Du Minihic, on peut gagner (4 k.) *Pleurtuit*, station du [chemin de fer] de Dinan et de Dinard.

SAINT-LUNAIRE

(ILLE-ET-VILAINE)

Cl. Neurdein.

État de Paris à Dinard (V. ce nom pour distance, prix, billets de bains de mer). — 5 k. ou tram à vap. (même distance) de Dinard à Saint-Lunaire, en 1/2 h. : 70 c. et 40 c.; all. et ret., 1 fr.

Hôtels : — A LA 1re STATION DU TRAM (SAINT-LUNAIRE-GARE) : — *de la Terrasse*; — *English and American Hotel* (déj. 2 fr. 50, din. 3 fr.).

AU BOURG BALNÉAIRE (en haut de la côte) : — *Grand-Hôtel* * (du 1er juin au 1er oct.; petit déj. 1 fr. 50, déj. 5 fr., din. 7 fr., ch. dep. 5 fr.; pens. 15 à 25 fr. par j.; jeux divers; bains chauds; asc.); — *de Longchamps* * (l'été; petit déj. 1 fr., déj. 3 fr., din. 3 fr. 50, ch. dep. 4 fr.; pens. dep. 10 fr. 50); — *d'Angleterre et des Bains* * (petit déj. 1 fr., déj. 2 fr. 50, din. 3 fr.; ch. de 3 à 6 fr.; pens. 8 à 12 fr.); — *Golf-Hôtel* *.

A LA PLAGE DE LONGCHAMPS : — *de Paris* * (l'été; petit déj. 1 fr. 25, déj. 2 fr. 50, din. 3 fr.; pens. 10 à 12 fr.; tennis).

AU VIEUX-BOURG : — *Pension Beauséjour* (déj. 2 fr. 50, din. 3 fr., ch. 2 à 6 fr.; pens. 7 à 10 fr.; jardin).

V. aussi : *Hôtel des Panoramas*, au mot *Saint-Briac*.

Chalets meublés : — (sur la côte; pour la saison) : 1,000 à 1,800 fr. (6 à 7 ch.); 2,000 à 4,000 fr. (8 à 9 ch.); 5,000 à 6,000 fr. (15 à 18 ch. env.).

Chambres et maisons meublées (au vieux-bourg et dans les environs) : — 30 à 40 fr. par mois pour les ch.; maisons de 500 à 900 fr. (5 pièces env.) pour la saison.

Agences de location : — *J. Boutin*; — *Nédélec*; — *Lecreux*.

Casino : — (théâtre, concerts, petits-chevaux, cercle, café, salons de lecture) entrée simple 1 fr., théâtre 2 fr. 50 et 1 fr. 50; concert ou bal, 3 fr.). — Abonnements : 1 pers. 40 fr. la saison, 25 fr. 1 mois, 20 fr. 15 j., 15 fr. 8 j.; tarif décroissant pour plusieurs pers.

Bains de mer (15 juin au 30 sept.) : — cabines (bain de pieds chaud compris), 50 fr. et 90 fr. la saison; 40 fr. et 75 fr. 2 mois; 20 et 40 fr. 1 mois (30 fr. et 60 fr. mois d'août); — bains au cachet (tout compris), 1 fr. par pers.; 10 bains 8 fr.; 20

bains 15 fr.; — bains à prix réduit, 50 c. par pers.; 10 bains 4 fr.; — bains chauds (eau de mer ou eau douce), 1 fr. 50; par 10 cachets 12 fr. 50; linge 50 c.; — location de filets pour tennis (50 c. 1/2 journée), de raquettes (20 c.), de balles (10 c.), de croquets (50 c.), de pliants (10 c.), de parasols (1 fr. la journée).

Tir aux pigeons : — à la pointe du Décollé.

Tennis-Club : — près de la gare de *Saint-Lunaire-gare.*

Poste-et-téléphone : — à dr. du Casino.

Télégraphe : — sémaphore du Décollé.

Loueur de voitures : — *Marzin.*

SAINT-LUNAIRE est une des importantes stations balnéaires de la Bretagne et une des plus mondaines. On y trouve toutes les ressources et tous les divertissements des grandes plages normandes; la vie y est plutôt chère.

ITINÉRAIRE. — En venant de Dinard par la route, ou le tram qui la suit, on arrive d'abord (5 k.) à la station de **Saint-Lunaire-gare**, au fond de la **baie de Saint-Lunaire**, avec un premier groupe d'hôtels.

Montant la route en bordure de la mer, on trouve à dr. le **Casino**, le *bureau de poste* et le Grand-Hôtel (en arrière de celui-ci, **plage de Saint-Lunaire**, élégante et fréquentée).

De là : — 1° Le *boulevard du Décollé*, à dr. (après le chemin d'accès à la plage), conduit parmi de nombreuses et belles villas (10 min. env.) à la **pointe du Décollé** (*pont du Diable : croix de granit;* grotte des Sirènes : 30 c.; *tir aux pigeons*).

2° — A g., au contraire, on gagne (en passant devant l'hôtel de Longchamps et l'hôtel d'Angleterre) le **Vieux-Bourg** de Saint-Lunaire. Laissant à g. la *nouvelle église* (moderne et sans intérêt), on arrive à la **vieille église** (désaffectée; XIe et XIVe s.), charmante et pittoresque (au cimetière qui l'entoure, **croix** de pierre, XIVe ou XVe s.). A l'int. : *bénitier* (XIVe s.) et *tombeau de St Lunaire* (XIIIe ou XIVe s.) supporté par des sculptures romanes; *pierres tombales*, en relief, d'un seigneur de Pontual et de sa femme (sur le sol, devant le chœur); *tombeau* d'une dame du XIVe ou du XVe s. (mur de dr.), tenant un chapelet sur sa poitrine; *tombeau* d'un seigneur de Pontbriand et de sa femme (même époque; mur de g.).

Le tram et la route, passant devant le Casino et le Grand-Hôtel, traversent le bourg balnéaire de Saint-Lunaire (au sommet de la côte, *halte du Décollé*), puis redescendent vers la *halte de Longchamps* (6 k.), qui dessert la **plage de Longchamps** (hôtel de Paris).

EXCURSIONS. — **1°** Au delà de la plage de Longchamps, le tram continue à suivre la côte vers **Saint-Briac** (*V.* ce nom), principale excursion de Saint-Lunaire.

2° Pour les autres excursions, *V.* : *Dinard* et *Saint-Malo.*

Cl. Guérin.

État de Paris à Dinard (V. ce nom pour distance, prix, billets de bains de mer). — 8 k. 1/2 de Dinard à Saint-Briac, ou tram à vap. 7 k. 1/2, en 45 min. : 1 fr. 15 et 65 c.; all. et ret. : 1 fr. 50 et 1 fr. 25.

Hôtels : — *des Panoramas*[1], à la *halte de la Faïencerie*, avant Saint-Briac; — *de la Houle* (petit déj. 75 c., déj. ou din. 2 fr. 50, ch. dep. 2 fr. 50; pens. 6 à 8 fr.), à la station terminus du tram.

DANS LE BOURG : — *du Centre* (petit déj. 50 c., déj. ou din. 2 fr. 50, ch. 2 fr.; pens. 6 fr. par j. du 15 juillet au 15 sept., 5 fr. hors saison); — *de France.*

AU BORD DE LA MER : — *Pension Bellerive* (pens. dep. 6 fr. par j., en juin, juill. et sept.; depuis 7 fr. en août); — *Pension La Vigne.*

Locations meublées : — petites maisons et villas de 150 à 1,500 fr. par mois; chambres de 30 à 100 fr. — Dans toute cette région les prix, au mois d'août, sont de *beaucoup supérieurs* à ceux des autres mois.

SAINT-BRIAC est une petite station balnéaire assez fréquentée et qui doit son développement à sa proximité de Dinard.

ITINÉRAIRE. — En venant de Dinard par la route, ou par le tram qui la suit, on passe d'abord, au delà de *Saint-Lunaire* (*V.* ce nom), à la *halte de la Faïencerie* (à dr., hôtel des Panoramas, isolé sur de vastes dunes; jeu du golf). La station terminus du tram est au ham. de *la Chapelle*, qui dessert le petit centre balnéaire de **la Ville-Hüe** (à dr.; de la **pointe de la Garde-Guérin**, belle vue). — Suivant en face de soi la route de Saint-Briac, on dépasse à dr. une petite *baie* (dans une presqu'île, *château* moderne, en briques, à toits pointus et à tourelles), puis un vieux moulin à vent, pour atteindre le bourg.

De la *place* principale, on gagne l'**église** (à dr.; moderne et sans style: tour de 1671) puis, au delà, le petit **port** d'échange, situé à l'**embouchure** vaseuse **du Frémur**. Il est dominé par la *Croix des Ma-*

rins, dressée sur des pierres de dolmen (*belle vue* sur la baie, ses îlots, sur l'île des Ebihens et sa tour). — Un sentier suit vers la dr. le faîte de la falaise et les découpures de la côte. On voit au loin le cap Fréhel et, plus près de la côte, l'**île d'Agot**.

EXCURSIONS. — **1°** Si, de la croix des Marins, on descend au bord du Frémur, on peut le franchir à pied à marée basse, en bac à marée haute, et se rendre (2 k.) à *Lancieux* (*V.* ci-dessous). — De Lancieux on peut revenir à Saint-Briac (le trajet est plus long; 6 k. env.) par le fond de l'estuaire du Frémur, le **moulin de Rochegoude** et le ham. de *Vau-Piard*.

2° De Saint-Briac on visite encore, à 3 k. 1/2 S., sur la route de Ploubalay (1/2 k. avant la bifurc. de Dinard), la *chapelle de l'Epine* (procession, le mardi des Rogations). A 1 k. plus loin (en tournant à dr. à la bifurc. et en allant vers Ploubalay), un chemin qui prend à dr. de la route amène (200 m. env.) aux ruines du **château de Pontbriand**, dans le vallon du Frémur, qui n'est encore qu'une petite rivière.

LANCIEUX est, entre Saint-Briac et la baie de Lancieux, une petite station balnéaire familiale et tranquille.

Hôtels : — *de la Plage*; — *des Bains* (tous deux à prix modérés).
Locations meublées : — villas de 200 à 800 fr. pour août; de 300 à 1,200 fr. pour la saison; — chambres de 60 à 100 fr. en août; 20 à 30 fr. les autres mois; 80 à 120 fr. pour la saison.
Loueurs de voitures : — *Tardival*; — *Maré*.
Renseignements : — s'adr. ou écrire au maire de Lancieux.

ITINÉRAIRE. — *A.* Une *route directe*, de 13 k. 1/2 S.-O., relie Dinard à Lancieux (voit. de louage, 10 à 15 fr.), par *Ploubalay* (10 k.).
B. — On peut aussi, de Dinard, prendre le tram à vap. jusqu'à *Saint-Briac* (*V.* ci-dessus) et, de là (*à pied seulement*), gagner Lancieux en passant l'estuaire du Frémur en bac à mer haute, à pied sec à mer basse.
La presqu'île de **Lancieux**, adossée à l'estuaire du Frémur, fait face à celle de *Saint-Jacut* (*V.* ce nom), que suit l'île des Ebihens. De nombreux récifs émergent de la mer, qui se retire complètement de la **baie de Lancieux** à marée basse. — **La plage** est de sable fin. — De l'ancienne *église*, il ne subsiste qu'un clocheton dans le cimetière.

EXCURSIONS. — **1°** A 3 k. 1/2 S.-E. de Lancieux, ruines du *château de Ponbriand*, dans le vallon du Frémur, à 200 m. à g. de la route de Ploubalay à Dinard.

2° Les autres excursions se font soit vers Saint-Briac et Dinard, soit vers **Saint-Jacut** et **Saint-Cast** (*V.* ces noms).

SAINT-JACUT
(CÔTES-DU-NORD)

Cl. Rouxel.

État de Paris à Plancoët, par Dinan, 468 k. en 8 h. 1/2 à 10 h. 1/2 : 45 fr. 45, 30 fr. 70, 19 fr. 95. Billets de bains de mer Paris-Plancoët, val. 33 j. : 56 fr., 37 fr. 80, 26 fr. 25, all. et ret. — départemental de Plancoët au Guildo (7 k. ; 55 c. et 35 c.). — 4 k. 1/2 N.-E. du Guildo à Saint-Jacut (omnibus des hôtels, en écrivant d'avance).

430 k. 1/2 de Paris à Plancoët, par Rennes, Dinan et Corseul ; 12 k. de Plancoët à Saint-Jacut.

17 k. de Dinard (voit. publ. jusqu'à Beaussais, 4 k. S. : 1 fr. 50).

Hôtels : — *des Voyageurs* (5 fr. par j.) ; — *des Dunes* ; — *pension de famille de l'Abbaye* (sur référence ecclésiastique ou de personne déjà connue ; 32 fr. par sem. pour messieurs ; 30 fr. les dames ; 25 fr. les enfants et les domestiques ; cabines de bains ; demander l'envoi du règlement détaillé).

Locations meublées : — maisons de 100 à 250 fr. par mois ; — chambres et logements dep. 40 fr.

Loueurs de voitures : — *Rebelliard.*

SAINT-JACUT-DE-LA-MER est une petite station balnéaire familiale, qui se trouve à l'extrémité d'une étroite presqu'île, longue de 4 k., entre la *baie de Lancieux* à dr., et celle *de l'Arguenon*, à g.

ITINÉRAIRE. — Si l'on arrive par le tram, visiter à la *station du Guildo* les belles **ruines** du **château** du même nom et les *pierres sonnantes* (V. p. 44).

Le bourg de **Saint-Jacut** est traversé dans sa longueur par la Grande-Rue, où sont les hôtels et qui aboutit à l'**église** (au cimetière, tombe en forme de menhir de *dom Lobineau*, historien de la Bretagne, 1667-1727, mort à Saint-Jacut). — Un peu plus loin, on trouve l'ancien monastère des Bénédictins, remplacé par un vaste couvent auj. sécularisé (pension de famille et beau jardin).

Au delà, on gagne l'extrémité de la presqu'île, ses petites grèves sablonneuses et la **plage de Rougeret**, où l'on se baigne. On se déshabille soit dans quelques cabines, soit dans les trous de rochers. A dr., on voit Lancieux ; à g., Saint-Cast. En face de soi on a l'île des Ebihens.

L'**île des Ebihens** est distante de 1 k. 1/2. A marée basse, on peut la gagner presque à pied sec, parmi les flaques d'eau. On y voit une ferme et une large **tour** fortifiée, qui fut construite au XVIIe s. (1697), pour servir de phare (on y allumait, sur la plate-forme, de grands feux); à l'int., chambres et cachots voûtés. On voit encore dans l'île une *colonne* en granit, de même époque. La vue s'étend, à dr., vers l'*île d'Agot*, l'estuaire du Frémur et Saint-Briac. A g., la vaste *baie de Saint-Cast* se termine à la pointe du même nom, au delà de laquelle on aperçoit le fort de la Latte, proche du cap Fréhel.

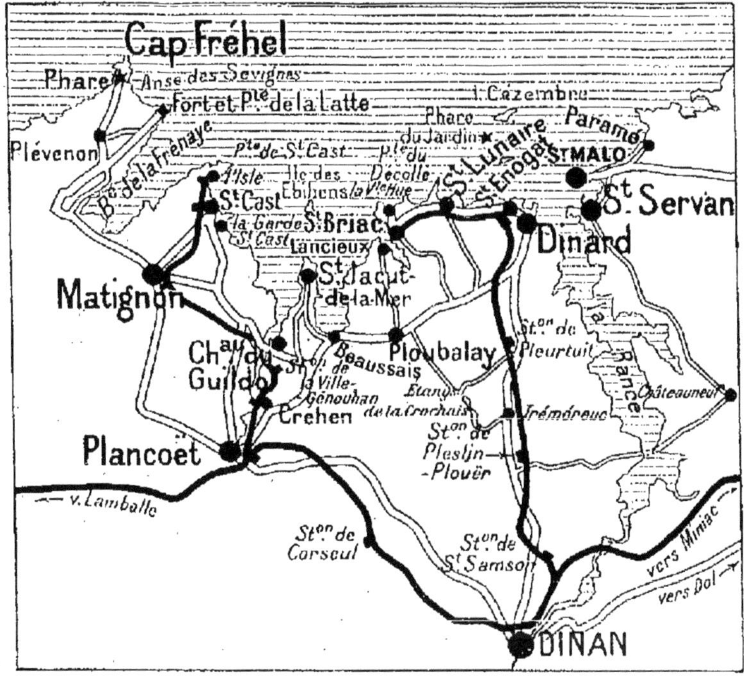

EXCURSIONS. — **1°** Les excursions se font, vers l'E., à **Lancieux** (*V.* ce nom), en bateau à voile (2 k. 1/2) ou par la route (10 k.). — De Lancieux, on peut gagner **Saint-Briac** (*V.* ce nom) : 2 k. E. de Lancieux pour les piétons; 6 k. par la route. De Saint-Briac à *Saint-Lunaire* et *Dinard*, tram à vap.

2° Vers l'O., on va aux *ruines* et aux *pierres sonnantes du* **Guildo** (p. 44), où l'on retrouve le tram à vap. de *Saint-Cast* (*V.* ce nom).

SAINT-CAST
(CÔTES-DU-NORD)

Cl. Passemard.

Etat de Paris à Plancoët, par Dinan : 468 k. en 8 h. 1/2 à 10 h. 1/2 : 45 fr. 45, 30 fr. 70, 19 fr. 95. — *départemental de Plancoët à Saint-Cast, 19 k. en 1 h. : 1 fr. 45 et 1 fr.* — *Billets de bains de mer, val. 33 j., de Paris à Saint-Cast : 58 fr. 90, 39 fr. 80, 28 fr. 65, all. et ret.*

360 k. de Paris à Rennes ; 54 k. de Rennes à Dinan ; 16 k. 1/2 de Dinan à Plancoët, par Corseul ; 15 k. de Plancoët à Saint-Cast, par le Guildo.

Hôtels : — A LA PLAGE : — *Grand-Hôtel Quimbrot* (l'été ; petit déj. 1 fr., déj. 2 fr. 50, dîn. 3 fr., ch. dep. 2 fr. ; pens. 7 et 8 fr. ;); — *Royal-Bellevue* (petit déj. 1 fr., déj. 2 fr. 50, dîn. 3 fr., ch. dep. 3 fr. ; pens. dep. 8 fr. ; bains) ; — *des Bains* (petit déj. 75 c., déj. 2 fr. 50, dîn. 3 fr., ch. dep. 3 fr. ; pens. 6 à 10 fr. ;) ; — *Hôtel Saint-Cast* (l'été ; petit déj. 75 c., déj. ou dîn. 2 fr. 50 ; pens. 5 à 7 fr.) ; — *Pension de famille de Mme Bourdon* (déj. 2 fr., dîn. 2 fr. 50, ch. 3 fr. ; pens. 5 à 6 fr.).

A L'ISLE-SAINT-CAST : — *Pension de la Tourelle* (l'été ; dep. 7 fr. par j. selon ch. ; tennis), route du Sémaphore ; — *Beauséjour* (l'été ; déj. 2 fr., dîn. 2 fr. 50, ch. 3 fr. ; pens. 5 à 7 fr.) ; — *de la Marine* (5 fr. par j. ; 6 fr. en août) ; — *du Centre* ; — *de la Grimpette* (petit déj. 50 c., déj. ou dîn. 1 fr. 75, ch. 1 fr. 25 ; pens. 5 fr.).

A LA GARDE-SAINT-CAST : — *Grand-Hôtel de la Plage et de la Garde* (l'été ; petit déj. 1 fr., déj. 3 fr., dîn. 3 fr. 50, ch. 2 à 6 fr. ; pens. 6 à 9 fr. par j. selon mois et ch. ; tennis ;) ; — *Pension Ker-Manette* (petit déj. 75 c., déj. 2 fr. 25, dîn. 2 fr. 50, ch. 3 fr. ; pens. 6 et 7 fr.).

Chalets et maisons meublées : — (prix fournis par l'Agence Durand) chalets, de 800 à 1,200 fr. la saison (7 à 8 ch., cuisine, salle à manger ; linge compris) ; — petites maisons, de 400 à 600 fr. (3 à 4 ch., salle à manger, cuisine ; linge idem).

Chambres et logements meublés : — chambres, 2 à 3 fr. par j. (3 fr. en août), avec linge ; 2 ch. et cuisine, avec linge, 300 fr. pour la saison.

Agences de location : — *Agence*,

à la station de Saint-Cast ; — *Agence Terminus*, à la station de l'Isle-Saint-Cast ; — *Durand*, ex-brigadier des douanes, à l'Isle-Saint-Cast (route de la plage).

Loueur de voitures et chevaux : — *Héleux* (près de la colonne).

Taxis-autos d'excursion : — on traite de gré à gré.

Poste de secours du T. C. F. : — à l'hôtel Bellevue.

Tennis-Club.

SAINT-CAST est une des stations balnéaires les plus fréquentées de la Bretagne et une des plus animées; on y trouve villas, cabines, costumes, hydrothérapie marine, chaude et froide. — Trois stations (*Saint-Cast*, *La Tour-Blanche* et *l'Isle-Saint-Cast* desservent Saint-Cast.

ITINÉRAIRE. — Descendant à la *station de Saint-Cast*, où arrive également la route de terre, on se trouve sur la hauteur, à proximité de l'ancien bourg de Saint-Cast (à g. : 2 **églises** : l'*ancienne*, abandonnée (clocher trapu du XII° s.), et la *nouvelle*, avec vitrail figurant la célèbre bataille de Saint-Cast. — Vers la dr., on gagnerait (2 k.) la petite station balnéaire de la **Garde-Saint-Cast**, dans un site tranquille et verdoyant (*bois de la Vieuxville*; *plages des Quatre-Vaux* et *des Callots*).

Laissant à g. le bourg et à dr. la route de la Garde, on descend vers la plage de Saint-Cast par une route, à g. de laquelle on aperçoit, entre la mer et le bourg, la **colonne de Saint-Cast** (groupe de fonte figurant le léopard britannique terrassé par un lévrier). Elle a été érigée le 11 sept. 1858, jour anniversaire de la victoire gagnée à cet endroit sur les Anglais, par le duc d'Aiguillon, un siècle avant.

Le bourg balnéaire de **Saint-Cast** se développe le long d'une vaste **plage** courbe de 2 k., qui se termine à dr. à la **pointe de la Garde** (au delà, la Garde Saint-Cast) et qui aboutit, à g., à l'Isle-Saint-Cast.

Suivant la plage dans cette direction, par la route qui borde la mer puis se relève, on arrive à l'**Isle-Saint-Cast** (dernière station du tram), ancien v. de pêcheurs, qui se confond auj. avec le bourg balnéaire. — Au delà, on atteint la **pointe de Saint-Cast**; *sémaphore*; 2 *grottes* (à mer basse), l'une au-dessous du sémaphore, l'autre vers la g., à la petite **plage de la Mare**. De la pointe (*table d'orientation* du T. C. F.), on voit : à dr. Saint-Jacut, Saint-Briac, Saint-Lunaire, Saint-Malo, dominé par la flèche de son église, et la côte jusqu'à la pointe de Cancale; à g., baie de la Frênaye et fort la Latte, proche du cap Fréhel.

EXCURSIONS. — 1° **Ruines du Guildo** : 8 k. S.-E. par la route de Dinard, ou station de départemental de Plancoët. — Un chemin qui prend au *pont du Guildo*, jeté sur l'Arguenon, conduit aux belles ruines, drapées de lierre, du *château du Guildo*, démantelé par ordre de Richelieu. — Sur la rive opposée, on se fera conduire (10 min. env.) aux **pierres sonnantes**, qui rendent, lorsqu'on les frappe avec une pierre, une curieuse sonorité argentine. — Du Guildo, on peut gagner (4 k. 1/2 N.-E.) *Saint-Jacut* (*V.* ce nom).

2° De Saint-Cast au **Cap Fréhel**, *V.* ce nom.

De Saint-Cast à *Dinard* : 25 k. E. (voit. publ., médiocre : 2 fr. 50); l'été, service par : 2 fr. env.

De Saint-Cast à *Erquy*, 19 k. O.; — au *Val-André*, 27 k. S.-O.; — à *Lamballe*, 28 k. S.-O. — *V.* ces noms.

(CÔTES-DU-NORD)

Cl. H.-Le Maillot.

Le point d'accès le plus proche du cap Fréhel est Matignon, station du 🚃 *départemental de Plancoet à Saint-Cast. — De Matignon au cap Fréhel : ⚙ 14 k. 1/2; voit. de louage : 15 fr. env.*

De Saint-Cast au cap Fréhel : ⚙ 18 k. 1/2, par Matignon; voit. de louage : 2 à 3 pers. 15 fr., 3 à 6 pers. 25 fr.; taxis-autos : prix à débattre; l'été, voit. d'excursion : 4 fr. all. et ret. — On peut aussi se faire porter en barque à voile, de Saint-Cast au Fort de la Latte et de là gagner à pied le cap (5 k.).

De Dinard au cap Fréhel : ⚙ 38 k. 1/2, par Matignon; l'été, mail-coach et autos d'excursion, indiqués par affiches (prix variables), et ⛴ *venant de Saint-Malo.*

De Saint-Malo au cap Fréhel : ⛴ *d'excursion, l'été, indiqué par affiches (traversée parfois très dure, par gros temps, et abordage difficile), avec escale à Dinard. — De Saint-Malo au cap Fréhel par la route de terre, V. ci-dessus, de Dinard.*

Le **CAP FRÉHEL** est une des beautés naturelles de 1er ordre de la Bretagne; les touristes y viennent en grand nombre, l'été, principalement de Saint-Cast, de Dinard et de Saint-Malo.

ITINÉRAIRE. — De *Matignon* (hôt. *des Voyageurs*, déj. ou din. 2 fr., ch. dep. 1 fr. 50; loueur de voit., *Héleux*), la route du cap Fréhel descend vers la **baie de la Frènaye**, dont le fond est séparé par une butte élevée que l'on franchit.

Au fond de la seconde partie de la baie de la Frénaye, d'où la mer se retire à 4 k., est le petit port de *Port-à-la-Duc* (bifurc.).

La bifurc. de g., qui remonte aussitôt sur le sommet de la côte, et celle de dr., qui longe la grève et passe à *Port-Nieux*, peuvent être prises également. Celle de g. est plus longue. Celle de dr. est plus pittoresque et plus courte, mais la route est moins bonne. — Elles se rejoignent au bout de 3 k. env., à une nouvelle bifurc. Là, le chemin de dr. conduirait au fort de la Latte (écriteaux); il faut prendre celui de g.

10 k. 1/2. *Plévenon* (aub.-rest. *Richeux*). Un chemin à dr. mènerait encore au fort de la Latte, mais on continue à suivre tout droit (à dr. de la route, vieux *calvaire*, suivi d'un calvaire moderne). On ne tarde pas à entrer dans l'immense **lande de Fréhel**, très giboyeuse (chasse gardée), qui étend à perte de vue sa rase bruyère.

14 k. 1/2. Le **Cap Fréhel** est précédé d'un **phare** (22 m. de haut; feu blanc à éclipses). Il y a un *restaurant* (pendant l'été) et un *sémaphore*. Le cap (72 m. d'alt.) est coupé à pic sur les flots et il est impossible de descendre à sa base. Les roches qui le forment ont l'air de briques rouges entassées et semblent des ruines de constructions cyclopéennes. A g., dans une *baie*, bordée par une falaise rectiligne, s'ouvrent des **grottes** intéressantes (sentier pénible; se faire conduire par un gardien du phare ou du sémaphore, rémunération), visibles à marée basse.

A dr., un sentier plus praticable amène en face de la **petite**, puis de la **grande Fauconnière**, énorme rocher en forme de tour penchée (mouettes et cormorans). Plus loin sur la dr. se détache la pittoresque silhouette du fort de la Latte (*V.* ci-dessous).

Le *panorama* qui se déroule du cap Fréhel (monter au phare) peut s'étendre par beau temps : à dr., jusqu'à Jersey, côte normande, Saint-Malo, Lancieux, île des Ébihens, pointe de Saint-Cast; à g., sur le cap d'Erquy, baie de Saint-Brieuc, littoral de Paimpol et île Bréhat.

Du cap Fréhel il y a deux itinéraires pour se rendre au fort de la Latte. L'un, le plus intéressant si l'on ne craint pas une marche de 5 k., est de suivre le faîte de la falaise par l'*anse des Sévignés* (fissure du **Trou de l'Enfer** (*Toul-an-Ifern*), étroite et profonde, au ras du sol et s'avançant de 1 k. dans les terres, et de gagner ainsi le fort. La voit. viendra vous retrouver à 1 k. du fort, près du **Doigt de Gargantua** (rocher en lame de couteau, debout sur la lande), en passant par Plévenon et *en s'informant des clefs et du gardien, en cours de route, au ham. de la Roche (l'été, il se tient ordinairement au fort)*. — Sinon, il faut refaire avec la voiture le tour par Plévenon (4 k. 1/2 de Plévenon au fort).

Le **Fort de la Latte** fut bâti en 937 par un seigneur de Matignon. Sous Louis XIV, en 1689, il fut réparé et augmenté. Déclassé depuis, il est auj. propriété privée. — Le promontoire sur lequel il s'élève est séparé de la terre par deux précipices, sur lesquels sont jetés le *pont de l'Avancée* et le *Grand-Pont*. Au centre du fort se dresse un *donjon* circulaire, à deux étages. A côté de l'une des tours est une statuette de Saint-Hubert, qui attire à elle, dit la tradition, tous les chiens enragés de la contrée.

On regagne directement la route de Matignon en laissant à dr., à 2 k. 1/2 en deçà du fort, la bifurc. de Plévenon.

LAMBALLE
(CÔTES-DU-NORD)

Cl. P. Gruyer.

🚂 *État, 455 k. de Paris, en 6 h. 1/2 à 8 h. 1/2 env. : 47 fr. 95, 32 fr. 35, 21 fr. 10. — Billets de bains de mer, val. 33 j. : 57 fr. 50, 38 fr. 85, 26 fr. 65, all. et ret.*

440 k. de Paris ; — 80 k. de Rennes ; — 62 k. de Dinan ; — 20 k. de Saint-Brieuc.

Hôtels : — *de France* (petit déj. 75 c., déj. 2 fr., dîn. 2 fr. 50, ch. 2 fr., pens. 6 fr. 50) ; — *du Commerce* (petit déj. 50 c., déj. ou dîn. 2 fr. ; ch. 2 fr.) ; — *Bertin* (petit déj. 50 c., déj. ou dîn. 1 fr. 50, ch. 1 fr. 50 ; pens. 5 fr.), près de la gare.

Loueurs de voitures : — *Bertin*, près de la gare (4 pers. pour Val-André 8 fr., pour Erquy 10 fr. ; 6 pers. pour Val-André 12 fr., pour Erquy 15 fr.) ; — *Clément* ; — *Havard* ; — *Belliard*.

Voitures publiques pour : *Val-André* et *Erquy* (V. ces mots).

LAMBALLE est une ville pittoresque sur le Gouëssant, à l'intersection des lignes de Paris-Brest et de Dinan, et le point d'accès des plages du *Val-André* et d'*Erquy*.

ITINÉRAIRE. — De la gare, on suit quelques instants le *boulevard Antoine-Jobert*, au bout duquel on tourne à dr., par la *rue Mouëxigné* : celle-ci aboutit à la *rue Courbe* (route Paris-Brest). Presque aussitôt à dr., on trouve la *rue Bario*, à g., qui aboutit à la **place Cornemuse**. D'un côté de cette place (à g.), **église Saint-Jean** (gothique : à l'int., au bas-côté g., bas-relief en marbre blanc, de *Saint-Martin*, VIIIe s. ; quelques autels anciens). De l'autre côté (à dr.), une rue monte à Notre-Dame.

L'**église Notre-Dame** est un bel édifice du style ogival normand, bien situé sur un rocher à pic, soutenu par une courtine fortifiée. De la plate-forme, *vue magnifique* sur la campagne environnante. L'église date de la fin du XIIe s. ou du commenc. du XIIIe ; le chœur fut rebâti en 1371 ; la *tour* est de 1695; une restauration générale a eu lieu en 1856. — A l'int., belle *fenêtre* flamboyante du chevet et charmante boiserie d'un ancien **buffet d'orgue**, de la Renaissance, disposée en jubé (figurines peintes). Au transept g., *effigies funéraires* d'un chevalier du XIVe s. et de sa femme.

Face au flanc g. de l'église commence une belle **promenade**, sur l'emplacement de l'ancien château, à l'extrémité opposée de laquelle on jouit d'une vue étendue, dans la direction de la mer.

De l'extrémité de la promenade, à g., on redescend à la place Cornemuse, d'où l'on peut regagner directement la gare.

Si l'on veut poursuivre (3/4 d'h. env.), on reprend aussitôt à dr. la *rue Basse* (pas d'écriteau), où sont de *vieilles maisons*, et qui, tournant vers la g., descend vers le **champ de foire**, qu'on laisse à g. On laisse ensuite à dr. le *couvent des Ursulines*, à g. un important **Haras** (on peut visiter), et l'on arrive à Saint-Martin.

L'église Saint-Martin fut bâtie en 1084 et érigée en paroisse en 1120. Elle fut remaniée aux XVe et XVIe s. Le clocher est de 1555. Le **porche latéral**, par lequel on entre, est précédé d'un curieux auvent en bois, avec poutres sculptées; il porte la date de 1519. — A l'int., *cuve baptismale*, avec inscription; la nef a gardé ses arcades primitives du XIe s., en forme de fer à cheval; le chœur (autel et *retable* en bois sculpté), rebâti ainsi que le transept, est gothique.

EXCURSIONS. — **1° Ruines de la Hunaudaye** : ⊛ 16 k. 1/2 E. — On prend la route de *la Poterie*, d'où l'on bifurque à g. par la route de *Pléven*, pour traverser, parallèlement au ch. de fer de Dinan, une région désertique (108 m. d'alt.); 6 k. au delà de la Poterie, on croise la route de *Plédéliac* et on ne tarde pas à traverser, dans sa partie la plus étroite, la *forêt de Saint-Aubin*. On longe ensuite cette forêt, qui borde la route à dr., puis celle *de la Hunaudaye*, à g. A 3 k. 1/2 de Saint-Aubin, on trouve la route de Landébia à *Saint-Igneuc*, que l'on suit vers la dr., durant 1 k. 1/2. Une avenue, à g., longeant un bois, aboutit (1 k.) aux belles et sauvages ruines, envahies par le lierre et les ronces, du *château de la Hunaudaye*, bâti en 1378. Il en subsiste des tours et des murailles énormes, ornementées çà et là de sculptures, dans un creux vallon, voisin d'un petit affluent de l'Arguenon.

2° Les Ponts-Neufs : ⊛ 9 k. N.-O. — On traverse Lamballe, d'où l'on sort par la rue Basse et l'église Saint-Martin. La route se dirige vers le N.-O., traverse *Andel* et, 2 k. après, bifurque à g. vers le Gouëssant, qui s'épanouit en une belle nappe d'eau, maintenue, sur une largeur de 80 m., par la *chaussée des Ponts-Neufs*; le trop-plein de l'étang s'échappe sur des rochers, en cascades pittoresques. Œuvre des Romains, cette chaussée fut refaite en 1240 par le duc Jean Ier le Roux, réparée aux XVIe et XVIIIe s.

3° De Lamballe au **Val-André** et à **Erquy**, *V.* ces noms.

Cl. Neurdein.

Etat de Paris à Lamballe (pour distance et prix, V. ce nom). — de Lamballe au Val-André, 16 k. N., par Dahouët, ou 15 k. 1/2 par Saint-Alban et Pléneuf. Voit. publ. : 1 fr. 80 ; voit. de louage : 4 pers. 8 fr., 6 pers. 12 fr.

Hôtels : — *Grand-Hôtel* (toute l'année ; petit déj. 50 et 75 c., déj. 2 fr. et 2 fr. 50, dîn. 2 fr. 50 et 3 fr., ch. 2 et 3 fr. ; pens. dep. 6 fr. ; en août dep. 7 fr. ; bains ; voit. d'excurs.) ; — *de la Plage* (de juillet à sept. ; petit déj. 75 c., déj. 2 fr. 50, dîn. 3 fr., ch. 2 et 3 fr. ; pens. de 6 à 9 fr. ; bains ; voit. et auto d'excurs. ; bateau) ; — *Bellevue* (déj. 2 fr., dîn. 2 fr. 50 ; pens. de 5 à 6 fr. ; en août de 6 à 8 fr.) ; — *des Bains* ; — *du Val-André* ; — *pension des Religieuses du Sacré-Cœur* (sur référence ecclésiastique ou de pers. déjà connue ; de 5 à 6 fr. par j. ; 4 fr. pour les domestiques).

Locations meublées : — grandes villas, 1,000 à 3,000 fr. pour la saison (8 à 15 pièces) ; petites maisons à partir de 300 fr. (4 pièces) ; chambres et logements, au bourg de *Pléneuf*, à prix moderés. — V. aussi à *Dahouët*, pour les locations modestes.

Agences de location : — à l'hôtel de la Plage (Mme Manasse ; envoi de plans et photos) et au Grand-Hôtel.

Loueurs de voitures : — *Grenouillon* ; — *Belliard* ; — *Mégret* ; — *Havard*.

A Lamballe : *Bertin* ; — *Belliard* ; — *Havard* ; — *Clément*.

Loueur d'autos : — *Scelle Hébert*, bureau Baudré.

Casino : — (modeste ; divertissements variés ; jeux d'enfants).

LE VAL-ANDRÉ est, sur la baie de Saint-Brieuc, une vaste plage très fréquentée par les familles et fort animée durant l'été ; les ressources en locations, meublées ou non, et en pensions y sont nombreuses.

ITINÉRAIRE. — De *Lamballe*, la route du Val-André sort de la ville par la rue Basse et, au bas de celle-ci, bifurque à dr. Elle laisse successivement, à dr., une route allant à Plancoët et 2 routes allant à *Saint-Aaron* (*allée couverte* de la *Roche aux Fées*), puis à g., une route vers *Planguenoual*, et parcourt de belles campagnes.

A 9 k. 1/2 de Lamballe, la route bifurque :

1° — L'embranchement de g., au delà d'un second carrefour au ham. du *Poirier*, conduit au Val-André, en passant par (13 k. 1/2) le pittoresque petit port de **Dahouët** (hôt. *de Bretagne; chambres* et *logements meublés*), que fréquentent quelques baigneurs.

2° — L'embranchement de dr. conduit au Val-André par *Saint-Alban* (10 k. 1/2; curieuse **église** du XVe s. avec un petit clocher double, un grand toit, et coupée intérieurement par une belle arcade ogivale), et par Pléneuf (route accidentée et pittoresque).

13 k. 1/2. **Pléneuf** (hôt. *de France*, déj. ou dîn. 1 fr. 50, ch. 1 fr. 50; quelques *logements meublés*) est un gros bourg, sur une hauteur, autour duquel se déroule un immense panorama sur le Val-André, la baie de Saint-Brieuc, Paimpol et l'île Bréhat à l'horizon. *L'église*, moderne, est dominée par une flèche aiguë de 50 m. de haut. Au cimetière, *croix* du XIIIe s. et tombeau du *général de Lourmel*.

16 k. (par Dahouët) ou 15 k. 1/2 (par Saint-Alban et Pléneuf). *Le Val-André.*

Le **Val-André** s'étend, en bordure de la **baie de Saint-Brieuc**, sur une largeur de près de 2 k., au bord d'une vaste grève de sable où sont rangés de nombreux chalets de toutes tailles, des hôtels et le grand couvent des religieuses du Sacré-Cœur, qui reçoit aussi les baigneurs.

La **plage** s'appuie au S. (à g. en regardant la mer) à un petit promontoire, au revers duquel est le port de pêche de Dahouët (*V.* ci-dessus). Elle se termine vers la dr. par la **falaise du Château-Tanguy**, haute de 72 m., et par de beaux rochers qui, à marée basse, relient à la terre l'**île du Verdelet**, semblable à un cône volcanique.

Un petit sentier taillé dans le roc, dit *chemin de la Linguare*, contourne l'extrémité de la falaise.

EXCURSIONS. — **1°** Les principales excursions se font : à l'**étang** et aux **cascades des Ponts-Neufs** (🚲 11 k. 1/2 S.-O. ; p. 48) ; — à **Erquy**, par Pléneuf et le *château de Bien-Assis* (🚲 11 k. N.-E. ; *V.* au mot *Erquy*).

2° Excursions en mer. — En mer, on peut gagner (l'été, *bateaux d'excursion*), de l'autre côté de la baie de Saint-Brieuc (20 k. env.), les stations balnéaires de *Binic*, *Etables*, *Portrieux* et *Saint-Quay* (*V.* ces noms), qui font face au Val-André.

ERQUY

(CÔTES-DU-NORD)

Cl. Neurdein.

État de Paris à Lamballe (pour distance et prix, V. ce nom). — *de Lamballe à Erquy, 22 k. 1/2, N.-E., par Saint-Alban et Pléneuf. Voit. publ. : 2 fr. 50, avec 30 kilog.; voit. de louage : 4 pers. 10 fr., 6 pers. 15 fr.*

Hôtels : — *des Bains* (petit déj. 75 c., déj. ou dîn. 2 fr. 50, ch. 2 fr. 50; à 2 lits 3 et 4 fr. ; pens. à la semaine 4 fr. 50 à 6 fr. 50 par j., au mois 4 à 6 fr. ; voit. de louage); — *de France* (petit déj. 75 c., déj. ou dîn. 2 fr., ch. 2 fr. ; pens. 5 fr. ;).

Locations meublées : — petites villas à 800 fr. la saison et au-dessus; petites maisons, depuis 150 et 200 fr. ; chambres et logements, 40 à 80 fr. par mois.

Agence de location : — *Bigot-Dumaine*; — à l'hôtel des Bains.

ERQUY est, à l'extrémité N.-E. de la baie de Saint-Brieuc, une petite station balnéaire en bonne voie de développement et un petit port animé, qui arme pour Terre-Neuve. Les ressources y sont abondantes.

ITINÉRAIRE. — De *Lamballe* jusqu'à *Pléneuf* (13 k. 1/2), par *Saint-Alban* (10 k. 1/2), *V.* : route de Lamballe au Val-André, p. 49.

A Pléneuf, la route d'Erquy laisse à g. celle du Val-André et se maintient sur la hauteur.

17 k. Un chemin, à dr. de la route, conduit (1/2 k. env.) à l'intéressant **château de Bien-Assis** (on visite), au milieu de belles futaies. Construit au XVIe s., il est entouré d'une *enceinte fortifiée* rectangulaire, avec pavillons carrés aux angles et porte crénelée. Il a de petites tourelles en poivrière.

20 k. *Le Saint-Sépulcre*, ham., avec ancien *cimetière des Lépreux* (XIIIe s.) et ruines d'une abbaye.

22 k. 1/2. **Erquy**, avec ses belles plages qui commencent à se bâtir, est situé au fond de la **rade** de ce nom, que protègent, au S., la **pointe**

rocheuse **de la Houssaye** et, au N., le cap d'Erquy (68 m. d'alt.). — **L'église**, surmontée d'un clocher en pyramide, et voûtée en bois, est du XIVe s. Elle renferme un vieux *bénitier* roman et, derrière l'autel, un grand *retable* avec statues de bois et tableau ancien de l'*Assomption*.

Les marins d'Erquy s'en vont en grand nombre à Terre-Neuve. Le **port** sert principalement à l'embarquement (2,000 tonnes par an env.) des grès roses, exploités en pavés et en bordures de trottoirs, que fournissent les magnifiques falaises du cap d'Erquy, auj. presque entièrement détruites.

EXCURSIONS. — **1° Cap d'Erquy** : 3 k. env. d'Erquy (*excursion à faire à pied et à marée basse*). — Du bourg, on prend la route qui longe à peu de distance le fond de la baie, vers un *château* moderne, entouré d'un bois de pins.

De là, on monte au petit ham. de *Tu-ès-Roc* et au *sémaphore*, qui est bâti à g., sur un curieux amoncellement de roches. En face du sémaphore, un sentier descend dans la **lande de la Garenne** et croise bientôt un chemin, que l'on prend vers la g., et qui passe devant une maisonnette; au delà de celle-ci on arrive à un vallon solitaire, qui incline rapidement vers la mer, à dr., en longeant un lavoir qu'alimente la *fontaine de Lourtoué*. En haut de ce vallon, et au bord du chemin que l'on quitte, une double ligne de fortifications en terre, encadrant un fossé de 80 m. de long, et des retranchements encore visibles, portent le nom de *camp de César;* une voie romaine, venant de Rennes, y aboutissait.

Dépassant la fontaine de Lourtoué, on débouche sur une grève semée de galets roses et verts, qu'il faut suivre à g., à mer basse. On y rencontre le **couloir de l'Ermitage**, puis la **grotte de Galimoux**, qui s'ouvre entre des parois perpendiculaires. De superbes rochers, curieusement inclinés, semblent avoir été couchés par le vent.

2° D'Erquy, on peut encore se rendre (3 k. N.-E.; sentier de piétons), par le même hameau de Tu-ès-Roc (*V.* ci-dessus), à la **grève** pittoresque **du Guen**, dominée par des bois de pins, et distante de 2 k. du hameau des *Hôpitaux* où existait, à la *Moinerie*, une commanderie de Templiers (un colombier à demi effondré subsiste seul). — Entre les Hôpitaux et Erquy (🚲 3 k.) se voit à mi-chemin, sur une butte de terre (à g. de la route en revenant à Erquy), un *dolmen* ruiné.

3° D'Erquy on peut faire enfin l'excursion du **cap Fréhel** (🚲 16 k. N.-E.), par *Plurien* (*église* du XIIIe s.; *château de Léhen*, à 2 k. S.; *grève de Minieu*, à 2 k. N., et *roche* énorme *du Marais*), et par **Pléhérel** (*hôtels-auberges*, 5 à 6 fr. par j.; quelques *chambres* et *logements meublés*, de 50 à 200 fr. pour la saison; quelques *maisons meublées* de 200 à 500 fr.), petite station balnéaire en formation, d'où l'on gagne *Plévenon*, puis le cap Fréhel (*V.* ce mot).

De Pléhérel, on peut aussi gagner *Saint-Cast* (11 k. E.; *V.* ce nom).

SAINT-BRIEUC

(CÔTES-DU-NORD.)

Cl. Neurdein.

Etat, 476 k. de Paris, en 7 à 9 h. env. : 50 fr. 20, 33 fr. 85, 22 fr. 10. — Billets de bains de mer, val. 33 j. : 60 fr. 20, 40 fr. 65, 26 fr. 65, all. et ret.

460 k. de Paris ; — 20 k. de Lamballe ; — 32 k. de Guingamp.

Hôtels : — *de France et de la Croix-Blanche** (petit déj. 1 fr. 50, déj. 3 fr. et 3 fr. 50, din. 3 fr. 50 et 4 fr., ch. 3 à 6 fr. par pers. ; bains ; chauffage central ; ⚿), pl. Saint-Guillaume ; — *d'Angleterre** (petit déj. 75 c. à 1 fr. 25, déj. 2 fr. 50 à 3 fr. 50, din. 3 à 4 fr., ch. 2 à 4 fr. : prix majorés durant le concours hippique), pl. Du Guesclin ; — *de la Croix-Rouge* (déj. 2 fr., din. 2 fr. 50, ch. 2 fr. ; pens. 150 fr. par mois), r. du Gouëdic ; — *du Commerce* (déj. 2 fr., din. 2 fr. 50, ch. dep. 2 fr.), pl. Du Guesclin.

Voitures de place : — tarif à débattre sur la base de 2 fr. 50 la 1re heure et 2 fr. les suivantes.

Loueurs de voitures : — *Calvez*, r. Pohel, 5 (près la pl. de la Préfecture) ; — *Beaudré*, près de la r. Saint-Michel ; — *Moisan*, pl. Du Guesclin.

Loueurs d'autos : — *Scelle-Hébert*, r. du Champ-de-Mars, 6.

Poste-et-télégraphe : — pl. du Marché-au-Blé.

Bateaux (au port du Légué) pour : — *le Havre* (20 fr., 15 fr., 12 fr., 9 fr.) ; — *Saint-Malo* (5 fr., 4 fr. et 3 fr.) ; — *Jersey* (10 fr. et 6 fr. 25 ; all. et ret. 15 fr. et 10 fr.).

SAINT-BRIEUC Ⓑ, ch.-l. des Côtes-du-Nord, est situé à 89 m. d'alt., sur une sorte de promontoire, entre les vallées du Gouëdic et du Gouët, d'où l'on découvre la mer, à 3 k. C'est un centre important d'excursions et le point d'accès, par ch. de fer départemental, des plages de *Binic*, *Etables*, *Portrieux* et *Saint-Quay*.

ITINÉRAIRE. — En sortant de la gare (à g., *gare des ch. de fer départementaux*), on trouve le *boulevard Charner*, que l'on suit vers la dr., jusqu'au *boulevard National* que l'on prend à g. Il amène au **Champ de Mars**, à g. (*monument des soldats morts pour la patrie*), et à la **place Du Guesclin**, à dr., où arrive également la *route Paris-Brest*.

A l'extrémité de la place Du Guesclin (à g., *place Saint-Guillaume* et petite **église** du même nom; 1854), on trouve en face de soi la belle **promenade du Palais de Justice**, plantée de grands arbres et de parterres (*buste de Villiers de l'Isle-Adam*, par Le Goff). Elle domine, derrière le **Palais de Justice**, monument carré à fronton triangulaire, le ravin profond du Gouëdic, où serpente le ch. de fer départemental du Légué et de Portrieux, et que traverse, sur un viaduc, celui de Moncontour et Collinée (*gare d'arrêt* de ces 2 lignes). Sur l'horizon, on voit la tour de Cesson. — Au delà de la promenade, **église Saint-Michel**, moderne et sans intérêt. — On revient à la place Du Guesclin.

De la place Du Guesclin on prend, derrière l'église Saint-Guillaume, la **rue Saint-Guillaume**, la plus commerçante de la ville, et qu'il faut suivre jusqu'à son extrémité; là on prend la *rue Charbonnerie* (2e à g.), puis la rue *Saint-Gouëno* (1re à g.). Celle-ci, laissant à g. la *rue de la Poissonnerie* qui conduirait au **théâtre** et au bureau central de la *Poste-et-Télégraphe*, conduit à l'abside de la cathédrale, dont la façade est place de la Préfecture.

La **place de la Préfecture** est ornée de la *statue*, par Ogé, *de Poulain Corbion*, procureur de la Commune pendant la Révolution, tué par les Chouans. La **Préfecture** est voisine de l'ancien **Palais Episcopal**, à g., autrefois *manoir de Quiquengrogne* (XVIe s.).

La **cathédrale Saint-Etienne** fut commencée au XIIIe s. et subit deux sièges, en 1375 et 1394. Remaniée à leur suite, elle le fut encore au XVIIIe s.; de grands travaux y furent faits à la fin du XIXe s. et en 1903. La façade principale est flanquée de *2 tours*, semblables à des donjons, entre lesquelles s'ouvre la grande porte, du XIIIe s., restaurée. — L'int., long. de 73 m., présente un aspect sévère: la 1re partie de la nef a de lourdes colonnes cylindriques (XIIIe s.), qui deviennent plus sveltes aux transepts et au chœur (commenc. du XVe s.). Au-dessus de la porte d'entrée : beau *buffet d'orgue* de la Renaissance (1540). Au bas-côté dr., *tombeau* de granit de l'évêque A. Le Porc de la Porte, † 1620 (le visage porte la moustache et une légère barbiche); chapelle renfermant le **tombeau de St Guillaume** (belle statue du XVe s.; sarcophage moderne) et un autel avec **retable** sculpté par Corlay. Au transept dr., belle *rosace* de la fenêtre. Au chœur, 1er étage, délicate galerie sculptée ou *triforium* (XVe s.). Au pourtour du chœur (2e chapelle à partir de la dr.), **tombeau de l'évêque David**, † 1882, avec *statue* en marbre blanc, par Chapu; (chap. absidale) *statue de la Vierge*, en albâtre (XVIe s.).

Le **Musée** est à côté de la cathédrale, dans l'*Hôtel de Ville* (public le jeudi et dim. de 2 à 4 h.; t. l. j. en s'adr. au concierge, pourboire). — On entre dans un VESTIBULE, avec diverses *sculptures*, puis on monte un *escalier* qui en est aussi garni. — SALLE DE PEINTURE : *Poilleux Saint-Ange*, Translation de l'ossuaire de Trégastel; *Clairin*, Brûleurs de varech; *Jordaëns*, « Connais-toi toi-même ». Au milieu de la salle, sculpture : *Brunet*, Messaline (très beau marbre); *Rodin*, Fragment des portes de l'Enfer. — SALLE DU FOND : gravures ; biscuits de Sèvres; vieux coffres. — ESCALIER INTÉRIEUR : Objets de curiosité. — 2e ÉTAGE : petit *musée d'histoire naturelle et d'ethnographie*.

Repassant devant la cathédrale on trouve, derrière le *marché*, la **rue**

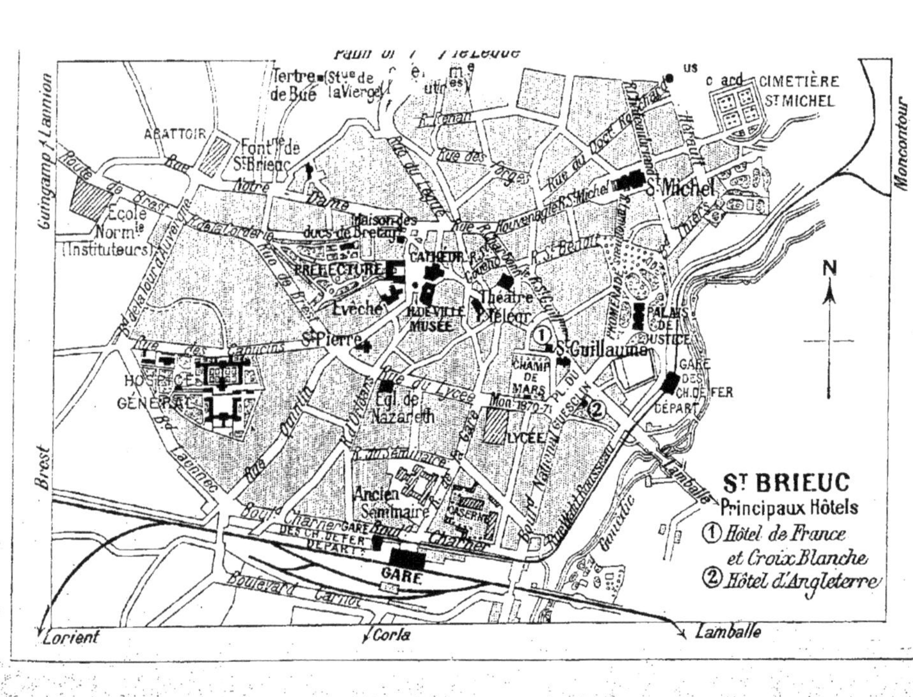
ST BRIEUC
Principaux Hôtels
① Hôtel de France et Croix Blanche
② Hôtel d'Angleterre
CIMETIÈRE ST MICHEL
St Michel
ABATTOIR
École Normle (Instituteurs)
PRÉFECTURE
CATHÉDR.
Evêché
H. DE VILLE MUSÉE
Théâtre
St Pierre
St Guillaume
HOSPICE GÉNÉRAL
Egl. de Nazareth
CHAMP DE MARS
LYCÉE
Ancien Séminaire
CASERNE
GARE
PALAIS DE JUSTICE
GARE DES CH. DE FER DÉPART
PROMENADE
Rue des Capucins
Rue du Lycée
Boulevard Carnot
Guingamp Lannion
Moncontour
Brest
Lorient
Corla
Lamballe
N

Saint-Jacques, qui commence au n° 17 de la *place du Martroy* et qui a des **maisons anciennes** : au n° 6, maison du XVe s. avec façade de bois, mascarons et (2e étage) joueur de biniou, en pendant avec un grotesque (entre les deux, un ange) ; au n° 8, on distingue un St Georges, un David et un St Julien coupés en deux, un ange de pierre.

Revenu à la place du Martroy, on y prend (au n° 7) la **rue Fardel** : après le n° 10 (au n° 1 d'une petite rue latérale), charmante **maison** d'angle (2 saints à sa façade) ; au n° 15, maison Renaissance, dite **hôtel des ducs de Bretagne**, construite en réalité en 1572 par un nommé Yvon Collou (inscription à dr., sur la façade) ; le roi d'Angleterre, Jacques II, y aurait logé en 1689). On peut signaler les n°s 18, 17, 21 et 23, 32 et 34.

A l'extrémité de la rue Fardel, en tournant à dr., on trouverait la *rue Notre-Dame*. En suivant celle-ci vers la g., jusqu'à la *rue Ruffelet* (1er à dr.), on atteindrait par cette dernière la jolie **fontaine de Saint-Brieuc**, adossée à l'**oratoire de N.-D. de la Fontaine**, élevé jadis par St Brieuc, reconstruit par Margot de Clisson, en 1420 (la fontaine est de cette époque), puis sous Louis-Philippe (à l'int., tombe de l'évêque Fallières). — De là, on a en face de soi le **Tertre de Bué** (*statue de la Vierge*, par Ogé ; belle vue vers le Légué et la mer).]

EXCURSIONS. — **1° Le Légué** : ⊛ 4 k. 1/2 N.-E. ou ⊞ départemental, en 25 min. : 30 c. — Le ch. de fer et la route se rejoignent en dessous du **viaduc Souzain** (ligne de Saint-Quay) ; longeant le port du Légué, encaissé dans une vallée profonde, ils aboutissent, l'un et l'autre, au ham. de *Sous-la-Tour* (station du *Phare* ; restaurants et guinguettes). — En face, sur une butte, **tour de Cesson** (XIVe s.).

Au delà du phare, un sentier côtier conduit aux **bains de Saint-Laurent**, fréquentés surtout par les Briochins, et qui donnent sur la belle **baie de Saint-Brieuc**.

2° Moncontour : ⊛ 20 k. 1/2 S.-E. ou ⊞ départemental en 1 h. 3/4 env. : 2 fr. 10 et 1 fr. 40. — Moncontour (hôt. : *Commerce*, déj. ou dîn. 2 fr. ; *Parisien*) est une petite ville pittoresque. **Eglise Saint-Mathurin**, du XVIe s. (clocher Renaissance) ; à l'int., magnifiques **vitraux** de la Renaissance (1537) et *reliques de Saint-Mathurin*, dont le *pardon*, célèbre dans la région, a lieu lieu les samedi (procession aux flambeaux), dim. et lundi de la Pentecôte. Du sommet de la colline (**château des Granges**), immense panorama. — A 1 k. 1/2 S.-E. de Moncontour, **chapelle N.-D. du Haut**, dont les *Saints guérisseurs* (pardon le 15 août) sont aussi bizarres que renommés (prendre la clef, en cours de route, à la *ferme de l'Epine*).

3° Plage des Rosaires : ⊛ 6 k. N., ou station de *Plérin* (à 3 k. 1/2), du ⊞ de Saint-Quay. — C'est, au bord d'une belle grève, une petite plage, encore en formation.

4° De Saint-Brieuc à **Binic, Etables, Portrieux** et **Saint-Quay**, *V.* ces noms.

5° De Saint-Brieuc à **Paimpol** : ⊛ 46 k. ou ⊞ départemental jusqu'à *Plouha*, qui est à 16 k. de Paimpol. — *V.* p. 60.

Distances par la route : — *Auray*, par Loudéac et Pontivy, 106 k. — *Quimper*, par Quintin, Corlay, Saint-Nicolas-du-Pélem, Rostrenen et Carhaix, 136 k. ; — *Pontivy*, par Uzel, 58 k. ; — *Rennes*, 100 k. ; — *Saint-Malo*, par Yffiniac, Lamballe, Plancoët, Ploubalay et Dinard, 77 k. ; — *Vannes*, par Uzel, Pontivy et Locminé, 110 k.

BINIC et ÉTABLES
(CÔTES-DU-NORD.)

Cl. A. Waron.

État de Paris à Saint-Brieuc (V. ce mot pour distance et prix). — départemental de Saint-Brieuc à Binic. 14 k. en 50 min. env. : 1 fr. 10 et 70 c. — De Paris à Binic, billets de bains de mer, val. 33 j. : 62 fr. 50, 42 fr. 15, 28 fr. 15, all. et ret. — Pour Étables, 19 k. en 1 h. 10 env. : 1 fr. 75 et 1 fr. ; billets de bains de mer, au départ de Paris : 63 fr. 30, 42 fr. 75, 28 fr. 75, all. et ret.
12 k. de Saint-Brieuc à Binic ; — 3 k. de Binic à Étables.

Hôtels (A Binic) : — *de Bretagne* ; — *de la Plage* (l'été ; petit déj. 75 c., déj. ou dîn. 2 fr. 50, ch. dep. 3 fr. ; pens. dep. 6 fr ;) ; — *de l'Univers*.

Locations meublées (A Binic) : — maisons dep. 100 fr. pour la saison ; 5 lits env., 300 fr. ; — villas de 700 à 800 fr. ; — chambres, 50 à 60 fr. par mois.

BINIC est, sur la baie de Saint-Brieuc, une petite station balnéaire familiale et un port de cabotage dont presque tous les habitants sont marins ; beaucoup vont à Terre-Neuve pêcher la morue. — V. la carte p. 61.

ITINÉRAIRE. — De *Saint-Brieuc*, la route de terre (*rude et accidentée*) quitte la ville par la *rue du Légué* et traverse la vallée du Gouët au *pont du Gouët* (2 k.), tandis que le ch. de fer la passe, un peu à dr., au *viaduc de Souzain*. Au delà de *Pordic* (9 k. par la route ; 10 k. par ch. de fer), le ch. de fer et la route, devenus à peu près parallèles, descendent vers la baie de **Binic** (12 k. ou 14 k.), entourés de hauteurs rocheuses et de landes.

On arrive d'abord à une première **plage**, un peu vaseuse ; on voit devant soi s'ouvrir la *baie* et le petit **port** de Binic, encadré par 2 *jetées*. — Traversant la rivière de l'Ic, on gagne le bourg, qui s'aligne à g. de la baie, dominé par le clocheton de l'*église* (moderne ; boiseries sculptées, anciennes ; nombreux ex-voto).

Au delà du bourg et à g. de la baie, un passage entre des rochers, dit **le Goulet**, conduit à une seconde **plage** dite **de l'Avant-Port** (sable). En face, s'ouvre la *baie de Saint-Brieuc*, de l'autre côté de laquelle on distingue le Val-André, le clocher de Pléneuf et les carrières d'Erquy.

EXCURSIONS. — **1° Chapelle N.-D. de la Cour** : 6 k. 1/2 O. — On remonte le cours charmant de la rivière de l'Ic pendant 2 k., jusqu'à **la chapelle Saint-Gilles** (*pardon*, le 1er sept.). De là, laissant à dr. *Lantic*, on gagne la *chapelle N.-D. de la Cour* (style gothique du XVe s. et style de la Renaissance ; *porche* sculpté). A l'int., magnifique **verrière** du XVe s. (*Vie de la Vierge*), derrière le maître-autel ; *sarcophage* avec statue couchée, en armure, de G. de Rosmadec († 1640). Le *pardon* (recommandé) a lieu le 15 août.

2° Excursion par la côte (à pied ; 4 k. 1/2 S.-E.), à la **pointe de Pordic** et à (2 k. au delà) la *plage des Rosaires* (en formation ; p. 56).

3° Excursions vers le N., à *Etables* (*V.* ci-dessous), **Portrieux** et **Saint-Quay** (*V.* ces noms), par la route (3 k. ; 7 k. ; 8 k.) ou le départemental.

ETABLES, qui fait suite à Binic sur la baie de Saint-Brieuc, est une station balnéaire fréquentée, avec un grand choix de chalets et de locations meublées, et se divise en trois parties : le bourg et les 2 plages. — *V.* la carte p. 61.

Voies d'accès : — *V.* p. 57.

Hôtels : — *Bellevue et de la Plage* (omn. à la gare, 75 c. ; petit déj. 75 c., déj. 2 fr. 50, dîn. 3 fr., ch. 2 fr. 50 à 4 fr. ; pens. dep. 6 fr. 50 ;), à la plage du Godelin : — *Continental* (petit déj. 50 c., déj. ou dîn. 2 fr., ch. 2 fr. ;) ; — *de la Croix-de-Pierre* ; — *des Voyageurs*.

Locations meublées : — villas de 300 à 500 fr. par mois, sur la côte ; — logements et chambres meublées, à prix modérés, dans le bourg.

ITINÉRAIRE. — On trouve d'abord le **bourg**, situé sur la hauteur, où sont les fournisseurs et les marchands divers, ainsi que des chambres et des logements meublés chez l'habitant. *L'église* a un *porche* gothique (à dr.), un clocher et une abside du XVIIIe s. ; à l'int., elle a des voûtes basses et des parties anciennes, romanes et ogivales.

A. — La **1re plage** dite **du Godelin**, ou **des Grottes** (sable et galets), est à dr. du bourg (1 k. 1/2 env.), au pied de hautes falaises. C'est la plus importante (1 k. d'étendue) et la côte qui la domine est bâtie de villas.

B. — La **2e plage** dite **du Moulin**, à cause du *moulin de Carhuel* qui l'avoisine, sur une butte de 62 m. d'alt., est à g. du bourg, à 1 k. 1/2 env. (route de Portrieux) ; elle s'ouvre à l'extrémité d'un délicieux vallon, aux vertes prairies et aux beaux arbres, qui rappelle la Normandie.

On peut aller de l'une à l'autre de ces plages (1/2 h. env.) : soit en gravissant la falaise qui les sépare et où l'on voit la petite *chapelle de N.-D. de l'Espérance* ; soit, à marée basse, en suivant la grève où se creusent, en dessous de cette chapelle, plusieurs belles **grottes**.

EXCURSIONS. — Elles sont les mêmes que de *Binic* (*V.* ci-dessus) et de *Portrieux-Saint-Quay* (*V.* ces noms).

PORTRIEUX et SAINT-QUAY

(CÔTES-DU-NORD)

Cl. A. Waron.

🚂 *Etat de Paris à Saint-Brieuc (V. ce mot pour distance et prix).* — 🚃 *départemental de Saint-Brieuc à Portrieux et à Saint-Quay, 22 k. et 23 k. en 1 h. 1/4 env. : 1 fr. 70 et 1 fr. 15, 1 fr. 80, 1 fr. 20. — De Paris à Portrieux et à Saint-Quay, billets de bains de mer, val. 33 j. : 63 fr. 80 (ou 90), 43 fr. 05 (ou 15), 29 fr. 05 (ou 15).*

🚗 *19 k. et 20 k. de Saint-Brieuc.*

Hôtels (A PORTRIEUX) : — *de la Plage* (pens. 5 fr. 50 à 6 fr. 50 par j.) ; — *du Talus* (6 fr. par j.) ; — *du Soleil-Levant* ; — *du Commerce.* — Restaurant *du Mouton-Blanc.*

A SAINT-QUAY : — *du Gerbot d'Avoine* (l'été ; petit déj. 75 c., déj. 2 fr. 50, dîn. 3 fr. ; pens. 6 à 8 fr.) ; — *Beau-Rivage* (petit déj. 50 c., déj. ou dîn. 2 fr. ; pens. dep. 5 fr.) ; — *de la Mer* (petit déj. 50 c., déj. ou dîn. 2 fr., ch. 2 fr. 50 et 3 fr. ; pens. 5 à 8 fr. ; 📞) ; — *des Bains et de l'Isnain* (l'été ; petit déj. 50 c., déj. ou dîn. 2 fr. 50, ch. 3 à 4 fr. ; pens. 6 et 7 fr. ; 📞) ; — *de Saint-Quay* (petit déj. 60 c., déj. 2 fr., dîn. 2 fr. 50, ch. 1 fr.) ; — *de la Plage* ; — *de la Mer* (petit déj. 50 c., déj. ou dîn. 2 fr., ch. dep. 2 fr 50 ; pens. 5 à 8 fr. ; 📞) ; — *pension des religieuses du Sacré-Cœur* (sur référence ecclésiastique ou de pers. déjà connue ; de 5 fr. à 6 fr. par j.).

Locations meublées (dans les deux pays) : — petites maisons de 3 à 4 lits, dep. 200 fr. pour la saison ; — chalets de 500 à 3,000 fr., sur une moyenne de 100 fr. par lit ; — chambres et logements, 30 à 60 fr. par mois. — S'adr. chez l'habitant ou aux agences.

Agences de location (pour les deux pays) : — *Mme Lecat* ; — *Mme Le Floch* ; — *Mme Rose Pédron.*

Bains de mer : — cabines et costumes, s'adr. aux hôtels. — *Bains de mer chauds*, à la plage de la Comtesse.

Loueurs de voitures : — *Ruellan* ; — *Beaudré* : — à l'hôtel du Talus (Portrieux).

Loueurs d'autos : — *Scelle-Hébert.*

PORTRIEUX et **SAINT-QUAY** forment, à l'extrémité O. de la baie de Saint-Brieuc, deux stations balnéaires très fréquentées, se confondant presque l'une avec l'autre. On y trouve de grandes ressources dans les locations, de toutes tailles et de tous prix; beaucoup de maisons, même petites, ont leur jardin.

ITINÉRAIRE. — **Portrieux**, que l'on rencontre d'abord en arrivant de *Saint-Brieuc*, soit par le ch. de fer, soit par la route, est un petit **port** de cabotage dans une petite *baie* protégée contre les vents du large par une *jetée* qu'éclaire un *phare*. Le fond de la baie est entouré de maisons et d'hôtels.

Portrieux se relie à Saint-Quay, soit par la route qui passe sur la falaise, à quelque distance de la mer, soit par un sentier qui côtoie la mer.

Ce *sentier*, qui forme une charmante promenade, prend à l'amorce de la jetée, à g. de la baie, près du *bureau du port*. Il monte sur la falaise, puis redescend à la **plage de la Comtesse**, où se trouvent des cabines et un petit établissement de *bains de mer chauds*. Remontant sur la falaise, de l'autre côté de la plage, le sentier passe devant **l'île de la Comtesse**, reliée à la terre à marée basse, et où se remarquent de nombreux espaliers, des treilles et des cultures diverses qui y prospèrent, bien abritées des vents du nord. On arrive, au delà, au *sémaphore* de la **pointe de Saint-Quay**, d'où la vue s'étend : à g., jusqu'à l'île Bréhat; à dr., vers Erquy et le cap Fréhel. Plus près de la côte, émergent les **roches de Saint-Quay**, chaîne de récifs, et la petite **île Harbour** (2 k. de la côte), qui porte un *phare*.

Saint-Quay doit son nom à un saint ermite qui y débarqua au VIe s. de notre ère. — Le ch. de fer s'arrête à l'extrémité N. du bourg, près d'une grève avec hôtel et cabines. On tourne à dr. pour venir au pays, où se trouvent un *couvent*, qui reçoit en pension les baigneurs, et une *église* moderne.

Les **plages** sont nombreuses (*Grande-Grève; grève Noire; grève des Fontaines; grève des Châtelets; grève Saint-Marc; grève de l'Isnain*, avec rochers rongés par la mer qui les creuse en **grottes** et en tunnels).

De Saint-Quay on gagne Portrieux par la route ou le sentier ci-dessus, qui longe la mer (sémaphore; île et plage de la Comtesse).

EXCURSIONS. — **1° Paimpol par la côte** : 25 k. N.-O. de Saint-Quay; départemental jusqu'à Plouha. — De Saint-Quay, on passe d'abord à (3 k.) *Tréveneuc* (*calvaire* et *château* moderne *de Pommorio*; à 1 k. 1/2 E., **plage du Palus**, sable et galets (hôt. *de la Grève du Palus*, 5 fr. par j.).

9 k. **Plouha** (hôt. : *Commerce*, déj. ou dîn. 2 fr., ch. 1 fr. 50; *Union*; chambres meublées). *Monument du peintre Hamon* (1821-1874), fils d'un douanier. — A 3 k. 1/2 O., **chapelle Kermaria-an-Isquit** (XIIIe au XVIIIe s., avec joli *porche*, plate-forme de l'ancien *auditoire de justice*, débris de vitraux et de pierres tombales, petits *bas-reliefs* d'albâtre (XVe s.) et curieuse *Danse macabre* peinte sur les murs (XVe s.).

Au delà de Plouha, d'où le ch. de fer redescend vers Guingamp, la route passe à (14 k.) *Lanloup* (*église* du XVIe s.; *calvaire* au cimetière). — A 2 k. 1/2 N.-E., petite **plage de Bréhec**, avec auberge.

19 k. *Plouézec* (hôt. : *France; Commerce*), d'où une voit. publ. (75 c.) fait le service de Paimpol. *Église* avec lutrin sculpté, par Corlay. — A 3 k. N.-E., **havre de Port-Lazot**, où les bateaux se livrent à la pêche

aux huîtres et au dragage des sables calcaires fertilisants. Il s'y trouve une petite *plage de bains*. A dr. de Port-Lazot s'avance en mer la **pointe de Plouézec**, haute de 60 m., avec un *sémaphore*, d'où l'on voit les deux îlots du *Taurel* et des *Mats-de-Goëlo* (dans celui ci s'élèvent des moutons).

21 k. **Chapelle Sainte-Barbe** (du XVIIe s.; à 1/2 k. à dr.). — 22 k.

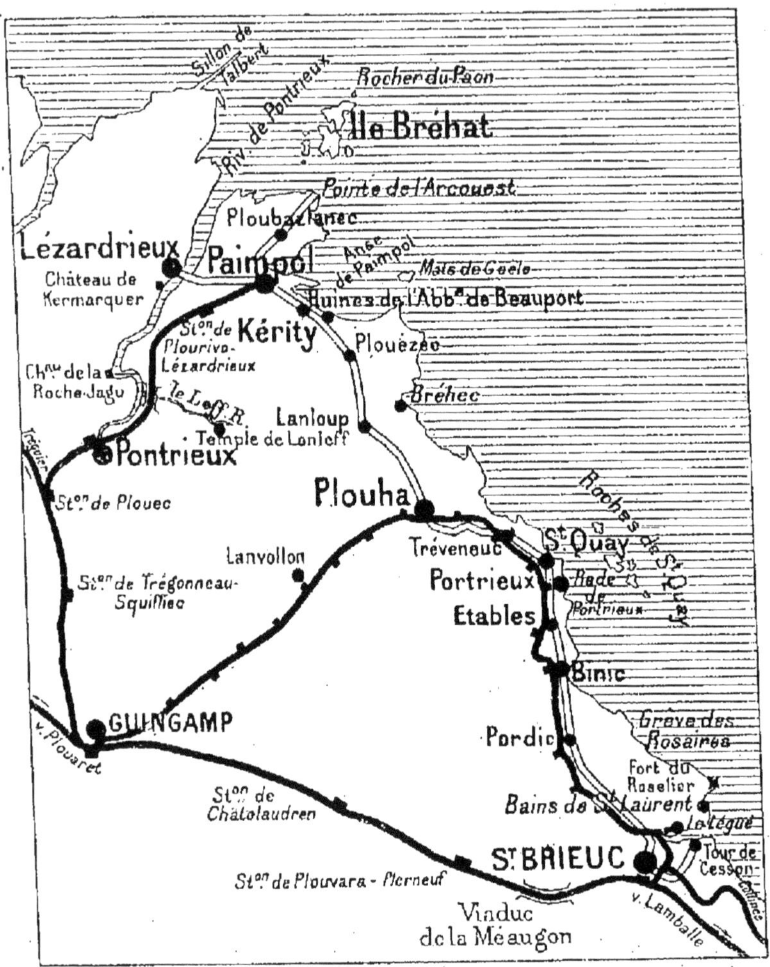

Etang et *abbaye de Beauport* (p. 66), dans un beau paysage. — 23 k. *Kérity* (p. 66). — 26 k. *Paimpol* (*V.* p. 65).

2° **De Portrieux-Saint-Quay à Guingamp** : — A. ⊛ 28 k. S.-O., par *Pléguien*.

9 k. A l'*église*, beau *bas-relief*, débris d'un retable ancien. — A 2 k.

S.-E., *château du Bois-de-la-Salle*, du XVIIIe s., entouré de belles futaies.

12 k. 1/2 **Lanvollon** (hôt. de *Bretagne*, déj. ou dîn. 2 fr. 50, ch. 1 fr.), à 94 m. d'alt. et à 1 k. 1/2 env. de la rivière du Leff. Le bourg doit, dit-on, son origine à St Vollon, premier abbé d'un monastère, fondé au VIIe s — A l'angle d'une place, *maison de bois* avec jolies sculptures de la Renaissance (1559), dite « hôtel de Kératry ».

De Lanvollon, la route de Guingamp coupe la vallée du Leff et traverse *Goudelin* (16 k. 1/2), puis laisse à g. *le Merzer* (21 k. 1/2) et *Saint-Agathon*. Après s'être un peu rapproché du ch. de fer de Paris-Brest, on arrive à *Guingamp* (28 k.; *V.* ce nom) par la grande place, où se trouve l'Hôtel-Dieu, et qui précède la promenade du Vally et la rue Notre-Dame.

B. — 🚂 départemental, 32 k. en 1 h. 1/2 env. : 2 fr. 50 et 1 fr. 70. — Le ch. de fer dessert d'abord *Tréveneuc* (3 k.; p. 60), puis *Plouha* (7 k.; p. 60), où il s'éloigne définitivement de la mer. — 9 k. *Lizandré*, ham. près d'un bois et d'un petit étang. — 11 k. *Pléguien* (p. 61). — 15 k. *Lanvollon* (*V.* ci-dessus). — 23 k. *Pommerit-le-Vicomte*, à 2 k. à dr, avec *maisons anciennes*. *L'église*, en partie du XIVe s., a une belle flèche de 1712 et renferme une **verrière** du XIVe s. — 32 k. *Guingamp* (*V.* ce nom).

3° De Portrieux-Saint-Quay à **Etables**, **Binic** et *Saint-Brieuc*, par la route ou le ch. de fer, *V.* ces noms.

GUINGAMP
(CÔTES-DU-NORD)

Cl. Tirel-Hamon.

État, 506 k. de Paris, en 8 à 10 h. env. : 53 fr. 65, 36 fr. 20, 23 fr. 60.
492 k. de Paris; — 32 k. de Saint-Brieuc; — 33 k. de Lannion.

Hôtels : — *de l'Ouest* (petit déj. 1 fr., déj. 2 fr. 50, dîn. 3 fr., ch. dep. 2 fr. 50;); — *de France* (petit déj. 1 fr., déj. 2 fr. 50, dîn. 3 fr., ch. dep. 2 fr.; pens. 8 fr.; ; jardin); — *du Commerce* (déj. ou dîn. 2 fr., ch. dep. 1 fr. 50; pens. 5 fr.), entre la gare et la ville; — *de la Gare.*

Loueur de voitures : — *Guillerm*, à l'angle de la promenade du Vally et de la rue Notre-Dame.

GUINGAMP Ⓑ, ville ancienne, est situé pittoresquement dans la belle vallée du Trieux. C'est un bon centre d'excursions dans une région intérieure en partie peu connue et, vers la mer, le point de jonction de la ligne de *Paimpol.*

ITINÉRAIRE. — L'*avenue de la Gare* aboutit à la *rue Saint-Nicolas* (route de Paris-Brest), que l'on suit vers la g. Elle amène à une vaste place où l'on voit : à g. la **promenade du Vally** et quelques restes de l'ancien **château** (XVe s.; 3 *tours* rondes); à dr., l'**Hôtel-Dieu** (XVIIIe-XIXe s.) et la façade de sa jolie **chapelle** (XVIIe s.). Sur cette place se tient, le samedi, le *marché aux vaches laitières.*

La rue Saint-Nicolas se continue par la *rue Notre-Dame*, où on trouve à g. l'église N.-D. de Bon-Secours (à côté de celle-ci, **maison de la Renaissance**, avec tourelle).

L'**église N.-D. de Bon-Secours** est un curieux monument, mélange des styles gothique et de la Renaissance (XVe-XVIe s.). La *face latérale*, devant laquelle on se trouve, abrite, sous un ancien porche fermé par une grille à jour, la **chapelle de N.-D. du Halgouët ou de Bon-Secours** (*Vierge noire*, vêtue à l'espagnole; cierges et ex-voto). La *façade principale* (XVIe s.) offre un riche portail de la Renaissance, effrité ; elle est flanquée de 2 tours carrées (**tour de l'Horloge** et **tour Plate**), l'une gothique, l'autre Renaissance. La *tour centrale* de l'église (XIVe s. : gothique) porte un magnifique **clocher** de pierre, haut de 60 m. — L'int. est sombre et bizarre d'aspect, et le même mélange des deux styles s'y retrouve partout, dans la construction et l'ornementation. Le *triforium* ou galerie à jour de la nef est, à g., du gothique flamboyant (trèfles aux ogives); à dr., au contraire, il est de la Renaissance, avec des jours carrés. La nef est étranglée, au chœur, par une quadruple arcade qui supporte le clocher. Au transept dr., **orgue** avec belles boiseries du XVIIe s.; en face, *statue de Pierre Morel*, évêque de Tréguier (XIVe s.). Au pourtour du chœur, **tombeau** (gothique) **de Roland Phélippes**, sénéchal de Charles de Blois (XIVe s.; il est couché en armure); petit *triptyque* à personnages. Au transept g., **vitrail de la Guerre de 1871** (Dieu reçoit les âmes des Guingampais tombés à l'ennemi).

Un **pardon** fameux se tient en l'honneur de N.-D. de Bon-Secours, le samedi avant le 1er dim. de juillet (à 9 h. du soir, procession aux flambeaux; messe à minuit).

Continuant à suivre la rue Notre-Dame, on arrive à la *place du Centre* ou *de la Pompe*, avec *maisons anciennes*, où se trouve la petite **fontaine de la Pompe**, en plomb, délicieux monument de la Renaissance, restaurée au XVIIIe s.

EXCURSION. — **Toul-Goulic ou perte du Blavet** : 28 k. 1/2 S.; voit. de louage : 12 à 15 fr. — On sort de Guingamp par la place de la Pompe et la route de Bourbriac (à 500 m. près d'un *moulin* et avant de passer sous le ch. de fer de Brest, prendre la bifurc. de dr.). — 11 k. *Bourbriac* (hôt. *Le Ray*). **Eglise** avec belle *flèche* de 1501 et *porche* sculpté; *mausolée* de St Briac (XVIe s.); *crypte*. — 17 k. On laisse une bifurc. à g. — 18 k. 1/2. *Chapelle Saint-Jean* (à dr.). — 22 k. *Kérien*, ham. — 23 k. 1/2. On laisse une route à g. — 26 k. *Lanrivain* (aub. *Provost*); au cimetière, *ossuaire* et **calvaire** de 1548 (*nous conseillons de prendre à Lanrivain un guide pour Toul-Goulic*). — De Lanrivain une route, qui prend à dr., en deçà du bourg, et en coupe une autre après 1/2 k., amène, en passant devant la *chapelle* et la *fontaine Saint-Antoine*, à un pont sur le Blavet (2 k. 1/2). On traverse le pont et, quittant la voit., on descend, à g., dans les prairies qui longent la rive dr. du Blavet. La vallée se resserre en un étroit défilé et (15 min. env.) on arrive à un superbe chaos de rochers où la rivière disparaît; c'est **Toul-Goulic**, une des curiosités naturelles de la Bretagne. Le Blavet reparaît 400 m. plus loin.

Distances par la route : — *Lannion*, par Bégard, 33 k.; — *Paimpol*, par Saint-Palin, Saint-Clet, Quemper-Guézennec et Plourivo, 28 k. 1/2; — *Saint-Quay-Portrieux*, 26 k.; — *Carhaix*, par Moustérus, Pont-Melvez, Bullat et Callac, 49 k.

PAIMPOL et ILE BRÉHAT

(CÔTES-DU-NORD)

Cl. P. Gruyer.

Etat de Paris à Guingamp (V. ce nom pour distance et prix). — *départemental de Guingamp à Paimpol, 37 k. en 1 h. 40 env. : 4 fr. 15, 2 fr. 80, 1 fr. 80.* — *De Paris à Paimpol. billets de bains de mer, val. 33 j. : 69 fr. 20, 46 fr. 70, 30 fr. 50, all. et ret.*

492 k. de Paris à Guingamp; 28 k. 1/2 de Guingamp à Paimpol; — *de Saint-Brieuc à Paimpol, 45 k.;* — *de Lannion, 33 k.*

Hôtels : — *Continental* (petit déj. dep. 50 c., déj. 2 fr. 50, dîn. 3 fr., ch. de 2 à 5 fr. par pers.; pens. dep. 7 fr. 50; bains;); — *Gicquel* (petit déj. 50 c., déj. 2 fr. 50, dîn. 3 fr., ch. dep. 2 fr.; pens. dep. 6 fr.;); — *Floury*, sur le quai; — *des Islandais* (4 fr. par j.), sur le port; — *de la Gare* (journée 6 fr.; pens. 4 fr. 50).

Loueurs de voitures : — aux hôtels; — *Trésoler*; — *Corlouer*; — *Vve Le-Roux*.

Locations meublées : — petites maisons et chambres, à Paimpol et à *Kérity*, 25 à 30 fr. par mois et par pièce.

PAIMPOL, port de pêche qui arme pour l'Islande et que le romancier Pierre Loti a rendu célèbre, n'est pas à proprement parler une station balnéaire. On y peut prendre des bains cependant au petit v. voisin de *Kérity* (*V.* ci-dessous); Paimpol est en outre le point d'accès de *l'île Bréhat*, qui est le véritable centre balnéaire. La campagne qui entoure Paimpol est magnifique et les excursions sont nombreuses. La vie est peu coûteuse.

ITINÉRAIRE. — Le centre de Paimpol est la **place du Martray**, où sont les deux principaux hôtels (**maison à tourelle** à l'angle de l'hôtel Continental). — A ce même angle commence la *rue de l'Eglise*, qui amène à l'**église**, à g. Celle-ci est entourée de grands arbres. A l'int. (à dr. du chœur), **triptyque** du XVIe s. (scènes de la Passion); *autel N.-D. de Bonne-Nouvelle* (à g. du chœur) avec Vierge habillée et sculptures; quelques tableaux anciens.

A l'autre extrémité de la place du Martray se trouve le **port**, où quelques débits (*café Islandais*) sont curieux à observer, surtout lorsque les pêcheurs partent pour l'Islande ou en sont revenus. Les *goëlettes de pêche* sont bien abritées dans cette rade profonde et dans leurs bassins à flot. — Au delà s'étend la **baie de Paimpol**, d'où la mer se retire à 4 k. à marée basse.

EXCURSIONS. — **1°** Une route qui longe le fond du port de Paimpol amène (2 k.) à **Kérity** (aub. *Seven* et quelques autres, 4 fr. par j. env.; *logements meublés*), petit v. sur l'**anse de Beauport**, où l'on se baigne à marée haute. Continuant la route, on atteint (3 k.) l'**abbaye de Beauport** (XIIIe s. et Renaissance; on ne visite pas); près de la route, ruines gothiques de l'ancienne **chapelle**, dans un site verdoyant. Un peu au delà, à dr. de la route, **étang de Beauport**. — La route se continue ensuite vers *Plouha* (16 k.), *Saint-Quay* (25 k.) et *Saint-Brieuc* (45 k.), V. p. 60.

2° Château de la Roche-Jagu : ⊛ 13 k. S.-O., par la route de Tréguier, le **pont suspendu de Lézardrieux** (4 k. 1/2; 254 m. d'un seul jet; site admirable sur le Trieux, surtout au crépuscule), *Lézardrieux* (5 k.) et *Pleudaniel* (8 k.). — Le *château de la Roche-Jagu* (on visite) est du XVe s. et domine le Trieux (grandes cheminées; beffroi; chapelle). — A 5 k. au delà de la Roche-Jagu, on peut gagner *Portrieux*, petit port sur le Trieux, d'où l'on reviendrait à Paimpol par une route de 14 k. 1/2 ou par le ch. de fer de Guingamp-Paimpol.

3° Ile Bréhat : ⊛ 6 k. N.-E. jusqu'à la pointe de l'Arcouest (voit. publ. : 1 fr.); de l'Arcouest à Bréhat, 2 k. en bateau (25 c. env.); l'été, *service direct de Paimpol à Bréhat* par canots automobiles.

La route de l'Arcouest part de la place du Martray et laisse à dr. (2 k.) la **tour de la Découverte**, dans un bois de pins (belle vue sur la baie). — 3 k. *Ploubazlanec* (au cimetière, curieux **ossuaire** et **mur des disparus en mer**). — 6 k. *L'Arcouest* (restaurant), où l'on embarque.

L'île Bréhat (hôt. : *Lucas*, déj. ou din. 2 fr. 50, ch. 2 fr.; *Central*, mêmes prix, pens. 6 à 7 fr.; *de la Place*, déj. ou din. 1 fr. 50, ch. 1 fr.; *du Port*, déj. ou din. 2 fr. 50, pens. 6 fr.; *cabaret* artistique *des Décapités*; *chambres meublées* dep. 30 fr. par mois; *maisons meublées* dep. 100 fr.) est très fréquentée par les touristes et par les artistes, qui y ont une vraie colonie. L'île abonde en aspects pittoresques; elle forme en même temps une station balnéaire, simple et sans décorum. Tous les ravitaillements viennent de terre.

Gagnant le petit v. de *Bréhat*, où l'on déjeune ordinairement, on passe ensuite un isthme étroit qui réunit les 2 parties de l'île. — Sur la g., **anse de la Corderie** (*chapelle Saint-Michel*), puis *sémaphore* (magnifiques couchers de soleil sur la mer, hérissée de récifs). — Sur la dr., un autre chemin conduit au **phare du Paon**, voisin du *rocher du Paon* ou *du Pan*.

4° De Paimpol à **Tréguier** : — *A.* ⊛ 15 k., par le *pont de Lézardrieux* (*V. ci-dessus*) et *Lézardrieux*; — *B.* 🚂 départemental, par *Plouëc* (changement de train). — V. au mot *Tréguier*.

Cl. P. Gruyer.

A. — départemental de Guingamp à Plouëc (15 k. en 1/2 h. env. : 1 fr. 70, 1 fr. 10, 70 c.), ou de Paimpol à Plouëc (22 k. en 1 h. : 2 fr. 45, 1 fr. 65, 1 fr. 10). — De Plouëc à Tréguier, 17 k. en 1 h. : 1 fr. 30 et 90 c.
B. — départemental de Lannion à Tréguier, 29 k. en 1 h. 20 env. : 1 fr. 95 et 1 fr. 30.
30 k. de Guingamp; — 15 k. de Paimpol; — 18 k. 1/2 de Lannion.

Hôtels : — *de France* (petit déj. 60 c., déj. ou dîn. 2 fr. 50, ch. dep. 2 fr.; pens. 7 fr. 50; chauff. central;), r. Colvestre; — *Moderne* (petit déj. 50 c., déj. ou dîn. 2 fr. 50, ch. 2 fr.; pens. 6 fr.), sur le quai; — *Mallo* (petit déj. 60 et 75 c., déj. 2 fr. 50, dîn. 3 fr., ch. dep. 2 fr.; pens. 6 fr.; bains; jardin;), rue Saint-Guillaume; — *du Grand-Turc*; — *Broudic* (petit déj. 50 c., déj. ou dîn. 2 fr., ch. 2 fr.; pens. 6 fr.), pl. Renan.

Loueurs de voitures : — *Vve Fraval*; — *Leroux*; — aux hôtels.

TRÉGUIER, ville ancienne et pittoresque, est situé en amphithéâtre sur une colline baignée par les rivières du Jaudy et du Guindy. On y vient en excursion, soit de Paimpol, soit des plages de la région de Lannion.

ITINÉRAIRE. — Si l'on arrive par le ch. de fer ou par la route de *Paimpol*, on se trouve en bas de la ville, sur le quai du Jaudy (la route de *Lannion* amène dans la ville haute). — Derrière la gare, à g., *calvaire expiatoire*, en protestation contre la statue de Renan (*V.* ci-dessous).
Prenant la 1re rue à g. (pas d'écriteau), on monte en ville et l'on débouche sur la **place de l'Eglise** (*monument de Renan*, par Boucher, 1903).

L'église, ancienne **Cathédrale**, est gothique en majeure partie; commencée en 1339, elle fut terminée au XVe s. Elle a *2 porches*, l'un **sur la place**, l'autre à la façade, et un magnifique **clocher** de pierre (63 m.: la tour est du XVe s., la *flèche* du XVIIIe). — L'int. est long de 75 m. et a 68 fenêtres, dont les vitraux sont détruits; beau *buffet d'orgue*. Au bas côté dr., *tombeaux* de chevaliers et d'un abbé (XVe s.); *fonts-baptismaux* du XVe s. (dôme moderne). Au transept dr., *bénitier* du XIVe s.; *tableau sculpté* (un Évangéliste). Au chœur, **lutrin** et **stalles** sculptés, remarquables (1648). Au transept g., porte du cloître. — Le **Cloître** (s'adr. au sacristain; pourboire), élevé de 1461 à 1470, encadre une pelouse (au milieu de celle-ci, mauvaise statue de St Yves). Un des côtés du cloître s'appuie à l'église (charmantes *rosaces de pierre* et, au-dessus, galerie à jour); les trois autres côtés se composent d'une galerie avec série d'arcades, du plus élégant style gothique flamboyant (fines colonnettes, contreforts et clochetons à crochets). Le cloître est dominé par l'ancien évêché et par la **tour d'Hastings**, carrée, avec de petites fenêtres romanes. On rentre ensuite dans la cathédrale. — Au bas-côté g., **chapelle au Duc** (*autel* en bois sculpté, avec *bas-relief* du XVIe s.); *dalle* de granit rose, à la mémoire de Jean V, duc de Bretagne, † 1442; **cénotaphe de Saint-Yves**, joli monument de style pseudo-gothique, en pierre trop blanche (1890; statue couchée du saint et nombreuses statuettes), par l'architecte Devrez et par les sculpteurs Valentin et Hiolin (*reliquaire* avec débris d'os de St Yves).

Sortant, au bas de la cathédrale, par le porche du portail principal, on a à dr., l'ancien **Évêché**, auj. presbytère. — On entre librement dans une 1re *cour*, puis dans une 2e, pour aboutir à une **promenade** en friche; celle-ci se termine par une *terrasse* dominant la rivière du Guindy, qui baigne la colline de Tréguier et se jette, vers la dr., dans le Jaudy. On voit, en face de soi, le *pont Noir* et *Plouguiel*, groupé autour de son église. — La promenade est sans issue et on revient à la cathédrale.

On prend, derrière l'abside de la cathédrale, la *rue Ernest-Renan*, qui passe devant la *halle* (à g.), puis devant la **maison natale de Renan**, à dr. (plaque à la façade; s'adr. à la boutique, pourboire), humble logis qui conserve la chambre où naquit le philosophe et son cabinet de travail. La rue aboutit au **port** de Tréguier, qui est à 6 k. de la mer (*huîtres*).

EXCURSIONS. — 1° Une route de 1 k. 1/2 S., qui prend dans le haut-Tréguier et passe (1 k.) près de la *tour Saint-Michel*, s'élevant en plein champ (reste d'une ancienne église), amène à **Minihy-Tréguier**. — **L'église**, du XVe s., est l'ancienne chapelle du *manoir* voisin *de Kermartin*, où est né St Yves (1255), patron des avocats. Elle renferme son *testament*, écrit sur un tableau, ainsi que des restes de son bréviaire (à la sacristie) et un fragment de son crâne. Au *cimetière*, qui entoure l'église, **tombeau de St Yves**, formé d'une table de pierre, gothique, percée d'une arcade sous laquelle les fidèles passent à genoux.

2° A 4 k. 1/2 au delà de Minihy-Tréguier, **La Roche-Derrien** (hôt. : *de France*; *Grand-Hôtel*), situé sur la rive dr. du Jaudy, a conservé quelques *ruines* de son ancien **château**, du XIe s. (*chapelle* du XVIIe s.). — **L'église** est des XIIe et XIVe s. (*orgue* ancien; *retable* de la Renaissance). — Sur la place, *maison ancienne*, de 1647.

3° 🚲 10 k. N.-O. de Tréguier à **Port-Blanc**; — 20 k. N.-O. à **Perros-Guirec**; — 18 k. S.-O. à **Lannion**. — *V.* ces noms.

🚂 départemental de Tréguier à *Perros-Guirec* (22 k. en 1 h. 10 env. : 1 fr. 80 et 1 fr. 20) et à *Lannion* (29 k. en 1 h. 20 env. : 1 fr. 95 et 1 fr. 30). — Pour *Port-Blanc*, descendre à la station de *Penvenan* (7 k. : 55 c. et 35 c.), qui est à 3 k. S. de Port-Blanc.

Cl. Neurdein.

Etat de Paris à Guingamp, 506 k., en 8 à 10 h. env. : 53 fr. 65, 36 fr. 20, 23 fr. 60. — départemental de Guingamp à Penvenan (changement de train à Plouëc et à Tréguier), 39 k. en 2 h. env. : 3 fr. 55, 2 fr. 35, 1 fr. 95. — Billets de bains de mer, val. 33 j., de Paris à Penvenan : A. par Plouëc et Tréguier : 70 fr. 10, 47 fr. 30, 31 fr. 70 ; B. par Lannion (changement de train à Plouaret) : 72 fr. 80, 49 fr. 15, 32 fr. 70. N.-B. Cette dernière voie évite un transbordement et la correspondance des lignes y est plus rapide à certains trains. — De Penvenan à Port-Blanc : 3 k. ; l'été, omnibus des hôtels.
10 k. de Tréguier ; — 19 k. de Lannion ; — 19 k. de Perros-Guirec.

Hôtels : — *Grand-Hôtel* (1er mai au 1er nov. ; omn. pour *Penvenan-gare*, 1 fr. ; déj. 2 fr., dîn. 3 fr. ; pens. dep. 7 fr. par j.) ; — *des Roches-Grises* (petit déj. 50 c., déj. ou dîn. 2 fr., ch. 2 fr. ; pens. 5 fr.).
Maisons meublées : — dep. 100 fr. par mois ; de 300 à 800 fr. pour la saison ; — s'adr. à *Mme Nun* (hôtel des Roches-Grises) et au Grand-Hôtel.
Chambres meublées : — dep. 30 et 40 fr. par mois.

PORT-BLANC, port de pêche, est une petite station balnéaire familiale, dans un site tranquille et retiré.

ITINÉRAIRE. — De *Tréguier*, le ch. de fer et la route, contournant la colline qui porte la ville, franchissent le Guindy, à son confluent avec le Jaudy (*vue magnifique*). En face, apparaît Plouguiel, sur une autre colline de 61 m. d'alt. — 1 k. *Plouguiel* (*église* moderne).
7 k. *Penvenan* (le bourg est à 1 k. à dr. de la station), d'où une route de 3 k. N.-O. conduit à Port-Blanc.
Le petit port de **Port-Blanc**, d'aspect rustique, est situé sur une côte rocheuse et déchiquetée, qui découvre au loin à marée basse ; au large,

émergent de nombreux récifs et des îlots dont le principal est l'île Saint-Gildas.

L'île Saint-Gildas, à 1 k. de la côte, et où l'on se rend à pied sec, à marée basse, offre un charmant aspect avec ses gros rochers, son bois de pins, ses ajoncs et ses genêts. Elle renferme quelques maisons, une ferme et *2 chapelles*, dont l'une contient la statue et le crâne (fort problématique) de St Gildas; cette dernière chapelle est, le jour de la Pentecôte, le but d'un pèlerinage où l'on conduit les chevaux. On voit aussi dans l'île un dolmen ruiné, appelé *Lit de St Gildas*.

A 1/2 k. en mer, au delà de l'île Saint-Gildas, l'**île des Levrettes**, qui s'y rattache à la basse mer, sert d'entrepôt pour le goémon.

EXCURSIONS. — **1°** A 1 k. E. de Port-Blanc, **anse de Pellinec** (on s'y rend, soit en longeant la côte, soit par une route qui s'embranche sur celle de Penvenan, 1 k. 1/2 en deçà de Port-Blanc), du milieu de laquelle émerge l'*île Marquer*.

2° A 4 k. O. de Port-Blanc par la côte, jolie **grève de Trestel**, voisine de l'intéressant *château de Kerham*.

3° Chapelle Saint-Gonery : ⊕ 9 k. 1/2 N.-E. — De Port-Blanc, on prend la route de Penvenan (3 k.), où l'on tourne à g. par celle de Plougrescant. — 8 k. On prend la bifurc. de g. (celle de dr. conduirait à *Plouguiel* et à *Tréguier*, 4 et 5 k.).

9 k. 1/2. *Chapelle Saint-Gonery*, des XVe et XVIe s., but de pèlerinage et surmontée d'une flèche. On y voit, à l'int. (voûtes en bois revêtues de peintures) : un *bahut* du XVIe s., à g. dans la nef, sur lequel sont sculptées des scènes de la vie de St Gonery; une *Vierge* en albâtre; une chasuble du XVIe s.; un cercueil de pierre (VIIIe s.), qui passe pour le tombeau du saint, et une *châsse* renfermant son crâne, qui est portée en procession le 29 juillet; le magnifique **mausolée**, de la Renaissance, **de Guillaume de Halgouët**, évêque de Tréguier, † 1602. Ce mausolée, construit de son vivant, porte la date de 1599.

De la chapelle Saint-Gonery, voisine de *Plougrescant*, on peut (2 k. E.; vers la dr.) gagner la mer, à l'embouchure de la *rivière de Tréguier*, balisée et tout encombrée d'écueils (huîtres); on a en face de soi l'*île de Loaven* (*chapelle Sainte-Eliboubane*), que l'on gagne à pied à marée basse; au delà (1 k. 1/2 et 2 k. en mer), on aperçoit l'*île Verte* et l'*île d'Er*, en forme de croissant.

4° Les autres excursions se font, par le ch. de fer ou la route : — vers l'E., à **Tréguier**, à **Paimpol** et à **Guingamp** (*V.* ces noms).

Vers l'O., à **Lannion**, à **Perros-Guirec** et **Ploumanach**, à **Trégastel** et à **Trébeurden** (*V.* ces noms).

LANNION
(CÔTES-DU-NORD)

Cl. Neurdein.

Etat (changement de train à Plouaret), 549 k. de Paris, en 9 h. env. : 58 fr. 35, 39 fr. 40, 26 fr. 65. — Billets de bains de mer, val. 33 j. : 70 fr., 47 fr. 25, 30 fr. 80, all. et ret.
526 k. de Paris à Lannion, par Guingamp.

Hôtels : — *de l'Europe* (petit déj. 75 c. et 1 fr., déj. 2 fr. 50, dîn. 3 fr., ch. dep. 2 fr.); — *de France* (mêmes prix); — *du Grand-Turc et des Voyageurs* (petit. déj. 50 et 60 c., déj. ou dîn. 2 fr. 50, ch. 1 fr. 50 et 2 fr.; pens. dep. 6 fr.).

Loueurs de voitures : — *Tardif*, près de la gare; — *Allain*, r. des Augustins; — *Kergoat*, r. des Capucins; — *Nicol*; — aux hôtels. — Voit. à 1 chev., 10 à 12 fr. par j. env.; à 2 chev., 15 fr.

Voiture publique pour : — *Trébeurden-bourg*, 1 fr. 25 (l'été, jusqu'à la mer); — *Trégastel* (l'été), 1 fr.

Renseignements : — pour tous renseignements sur Lannion, Perros-Guirec, Trégastel et Trébeurden, s'adr. ou écrire au *Syndicat d'initiative*, à Lannion.

LANNION est une petite ville pittoresque et un centre d'excursions important, point d'accès des stations balnéaires de *Perros-Guirec*, *Trégastel* et *Trébeurden*.

ITINÉRAIRE. — En sortant de la gare, on tourne à dr. pour gagner le pont du Léguer (ou *Légué*), à l'angle duquel s'élève le **couvent des Dames de St-Augustin**, du XVIIe s. (Renaissance bretonne; jolie *porte* de bois sculpté), pittoresque avec ses murs de granit et ses grands toits d'ardoise (clocheton moderne). Au delà, vers la g., *église Sainte-Anne* (moderne) et *hospice*. — Du **pont** on a une jolie vue sur la rivière, que gonfle la marée, sur les *quais* de son petit **port**, en partie plantés d'arbres, et dont la première pierre fut posée en 1762.

Le pont franchi, on a : à dr., l'hôtel de France et le *palais de justice*, en mauvais style néo-grec; à g., l'hôtel de l'Europe, l'**esplanade du quai d'Aiguillon** (*promenade*) et l'hôtel de la *Poste-et-Télégraphes*. Au delà, route de Perros-Guirec, Trégastel et Trébeurden.

Une rue, qui s'ouvre en face du pont, monte à la **place du Centre**, sur laquelle sont plusieurs **maisons** du xve et du xvie s.; la plus curieuse est occupée par un chapelier et sa façade, revêtue d'ardoises, à étages en auvent, est flanquée de deux encorbellements.

A dr. de la place, à l'entrée de la *rue Geoffroy-de-Pontblanc*, on voit, à g., une autre belle **maison en bois**, de l'époque Louis XIII, avec cariatides sculptées. Deux maisons plus loin, dans cette même rue, est la **croix** avec *plaque commémorative* rappelant la mort de Geoffroy Kérimel de Pontblanc, tombé à cet endroit en défendant la ville contre les Anglais, en 1346. — Au delà, **chapelle** du *collège*, du xviie s.

A l'autre extrémité de la place est l'*hôtel de ville*, d'où on aperçoit l'**église Saint-Jean-du-Baly** (xvie et xviie s.); grosse *tour* carrée, de 1519. — A l'int., 5 nefs et bas-côtés, d'époques différentes, font un ensemble irrégulier et tout déhanché; 4 grandes *statues* de bois du xviiie s. (St Joachim, Ste Anne, St Joseph, Ste Marie); vieux *bénitier* de granit rouge, en bas de l'église, à dr.; bon tableau (xviiie s.) de *St Jean l'Evangéliste* (en haut du bas-côté g.); pilier évidé, avec escalier, reste d'un ancien jubé.

En contournant le chevet de l'église, on aperçoit en face de soi l'**église de Brélévenez**, sur une hauteur (*fatigant, mais intéressant*). On s'y rend par la *rue de la Trinité*, qui aboutit à un *étang*; de cet étang, un **escalier** monumental (142 m.; en se retournant, belle vue sur Lannion et ses environs) monte au sommet de la colline. — *L'église* est entourée du cimetière (vieux *calvaire* et 2 anciens *ossuaires*): elle fut bâtie au xiie s. (fin du style roman) et remaniée en gothique, aux xve et xvie s. Joli *porche* latéral, par où l'on entre. — A l'int., voûtes en bois du xve s.; les colonnes sont fortement inclinées. Sous le chœur, *crypte* romane, en partie défigurée, avec grand **Saint-Sépulcre** à personnages. Les boiseries sculptées de l'église sont modernes, sauf la *chaire*, qui est du xviie ou xviiie s.

EXCURSIONS. — **1° Châteaux de Lannion** : 🚲 et chemins de piétons, 30 k. env. all. et ret.; voit. de louage : 12 à 15 fr. On peut également se servir, pour l'un des trajets, du 🚂 de Plouaret, station de *Kérausern*. — *V. la carte et éviter de se perdre.*

On sort de Lannion par la ville haute et la route de Guingamp.

4 k. *Buhulien*. On y descend de voiture et on prend, à dr., un chemin à pic qui se dirige vers le Léguer, que l'on franchit (1 k.) près d'un moulin. Remontant ensuite sur l'autre versant, on rencontre, au bout de 1 k. 1/2 env., une ferme qu'il faut traverser pour trouver les ruines de l'ancien **château de Coatfrec**, du xve s., au milieu d'arbres de haute futaie. Il reste une des tours avec créneaux et mâchicoulis; la cour int. est entourée des anciens logis du châtelain; à chaque étage, trois grandes salles avec cheminées; les escaliers sont effondrés.

Revenu à Buhulien, on laisse à g. la route de Guingamp pour prendre celle de (5 k. 1/2) *Tonquédec* (restaurant *Riou*). *Eglise* du xve s., restaurée; tour de 1773; à l'int., l'autel cache des *vitraux* du xve s.

Le bourg est à 1 k. 1/2 des ruines de l'ancien **château**, que précède un petit *étang* et qui couronne la croupe d'un coteau rocheux et boisé (s'adr. au fermier; pourboire). On entre, par une porte en ogive, dans une première cour, puis dans une seconde enceinte, en passant entre

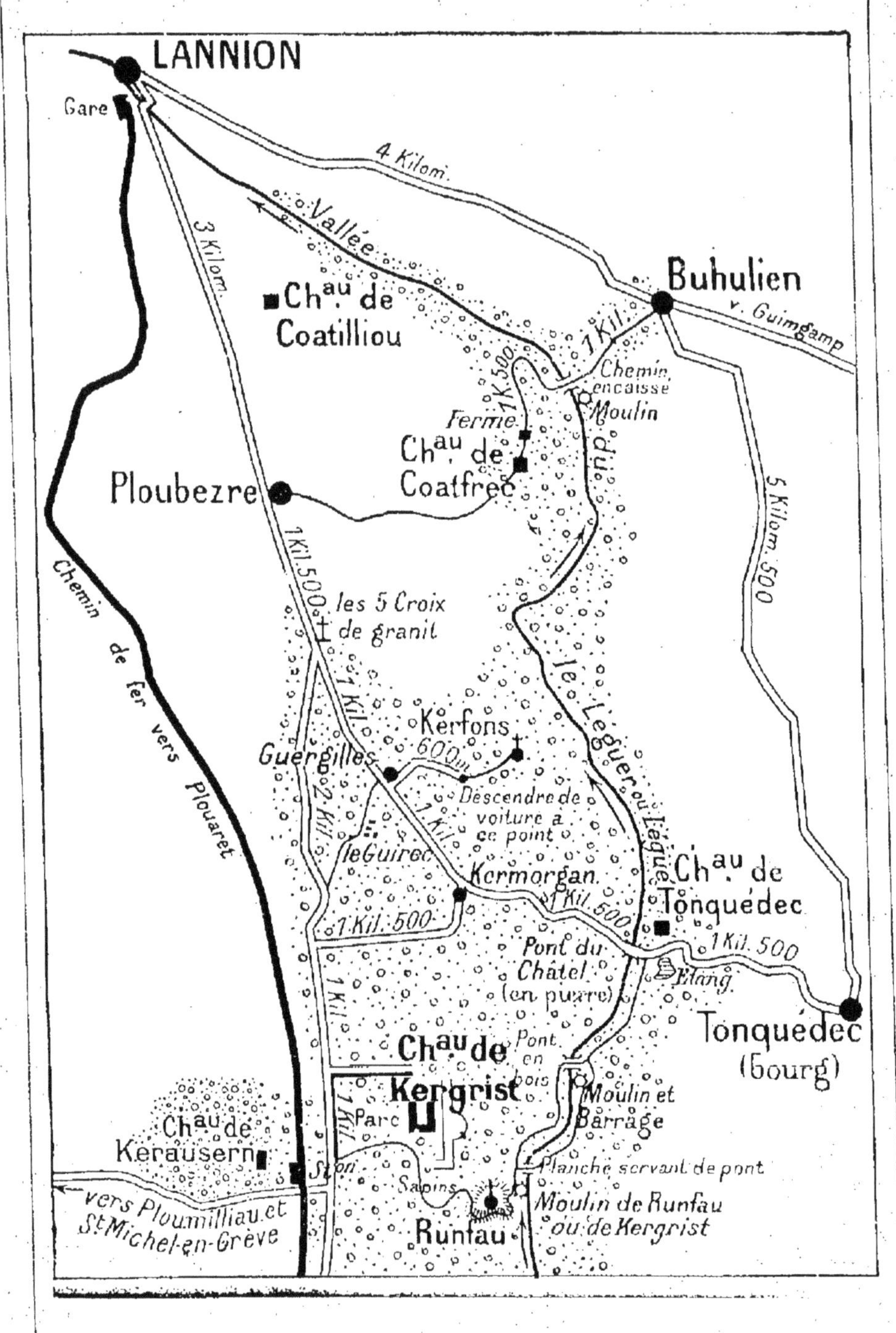

LANNION
Gare
4 Kilom.
Vallée
3 Kilom.
Chau de Coatilliou
Buhulien
v. Guimgamp
1 Kil.
1 K.500
Chemin encaissé
Moulin
Ferme
Chau de Coatfrec
du
Ploubezre
5 Kilom. 500
1 Kil.500
les 5 Croix de granit
le Léguer ou Legué
Chemin de fer vers Plouaret
1 Kil.
Kerfons
Guergilles
600m
Descendre de voiture à ce point
2 Kil.
1 Kil.
le Guirec
Kermorgan
Chau de Tonquédec
1 Kil. 500
1 Kil. 500
1 Kil. 500
Pont du Châtel (en pierre)
Etang
Tonquédec (Bourg)
1 Kil.
Chau de Kergrist
Pont en bois
Moulin et Barrage
1 Kil.
Parc
Chau de Kerausern
Ston
Planche servant de pont
Sapins
Moulin de Runfau ou de Kergrist
vers Ploumilliau et St Michel-en-Grève
Runfau

deux grosses tours et en montant des marches. Le *donjon*, dont les murs sont épais de 3 m. 60 et qui a conservé une grande cheminée, au 1er étage, occupe la pointe du promontoire qui domine la vallée. Les *tours*, rondes à l'ext., sont hexagonales à l'int. ; on monte dans deux d'entre elles. Des souterrains s'étendent sous ces diverses constructions.

Du château de Tonquédec, la route descend vers le Léguer, qu'elle traverse au **pont de pierre du Châtel.**

Avant de traverser le pont, on pourrait prendre à g., sur la rive dr. du Léguer, un chemin de piétons qui, longeant la rivière dans un paysage touffu, conduirait au **moulin de Runlau.** On reviendrait ensuite retrouver la voiture (4 k. env. all. et ret. ; *consulter la carte*).

Au delà du pont du Châtel, on remonte la côte qui fait face aux ruines de Tonquédec et, après 1 k. 1/2, au ham. de *Kermorgan*, on prend à g. une route de traverse qui va rejoindre la route de Lannion à Plouaret. On suit celle-ci vers la g. également, jusqu'au **château de Kergrist** (2 k. 1/2 de Kermorgan ; XVe s. et remanié ultérieurement ; on visite le *parc* en s'adr. au concierge, pourboire ; magnifiques araucarias), voisin de la station de Kérausern (ligne de Lannion à Plouaret).

De Kergrist on revient sur ses pas, par la route de Lannion et celle de Kermorgan, où on reprend la route qui vient de Tonquédec et que l'on avait quittée. — On la suit, pendant 1 k., jusqu'au ham. de *Guergilles*, où un chemin, à dr., descend (1 k. env.) à la **chapelle de Kerfons**, ou de *Kerfaouez*. Cette chapelle (la clef est dans une maison voisine ; pourboire) date de 1559 ; elle est précédée d'une *croix ornée*. A l'int. : curieux *jubé* en bois, de la Renaissance, avec colonnes torses et personnages ; restes de *vitraux* anciens.

Revenu au ham. de Guergilles, on continue la route et on rejoint, pour la suivre droit devant soi, celle de Plouaret à Lannion, aux *Cinq-Croix de granit*, érigées, dit-on, en mémoire d'une victoire que les habitants de Ploubezre remportèrent sur les Anglais. — *Ploubezre* (2 k. 1/2 de Guergilles) a une *église* avec tour de 1577 ; au cimetière, *inscription* sur un mur, en breton, qui signifie : « Bonnes gens, dites votre prière en passant devant le cimetière de Ploubezre ». — De Ploubezre à Lannion, 3 k.

2° Perros-Guirec, Ploumanach et Trégastel. — De Lannion à *Perros-Guirec* : 🚂 10 k. ou 🚌 départemental, 13 k. en 40 min. (1 fr. et 65 c.). — De Perros-Guirec à *Ploumanach* : 🚂 5 k. 1/2 et 2 k. env. à pied, pour la visite de Ploumanach. — De Ploumanach à *Trégastel* : 🚂 4 k. 1/2. — *V.* p. 76 et 77.

On peut : soit se rendre en ch. de fer à Perros-Guirec et y prendre une voiture pour Ploumanach et Trégastel (10 fr. env.) ; soit prendre une voiture au départ de Lannion (12 à 15 fr. env.) pour l'ensemble de la tournée.

3° De Lannion à Trébeurden, à Saint-Michel-en-Grève, Saint-Efflam et Plestin-les-Grèves. *V.* ces noms.

Distances par la route : — *Paimpol*, par Tréguier et Lézardrieux, 33 k. 1/2 ; — *Guingamp*, par Bégard, 33 k. ; — *Morlaix*, par Saint-Michel-en-Grève, Saint-Efflam, Plestin et Lanmeur, 38 k. 1/2.

(CÔTES-DU-NORD)

Cl. Neurdein.

🚂 *Etat de Paris à Lannion (V. ce nom, pour distance et prix).* — 🚂 *départemental, de Lannion à Perros-Guirec, 13 k. en 40 min. : 1 fr. et 65 c. — De Paris à Perros-Guirec, billets de bains de mer, val. 33 j. : 72 fr., 48 fr. 55, 32 fr. 10, all. et ret.*
🚲 *10 k. de Lannion à Perros-Guirec.*

Hôtels : — A LA RADE (GARE) : — *des Bains* et *Troadec* (petit déj. 50 c., déj. ou dîn. 2 fr., ch. 2 fr. ; pens. 5 fr. ; 📞 ; service gratuit pour la plage) ; — *du Levant* (petit déj. 50 c., déj. ou dîn. 2 fr., ch. 1 fr.) ; — *Terminus* (petit déj. 50 c., déj. 2 fr., dîn. 2 fr. 25, ch. 2 fr. ; pens. 5 fr.) ; — *des Voyageurs* ; — *Bellevue* ; — *Pension de famille Geffroy* (4 fr. par j. ; 5 fr. en août) ; — *de Paris*, à Pont-Couennec (1re station du tram).

PLAGE DE TRESTRIGNEL : — *Grand-Hôtel de Trestignel* *(l'été ; petit déj. 1 fr., déj. 2 fr. 50, dîn. 3 fr. ; ch. dep. 3 fr. ; pens. 6 fr. 50 à 9 fr. 50 ; 📞 ; bains).

ENTRE LE BOURG ET TRESTRAOU : — *Hôtel-pension de France.*

PLAGE DE TRESTRAOU : — *de la Plage* (petit déj. 75 c., déj. 2 fr. 50, dîn. 3 fr., ch. 2 fr. ; pens. 6 fr. en juill. et sept., 7 fr. en août) ; — *des Bains* (mêmes prix).

Villas et chalets meublés : — (au bourg et sur le chemin des plages) de 300 à 2,000 fr. pour la saison.

Chambres et logements meublés : — (au bourg) dep. 100 fr. pour la saison ; — petites maisons de 100 à 300 fr.

Agences de location : — *Office Immobilier*, près de la gare ; — *La Générale* (Mme de Senonces), idem.

Loueurs de voitures : — *Trémel*, à la rade ; — *Belloir*, idem ; — *Bouget* ; — *Troadec*. — Des voit. stationnent à l'arrivée des trains.

De la rade à la *plage de Trestraou*, 2 fr. 50 ; pour *la Clarté*, 4 fr. ; pour *Ploumanach* ou *Trégastel*, 6 à 7 fr. (pour les deux, 10 fr. env.).

Promenades en mer : — (on barque) s'adr. à *M. Briend*, patron du bateau de sauvetage, à la rade. — L'été, *vedettes automobiles* de promenade.

Perros-Guirec est une importante station balnéaire, très fréquentée, avec de nombreuses ressources, de beaux chalets et de petites locations, des hôtels et des pensions de famille à tous prix.

ITINÉRAIRE. — La route ou le ch. de fer de *Lannion* amènent d'abord dans une 1re partie de Perros, dite *le bourg* ou **la Rade** (petit port; restaurants et hôtels), au fond de l'anse de Perros, qui assèche à mer basse. Les plages sont plus loin.

N.-B. — Aux personnes qui craignent la marche (côtes nombreuses) nous conseillons de prendre à la gare une voit. de louage, pour traverser Perros et se rendre à *Ploumanach* et à *Trégastel* (7 à 10 fr.); on peut encore se faire conduire par un omnibus d'hôtel, soit jusqu'à la plage de *Trestrignel*, soit jusqu'à celle de *Trestraou* (celle-ci à mi-côte de Ploumanach).

Suivant la route, droit devant soi, on s'élève peu à peu. — A mi-côte de la montée, à dr. (écriteau), se détache une route qui contourne la baie et amènerait (1 k. env.) à la belle plage de **Trestrignel**, de sable fin, dans un site tranquille, avec un important hôtel (*grotte*; **pointe du Château**, à dr.; en face, vers la dr., *île Tomé*, à 2 k. en mer, inhabitée). De Trestrignel, une route en corniche rejoint vers la g. la plage de Trestraou; un chemin de piétons, à g. également, ramènerait à l'église de Perros.

Laissant à dr. la route de Trestrignel, on continue à monter, et on arrive (1 k. 1/2) à l'église de Perros. L'**église** (XIIe s.), romane, est bâtie en granit rose de Ploumanach et le cimetière l'entoure; elle a un dôme rond, à flèchette, et un porche ogival. A l'int. : curieux *chapiteaux* romans (à dr. de la nef); *bénitier* roman (bas de la nef, à g.); tableau de *Saint-Michel*, par Galland (bas-côté g.); *autel* à petits personnages.

De l'église, la route se continue et redescend, bordée de villas, jusqu'à la plage de **Trestraou** (2 k. 1/2), qui s'arrondit autour d'une belle anse sablonneuse ouverte sur la pleine mer (hôtels, bains, cabines).

EXCURSIONS. — **1° Ploumanach et Trégastel** : 5 k. 1/2 de la gare de Perros jusqu'à Ploumanach et 2 k. à pied env. pour la visite de Ploumanach; 4 k. 1/2 de Ploumanach à Trégastel. Voit. de louage : 6 à 7 fr. pour Ploumanach; 10 fr. pour Ploumanach et Trégastel. — 8 k. de Perros à Trégastel par la route directe; voit. de louage : 6 à 7 fr.

De la gare de Perros à *Trestraou* (2 k. 1/2), *V.* ci-dessus. — Au delà de Trestraou, remontant à l'extrémité de la baie, par une route raboteuse, on arrive (4 k. de la gare de Perros) à la *chapelle de N.-D. de la Clarté* (*V.* p. 77). — La route descend ensuite vers *Ploumanach* (5 k. 1/2; p. 78; visite de Ploumanach, 2 k. à pied).

De Ploumanach, on reprend la route de la Clarté pendant 1 k.; puis (8 k. 1/2) on bifurque à dr., vers Trégastel, en traversant sur des chaussées l'extrémité de deux petites anses, près desquelles sont deux *moulins de mer*, et l'hôtel Bellevue.

Au bout de 2 k. (10 k. 1/2) on rejoint la route de Lannion à Trégastel : — à 1 k. à g., *Trégastel-bourg* (p. 79), avec un grand calvaire moderne; — à 1 k. 1/2 à dr. (12 k. de la gare de Perros), *Trégastel-Plage* (p. 79).

2° Les autres excursions se font : — soit (à l'E.) vers **Port-Blanc, Tréguier et Paimpol** (*V.* ces noms).

Soit, par *Lannion*, aux **châteaux de Lannion**. *V.* p. 72.

PLOUMANACH
(CÔTES-DU-NORD)

Cl. P. Gruyer.

5 k. 1/2 de Perros-Guirec à Ploumanach, ou 4 k. 1/2 de Trégastel à Ploumanach. — 2 k. env. à pied pour la visite de Ploumanach. — Voit. de louage : 6 à 7 fr. de Perros-Guirec ; 5 à 6 fr. de Trégastel ; 10 fr. env. pour l'ensemble de l'excursion : Perros-Guirec, Ploumanach, Trégastel, ou vice versa.

Hôtels : — A PLOUMANACH : — *Bellevue* (déj. ou din. 2 fr. 50, ch. dep. 1 fr. 50 ; pens. 5 à 7 fr.) ; — *des Rochers* ; — auberge *A la Descente des Voyageurs*.

A LA CLARTÉ : — *de la Clarté* (déj. 2 fr. 50, din. 3 fr., ch. dep. 3 fr. ; pens. 5 à 7 fr. ;).

Chambres meublées : — en petit nombre et très rudimentaires, à Ploumanach et à la Clarté.

PLOUMANACH est un petit ham. et port de pêche, célèbre par ses amoncellements de rochers, qui présentent, par leurs formes singulières et leur couleur, un aspect à peu près unique.

ITINÉRAIRE. — Prenant l'excursion au départ de *Perros-Guirec*, on suit d'abord la route de *Trestraou* (2 k. 1/2 de la *gare de Perros* à Trestraou ; V. p. 76). Au delà de Trestraou, on remonte à l'extrémité de la baie, par une route raboteuse, qui traverse ensuite un haut plateau.

4 k. (de la gare de Perros). **Chapelle N.-D. de la Clarté**, dans une magnifique situation, au petit ham. du même nom. La chapelle, gothique, de 1530, en granit rose, avec un grand toit, est entourée des murs de son ancien cimetière. Elle a une *tour* avec flèche aiguë en pierre et un **porche flamboyant**, avec bas-reliefs (*Annonciation* et *Pietà* ; sous le porche, *statues* de saints, dont *St Herbot*, à dr., patron des bœufs ; *portes* de bois sculpté, de la Renaissance (les *Evangélistes*). — A l'int., à dr. en entrant, curieux **bénitier** avec têtes de grotesques, et *arcade*

gothique; jolie *crédence* sculptée; voûtes de bois peintes, avec poutres et gueules de goules. Au-dessus de l'autel, belle fenêtre.

De la tour du clocher, la vue s'étend sur une vaste étendue de mer et sur le chaos des roches étranges de Ploumanach, que l'on domine.

La route descend (à g., sur un rocher, *médaillon du poète Vicaire*, 1848-1900, en bronze, par Pierre Lenoir) vers (5 k. 1/2) **Ploumanach**, dont les **rochers**, de couleur rose ou cuivrée, fouillés ou arrondis par la mer, posés en équilibre les uns sur les autres, affectent les formes d'hommes et de bêtes les plus bizarres. La mer s'y creuse de petits havres, où de nouveaux rocs et îlots émergent à marée basse.

On rencontre d'abord, dans une de ces anses (au delà du village: vers la g.), le petit **oratoire de Saint-Guirec**, à colonnes romanes, sur un rocher baigné par le flot; c'est là que le saint aurait abordé, en venant d'Angleterre (VIe s.) prêcher l'Evangile aux Bretons. L'oratoire abrite sa *statue* (moderne; en granit) jadis en bois, et où les jeunes filles venaient piquer des épingles pour obtenir un mari. Toute proche est la **chapelle** consacrée au même saint; en face de celle-ci, énorme rocher en forme de *Champignon*. Vers la g., chaos de rocs et *château* dans un site pittoresque.

De là, il faut gagner à pied, vers la dr., le **phare** (6 k. 1/2), situé sur un massif de rocs relié à la côte par une arche en pierre. Du phare, on découvre : vers la g., la chaîne des récifs côtiers, jusqu'à l'*île Renot* et à *Trégastel*; à 5 k. en mer, groupe des *Sept-Iles* (V. p. 80).

Un certain nombre de rochers de Ploumanach commencent à se vendre et à s'entourer de clôtures. Quelques baigneurs logent chez des pêcheurs; mais les ressources sont à peu près nulles.

De Ploumanach, si l'on veut continuer vers Trégastel, on reprend la route de la Clarté pendant 1 k., puis (8 k. 1/2) on bifurque à dr., vers Trégastel, en traversant sur des chaussées l'extrémité de deux petites anses, près desquelles sont deux *moulins de mer* et l'hôtel Bellevue.

10 k. 1/2. On rejoint la route de *Lannion* à Trégastel. — A 1 k. à g., *Trégastel-bourg* (p. 79), avec un grand *calvaire* moderne. — A 1 k. 1/2 à dr. (12 k. de la gare de Perros), *Trégastel-Plage* (p. 79).

TRÉGASTEL
(CÔTES-DU-NORD)

Cl. Neurdein.

Etat de Paris à Lannion (V. ce nom, pour distance et prix). — De Lannion à Trégastel : 12 k.; voit. publ., l'été : 1 fr.; voit. de louage : 8 fr. env. — Pour la tournée d'ensemble de Perros-Guirec, Ploumanach et Trégastel, V. p. 76 et 77.

Hôtels : — *Pension Sainte-Anne* (5 fr. 50 à 6 fr. 25 par j.; enfants et domestiques 3 fr.), dans l'ancien couvent; — *de la Mer* (petit déj. 75 c., déj. 2 fr. 50, dîn. 3 fr., ch. 2 fr.; pens. 6 à 7 fr.); — *de la Plage* (pens. dep. 5 fr. par j.).

Locations meublées : — quelques grandes villas; — petites maisons dep. 100 fr. par mois; — chambres, à *Trégastel-bourg*.

Loueur de voitures : — *Le Grall.*

TRÉGASTEL, jadis simple ham. de pêcheurs, est à la fois une station balnéaire qui se développe de jour en jour et un site que ses rochers ont rendu célèbre.

ITINÉRAIRE. — *A.* Pour l'arrivée par *Perros-Guirec* et *Ploumanach*, V. p. 76 et 77.

B. — En arrivant de *Lannion* on trouve d'abord (9 k. 1/2; à 300 m. avant le bourg, *menhir* dans un champ, à g. de la route) **Trégastel-bourg**, que précède un grand **calvaire** moderne (grotte-chapelle; belle vue sur le pays environnant). L'**église** est des XIIe et XIIIe s., avec clocher moderne; en face du portail, ancienne *table à offrandes* en pierre (l'inscription est postérieure et la table était jadis à côté de la porte de l'église); adossé à l'église, curieux *ossuaire* du XVIIe s. A l'int., *chaire* sculptée et vaste bénitier de granit.

10 k. 1/2. On y rejoint, à dr., la route de Ploumanach et de Perros-Guirec.

12 k. **Trégastel-plage**, ou **Sainte-Anne-en-Trégastel**. On voit

d'abord, à g. de la route, un peu avant le vaste ex-couvent, qui sert de pension de famille, une « pierre à chapeau », sorte de rocher bizarrement découpé en forme de *Champignon*; puis on aperçoit à dr., sur un amas de rocs, la *statue* ridicule d'un saint personnage (un ermite ou le Sauveur). On parvient ensuite au fond d'une petite **baie**.

Trégastel, comme Ploumanach, doit sa renommée au bouleversement de ses **rochers** étranges, que le flot et des cataclysmes préhistoriques ont taillés et superposés, leur donnant des formes humaines ou animales, des aspects inattendus. — L'un d'eux, nommé le *Dé*, a la forme d'un dé à jouer, ou d'une enclume; peint en blanc, il sert de signal aux bateaux. On montre encore le *Cèpe*, le *Chien*, le *Chameau*. D'autres ressemblent à des dolmens.

La **plage**, avec cabines, est couverte de sable fin, et des cordons de rocs y forment une foule d'abris et de bassins naturels.

En suivant la côte vers la g., on arrive à un promontoire de 49 m. d'alt. (*château de Kermann-Coz*), voisin de l'île **Renot**. On aperçoit, vers la g., à 10 k. en mer, les *récifs* et le *phare des Triagoz*, *l'île Dhu*, proche de la terre et, à 6 k. en mer, vers la dr., le groupe des Sept-Iles.

EXCURSIONS. — **1°** Le groupe pittoresque des **Sept-Iles** (*excursion recommandée aux personnes seulement qui ne craignent par la mer; s'entendre avec un pêcheur*), se compose des îles : *le Cerf*; **île aux Moines** (elle porte un *phare*); *île Bono* (elle élève ses rocs à 50 m. d'alt.); *île Plate*; *île Costan*; *île Malban*; **île Rouzic** (ou *petite-rouge*). Dans cette dernière île, qui est la plus au large (9 k. 1/2), nichent, au mois de mai, de singuliers **oiseaux** de mer, appelés *calculos* ou perroquets de mer. C'est une sorte de macreuse ou pingouin migrateur qui, des mers polaires, y vient chaque année, moitié à la nage, moitié en volant, afin d'y pondre ses œufs dans des terriers de lapins; quand les petits sont éclos et suffisamment grands, les parents s'en retournent avec eux.

2° De Trégastel à **Perros-Guirec** : ⊛ 8 k. S.-E., par la route directe; 12 k. par **Ploumanach** (6 k. 1/2), la *chapelle N.-D. de la Clarté* (8 k.), *Trestraou* (9 k. 1/2) et l'église de Perros (10 k. 1/2), au delà de laquelle on atteint la rade et le ch. de fer de Lannion (12 k.). — Pour la description de l'itinéraire, pris en sens contraire, *V.* p. 77 et 76.

3° De Trégastel à **Trébeurden** (*V.* ce nom) : ⊛ 13 k. S.-O., par *Trégastel-Bourg* (2 k. 1/2) et *Pleumeur-Bodou* (8 k.; p. 81), où on laisse à dr. la route de *l'île Grande* (5 k.), par le curieux *menhir de Saint-Duzec* (2 k. 1/2 de Pleumeur; p. 82).

TRÉBEURDEN
(CÔTES-DU-NORD)

Cl. Neurdein.

État de Paris à Lannion (V. ce nom pour distance et prix). — De Lannion à Trébeurden : 11 k. N.-O. Voit. publ. jusqu'à Trébeurden-bourg : 1 fr. 25 ; l'été, jusqu'à Trébeurden-plage. Voit. de louage : 8 fr. env.

Hôtels : — *de la Plage* ou *Martret* (déj. 2 fr., dîn. 2 fr. 50, ch. 1 fr. 50); — *Tallec* (2e ordre; prix modérés).
Locations meublées : — maisons et villas de 200 fr. à 1,000 fr. pour la saison ; — chambres de 25 à 50 fr. par mois.

TRÉBEURDEN est une station balnéaire familiale. Tournée vers l'O., elle est bien protégée des vents froids du N. et du N.-E. C'est sous ce rapport une des plages les plus favorisées de la Bretagne du Nord et on la recommande aux personnes délicates. Les principaux ravitaillements se trouvent à Trébeurden-bourg et l'on peut faire venir de Lannion ce que l'on désire en plus.

ITINÉRAIRE. — De *Lannion*, la route de Trébeurden quitte la ville par le quai de la rive dr. du Léguer (quai d'Aiguillon) et la route de Perros-Guirec, qu'on laisse à dr., au bout de 1 k. On continue à monter en pente dure.

1 k. 1/2. *Saint-Roch*, ham. avec jolie **chapelle** du XVe s. (clôture du chœur, de la Renaissance; frise sculptée avec animaux).

2 k. 1/2. On laisse à g. la route de *Servel*, puis à dr. celle de *Pleumeur-Bodou*, du *menhir de Saint-Duzec* et de l'*Ile Grande* (*V.* ci-dessous). La route continue à plus de 100 m. d'alt., en ne traversant que des hameaux.

9 k. 1/2. **Trébeurden-bourg,** d'où la route poursuit, pendant 1 k. 1/2, jusqu'aux bains de Trébeurden.

Les **Bains de Trébeurden** ont de jolies **grèves** de sable, soit à *Trozoul*, soit vers la *pointe de Bihit*, que l'on voit s'avancer au S.; la mer se retire à 1 k. à marée basse. Un petit *port* de pêche abrite quelques bateaux.

En face de la côte émerge en mer un petit îlot, suivi de l'**île de Milio**, que l'on gagne par la grève, à marée basse, et dont les **rochers** ruiniformes et pittoresques atteignent 60 m. d'alt.

On visite à Trébeurden les *dolmens* de Trozoul et de *Prajou*. — La *chapelle N.-D. de Bonne-Nouvelle* est voisine d'une jolie *fontaine* du XVIIe s.

EXCURSIONS. — **1° Menhir de Saint-Duzec et île Grande** : — *A*. Chemin de piétons, 4 k. des Bains de Trébeurden à Saint-Duzec et 2 k. 1/2 de Saint-Duzec à l'île Grande; — *B*. 🚲 5 k. des Bains de Trébeurden à *Pleumeur-Bodou*; 3 k. de Pleumeur à Saint-Duzec (le menhir est à 200 m. à g. de la route); 2 k. 1/2 de Saint-Duzec à l'île Grande.

Le **menhir de Saint-Duzec**, situé près du ham. du même nom, est haut de 8 m. Il offre un curieux exemple d'une religion se substituant à une autre; sur cet ancien monument druidique, des emblèmes chrétiens (Christ en croix, clous, marteau, tenailles et échelle de la Passion, coq de St Pierre, voile de Ste Véronique, Vierge en prière, croix au sommet) ont été grossièrement sculptés. — Un peu plus loin, à *Saint-Duzec*, *chapelle* du XIVe s.

L'**île Grande**, longue de 2 k., large de moitié, est reliée à la terre à marée basse; elle est entourée d'une foule de récifs et d'îlots (du côté de la pleine mer : *récifs des Peignes*, *îles Canton* et *Losquet*). Dans l'*île d'Aval*, située entre l'île Grande et la terre, un ancien mégalithe passe pour le tombeau d'Arthur, le roi fabuleux des Bretons, au VIe s., et le fondateur de l'ordre des chevaliers de la Table-Ronde.

2° Le Yaudet et embouchure de Léguer : 🚲 5 k., puis chemin médiocre 3 k., et bac. — Des Bains de Trébeurden on suit d'abord la route de Lannion.

5 k. *Crech Kerivoalan* (quelques maisons), où l'on prend à dr. un chemin qui passe bientôt au ham. de *Minhy*. On y laisse une bifurc. à g. et on ne traverse que des hameaux.

8 k. *Beckéguer*, ham. à l'embouchure du Léguer, ou rivière de Lannion, qu'encadrent des hauteurs de 63 m. (à dr.) et de 84 m. d'alt. (à g.). Un *bac* (*marée permettant*; la mer se retire à 2 k. à marée basse) passe sur l'autre rive, au Yaudet.

Le Yaudet, petit ham., a une **chapelle** où se voit, au-dessus de l'autel, une naïve représentation de la Vierge et de l'Enfant J.; celui-ci est couché dans un lit de dentelle, au-dessus duquel volète le Saint-Esprit; St Joseph est assis, pensif, au pied du lit.

Du Yaudet on pourrait regagner *Lannion* (6 k. 1/2), par les bords de la rivière, en passant à *Loguivy* (4 k. 1/2), où est une charmante *fontaine* en pierre sculptée, de la Renaissance.

3° De Trébeurden à Trégastel (*V.* ce nom) : 🚲 13 k. N.-E., par *Pleumeur-Bodou* (5 k.); — de Trégastel à *Perros-Guirec*, par **Ploumanach**, 12 k. (*V.* p. 77 et 76).

4° De Trébeurden à Perros-Guirec (*V.* ce nom), par la route directe : 13 k. N.-E.

ST-MICHEL-EN-GRÈVE, ST-EFFLAM, PLESTIN

(CÔTES-DU-NORD)

Cl. Neurdein.

État de Paris à Lannion (V. ce nom pour distance et prix). — *11 k. de Lannion à Saint-Michel-en-Grève (voit. de louage : 5 à 6 fr.); 16 k. jusqu'à Saint-Efflam (voit. de louage : 7 à 8 fr.) et 18 k. 1/2 jusqu'à Plestin-les-Grèves (voit. de louage : 9 à 10 fr.).*

N.-B. — On peut aussi gagner directement Saint-Michel-en-Grève de la station de Plouaret (bifurc. de Lannion), 13 k.; voit. de louage : 6 fr. — On gagne également Plestin et Saint-Efflam de la station de Plounérin (ligne de Paris-Brest) : 12 k. jusqu'à Plestin (voit. publ., 1 fr. 75); 14 k. 1/2 jusqu'à Saint-Efflam.

Hôtels : — A SAINT-MICHEL-EN-GRÈVE : — *du Lion-d'Or* (déj. ou dîn. 2 fr.; pens. 4 à 5 fr. par j.); — *Saint-Michel* (petit déj. 50 c., déj. ou dîn. 2 fr. 25, ch. dep. 1 fr.; pens. 4 fr.; ; cabines); — *de Pen-an-Guer*; — *de la Vieille-Côte.*

A SAINT-EFFLAM : — *du Grand-Rocher* (petit déj. 75 c., déj. 2 fr. 50, dîn. 3 fr., ch. 2 à 4 fr.; pens. 6 à 8 fr. selon saison; bains;); — *de la Plage de Saint-Efflam* ou *Pichodou* (petit déj. 50 c., déj. ou dîn. 2 fr. 50; ch. 1 fr. 50, 2 lits 2 fr. 50); — *du Héron* (petit déj. 50 c., déj. ou dîn. 2 fr., ch. 2 fr.; pens. 5 fr.; voit. de louage).

A PLESTIN-LES-GRÈVES : — *Grand'-Maison* (petit déj. 50 c., déj. ou dîn. 2 fr. 50, ch. 1 fr.; pens. 5 fr.;); — *des Voyageurs.*

Locations meublées : — chambres meublées à Saint-Michel, Saint-Efflam et Plestin, 30 à 40 fr. par mois; — logements et petites maisons de 300 à 500 fr. pour la saison.

Poste de secours du T. C. F. : — à Saint-Efflam

SAINT-MICHEL-EN-GRÈVE forme avec **SAINT-EFFLAM** et **PLESTIN-LES-GRÈVES** (cette dernière localité, dont dépend Saint-Efflam, à 2 k. 1/2 de la mer) un petit groupe balnéaire familial et tranquille.

ITINÉRAIRE. — Prenant l'excursion au départ de *Lannion*, on sort de cette ville par le pont du Léguer (en tournant le dos à la ville) et on traverse un faubourg au delà duquel la route s'élève, par de nombreux lacets (raccourci de la *vieille route*, en ligne droite), à 94 m. d'alt..

4 k. 1/2. *Kéric*, ham., où on laisse une route à g.

8 k. *Hervé-Quérec*, ham., où on laisse à dr. une route (5 k.) qui va à la **pointe de Séhar** (embouchure de la rivière de Lannion); une autre route, à g., irait (2 k. 1/2) à *Ploumilliau* (*église* de 1608). — Laissant l'une et l'autre route, on ne tarde pas à descendre rapidement vers la mer; au sommet de la côte, à dr., 2 *menhirs* et magnifique panorama sur la baie de Saint-Michel.

11 k. **Saint-Michel-en-Grève**, au bord de la **baie de Saint-Michel**, d'où la mer se retire, à marée basse, à 2 k. au large. — *L'église*, en bordure de la grève, a une jolie flèche, de 1614. A l'int., à l'entrée de la nef, à g., deux arcs en plein cintre et deux colonnes du XIe s.; *autels* sculptés. — Sur la *grève* de Saint-Michel ont lieu les courses de Lannion. Les sables couvrent 600 hectares; ils sont formés de débris calcaires de coquillages et servent d'engrais. Un des plaisirs des baigneurs est de pêcher le *lançon*, singulier petit poisson, qui sort du sable, la nuit, au clair de lune (à l'époque de la pleine et de la nouvelle lune).

Au delà de Saint-Michel, la route longe le fond de la baie pendant 5 k.; c'est ce qu'on appelle la **Lieue de Grève**. On voit, à 1 k. de la côte, une *croix* sur un rocher recouvert à chaque marée; c'est là que St Efflam aurait jadis abordé, en venant d'Irlande.

16 k. **Saint-Efflam**. — On y voit la **chapelle Saint-Efflam**, bâtie, dit-on, à la place de l'ermitage fondé par le saint à son arrivée d'Irlande; près de la chapelle, jaillit la fontaine de *Toul-Efflam*, but de pèlerinage. — A 2 k. N. (chemin de piétons), **pointe de Plestin**, de 62 m. d'alt., d'où l'on découvre une belle vue : à g. sur Locquirec, à dr. sur la baie de Saint-Michel et la pointe de Séhar. Près de la *pointe de l'Armorique*, à 1 k. de la terre, *rocher de Roch'Ru* ou Roc-Rouge, d'où un dragon redoutable, poursuivi par le saint, se serait précipité dans les flots. — De Saint-Efflam à *Locquirec* (*V.* ce mot) : 7 k. N.-O., en passant en *bac* (pour les piétons seulement) l'**estuaire du Douron**; 12 k., pour les voitures, par la route qui passe à *Pont-Menou* (6 k. E.; *V.* ci-dessous).

Au delà de Saint-Efflam la route s'éloigne de la mer et s'élève; elle laisse à dr. (17 k. 1/2) deux routes vers Locquirec (*V.* ci-dessus).

18 k. 1/2. **Plestin-les-Grèves** est le bourg où s'approvisionne Saint-Efflam et où se logent, chez l'habitant, un certain nombre de baigneurs. — *L'église*, de 1576, agrandie de nos jours, possède un *porche* avec statues (du XVIe s.) de Ste Énora, du Christ et des Apôtres. A l'int., beau **tombeau**, en granit sculpté, de **St Efflam**, du XVIe s.

Au delà de Plestin on peut gagner, par la route, *Pont-Menou* (3 k.; à dr., route de Locquirec, 6 k.). — On y rejoint le 🚋 départemental de *Morlaix*, par *Lanmeur* (p. 90), qui doit être prolongé jusqu'à Plestin, Saint-Efflam, Saint-Michel et Lannion.

De *Pont-Menou* à Morlaix, par la route : 17 k., par Lanmeur (4 k.; p. 90). On arrive à Morlaix (38 k. 1/2 de Lannion) par le port et la place Thiers.

MORLAIX
(FINISTÈRE)

Cl. P. Gruyer.

État, 564 k. de Paris, en 9 h. env. par express, toutes classes : 60 fr. 15, 40 fr. 60, 26 fr. 45. — Billets de bains de mer, val. 33 j. : 72 fr. 15, 48 fr. 70, 31 fr. 75, all. et ret.
546 k. de Paris ; — 60 k. 1/2 de Guingamp ; — 60 k. de Brest.

Hôtels : — *d'Europe**, r. d'Aiguillon ; — *Bozellec* (petit déj. 75 c., déj. 2 fr. 50, dîn. 3 fr., ch. de 2 à 4 fr. ; bains ;), en face de la gare ; — *de la Poste* (petit déj. 50 c., déj. 2 fr., dîn. 2 fr. 50, ch. dep. 2 fr.), r. de Brest, 7 et 9 ; — *du Commerce* (5 fr. par j.), près de la poste ; — *Saint-François* (prix modérés), pl. Souvestre.

Poste-et-télégraphe : — r. de Brest, 15.

Loueurs de voitures : — *Porzier*, r. de Brest, 5 (près la pl. Souvestre) : — *Le Baron*, r. de Brest, 4 ; — *Thomas*, pl. du Dossen ; — *Rancillac*, r. Saint-Melaine, 49. — 12 à 15 fr. par j. (1 chev.), 20 fr. (2 ch.).

Autos-taxis : — on traite de gré à gré.

Service maritime pour : — *le Havre*, service hebdomadaire (mercredi de Morlaix ; sam. du Havre ; vérifier aux affiches) : 25 fr., 15 fr. et 10 fr. ; all. et ret. (1re cl.) 40 fr. ; restaurant à bord ; traj. en 15 h.

Barques pour : — le *château du Taureau* (prix à débattre), au port.

MORLAIX est une ville commerçante et animée, pittoresquement située au fond et sur les pentes de la profonde vallée du Queffleuth et du Jarlot ; le viaduc monumental, qui la domine, lui donne un caractère spécial, un aspect à peu près unique en France. Morlaix a gardé un certain nombre de vieilles maisons. C'est le point d'accès des stations balnéaires de *Locquirec*, *Saint-Jean-du-Doigt*, *Plougasnou*, *Trégastel-Primel*, *Pempoul*, *Roscoff* et *Santec*.

ITINÉRAIRE. — La gare est située dans la ville haute ; un *funiculaire* (en construction) doit la relier à la ville basse. De toute façon nous conseillons de faire à pied la descente, qui est pittoresque. — La *rue Gambetta*, face à la gare, amène en quelques minutes à la *place Saint-Martin*, à dr. de laquelle est l'église Saint-Martin.

L'église Saint-Martin, rebâtie au XVIIIe s., en style néo-grec, a une tour à clochetons (style de la Renaissance) de 1850. — A l'int., belles colonnes rouges en stuc; beau *maître-autel* du XVIIIe s., en marbre rouge; nombreux *tableaux* de Puyo.

La rue Gambetta descend ensuite en ville par un long détour, que prennent les voitures, tandis qu'à pied on suivra, à g., la curieuse *rue Courte*, ruelle en escaliers (sculpteurs sur bois). — Les deux rues se rejoignent, près de la *Poste-et-Télégraphe*, à quelques pas de la **place Emile-Souvestre**.

Cette place, centre de la ville, n'est séparée que par l'*hôtel de ville*, grand monument carré (1838), de la **place Thiers**, à g., où est la *gare du ch. de fer départemental* de Lanmeur, Saint-Jean-du-Doigt et Trégastel-Primel.

De la place Thiers, on a en face de soi le **viaduc** du ch. de fer Paris-Brest, masse cyclopéenne (284 m. de long, 59 m. de haut), élevé en 1861 par l'ingénieur Fenoux et l'entrepreneur Périchon. — A dr., en regardant le viaduc, on voit l'église Saint-Melaine, dont le clocher n'atteint pas la hauteur des arches.

L'église Saint-Melaine (1489-1574) est un joli monument, du style gothique flamboyant, avec un clocher de pierre. On entre par un *porche latéral*, élégamment sculpté — A l'int., plafond de bois, avec poutres et *frise* sculptées (moines et grotesques); à dr. et à g. du chœur, 2 *autels* avec bonnes peintures du XVIIIe s.; au bas du bas-côté g., très beaux **fonts-baptismaux** sculptés (1660), avec baldaquin orné de statuettes; **tribune** et buffet d'orgue du XVIe s.

Passant sous le viaduc, on trouve le **port**, précédé d'un petit *monument* au marin *Cornic*. — Si l'on suivait à dr. le *quai de Tréguier*, on arriverait à une **promenade** aux arbres magnifiques; par le quai de g., on gagnerait la **Manufacture des Tabacs** (visible le jeudi, de 2 à 4 h.).

Revenant au viaduc et à la place Thiers, on longe celle-ci du côté g. (côté de l'église Saint-Melaine) et l'on aperçoit l'entrée de vieilles, étroites et pittoresques « venelles ». On prend, un peu avant l'hôtel de ville, la **venelle au Son**, aux vieux logis du XVe s., ornés de statuettes sculptées et dont les toits se rejoignent presque; puis, au bout de celle-ci, la *rue de Guernisac*, vers la dr. (au n° 10, maison avec escalier intérieur sculpté), qui amène **place de Viarmes**.

Longeant à g. cette place (*maisons anciennes*), on y prend la *rue au Fil*. Celle-ci amène *place des Jacobins*, et se continue par la *rue des Vignes*, où est, à dr., l'entrée du musée.

Le **Musée** (publ. les jeud. et dim., de 1 h. à 4 h.; les autres j. : 25 c. par pers.) est installé dans l'ex-église du couvent des Dominicains, occupé sous la Révolution par le Club des Jacobins, et coupée en deux par un étage rapporté. Il renferme d'intéressants objets d'archéologie et de bons tableaux. — Dans la GALERIE nous signalerons : différents débris (*sculptures sur bois*; *vis d'escalier*; *mascarons*) provenant d'anciennes maisons de Morlaix; des *bahuts* anciens; une *tête de Pharaon* (sous verre, à dr.; elle provient de Memphis); 2 belles *statues* en granit de Kersanton (à l'extrémité de la galerie, à g.), représentant St Jacques et la Vierge. — Au bout de la galerie, PETIT SALON avec la belle **rosace** de l'église des Dominicains; curieux *canon* incrusté de coquillages. —

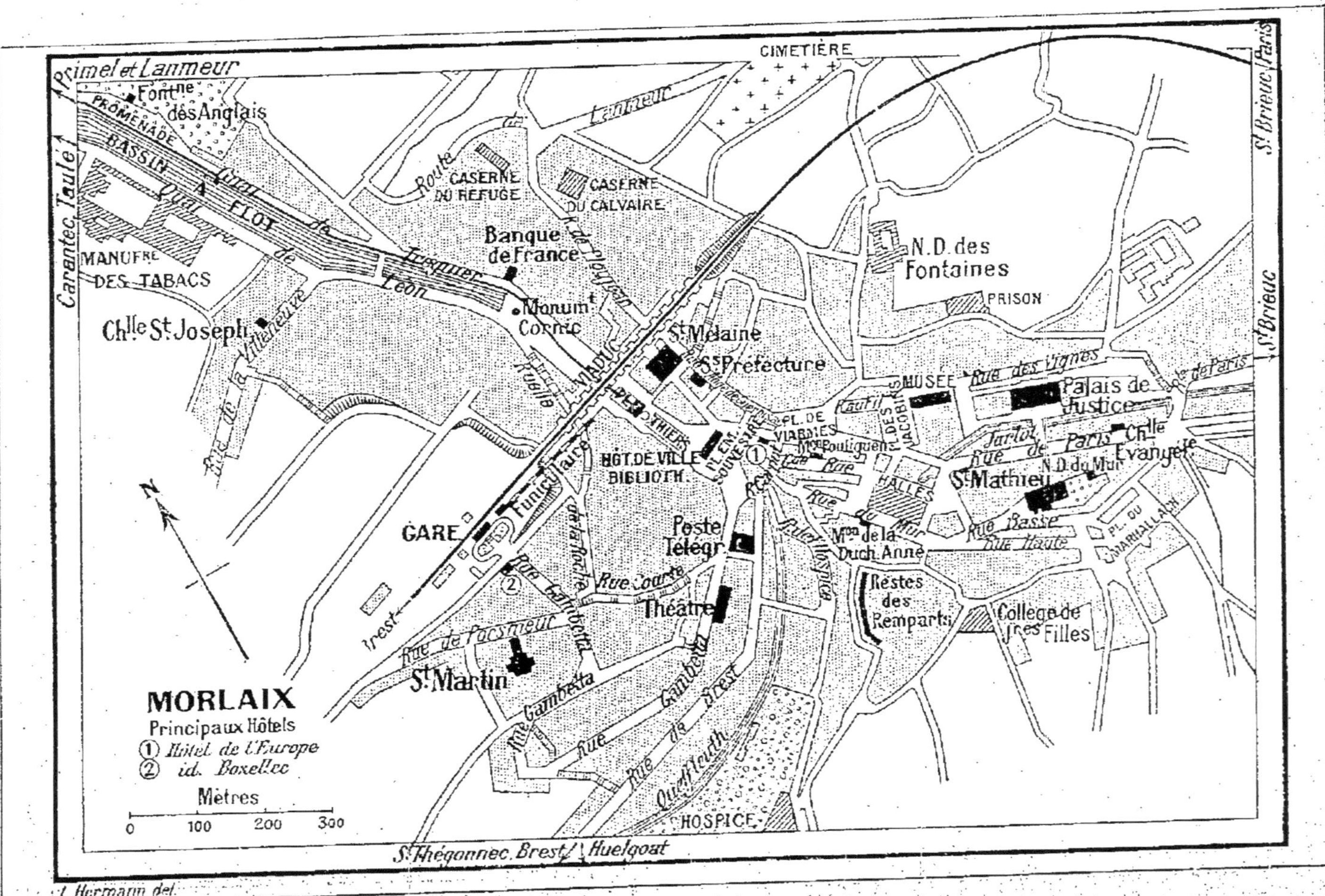
MORLAIX
Principaux Hôtels
① Hôtel de l'Europe
② id. Boxellec
Mètres
0 100 200 300
Primel et Lanmeur
Carantec, Taulé
St Brieuc, Paris
St Brieuc
St Thégonnec, Brest, Huelgoat
CIMETIÈRE
Fontne des Anglais
PROMENADE
BASSIN A FLOT
Quai de Tréguier
Quai de Léon
MANUFRE DES TABACS
Chlle St Joseph
CASERNE DU REFUGE
CASERNE DU CALVAIRE
Banque de France
Monumt Cornic
VIADUC
N.D. des Fontaines
PRISON
St Melaine
Ss Préfecture
MUSÉE
Rue des Vignes
Palais de Justice
HÔT. DE VILLE
BIBLIOTH.
GARE
Funiculaire
Poste Télégr.
Théâtre
Rue Gambetta
Rue de Paris
Chlle Evangile
N.D. du Mur
St Mathieu
Rue Basse
Rue Haute
HALLES
Mon de la Duch. Anne
Restes des Remparts
Collège de Jnes Filles
Rue de l'Hospice
St Martin
HOSPICE
Rue de Brest
Brest
L. Hermann del.

La peinture occupe 3 SALLES; les noms des peintres et les titres des tableaux sont indiqués (plusieurs tableaux bretons intéressants); dans la 2e salle, *Intérieur de forêt*, par Diaz; dans la 3e salle, *Portrait de Mme Andler*, sa maitresse de pension, par Courbet. Quelques *sculptures* y sont jointes. — Une 4e SALLE contient des faïences et des gravures.

Sortant du musée, on revient place des Jacobins, où l'on prend, vers la g., la *rue d'Aiguillon* que l'on suit jusqu'à son carrefour avec la *rue de Paris* (route Paris-Brest). Laissant celle-ci à g., on traverse, droit devant soi, une petite place et on suit une courte rue, qui amène *rue Basse* (*vieilles maisons*) où on trouve, à dr., l'église Saint-Mathieu.

L'**église Saint-Mathieu**, reconstruite en 1824, a conservé une grosse *tour* sculptée de la Renaissance. L'int. est sans intérêt; mais, traversant l'église et sortant par une petite *porte latérale* du bas-côté dr., on trouve, sur une petite esplanade, la **chapelle N.-D. du Mur**. Cette chapelle possède, au maître-autel, une curieuse *statue ouvrante* (on l'ouvre les jours de Pardon) *de Notre-Dame du Mur* (elle renferme intérieurement Dieu le Père et le Christ en croix; fermée, elle représente la Vierge tenant le Christ enfant).

On ressort de l'église Saint-Mathieu et on revient sur ses pas, par la rue Basse, afin de prendre la *rue du Mur*, qui lui succède.

Au no 33 de la rue du Mur, **maison** dite **de la duchesse Anne**, charmant spécimen de l'architecture du moyen âge (entrée : 25 c.; *escalier sculpté* et curieuse *courette* fermée par un toit à lanterne).

De la rue du Mur, on descend aux *Halles* et, à g., à la **Grande-Rue**, extrêmement pittoresque avec ses vieux logis et ses boutiques étalant en plein air leurs éventaires (au no 14, **maison Pouliguen**, avec escalier intérieur (XVe s.); au no 9, charmantes statuettes). La Grande-Rue débouche *rue Carnot*, presque en face de la *rue Notre-Dame* (un peu à g.; aux deux angles de cette rue, statues grotesques de l'*homme en chemise* et du *joueur de biniou*). — On se retrouve place Emile-Souvestre.

EXCURSIONS. — **1°** La principale excursion est celle de **Huelgoat** (le *Fontainebleau breton*), V. p. 103.

2° On peut faire aussi, de Morlaix, l'excursion de **Saint-Thégonnec** et **Guimiliau** (*célèbres calvaires*), V. p. 107.

3° On peut gagner, de Morlaix, le **château du Taureau** (V. p. 95-96, ainsi que pour la voie d'accès par *Carantec*) en descendant la rivière en barque, avec la marée favorable; s'adr. au port; prix à débattre; se munir d'une *autorisation de visite* (elle n'est pas toujours nécessaire) à l'Inscription maritime, quai de Tréguier).

De Morlaix à : — **Locquirec**; — **Saint-Jean-du-Doigt** et **Plougasnou**; — **Trégastel-Primel**; — **Carantec**; — **Saint-Pol-de-Léon** et **Pempoul**; — **Roscoff**; — **Santec** et **île de Batz**; — V. chacun de ces noms.

Distances par la route : — *Lannion*, par Lanmeur, Plestin-les-Grèves, Saint-Efflam et Saint-Michel-en-Grève, 38 k. 1/2; — *Lorient*, par Carhaix, Gourin, Le Faouët et Hennebont, 129 k.; — *Pontivy*, par Carhaix, Rostrenen et Silfiac, 106 k.; — *Quimper*, par Pleyber-Christ, Brasparts, Pleyben et Briec, 82 k.

Cl. Neurdein.

État de Paris à Morlaix (V. ce nom pour distance et prix). — De Morlaix à Locquirec : 22 k. N.-E. ou départemental jusqu'à Lanmeur (17 k.), qui est à 5 k. S.-O. de Locquirec.

Hôtels : — *des Bains* (déj. 2 fr. 50, dîn. 3 fr., ch. dep. 2 fr.; pens. 6 à 7 fr.); — *Les Mouettes* (pension de famille).

Locations meublées : — villas et maisons; — logements et chambres chez l'habitant (prix modérés).

Poste de secours du T. C. F. : — à l'hôtel des Bains.

LOCQUIREC est une station balnéaire familiale, très simple, fréquentée surtout par la petite bourgeoisie. On y trouve les différentes ressources nécessaires à la vie et des locations diverses.

ITINÉRAIRE. — *A*. De *Morlaix*, la route directe de Locquirec suit le *quai de Tréguier* et la rive dr. du port durant 1 k., pour s'élever ensuite vers la dr., entre les ombrages du parc de *Coatserho*. — 3 k. On laisse à g. une route vers Plougasnou. — 5 k. 1/2. On franchit un petit ruisseau, puis (6 k. 1/2) le Dourdu (à dr., à 1 k., *château de Kervolongar*). La route se relève pour traverser ensuite un haut plateau et laisser à dr. (10 k.) le parc et le *château de Boissécon*. — 13 k. *Lanmeur* (*V.* ci-dessous).

B. — Le ch. de fer départemental suit le quai de Tréguier, puis continue à longer la rivière de Morlaix en un parcours pittoresque. — 3 k. *Ploujean* (*église* du gothique flamboyant; *château de Kéranroux*). — 16 k. *Locquénolé* (le village est sur la rive g.; *église* romane et du XVIe s., avec clocher du XVIIe; au cimetière, *croix ornée* ancienne), où l'on découvre tout l'estuaire de la rivière, jusqu'au *château du Taureau*, en mer. — On passe ensuite l'embouchure du Dourdu (*arrêt*). — 10 k. *Plouézoch*, station au delà de laquelle on laisse à g. la ligne de Saint-Jean et de Trégastel-Primel.

17 k. **Lanmeur** (hôt. *des Voyageurs*) possède une **église**, en grande partie reconstruite (*portail* du XIe s.), où l'on voit une curieuse **crypte** romane, très ancienne (antérieure au XIe s.), avec voûtes basses et serpents enlacés aux faîtes des colonnes; elle renferme la *fontaine de Saint-Mélar* et la *statue* (XIVe s.) du même saint (c'était un ancien roi breton, qu'un certain Rivod, comte de Cornouaille, fit égorger vers 525; sa statue le représente avec une main et un pied coupés, mutilations que lui fit subir Rivod). — La *chapelle de Kernitron*, sur une esplanade, est en partie romane; le reste est des XIIe et XVe s.).

De Lanmeur (le ch. de fer se continue dans la direction de Lannion, jusqu'à *Pont-Menou*, 24 k. de Morlaix) la route de Locquirec passe à (3 k.) *Guimaëc* (*église* avec clocher du XVIIe s. et *porte* à vantaux sculptés, du XVe s.); elle descend ensuite vers la mer (6 k. 1/2) au *moulin de la Rive*. Elle se relève, vers la dr., et traverse la **presqu'île de Locquirec**.

Locquirec (9 k. de Lanmeur) forme un petit *port de pêche*, que protège une longue *jetée*. Le v. est tourné vers la *baie de Saint-Michel*, dont le rivage se replie, en face de Locquirec, vers l'embouchure de la rivière de Lannion et, au delà, vers Trébeurden. — L'*église*, du XIIe s., a un petit clocher de 1691. A l'int., restes de *peintures* aux voûtes; vieilles *statues*; *rétable* sculpté, dans la chapelle de g., figurant la *Vie de la Vierge*. — Il se fait à Locquirec une exploitation de dalles schisteuses.

La presqu'île de Locquirec se termine par la **pointe** rocheuse du même nom, entourée de récifs déchiquetés par les flots (vue fort belle).

A g. de la pointe de Locquirec, **pointe du Corbeau**, qui en est séparée par une petite anse asséchant à marée basse.

EXCURSIONS. — 1° Les excursions se font : — d'un côté, vers **Saint-Jean-du-Doigt** (*V.* ce nom) : 🚲 11 k. N.-O.; par Guimaëc (5 k.; *V.* ci-dessus), et de Saint-Jean vers **Plougasnou** et **Trégastel-Primel** (*V.* ces noms).

2° Dans le sens opposé, on gagne **Plestin-les-Grèves, Saint-Efflam** et **Saint-Michel-en-Grève** (*V.* ces noms) : — *A.* 7 k. S.-E. de Locquirec à Saint-Efflam, en passant en *bac* (pour les piétons seulement) l'*estuaire de Douron*; — *B.* 🚲 12 k., par *Pont-Menou*.

De Saint-Michel-en-Grève (5 k. E. de Saint-Efflam), on peut poursuivre vers *Lannion* (11 k. N.-E. de Saint-Michel; *V.* p. 83).

Cl. Villard.

🚂 *Etat de Paris à Morlaix (V. ce nom pour distance et prix).* — 🚂 *départemental, 18 k. de Morlaix à Saint-Jean-du-Doigt ; 20 k. jusqu'à Plougasnou.*
⚙ *15 k. de Morlaix à Saint-Jean-du-Doigt ou à Plougasnou.*

Hôtels : — A SAINT-JEAN-DU-DOIGT : — *Saint-Jean et des Bains* (petit déj. 50 et 75 c., déj. ou din. 2 fr., ch. dep. 1 fr.; pens. 5 à 7 fr. ; ateliers d'artistes ; ✉).
A PLOUGASNOU (près Saint-Jean) : — *des Bains* (petit déj. 50 c., déj. 2 fr., din. 2 fr. 50, ch. 1 fr.; pens. 120 à 150 fr. par mois); — *de Bretagne* (prix modérés).

Locations meublées : — la plupart des chambres et des logements meublés se trouvent à *Plougasnou* ; en petit nombre à *Saint-Jean* ; — les villas sont sur la côte, entre les deux pays. — Le prix d'une chambre est de 30 à 40 fr. par mois, avec réduct. pour la saison ; les villas 100, 125, 150 et 200 fr. par mois.

SAINT-JEAN-DU-DOIGT, ainsi nommé de l'*index* dr. de St Jean-Baptiste que l'église passe pour conserver, est un charmant village, dans une vallée verdoyante, fréquenté par les artistes. Il forme en même temps, avec le bourg voisin de *Plougasnou*, un petit centre balnéaire tranquille.

ITINÉRAIRE. — A. De *Morlaix* la route de Saint-Jean suit le quai de Tréguier et la rive dr. du port durant 1 k., pour s'élever ensuite vers la dr., entre les ombrages du parc de *Coatserho*. — 3 k. On laisse à dr. la route de Lanmeur et Locquirec. — 7 k. On passe le profond et pittoresque vallon du Dourdu. — 13 k. On laisse à g. la route de *Plougasnou* (V. ci-dessous) et de *Trégastel-Primel* (p. 93) pour descendre vers la dr., pendant 2 k., le vallon de Saint-Jean.

B. — Le ch. de fer départemental suit le quai du Tréguier, puis continue à longer la rivière de Morlaix en un parcours pittoresque. — 3 k. *Ploujean* (p. 89). — 16 k. *Locquénolé* (p. 89). — On passe ensuite l'embouchure du Dourdu (*arrêt*). — 10 k. *Plouézoch*, station au delà de laquelle on laisse à dr. la ligne de Lanmeur et Pont-Menou. — 13 k. *Kermouster*, ham. — 18 k. Saint-Jean-du-Doigt (à 1 k. à dr.).

Saint-Jean-du-Doigt, outre sa jolie situation, possède une intéressante église, entourée du cimetière. Dans celui-ci, où l'on entre par une porte ogivale, on voit, à g., une délicieuse **fontaine** de la Renaissance, aux vasques superposées (au sommet, le *Père Eternel*, en plomb, s'incline sur le groupe de *St Jean-Baptiste baptisant le Christ*. A dr., dans le cimetière, **chapelle funéraire** de 1577, aux piliers trapus (1577).

L'**église** (1440-1513) est un bel édifice du style flamboyant; la *tour-clocher* a une flèche et quatre flèchettes et est ornée de galeries à jour; à sa **base**, 2 anciens *ossuaires*. — A l'int., la nef est traversée par une poutre portant le *Christ en croix et les deux Saintes Femmes*. Nombreuses *statues* de bois, d'un travail très fruste. Au bas côté g., *lavabo* de St Jean-Baptiste, où les dévôts viennent boire et se laver, le jour du pardon.

Le *pardon* (*recommandé*) de Saint-Jean-du-Doigt a lieu les 23 et 24 juin et une procession pittoresque se déroule dans la campagne; un feu de joie est allumé sur la colline qui est à dr. de Saint-Jean, et qui porte un ancien *calvaire*, par une fusée qui descend du clocher, le long d'un câble.

La petite **plage** est à 10 min. env. du bourg; on y pêche le *lançon*, la nuit, au clair de lune.

De Saint-Jean on peut regagner la route de *Trégastel-Primel* au village de *Plougasnou* (1 k. 1/2) par un chemin de piétons qui s'élève sur le coteau de g. (en regardant la mer) et passe près du curieux petit **oratoire** de Pont-an-Gler, situé en plein champ. — Sinon, il faut revenir sur ses pas, pour regagner la route (2 k. jusqu'à la bifurc. et 2 k. de la bifurc. à Plougasnou).

PLOUGASNOU (15 k. de Morlaix par la route directe; 20 k. par le ch. de fer), situé sur la hauteur, est un peu plus important que Saint-Jean. On y trouve des approvisionnements et des locations meublées pour les baigneurs.

L'**église** est de la Renaissance, avec des parties gothiques; belle *tour-clocher* à flèche pyramidale.

La mer est à 10 min. à dr. du bourg (à dr. de la route, cimetière avec jolie **chapelle funéraire** gothique; XVIe s.) et la **plage**, avec quelques cabines, rejoint celle de Saint-Jean-du-Doigt.

De Plougasnou à *Trégastel-Primel* (*V.* p. 93).

TRÉGASTEL-PRIMEL
(FINISTÈRE)

Cl. Neurdein.

État de Paris à Morlaix (V. ce nom pour distance et prix). — départemental, 23 k. de Morlaix à Trégastel-Primel.
15 k. de Morlaix à Plougasnou; 3 ou 4 k., selon route, de Plougasnou à Trégastel-Primel.

Hôtels : — *Grand-Hôtel Primel* (l'été; petit déj. 60 c., déj. ou din. 2 fr. 50, ch. 2 fr.; bains de mer chauds; voit. d'excurs.; — *Hôtel Talbot*; — *de la Falaise*; — *de la Plage* (petit déj. 50 c., déj. ou dîn. 2 fr., ch. dep. 1 fr. 50; pens. 5 fr.;).

Villas meublées : — 500 à 1.000 fr. pour la saison; s'adr. à *M. Poupon* (hôtel de Primel).

TRÉGASTEL-PRIMEL est une station balnéaire en voie de dévelòppement, avec chalets et hôtels, dans un site dénudé, mais pittoresque; la mer y est fort belle.

ITINÉRAIRE. — De *Morlaix* à Plougasnou (15 k. par la route; 20 k. par ch. de fer), V. p. 91-92.

De *Plougasnou*, 2 routes conduisent à Trégastel-Primel. — *A*. L'une, plus courte (3 k.) mais plus dure, prend devant le portail principal de l'église et, se dirigeant vers la dr. traverse un plateau, puis descend dans un vallon et laisse à g. la *chapelle Sainte-Barbe*, avant d'atteindre la mer. Elle longe ensuite une grève de galets, jusqu'à Trégastel (18 k. de Morlaix).

B. — L'autre route (4 k.), faisant suite à la route de Morlaix, prend sur la place de l'église, à g., traverse le même plateau, puis s'incline vers une petite baie (2 k.). Elle suit celle-ci jusqu'à Trégastel (19 k. de Morlaix) où elle se rencontre avec la route précédente, qui arrive par le côté opposé.

De *Plougasnou*, le ch. de fer suit dans son parcours la route de g.

V. ci-dessus : *B*) et, après avoir desservi une *halte* en plein champ, arrive à Trégastel (23 k. de Morlaix).

Trégastel-Primel est un petit *port de pêche* à l'embouchure extrême de la rivière de Morlaix. De beaux **rochers** y forment la **pointe de Primel**, avancée en mer comme un éperon, et où est une *chapelle*.

De cette pointe, à dr., à 3 k. en mer, émergent les récifs dits les **Chaises de Primel**; sur la g., la vue est fort belle et s'étend sur toute la chaîne d'écueils de la rivière de Morlaix, sur *Carantec*, le *Château du Taureau* et l'*île Callot* (*excursion recommandée*, en barque, avec un pêcheur); à l'horizon, on découvre Roscoff et l'île de Batz. Les couchers de soleil, vus de la pointe de Primel, sont d'un magnifique effet.

EXCURSIONS. — Les excursions se font : — soit *en barque*, vers **Carantec** et le **château du Taureau** (*V.* p. 95); — soit vers **Plougasnou** et **Saint-Jean-du-Doigt** (*V.* ces noms).

CARANTEC et CHÂTEAU DU TAUREAU

(FINISTÈRE)

Cl. P. Gruyer.

Etat de Paris à Morlaix (V. ce nom pour distance et prix). — *Etat de Morlaix à Henvic-Carantec (5 k. 1/2 de Carantec), 14 k. en 1/2 h. env. : 1 fr. 65, 1 fr. 15, 80 c.* — *Voit. publ. de Henvic-Carantec à Carantec : 75 c.*

546 k. de Paris à Morlaix; 45 k. de Morlaix à Carantec.

Hôtels : — *du Kélenn* (petit déj. 50 c., déj. ou dîn. 2 fr. 50, ch. de 1 fr. 50 à 3 fr.; pens. 5 à 6 fr. selon ch., 4 fr. hors saison; voit. de louage;); — *Grand-Hôtel de Carantec* (petit déj. 75 c., déj. 2 fr. 50, dîn. 3 fr., ch. dep. 2 fr.; pens. dep. 6 fr. 50;); — *de la Plage.*

Locations meublées : — Chambres chez l'habitant, à prix modérés (30 à 40 fr. par ch. env.); villas et maisons, de 300 à 1,000 fr. la saison.

Agence de location : — *Le Rest*, ancien gendarme, r. du Kelen.

Loueur de voitures : — *Jean Merret* (4 fr. 1 chev., 8 fr. 2 chev. pour la gare de *Henvic-Carantec.*

Poste de secours du T. C. F.

CARANTEC est une petite station balnéaire située entre l'estuaire de la rivière de Morlaix et celle de la Penzé. C'est un but fréquent d'excursion, de Saint-Pol-de-Léon et de Roscoff, et un des points d'accès les plus proches du Château du Taureau.

ITINÉRAIRE. — *A.* De *Morlaix*, la route de Carantec prend dans la ville basse et suit la rive g. du port. Elle passe devant la *manufacture des Tabacs* et longe la rivière, dans un beau paysage, pendant 3 k. 1/2, dépassant les parcs et *châteaux de Coatserho, Neckoat* et *Kéranroux* (sur la rive dr.) et passant (2 k. 1/2) devant le *monastère de Saint-François de Gaburien* (2 *chapelles*, l'une moderne, l'autre de 1527). — 3 k. 1/2. La route franchit, au-dessous des *châteaux de Hannuguy* et *de Pennelé*, un petit affluent de la rivière de Morlaix, dont elle s'éloigne pour s'élever sur la hauteur. — 6 k. 1/2. On coupe le ch. de fer Morlaix-

Roscoff, puis bifurque à dr. vers *Taulé*. — 7 k. 1/2. On laisse à dr. la station de *Taulé-Henvic*. — 9 k. 1/2. *Station de Henvic-Carantec*, où la route croise à nouveau le ch. de fer. — 10 k. 1/2. *Henvic*. — 15 k. Carantec.

B. — Le ch. de fer (ligne de Roscoff) dessert d'abord (11 k.) la station de *Taulé-Henvic*. — 14 k. *Henvic-Carantec*, où l'on prend la voit. de corresp. de Carantec (5 k. 1/2 N.).

Carantec aligne ses maisons blanches, dominées par le clocher moderne de son *église*, à l'extrémité d'une presqu'île de 2 k. de large et le long d'une grève qui assèche au loin à marée basse.

Du ham. de *la Croix*, qui s'avance en mer à l'O. du bourg (à g. en regardant la mer), la vue est magnifique sur l'**estuaire de la Penzé** (la mer se retire à 6 k. de l'embouchure de la rivière, en ne laissant qu'un étroit chenal navigable) et sur la côte opposée, vers Saint-Pol-de-Léon et ses clochers et vers Roscoff.

De ce même point on gagne à pied, à mer basse (par la *passe aux Moutons*), l'**île de Callot**, très étroite et longue de 2 k. 1/2; on y voit une **chapelle**, fondée au VIe s., rebâtie en 1808 et renfermant une *Vierge* du XVIe s. C'est un but de pèlerinage pour les marins.

Si de Carantec on gagne au contraire le *bois de Pen-Lan* vers la dr. (en regardant la mer) et la petite pointe qui de ce côté marque l'embouchure de la rivière de Morlaix, la vue s'étend sur la côte, vers Trégastel-Primel, sur l'île Louet et sur le Château du Taureau.

EXCURSIONS. — 1° Le **Château du Taureau** émerge pittoresquement en pleine mer, sur un récif baigné par le flot. Il est à 2 k. 1/2 N.-E. de Carantec, d'où on le gagne en barque (3 fr. env. pour plusieurs pers.; *marée permettant*). — On peut aussi, du *bois de Pen-Lan* (*V*. ci-dessus), où il n'est plus qu'à 1 k. de la côte, héler le gardien du *phare* de l'**île Louet**, qui vous y transporte (rémunération).

N.-B. Une autorisation de visite, demandée à Morlaix, à l'Inscription maritime, quai de Tréguier, est quelquefois exigée pour pouvoir en visiter l'intérieur; d'ordinaire, le garde-maritime de Carantec a les clefs.

Cette forteresse farouche, classée encore comme place de guerre, fut bâtie par les bourgeois de Morlaix, en 1542, afin de défendre l'entrée de leur rivière contre les Anglais. Casematée par Vauban, en 1689, elle enferma, en 1795, les terroristes Romme, Soubrany et Bourbotte, qui s'y poignardèrent, pour ne pas périr sur l'échafaud; Blanqui y fut emprisonné, en 1871. A l'int. sont des chambres et des cachots voûtés. De la plate-forme supérieure, la vue est admirable.

2° Les autres excursions se font principalement en mer, en gagnant en barque (*marée permettant*) : soit **Trégastel-Primel** (vers le N.-E.; *V*. ce nom); — soit **Saint-Pol-de-Léon** et **Roscoff** (vers le N.-O.; *V*. ces noms).

(FINISTÈRE)

Cl. P. Groyer.

Etat (ligne de Morlaix à Roscoff), 22 k. de Morlaix, en 40 min env. : 2 fr. 45, 1 fr. 65, 1 fr. 10 (all. et ret. : 3 fr. 70, 2 fr. 65, 1 fr. 75).
19 k. 1/2 de Morlaix ; — 5 k. de Roscoff.

Hôtels : — *de France* (petit déj. 50 c., déj. 2 fr. 50, dîn. 3 fr., ch. dep. 2 fr.; pens. dep. 5 fr. 50;), r. des Minimes; — *Ménez* (petit déj. 50 c., déj. ou dîn. 2 fr. 50, ch. 2 et 3 fr. ;), pl. de l'Évêché, 6 (derrière les halles); — *du Cheval-Blanc* (voit. de louage).

Loueurs de voitures : — *Roualec*; — *Cueffe*; — *Lerest*. — 3 à 4 fr. pour Santec.

Omnibus : — (l'été) pour *Santec*.

SAINT-POL-DE-LÉON est une ancienne ville épiscopale, aux vastes places et aux grandes rues, qui ne s'animent plus que les jours de foire. Ses magnifiques clochers à jour, qui la dominent de leurs pointes effilées, ont fait sa célébrité. C'est un but fréquent d'excursion de Morlaix ou de Roscoff et le point d'accès des petites stations balnéaires de *Pempoul* et de *Santec*.

N.-B. — Pour le trajet de Morlaix à Saint-Pol, V. p. 100 : Morlaix à Roscoff.

ITINÉRAIRE. — Saint-Pol-de-Léon, que traverse dans sa longueur la route de Morlaix à Roscoff, est à 1 k. à dr. de la gare du ch. de fer. On arrive directement à la chapelle de Creisker.

La **chapelle de Creisker**, fondée au VIe s., selon la légende, par une jeune fille guérie de paralysie par St Kirec, fut élevée sur la place de cette primitive chapelle, au XIVe s.; les bas-côtés et les 2 *porches* N. et S. sont du XVe s. (gothique flamboyant; charmantes sculptures). L'int. n'a rien de bien remarquable (4 énormes piliers supportent tout le poids du clocher; au bas-côté dr. *retable* sculpté du XVIIe s.). La merveille du Creisker est son **clocher**, haut de 77 m. (11 m. de plus que les tours de N.-D. de Paris), en granit et d'une admirable sveltesse, avec ses longues fenêtres à jour, sa flèche et ses quatre flèchettes. On monte jusqu'à la *galerie* (s'adr. au concierge du collège; pourboire).

Par la Grande-Rue, on gagne ensuite l'ancienne **Cathédrale**, important monument dont certaines parties remontent à l'époque romane et dans l'ensemble duquel domine le style ogival normand (XIIIe, XIVe et XVe s.). La grande façade O. a une *porte double*, précédée d'un **porche** que couronne une terrasse, d'où les évêques bénissaient la foule. Le mur terminal du transept S. est percé d'une belle *rosace*, surmontée de la *fenêtre de l'excommunication* (de là les évêques lançaient, dit-on, leur terrible sentence). Les deux **clochers**, moins hauts que le Creisker (55 m.), ont comme lui de belles flèches de pierre ajourées. — A l'int., la nef, ogivale, est des XIIIe et XIVe s.; elle a été restaurée de nos jours Au bas-côté dr., *bénitier* du XIIe s., ancien sarcophage; remarquable **verrière** de 1556, figurant les *Œuvres de Miséricorde* (soin des Malades, nourriture des Pauvres, accueil aux Etrangers, délivrance des Captifs). Le chœur, du XVe s., est orné de 69 **stalles** sculptées, de 1512; un *palmier* courbé porte le Saint-Sacrement. Au transept dr., superbe **rosace** à vitraux modernes; une copie de Rubens représente la *Fondation de l'ordre des Minimes par St François de Paule* (il foule aux pieds des sceptres, des crosses d'évêques et des couronnes). A la croix centrale (entre la nef et le chœur), *peintures* anciennes aux voûtes (anges et banderolles). Au pourtour du chœur, nombreux *tombeaux d'évêques*, anciens et modernes. Aux chapelles du pourtour du chœur : (3e chap.) à la voûte, **fresque** symbolique **de la Trinité** (3 faces humaines, réunies par le front, ayant 3 nez, 3 bouches, 3 mentons et seulement 3 yeux), du XVIe s.; (chap. absidale) *dalles tumulaires* anciennes; (chap. suivante) *retable* sculpté du XVIIIe s.; (dernière chap.) *fresque* ancienne, restaurée, du Jugement Dernier; devant cette chapelle, *autel*, *reliques* et *cloche de Saint-Pol* (en face de l'autel, sur le sol, *tombe* d'Amice Picard, 1599-1652, qui vécut dix-huit ans sans autre nourriture que l'Eucharistie). Une partie du transept g. remonte à l'époque romane; c'est la partie la plus ancienne de l'église. Au bas-côté g., **vitrail** du XVIe s. (le Christ sépare les bons et les méchants).

Proche de la cathédrale, l'**hôtel de ville** occupe l'ancien évêché (XVIIIe s.), dont le jardin sert de **promenade publique**. — Derrière la cathédrale, ancienne *maison prébendale* (XVIe s.) et **chapelle Saint-Joseph** (1847; *flèche* de 32 m.).

A 1 k. E. de Saint-Paul-de-Léon le petit port de **PEMPOUL**, qui fait face à *Carantec* (*V.* ce nom; on s'y rend en barque, *marée permettant*), abrite quelques baigneurs de goûts très simples. On y trouve un hôtel et des maisonnettes à louer (5 à 8 pièces pour 400 à 500 fr. la saison; ch. 80 à 120 fr. idem). La mer, qui se retire à plus de 2 k. à marée basse, y est un peu vaseuse.

De Saint-Pol-de-Léon à **Santec** et **grève de Sieck** : 4 et 6 k. N.-O.; (l'été, omnibus des hôtels à la gare de Saint-Pol). — *V.* p. 101.

De Saint-Pol-de-Léon à *Plouescat* : départemental, 15 k. en 40 min. env. : 1 fr. 15 et 75 c. — A voir en cours de route (7 k.; station de *Sibiril*) le beau **château de Kérouzéré** (on visite), des XVe et XVIe s. — De Plouescat on peut gagner *Landivisiau* (par le *château de Kerjean*, p. 110), *Landerneau* ou *Brest* (*V.* ces noms), par départemental.

(FINISTÈRE)

Cl. Neurdein.

Etat, 592 k. de Paris (changement de train à Morlaix), en 10 h. env. par express, toutes classes : 63 fr. 80, 42 fr. 70, 27 fr. 85. — Billets de bains de mer, val. 33 j. : 75 fr. 95, 51 fr. 25, 33 fr. 40, all. et ret.

546 k. de Paris à Morlaix; 24 k. 1/2 de Morlaix à Roscoff.

Hôtels : — *des Bains-de-Mer* (l'été; petit déj. 75 c. et 1 fr., déj. 2 fr. 50, dîn. 3 fr.; ch. dep. 3 fr., 2 lits dep. 4 fr.; ⚿), pl. de l'Église; — *Talabardon* (petit déj. 50 c., déj. 2 fr. 50, dîn. 3 fr., ch. dep. 2 fr.; pens. 6 fr.), pl. de l'Église; — *de la Marine* (petit déj. 60 c., déj. ou dîn. 2 fr. 50, ch. dep. 2 fr. 50; pens. 6 fr. 50 à 8 fr.; ⚿); — *de France* (petit déj. 50 c., déj. 2 fr. 50, dîn. 3 fr., ch. 3 à 5 fr.; pens. 6 à 7 fr. 50); — *de la Maison-Blanche*; — *du Palmier*.

Chalets meublés : — de 800 à 3,000 fr. pour la saison; s'adr. à *Me C. de Kerdréoret*, notaire.

Appartements et chambres meublés : — 100 à 150 fr. et 30 à 50 fr. par mois.

Bains de mer : — cabines sur la plage de Roc'hroum, 10 à 15 fr. par mois.

Bains chauds : — établissement hydrothérapique.

Loueur de voitures : — *Joachim-Guyot*.

Bateau-auto pour : — *l'Ile de Batz*, 25 c.

Service maritime pour : — *Southampton* (Cie du South-Western-Railway), 29 fr. 90 et 22 fr. 40; all. et ret., val. 6 mois, 45 fr. 95 et 33 fr. 45. — Billets directs *Roscoff-Southampton-Londres*, bateau et ch. de fer, 44 fr. 90 et 32 fr. 40; all. et ret. 67 fr. 20 et 51 fr. 60. — Pour les jours (2 fois par sem. env.) et heures, s'adr. ou écrire : à l'agent de la Cie, à Roscoff; au bureau de la Cie, à Paris, r. Saint-Honoré, 253.

ROSCOFF, petite ville maritime et station balnéaire très fréquentée, est célèbre par ses *primeurs*, qu'il doit à la chaude influence du *Gulf-*

Stream, qui baigne ses côtes, et à l'excellence de ses terres. Mais la campagne environnante, toute plantée en légumes, est plate et sans arbres. La mer, par contre, est très belle et les baigneurs sont nombreux. Il y a un grand choix d'hôtels; les vivres sont abondants et faciles pour ceux qui préfèrent s'installer en meublé. Plage de bains, cabines, établissement d'hydrothérapie marine.

ITINÉRAIRE. — *A*. De *Morlaix*, la route de Roscoff, partant de la ville haute, sur la place et l'église Saint-Martin, et la *rue de Porsmeur*, coupe bientôt le ch. de fer de Brest. — 3 k. 1/2. On traverse un petit affluent de la rivière de Morlaix, près d'une *chapelle*, et on laisse une bifurc. à g., pour couper ensuite le ch. de fer de Roscoff. — 6 k. 1/2. *Poul-al-Lenrion*, ham., où l'on rejoint une autre route, plus longue de 1 k. 1/2, qui sort de Morlaix par la ville basse. — 7 k. 1/2. On descend dans le vallon de la Penzé, dont on suit la rive dr. jusqu'au petit port de *Penzé* ou *Pensez* (28 k. 1/2; *foires* importantes, le 1er lundi du mois). — On longe la rive g. de la Penzé pendant 1 k., puis on s'en éloigne, pour croiser à nouveau le ch. de fer (14 k.) à la station de *Plouénan* (à 1 k. à dr., *château de Kerlaudy*, du XVIIIe s., précédé d'une belle allée d'arbres, à l'embouchure de la Penzé). — 16 k. *Château de Kérantraon*, à g., et *allée couverte* au ham. de *Kéranguez* (1 k. à dr.).

19 k. 1/2. *Saint-Pol-de-Léon* (*V*. ce nom), que l'on traverse dans toute sa longueur, en passant d'abord devant le Creisker (à dr.), puis près de la cathédrale. — 21 k. On laisse à g. l'ancien *manoir de Kéravel* et, à dr., celui *de Kersalion* (XVe s.); puis on croise le ch. de fer et on laisse une bifurc. à dr., à la *chapelle N.-D. de Bonne-Nouvelle*, voisine d'un dolmen ruiné. — 24 k. 1/2. *Roscoff*, où l'on arrive par le *figuier* des Capucins et l'*église* (*V*. ci-dessous).

B. — Le ch. de fer de *Morlaix* à Roscoff emprunte la ligne de Brest pendant 3 k., puis bifurque à dr. — 11 k. *Taulé-Henvic*. — 13 k. *Henvic-Carantec*, station desservant *Carantec* (p. 95). — 17 k. *Plouénan* (à dr., *château de Kerlaudy*, du XVIIIe s.). — 22 k. *Saint-Pol-de-Léon* (p. 97).

28 k. (592 k. de Paris) **Roscoff**. De la gare de Roscoff on prend un chemin, au bout duquel on tourne à g., pour rejoindre la route de Saint-Pol-de-Léon. — En prenant cette route vers la g., on va voir, près de l'*hôpital*, de 1573, le légendaire **figuier** (dans l'*enclos des Capucins*; 25 c.).

Revenant sur ses pas par la même route, on atteint Roscoff et la jolie place où s'élève l'église, entourée d'arbres.

L'église est surmontée d'une belle *tour-clocher* de la Renaissance. — A l'int., remarquables **bas-reliefs en albâtre** (XVe s.) représentant l'Annonciation, l'Adoration des Mages, la Passion, la Résurrection et le Triomphe de la Vierge (on en admire la finesse d'exécution, l'art et la naïveté tout à la fois). Au plafond, poutres et frises sculptées. *Maître-autel* avec retable, en bois sculpté et doré, tableau de l'*Assomption* et beau tabernacle, du XVIIe s. Dans la 1re chapelle du bas-côté g., *Décollation de St Jean-Baptiste* et la *Mort du Juste*, tableaux anciens. *Fonts baptismaux*, *tribune* et *buffet d'orgue* anciens.

Presque en face de l'église s'ouvrent 2 rues conduisant à la mer, aux **plages de bains**, dont la principale est la *plage de Roch-Roum* (sable et rochers), au **laboratoire de zoologie maritime** (on peut visiter) et aux *bateaux pour l'île de Batz* (*V*. ci-dessous).

Derrière l'abside de l'église s'ouvre la principale rue de Roscoff, qui a quelques *maisons* du XVIe s., aux lucarnes ouvragées (l'une d'elles, à g., dite **maison de Marie-Stuart**, offre dans sa cour intérieure 7 arcades

rondes, aux colonnes trapues). En descendant sur la grève, par une des ruelles qui se détachent à g. de la rue, on voit s'avancer dans les flots une charmante petite tourelle d'angle, ancien poste de guetteur, dite *tourelle de Marie-Stuart*, près de laquelle la jeune reine, venant d'Angleterre (1548) pour être fiancée au dauphin de France, aurait débarqué.
Un peu plus loin dans la rue, ruines de la **chapelle Saint-Ninien**, du style ogival flamboyant, élevée en 1548, en l'honneur de Marie Stuart.

Le **port**, auquel on parvient ensuite, est protégé par une *jetée* de 300 m.; il assèche à mer basse. Il est animé par un perpétuel va-et-vient de charrettes et de bateaux, la plupart de ceux-ci à destination de l'Angleterre, où ils emportent les primeurs du pays (choux-fleurs, oignons, artichauts, asperges).
De l'autre côté du port s'avance en mer la **pointe de Bloscon**, surmontée de la *Chapelle Sainte-Barbe*. On y trouve une 3e petite **plage de bains** et, de son tertre rocheux, on domine une vaste étendue de mer, parsemée d'écueils : à dr., vers Saint-Pol-de-Léon, l'estuaire de la Penzé, puis Carantec et l'île Callot, et sur l'horizon la pointe de Primel (11 k.); à g., on voit l'île de Batz.

EXCURSIONS. — **1°** La principale excursion en mer de Roscoff est **l'île de Batz** (bateau-auto : 25 c. par pers.; *marée permettant*; on embarque à la grève voisine du laboratoire de zoologie, près de l'église).
L'île de Batz (on prononce *bâ*) est séparée du continent par un détroit de 1 k. de large, aux courants violents; elle est longue de 4 k. de l'E. à l'O., large de 1 k. env., et est entourée de récifs. Tous les hommes sont marins; les femmes (grandes capuches noires) cultivent le sol, qui est sablonneux. On n'y voit pas d'arbres et les îliens emploient, pour se chauffer, de la bouse de vache mêlée à de la paille.
Le bourg principal (hôt. *Robinson*, déj. ou dîn. 2 fr. 50, ch. dep. 1 fr. 50, pens. 6 fr. 50; *logements meublés*, 50 à 80 fr. par mois; *maisons meublées*, 100 à 250 fr.) s'étend autour d'une belle anse qui regarde le continent. — **L'église**, moderne, conserve l'*étole de St Pol*, curieux tissu byzantin, avec personnages. — Le **phare** s'élève sur une butte de 28 m. d'alt.; il est haut de 40 (on y monte; pourboire au gardien) et a un feu blanc, à éclipses.
La *chapelle* romane *du Pénity* (O. de l'île) est à demi ensablée. — Un *dolmen* est surmonté d'une croix et l'hôtel Robinson occupe une maison du XVe s.

2° Les autres excursions en mer se font à **Carantec** et **château du Taureau** (p. 95) et à **Trégastel-Primel** (p. 93).

3° Santec et grève de Sieck : 4 k. 1/2 et 5 k. 1/2 S.-O. (omnibus des hôtels, l'été, à la gare de *Saint-Pol-de-Léon*; sur demande, à celle de Roscoff. — La route de Santec se détache de celle de Saint-Pol, à dr., peu après la sortie de Roscoff. Elle joint presque aussitôt le bord de la mer, qu'elle longe pendant 1 k. 1/2; puis elle s'en éloigne. — 4 k. La route se rapproche à nouveau de la mer, puis fait un coude brusque vers la g.
4 k. 1/2. *Santec* (hôt. : *du Gulf-Stream*, déj. ou dîn. 2 fr. 50, ch. dep. 1 fr. 50, pens. dep. 5 et 6 fr.; *des Bains-de-mer*, déj. 2 fr., dîn. 2 fr. 50, ch. 2 fr.), à 1 k. de la mer, est voisin de **vastes dunes de sable** (la chaleur y est forte durant l'été).
A 1 k. O. et formant avec Santec une petite station balnéaire, est la

grève de Sieck. — L'*île de Sieck*, en face, est reliée à la terre à marée basse et possède un petit *port*. On y récolte le varech.

4° De Roscoff au *château de Kérouzéré* et à *Plouescat* : ⊛ 12 et 20 k. S.-O. ou 🚃 départemental dep. Saint-Pol-de-Léon. — *V*. p. 98.

Distances par la route : — *Brest*, par Saint-Pol-de-Léon, Lambader (chapelle et jubé; p. 110), Landivisiau et Landerneau, 67 k.; — *Quimper*, par Landivisiau, Landerneau et Châteaulin, 115 k.; — *Lorient*, par Morlaix, Carhaix, Gourin, Le Faouët (bifurc. pour Quimperlé), Plouay et Hennebont, 153 k. (149 k. en prenant, au delà de Plouay, la route directe qui laisse Hennebont sur la g.).

HUELGOAT
(FINISTÈRE.)

Cl. Neurdein.

départemental de Morlaix à Huelgoat-Locmaria, 34 k. en 1 h. 1/4 env. : 3 fr. 80, 2 fr. 55, 1 fr. 70. — 6 k. de Huelgoat-Locmaria à Huelgoat (omnibus des hôtels : 1 fr. ; all. et ret. le même j. : 1 fr. 50).

29 k. de Morlaix (route dure et accidentée, mais pittoresque).

Hôtels : — *d'Angleterre* (petit déj. 75 c. et 1 fr., déj. 2 fr. 50, dîn. 3 fr., ch. dep. 3 fr. ;); — *de France* (petit déj. 75 c., déj. 2 fr. 50, dîn. 3 fr., ch. dep. 2 fr. ; pens. 8 fr. par j., 7 fr. 15 j., 6 fr. un mois ; bains ;); — *du Lac* (petit déj. 50 c., déj. ou dîn. 2 fr., ch. dep. 1 fr. 50 ; pens. 5 fr. par j. pour 15 j., 4 fr. pour un mois ;).

Locations meublées : — chambres et logements, 30 et 35 fr. par mois et par ch. ; quelques maisons, 200 à 300 fr. par mois.

Billets d'aller et retour : — des billets d'all. et ret., à prix réduit, val. de 3 à 5 j., sont délivrés, l'été, pour Huelgoat, de *Brest*, *Dinan*, *Dinard*, *Guingamp*, *Landerneau*, *Lannion*, *Paimpol*, *Pontivy*, *Rennes*, *Roscoff*, *Rosporden* et *Saint-Brieuc*.

HUELGOAT est situé dans un des plus beaux sites de la Bretagne et entouré de montagnes boisées, de ravins, de rochers qui lui ont valu le surnom de « Fontainebleau breton ». Ses eaux vives et ses clairs ruisseaux, qui y coulent dans la pierre et la mousse, rappellent aussi les forêts vosgiennes.

ITINÉRAIRE. — *A*. La route de *Morlaix* à Huelgoat quitte Morlaix par la *rue* ou route *de Brest*, qui part de la place Émile-Souvestre, dans la ville-basse et remonte le vallon du Queffleuth. — 1 k. Bifurc. où on laisse à dr. la route de Brest. — 5 k. On passe sur la rive dr. de la rivière, que l'on remonte en s'élevant peu à peu, pendant 9 k., jusqu'à 225 m. d'alt. — 14 k. *Créach-Ménory*, ham. à g. dans une région désertique (à 3 k. à dr., ruines de l'ancienne **abbaye du Relec**, *chapelle* et une des galeries du *cloître*). — 17 k. *Pennerguès*, ham. — 19 k. 1/2.

On franchit le faite des **monts d'Arrée**, près des *rochers* déchiquetés *du Cragou* (268 m. et 347 m. d'alt.). — 24 k. Bifurc. où l'on prend la route de g., qui passe à *Berrien* (24 k. 1/2; *église* du style flamboyant. XVe-XVIe s.; au cimetière, *croix* ancienne et croix moderne, à personnages) et arrive à *Huelgoat*, par la chaussée de l'étang (29 k.).

B. — Le ch. de fer de *Morlaix* à Huelgoat (ligne de Carhaix) traverse des landes monotones et franchit, à 230 m. d'alt., la chaîne des Monts d'Arrée; puis il redescend dans la vallée de l'Aulne.

34 k. **Huelgoat-Locmaria**, station desservant le petit v. de *Locmaria*, à 1 k. à dr., et Huelgoat (6 k. O.; omnibus des hôtels : 1 fr.; all. et ret. le même j. : 1 fr. 50).

De la gare, la route de Huelgoat (*V.* la carte) remonte parallèlement au ch. de fer, pendant 1/2 k., puis tourne à g. pour suivre le vallon de la Rivière d'Argent. — 2 k. 1/2. *Pont Mikael*, ou Michel, au delà duquel on laisse 2 routes à dr. — 200 m. avant la borne n° 24, à g. de la route, petit escalier du *Gouffre* (*V.* ci-dessous). — Un peu plus loin, carrefour avec écriteaux : l'un d'eux, à dr., indique le chemin de la *Mare-aux-Sangliers* (*V.* ci-dessous); puis un autre, au delà, à dr. aussi de la route, le *Camp d'Artus* (*V.* ci-dessous. — *N.-B. Nous conseillons de reprendre la promenade complète au départ de Huelgoat, V. ci-dessous* : 2°). — La route passe ensuite sur un *pont de pierre*, en bas d'une longue côte, au sommet de laquelle on voit pointer le clocher d'Huelgoat.

Le bourg de **Huelgoat** est d'aspect noirâtre. A son centre (à dr. en venant de la gare) est une grande place rectangulaire, où est l'**église** (gothique et Renaissance). — **L'étang de Huelgoat**, en bordure du bourg, est vaste de 30 hect.

EXCURSIONS. — **1°** (pour cette promenade, à pied et toute proche du bourg, on trouve des enfants qui conduisent pour quelques sous; *ils sont utiles*). On gagne la *chaussée de l'étang*, à dr. de laquelle l'étang se déverse dans le **Chaos du Moulin** (blocs énormes), puis on tourne à dr., pour passer devant l'annexe de l'hôtel de France. On arrive bientôt à la **Pierre tremblante** (100,000 kilog.) : vers la g., on aperçoit *le Champignon*. On gagne ensuite, à dr., un entassement de blocs énormes et bizarres, dit le **Ménage de la Vierge** (on descend, avec quelque difficulté, au fond de ce chaos). — On peut regagner Huelgoat ou rejoindre la 2e *Excursion* au *pont de pierre* (*V.* ci-dessous).

2° Le Gouffre, Mare aux Sangliers, Grotte et Camp d'Artus : ⊛ 1 k. 1/2; le reste à pied; au total, 1 h. 1/2 env., sans le Camp d'Artus; avec le Camp, 1 h. en plus; se faire accompagner si l'on craint de se perdre, mais on peut facilement s'orienter avec la carte ci-jointe). — De Huelgoat on suit la route de la gare jusqu'au *pont de pierre* (1 k.) qui est en bas de la côte (à g., chemin de bois rejoignant le Ménage de la Vierge; *V.* ci-dessus).

Au delà du pont on continue la route de la gare jusqu'à un 1er carrefour, à g., avec écriteau indiquant le Camp d'Artus. Il faut dépasser ce carrefour, puis un 2e (écriteau pour la mare aux Sangliers), et aller jusqu'à la borne n° 24 (1 k. 300 de Huelgoat).

A 200 m. au delà de cette borne, à dr. de la route, un petit escalier de pierre descend au **Gouffre**, trou béant dans les rochers, où la *Rivière d'Argent* se précipite en bouillonnant (la chute n'est belle qu'après les grandes pluies), pour reparaître au jour un peu plus bas, sous de beaux berceaux de verdure, dits les *Salles vertes*. Au delà on trouverait une *mine de plomb argentifère*.

On revient sur ses pas vers Huelgoat, jusqu'au 1er carrefour qui suit la borne n° 24. Un écriteau à dr. de la route indique la **mare aux Sangliers**, dans un ravin boisé, sous de sombres sapins. Passant le ruisselet qui l'alimente, on prend un chemin à g., que l'on suit pendant 135 pas, pour y trouver (à 15 m. à dr.; un sentier y conduit) la **grotte d'Artus**, dont le plafond est fait d'un seul bloc. Reprenant le même chemin on trouve ensuite une bifurc. (2e à dr.) avec écriteau pour le Camp d'Artus

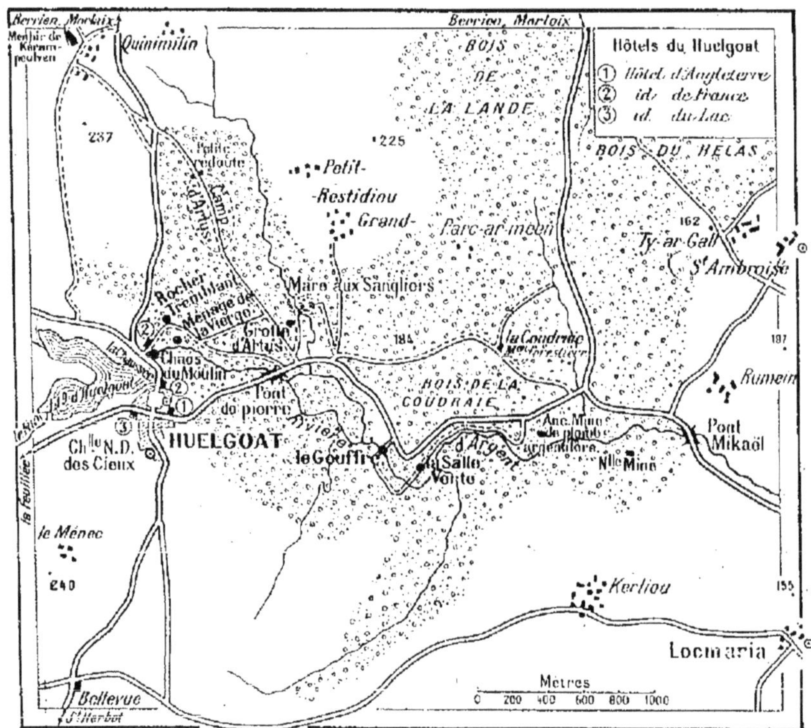

— En continuant, on retomberait directement sur la route de Huelgoat. Si l'on veut poursuivre l'excursion, on prend la bifurc. de dr. et l'on monte en pente raide (magnifique sapinière); puis on atteint au bout de 1 k., en terrain plat, un talus de terre. Un écriteau indique : *Rempart du Camp*. C'est l'enceinte du **Camp d'Artus**, remontant sans doute aux Celtes (il forme une ellipse, bien nette, de 500 m. de diamètre). En continuant le chemin, qui redescend bientôt, on rencontre (1 k.) la route de Morlaix (vers la dr.) à Huelgoat (vers la g.; 2 k.).

Si l'on croisait cette route, pour suivre le même chemin raboteux, on trouverait (700 m. env.; *V.* la carte) le *menhir de Kérampeulven*, fusiforme, au ham. du même nom, d'où l'on reviendrait sur ses pas prendre à dr. la route de Huelgoat.

8° Chapelle et Cascades de Saint-Herbot : ⊛ 7 k. S.-O., jusqu'à la chapelle; 3 k. à pied env., pour les cascades; voit. de louage : 6 fr.

(2 pers.). — La route de Saint-Herbot passe d'abord devant la *chapelle de N.-D. des Cieux* (à dr.; XVIe s.), puis s'élève à 240 m. d'alt., à l'auberge de *Bellevue* (vaste panorama sur les Montagnes Noires, à g., et les Monts d'Arrée, à dr.). La route redescend. — 6 k. *Pont* de l'Elez.

7 k. Ham. et **chapelle de Saint-Herbot** (demander la clef dans une maison voisine). Cette chapelle, du XVIe s., est du gothique flamboyant et de la Renaissance (belle *tour* carrée; sur l'esplanade qui précède la chapelle, **croix ornée** du XVe ou XVIe s.; *porche latéral* avec statues des Apôtres. A l'int., **maîtresse-vitre** de 1556 (*Vie de St Herbot*); belle **clôture du chœur**, en bois sculpté, de la Renaissance; *stalles* ornementées; *pierre et statue tombale* de St Herbot (XVe ou XVIe s.). — Le jour du *pardon* de St Herbot (le vendredi avant le dim. de la Trinité), les paysans viennent offrir au saint, qui est le patron des bêtes à cornes, des touffes de crin prises à la queue de leurs bœufs et de leurs vaches.

Après la visite de la chapelle, tandis que la voiture retourne stationner au pont de l'Elez, 1 k. avant Saint-Herbot, on continue à pied l'excursion, aux ruines du Rusquec et aux cascades. *N.-B. L'excursion demande une heure env.; il est préférable, pour éviter de se perdre, de se faire accompagner par un enfant du ham. de Saint-Herbot.*

Le chemin monte sous bois, à dr. de la route par laquelle on est venu. Arrivé au sommet de la côte, on découvre, vers la g., une échappée sur les Monts d'Arrée; à l'extrémité d'une allée de hêtres., à dr., on trouve l'ancien **château du Rusquec** (XVIe s.), converti en ferme (belle *vasque* de pierre, avec écussons armoriés).

Après avoir traversé le château on gagne, vers la dr., un bois (ouvrir soi-même la porte quand elle est fermée), au sortir duquel on incline à g., pour descendre au petit **moulin du Rusquec**, situé parmi des rocs chaotiques, bouleversés par les eaux. La rivière de l'Elez coule parmi eux, en formant les **cascades de Saint-Herbot** (elles n'ont toute leur beauté qu'après un orage ou si l'année est pluvieuse). — En descendant le long de la rive dr. de la rivière, par un sentier difficultueux à travers bois, on arriverait au *Gouffre*, où les eaux se perdent avec fracas.

Du moulin du Rusquec, on traverse la rivière sur les rochers et, par un bon sentier qui suit le côté g. du ravin, on redescend au pont de l'Elez, où l'on retrouve la voiture et la route de Huelgoat (vers la g.).

4° A 21 k. S.-E. de Huelgoat par la route, à 15 k. de la gare de Huelgoat-Locmaria par 🚂 départemental, **Carhaix** (hôt. : *de France*, déj. 2 fr. 50, din. 3 fr., ch. dep. 2 fr.; *de la Tour-d'Auvergne*, mêmes prix; *Buffet-Hôtel*, déj. ou din. 2 fr. 50, ch. dep. 2 fr.) est une petite ville ancienne, dans les Montagnes Noires. — De la gare, on suit la rue principale, à g. de laquelle on trouve la **place du Champ-de-Bataille**, avec *statue de La Tour d'Auvergne*, né à Carhaix, par Marochetti. — Reprenant la rue principale on y trouve, à g., au delà de la façade de l'ancienne *église Saint-Augustin* une petite rue qui amène à la *place de l'Hôtel-de-Ville* (**maisons anciennes**), où l'**Hôtel de Ville** (s'adr. au concierge; pourboire) possède des *reliques de La Tour d'Auvergne*. — Au fond de la place, à dr., la *rue du Pavé* coupe la Grande-Rue (à l'angle, belle **maison ancienne**) et amène à l'**église Saint-Trémeur**, du gothique flamboyant (XVIe s.). — Au fond de la place se montre l'**église de Plouguer**, en partie romane, en partie du XVIe s.; elle possède un grand **retable** peint et sculpté, du XVIIIe s.

ST-THÉGONNEC et GUIMILIAU

(FINISTÈRE.)

Cl. P. Gruyer.

Etat, station de la ligne Paris-Brest : — 15 k. de Morlaix à Saint-Thégonnec, en 20 min. env. : 1 fr. 70, 1 fr. 15, 75 c. (all. et ret., 2 fr. 50, 1 fr. 80, 1 fr. 20) ; — 19 k. de Morlaix à Guimiliau, en 25 min. env. : 2 fr. 15, 1 fr. 45, 95 c. (all. et ret., 3 fr. 20, 2 fr. 30, 1 fr. 50).

12 k. et 20 k. 1/2 de Morlaix, par la route de Brest (route dure et accidentée), qui s'élève, à deux reprises, à 128 m. d'alt. ; au delà de Saint-Thégonnec, à 16 k. 1/2 de Morlaix, prendre la bifurc. de g. pour Guimiliau).

Hôtels : — A SAINT-THÉGONNEC : — *du Commerce* (petit déj. 50 c., déj. 2 fr. 25, dîn. 2 fr. 50, ch. 1 fr. 50) ; — *Grand-Maison* (mêmes prix).

A GUIMILIAU : — hôtel-auberge, sur la place de l'église.

SAINT-THÉGONNEC possède, ainsi que **GUIMILIAU**, un ensemble architectural religieux extrêmement remarquable. L'église, encadrée de son cimetière, de son ossuaire et de son calvaire, y constitue une des formes les plus typiques de l'art breton.

ITINÉRAIRE. — **Saint-Thégonnec**, qui se trouve sur la route de Morlaix à Brest, est à 3 k. à dr. de la station (l'été, omnibus des hôtels : 50 c. ; loueur de voit. à la gare).

Le **cimetière** entoure l'église et on y pénètre par un petit **arc de triomphe** de la Renaissance, avec clochetons, flanqué de deux pylones. — A g., en entrant dans le cimetière, charmant **ossuaire** du même style (1581), à deux étages, parfaitement conservé ; sa façade est ornée de colonnes corinthiennes et l'int. sert de chapelle (dans la crypte, *Mise au tombeau* de 1702, avec personnages de grandeur naturelle, en bois sculpté et colorié). — En face de l'ossuaire, beau **calvaire** de 1610 ; sur le socle, un petit groupe très fruste représente *St Thégonnec*, invoqué pour les bestiaux, et le bœuf, attelé à une charrette, qui aurait, selon la tradition, voituré les matériaux de l'église ; au-dessus, *croix ornée* à 3 branches (au sommet de la croix on voit le Christ et 2 anges recueillent, dans des ciboires, le sang qui coule de ses mains ; 2 autres croix portent les deux Larrons).

L'**église**, plusieurs fois reconstruite et remaniée, est précédée d'une imposante *tour-clocher* de la Renaissance (1605), avec galerie à jour, dôme et lanterne de pierre. — A l'int., qui a des voûtes gothiques : autels à sculptures sur bois et remarquable **chaire** du XVIIIe s., avec dais, couverte de sculptures et de bas-reliefs.

Les paysans de Saint-Thégonnec portent encore l'habit carré à la française, une ceinture rayée, un large chapeau et des souliers à boucle. La coiffe des femmes est un bonnet plissé, posé en arrière de la tête, et dont les brides se replient en boucle.

Guimiliau est à 4 k. à g. de la route de Morlaix à Brest et à quelques minutes à dr. de la gare ; le village n'a que quelques maisons.

Comme à Saint-Thégonnec, le *cimetière* entoure l'église : on y accède par une petite *porte* en arc de triomphe, très simple. Mais le **calvaire** est, parmi les monuments de ce genre, un des plus intéressants de la Bretagne. Élevé de 1581 à 1586, il est formé d'un piédestal à arcades basses, sur lequel court une frise sculptée, et qui supporte une plate-forme chargée de statuettes. Une *croix ornée* surmonte le tout. Tous ces petits personnages figurent la **Vie du Christ** et, habillés en costumes du XVIe s., sont des plus curieux à observer de près. Parmi les scènes les plus intéressantes on distingue : (au-dessus du *portique central*, à colonnes, qui abrite une niche avec la statue de St Miliau) la *Résurrection du Christ*, voisine (frise de dr.) de la scène accessoire de *Catel-Gollet précipitée en enfer par les diables*, pour avoir dérobé une hostie ; (2e face ; vers la dr.) le *Portement de Croix*, avec un cortège de tambours et d'olifants ; (3e face) la *Mise au tombeau*. Au pan coupé de la 4e face, on remarque un escalier qui monte à la plate-forme ; celle-ci servait jadis à haranguer la foule.

Voisin du calvaire est un **ossuaire** de 1648 (dans une fenêtre entre-colonnes, *chaire à prêcher* extérieure, à baldaquin).

L'**église** est du gothique flamboyant et de la Renaissance ; les deux styles s'y mêlent et s'y superposent ; le *clocher*, à flèche aiguë, est gothique ; le beau **porche latéral**, finement sculpté, est de la Renaissance (sous le porche, *statues des Apôtres*). — A l'int., au bas du bas-côté dr., magnifique **baptistère** de 1675, à colonnes et à personnages. *Buffet d'orgue* de même époque. Belle *chaire* sculptée, de 1677. A la maîtresse-vitre, **vitrail** ancien du Crucifiement. A la sacristie (s'adr. au bedeau), *bannières* anciennes en broderie.

De Guimiliau, on peut se rendre à (3 k. N.-O. : à mi-route entre les gares de Guimiliau et de Landivisiau) **Lampaul-Guimiliau**, qui possède également un intéressant ensemble religieux : **cimetière** avec *porte* de la Renaissance, surmontée de trois Croix ; **ossuaire** de 1668 et *croix ornée* ; **église** du XVIe s., avec *tour-clocher* inachevée et beau *porche latéral* (à l'int., *baptistère* sculpté ; *Saint-Sépulcre* à personnages, de 1676 ; beau *buffet d'orgue* ; débris de *vitraux* anciens).

LANDERNEAU

(FINISTÈRE.)

Cl. P. Gruyer.

État, 605 k. de Paris, en 10 h. env. par express, toutes classes : 64 fr. 60, 43 fr. 60, 28 fr. 45. — Billets de bains de mer, val. 33 j. : 77 fr. 55, 52 fr. 35, 34 fr. 15, all. et ret.

Ⓑ *586 k. de Paris ; — 39 k. 1/2 de Morlaix ; — 22 k. de Brest.*

Hôtels : — À la Gare : — *de Bretagne* (2e ordre; déj. 2 fr., dîn. 2 fr. 50, ch. 1 fr. 50).

En Ville : — *Raould* (petit déj. 1 fr., déj. 2 fr. 50, dîn. 3 fr., ch. dep. 2 fr.; bains), sur le quai ; — *de l'Univers* (petit déj. 75 c., déj. 2 fr. 50, dîn. 3 fr., ch. 2 fr.), sur le quai ; — *Demelun* (petit déj. 50 c., déj. ou dîn. 2 fr. 50, ch. 1 fr. 50 à 3 fr.; pens. 6 fr. 50), bd de la Gare.

Loueurs de voitures : — *Breton*, r. de la Fontaine-Blanche, 58 ; — à l'hôtel Raould.

LANDERNEAU Ⓑ est une petite ville pittoresque et un centre d'excursions ; c'est le point de jonction des lignes de la Bretagne du Nord (État ; ligne de Paris-Brest) et de la Bretagne du Sud (Orléans ; ligne de Quimper-Nantes). La « lune de Landerneau » et « il y aura du bruit dans la Landerneau » sont des dictons populaires demeurés célèbres. La campagne environnante est magnifique. Landerneau est le point d'accès, par ch. de fer départemental, de la station balnéaire de *Brignogan*.

ITINÉRAIRE. — On prend, en face de la gare, le *boulevard de la Gare*, puis la *rue de Brest*, vers la g., et on arrive au **quai de l'Elorn**. On suit le quai vers la g. et, passant devant la petite *rue du Commerce* (*maison* de la Renaissance), puis devant l'*hôtel de ville* (1750), on gagne le vieux et pittoresque **pont** de Landerneau, bordé de *maisons* en partie anciennes.

Traversant le vieux pont, on gagne, par la *place de la Pompe* et la *rue Saint-Thomas* à dr. (*maisons anciennes*), l'**église Saint-Thomas-de-Cantorbéry** du XVIe s. (tour-clocher de la Renaissance ; la partie supérieure a été refaite). A l'int., voûtes en bois à frise sculptée; maître-autel en bois doré; belle *statue de St Thomas* (à g.) et 2 petits *bas-reliefs* de 1711 représentant son martyre. — Devant l'église, petite **chapelle** de la Renaissance, convertie en habitation.

Revenant au pont et le traversant à nouveau, on prend, en face, la *rue du Pont*, qui amène à une petite place (à g., **maison** de 1664, Renaissance), puis la *rue de la Fontaine-Blanche*, qui conduit à l'**église Saint-Houardon** (en retrait, à dr.). -- Cette église (1589-1607) a été déplacée et rebâtie en 1860; il reste de l'édifice primitif, sur le flanc dr. de l'église, un charmant **porche** de la Renaissance, en granit finement sculpté. A l'int., *chaire* ancienne et *fresques* de Yan Dargent, né à Landerneau (Histoire de l'Église, ses défenseurs, ses apôtres).

La rue de la Fontaine-Blanche, que l'on reprend, ramène au ch. de fer et à la gare.

EXCURSIONS. — **1° Château de Kerjean** : *A.* ⚙ 17 k. N.-E. ou ⛟ État 15 k., de Landerneau à Landivisiau, par (5 k.) **la Roche**, petit ham. où se voient les ruines du **château de la Roche-Maurice** et une intéressante **église**, mi-Renaissance, mi-gothique, avec **jubé** et magnifique **vitrail** de la Renaissance; *ossuaire* au cimetière.

17 k. ou 15 k. **Landivisiau** (à 2 k. à g. de la gare de l'État; hôt. *du Léon*, déj. ou dîn. 2 fr. 50, ch. dep. 2 fr.; *du Commerce*, mêmes prix), avec une **église** moderne, qui a conservé un beau **porche** latéral de la Renaissance et une *tour-clocher* de 1590. Près de l'église, jolie *fontaine de Saint-Thivisiau*.

B. — De Landivisiau à Kerjean : ⚙ 11 k. 1/2 N.-O. par **Bodilis**, qui a une intéressante **église**, gothique et Renaissance (nombreuses et bizarres sculptures), ou ⛟ départemental jusqu'à *Plouzévédé-Berven*, qui est à 4 k. N.-E. de Kerjean.

Le **Château de Kerjean**, construit vers 1560 et que l'on a appelé avec quelque exagération le Versailles breton, est une œuvre mi-féodale et mi-Renaissance, à la fois habitation de plaisance et forteresse. Il est encerclé de *deux enceintes* (*porte* fortifiée, puis joli *portail* à colonnes cannelées. Dans la cour intérieure, joli *puits*. Une partie du château a été détruite au XVIIIe s., par un incendie. Il a été acquis en 1911 par l'État, qui doit y installer un **musée breton**.

Autour de Kerjean on peut voir : — à 6 k. N.-E., par *Saint-Vougay*, les ruines du **château de Kergornadech**, au milieu des bois; — à 4 k. 1/2 N.-E. (par Saint-Vougay), l'intéressante **chapelle de Berven**; — à 6 k. 1/2 S.-E. de Berven, la **chapelle de Lambader** (magnifique **jubé** de 1481, du style gothique flamboyant, en bois sculpté et ajouré).

2° De Landerneau à **Plougastel-Daoulas**, *V.* p. 113.

Distances par la route : — *Brest*, par Guipavas (à g., bifurc. de Kerhuon et de Plougastel), 22 k.; — *Carhaix*, par *Sizun* (16 k.; cimetière avec porte en arc de triomphe, de 1588; ossuaire; intéressante église), le roc Trévézel (31 k.; on y franchit les monts d'Arrée, à 341 m. d'alt.), la Feuillée, Huelgoat et Poullaouen, 66 k.; — *Châteaulin*, par Daoulas, l'Hôpital-Camfrout, le Faou, Quimerch et Port-Launay, 43 k.; — *Quimper*, par Châteaulin (*V.* ci-dessus) et Quilinen, 70 k.

(FINISTÈRE.)

Cl. P. Gruyer.

🚂 *État jusqu'à Landerneau (V. ce nom pour distance et prix).* — 🚂 *départemental de Landerneau à Brignogan, 30 k. en 1 h. 1/2 env. : 2 fr. 30 et 1 fr. 55. — Billets de bains de mer, val. 33 j., de Paris à Brignogan : 81 fr. 05, 54 fr. 65, 36 fr. 45, all. et ret.*
🚗 *586 k. de Paris à Landerneau ; 29 k. de Landerneau à Brignogan.*

Hôtels : — *des Bains-de-Mer* (petit déj. 50 et 57 c., déj. ou dîn. 2 fr. 50, ch. dep. 2 fr.) ; — *des Baigneurs* (déj. 2 fr. 50, dîn. 3 fr., ch. 2 fr. ; — *de la Grand-Maison.*

Locations meublées : — maisons dep. 200 fr. par mois (5 à 6 pièces) et au-dessus ; — 2 ch. et une cuisine, 100 à 150 fr. par mois.

BRIGNOGAN est une station balnéaire de 2ᵉ ordre, fréquentée. Elle est renommée pour ses beaux sables et ses curieux rochers. Dans ses environs se trouvent les deux autres petites stations balnéaires de *Goulven* et de *Guisseny*.

ITINÉRAIRE. — *A.* De *Landerneau* la route de Brignogan s'élève à 103 m. d'alt. et passe (4 k. 1/2) à la **chapelle Saint-Eloi** (XVIᵉ s. ; le saint porte les attributs d'évêque et de maréchal ferrant et on met les chevaux sous sa protection ; curieux *pardon* le 24 juin). — 11 k. *Ploudaniel.* — 14 k. Bifurc. où on quitte la route directe pour prendre à g. celle du Folgoët. — 16 k. *Le Folgoët* (*V.* ci-dessous). — 17 k. 1/2. *Lesneven* (*V.* ci-dessous). — 25 k. On laisse à g. une route de 7 k., vers *Guisseny* (*V.* ci-dessous), à dr. une route de 2 k. 1/2 vers *Goulven* (*V.* ci-dessous). — 29 k. Brignogan.

B. — De *Landerneau* le ch. de fer de Brignogan dessert (6 k.) *Plouédern* (à 2 k. 1/2 à g., *chapelle Saint-Eloi*, *V.* ci-dessus), *Trémaouézan* (7 k.) et *Ploudaniel* (13 k.).

16 k. *Halte de Folgoët*, desservant **le Folgoët**, à 2 k. à g. (*N.-B.*

Les personnes qui désirent ne pas faire ce trajet à pied trouveront des voit. de louage à la station suivante de Lesneven, qui est à la même distance du Folgoët). — Le Folgoët n'a que quelques maisons et des auberges. L'**église** (1419) est du gothique flamboyant; elle a 2 *tours* dont l'une est magnifique (56 m.) et l'autre à peine commencée; au côté dr., *portail latéral* à porte double (en face, *calvaire* mutilé du XVe s.) et beau *porche* dit **portique des Apôtres**; derrière l'église, *fontaine sacrée*. A l'int., **jubé** de granit, vraie dentelle de pierre; au chœur, à dr., 3 belles *statues* de pierre, du XVe s. — Près de l'église, le **Doyenné**, vieux manoir à tourelles, et *monument de l'évêque Freppel*. — Le pardon de Folgoët (*très recommandé*) est célèbre; il se tient les 7 et 8 sept. et réunit de curieux costumes.

17 k. *Lesneven* (hôt. *de France*, déj. ou dîn. 2 fr. 50) est un gros bourg qui a une **église** avec *porche* de la Renaissance. *Statue*, par Godebsky, *du général Le Flô*, né à Lesneven.

22 k. *Plouider* (✕ pour *Plouescat*).

25 k. **Goulven** (hôt. *Mésanstourne*; *chambres meublées*, 40 fr. par mois env.), très petite station balnéaire au fond de l'anse ou **grève de Goulven**, qui assèche à 4 k. à mer basse; jolie *église* (XVe-XVIe s.).

28 k. *Plounéour-Trez* (à 7 k. 1/2 S.-O., petite station balnéaire de **Guisseny**, avec de grandes grèves sablonneuses; auberges).

30 k. Brignogan.

Brignogan est surtout fréquenté par les familles. Les Brestois y sont nombreux et y louent chambres et maisons, dès le printemps, pour la saison d'été. On s'approvisionne soit au pays, soit à Lesneven. — La **plage** est belle (sable), avec de nombreuses cabines.

Suivant vers la g. du bourg (N.-O.; *se faire accompagner par un enfant, pour la visite des rochers*) le chemin qui longe le télégraphe, on atteint (1 k. env.) le **menhir du Men-Marz** (*pierre du Miracle*; 8 m. de haut; une croix de pierre est au sommet, une autre gravée à 1 m. 70 env. du sol). — Au delà du menhir on laisse à dr. l'**anse** et la **pointe de Pontusval** pour se diriger vers la **chapelle Pol** (2 k.), élevée sur un amoncellement de granit et voisine d'un *calvaire* du XVIe s. — 1/2 k. au delà de la chapelle, sur la côte, **phare** de 18 m., à feu fixe.

Toute cette côte est extrêmement curieuse et pittoresque, avec ses beaux sables parsemés d'énormes blocs de **rochers**, arrondis et fouillés par les eaux, et affectant comme ceux de Trégastel et de Ploumanach (Côtes-du-Nord) les formes les plus bizarres. On montre : le *Sphinx*, l'*Eléphant*, le *Chameau*, la *Grenouille*, le *Cochon*, ainsi qu'un *dolmen* dit l'*Arc-de-Triomphe* et une *pierre branlante*.

De Brignogan à **Brest** : 🚌 départemental par Le Folgoët, Lesneven et *Plabennec*, 44 k. en 1 h. 1/2 à 2 h. env.

PLOUGASTEL-DAOULAS

(FINISTÈRE)

Cl. P. Gruyer.

Etat, de Brest ou Landerneau, jusqu'à la station de Kerhuon. — de Kerhuon jusqu'à la rivière de l'Elorn (1 k. 1/2); passage en bac à vap. (1/2 k.; 10 c.; prend les voit., chevaux et autos) de l'Elorn; du bac à Plougastel (2 k. 1/2). — L'été, omnibus des hôtels, de la gare au bac (25 c.) et du bac à Plougastel (50 c.).

l'été, les dimanches, jeudis et jours de fête, de Brest au passage de Plougastel : 40 c.

12 k. 1/2 de Landerneau à Plougastel.

Hôtels : — *des Voyageurs* (déj. 2 fr., din. 2 fr. 50, ch. dep. 2 fr.; — *d'Arvor* (déj. ou din. 2 fr. 50, ch. 2 fr.).

PLOUGASTEL-DAOULAS est une petite localité célèbre par son calvaire, par le costume pittoresque de ses habitants et par les beaux paysages de la rivière de l'Elorn, que domine le village. C'est une excursion classique pour les touristes de la région.

ITINÉRAIRE. — De la station de **Kerhuon** (ligne de Paris-Brest) la route (omnibus des hôtels; *V.* ci-dessus) descend (1 k. 1/2) au **passage de Plougastel**, où se trouve le *bac* (*V.* ci-dessus) pour la traversée de l'Elorn, véritable bras de mer.

Le bac aborde sur la rive opposée (1/2 k.), au hameau du *Passage*, près la **chapelle Saint-Langui** (à g. de l'autel, *statue de St Langui*, les yeux mi-clos, l'air languissant), voisine d'une *calvaire* sculpté de 1622.

De là (route montueuse et fatigante; nous conseillons de prendre un omnibus, *V.* ci-dessus), la route de Plougastel s'élève parmi d'énormes **rochers** ruiniformes, qui émergent de la verdure et auxquels s'adossent de curieux et pittoresques hameaux.

4 k. 1/2 (de la gare de Kerhuon). **Plougastel** a une **église** moderne (au

transept dr., *retable* de l'époque Louis XIII, à médaillons peints), du **clocher** de laquelle (*recommandé*) on jouit d'une vue admirable.

Le **calvaire**, voisin de l'église, est avec celui de *Guimiliau* (*V.* ce nom) le plus important de la Bretagne. Érigé de 1602 à 1604, à l'occasion d'une peste qui avait sévi en 1598, il a été restauré de nos jours. L'arcade de la face principale abrite un autel de pierre avec statues de *St Sébastien* (mutilé), de *St Pierre* à g., de *St Roch* à dr. La frise qui court tout autour du monument est ornée de bas-reliefs de la **Vie de Jésus** : *Fuite en Égypte*, *la Cène*, *Lavement des pieds*, etc. Puis c'est le drame de la *Passion* qui se déroule en une véritable armée d'acteurs, rangés sur le pourtour de la plate-forme supérieure (*J.-C. sort du tombeau*, sur la face principale; *Portement de Croix*, 2e face, vers la dr.; *Mise au tombeau*, 3e face), d'où s'élèvent les *3 croix du Christ et des 2 Larrons*. Le nombre de ces statuettes, taillées naïvement, mais avec une verve digne de Callot, dépasse 200.

Les **costumes** des habitants (bourg et villages environnants), aux couleurs criardes, rouges, vertes et bleues, se voient surtout *le dimanche, à la sortie de la grand'messe* (recommandé) ou le jour des *pardons* : le 24 juin; le 29 juin, quand ce jour est un dimanche (le 1er dim. de juillet, quand le 29 juin n'est pas un dimanche); le 1er dimanche d'octobre, à la *chapelle Saint-Langui* (*V.* ci-dessus). — Vers la fin de février, se font en bloc presque tous les **mariages** du pays.

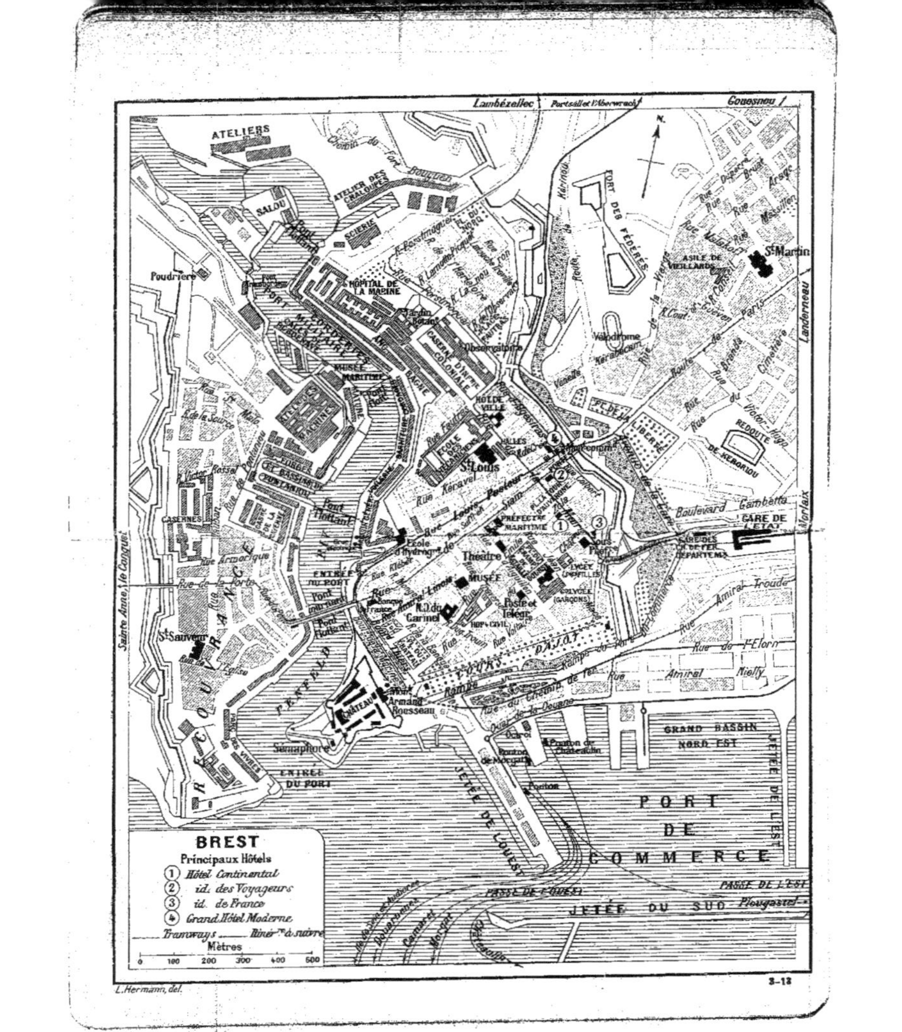
BREST
Principaux Hôtels
1 Hôtel Continental
2 id. des Voyageurs
3 id. de France
4 Grand Hôtel Moderne
Tramways
Itinéraire à suivre
Mètres
0 100 200 300 400 500
Lambézellec
Portsall et l'Aberwrach
Gouesnou
Landerneau
Morlaix
Sainte Anne, le Conquet
ATELIERS
ATELIER DES CHALOUPES
SALOU
SCIERIE
Poudrière
HÔPITAL DE LA MARINE
Observatoire
CASERNE D'INF^IE COLONIALE
MUSÉE MARITIME
HÔTEL DE VILLE
HALLES
St Louis
Rue Kéravel
Rue Louis Pasteur
PRÉFECTURE MARITIME
Théâtre
MUSÉE
Poste et Télégr.
N.D. du Carmel
LYCÉE (FILLES)
LYCÉE (GARÇONS)
CASERNES
St Sauveur
Rue Armorique
Rue de la Porte
Pont Tournant
CHÂTEAU
Armand Rousseau
Sémaphore
ENTRÉE DU PORT
PARC DES VIVRES
RECOUVRANCE
PENFELD
COURS D'AJOT
Rue Amiral Troude
Rue de l'Elorn
Rue Amiral Nielly
Boulevard Gambetta
GARE DE L'ÉTAT
GARE DES CH. DE FER DÉPARTEM.
GRAND BASSIN NORD EST
JETÉE DE L'EST
PORT DE COMMERCE
JETÉE DE L'OUEST
PASSE DE L'OUEST
PASSE DE L'EST
JETÉE DU SUD
Plougastel
FORT DES FÉDÉRÉS
Vélodrome
St Martin
ASILE DE VIEILLARDS
Rue Malakoff
Route de Paris
Rue Victor Hugo
REDOUTE DE KERORIOU
PL. DE LA LIBERTÉ
L. Hermann, del.
3-13

BREST
(FINISTÈRE)

Cl. Neurdein.

Etat, 624 k. de Paris, en 9 h. 50 à 10 h. 20 par express, toutes classes : 66 fr. 75, 45 fr. 05, 29 fr. 35. — Billets de bains de mer, val. 33 j. : 80 fr. 10, 54 fr. 05, 35 fr. 20, all. et ret.
608 k. de Paris ; — 60 k. de Morlaix ; — 92 k. de Quimper.

Omnibus du ch. de fer : — avec 30 kilog. de bagages, 50 c.
Trams urbains : — prix unique 10 c. ; avec corresp., 15 c.
Trams hors les murs pour : — *l'anse de Sainte-Anne* et *Le Conquet*, V. p. 127.
Hôtels : — *Continental* * (petit déj. 1 fr. 25, déj. 3 fr., dîn. 3 fr. 50 ; ch. à 1 lit, 3 à 12 fr. ; pens. dep. 9 fr. ; chauff. central ; bains ; ascens. ; ☎), r. de la Mairie et pl. de La Tour-d'Auvergne ; — *Moderne* * (petit déj. 1 fr. et 1 fr. 25, déj. 3 fr. et 3 fr. 50, dîn. 3 fr. 50 et 4 fr. ; ch. pour 1 pers. 2 fr. 50 à 5 fr., 2 pers. 5 à 12 fr. ; pens. 9 à 13 fr. 50 ; ascensc. ; chauff. central ; bains ; ☎), pl. des Portes ; — *des Voyageurs* (petit déj. 1 fr., déj. 3 fr., dîn. 3 fr. 50, ch. 2 fr. 50 à 5 fr. ; bains ; ☎ ; chauff. central), r. de Siam ; — *de France* (petit déj. 75 c. et 1 fr. 25, déj. 2 fr. 50, dîn. 3 fr., ch. 2 fr. 50 à 6 fr. ; chauff. central), r. de la Mairie, 1, à l'angle de la r. Colbert ; — *Central*, r. d'Aiguillon, 50 ; — *du Cheval-Blanc* (simple ; déj. ou dîn. 2 fr., ch. dep. 2 fr. ; 6 fr. par j.), r. d'Algésiras, 4 ; — *des Familles* (simple ; dépend de l'hôtel du Cheval-Blanc ; mêmes prix), r. Ambroise-Thomas, 7.
Hôtels meublés : — *Pringent* (ch. 3 fr. par j. ou 68 fr. par mois ; on ne sert pas de repas), pl. du Champ-de-Bataille (angle des rues d'Aiguillon et Zola) ; — *Péron*, r. de la Mairie, 2 *ter*.
Restaurants : — *Brasserie de la Marine* (déj. ou dîn. 3 fr.), pl. du Champ-de-Bataille ; — *des Colonies*, idem ; — *du Grand-Café*, angle de la r. de Siam et de la Mairie.
Agences de location (pour Brest et la région) : — *Mazoyer*, r. de la Rampe, 37 *bis* ; — *Omnès*, r. de la Mairie, 13 *ter*.
Poste-et-télégraphe : — pl. du Champ-de-Bataille, 15 (angle des rues d'Aiguillon et du Château).

Voitures de place : — stations, pl. du Champ-de-Bataille et de la Tour-d'Auvergne (de 7 h. du mat. à 7 h. du s., du 1er avril au 30 sept. ; de 8 h. à 7 h. le reste de l'année). — Voitures à 2 pl., 1 fr. 25 la *course*, 1 fr. 75 l'*heure* (2 fr. 50 hors de la ville); voit. à 4 pl. 2 fr. la *course*, 2 fr. 50 l'*heure* (3 fr. 50 hors de la ville). Les fractions de la deuxième heure se payent par demi-heure.

Autos-taxis : — Il y a plusieurs tarifs, sur la base de 75 c. de prise en charge, pour 900 m. ou pour 1 k. (1 fr. 25, la nuit); ensuite, 50 c. et 60 c. env. pour chaque k. *Demander le tarif imprimé aux chauffeurs.* — Les autos-taxis stationnent en ville, aux mêmes endroits que les voitures de place (*V.* ci-dessus).

On peut aussi s'adr. aux loueurs : — *Bence*, r. Traverse, 13; — *Taxis Brestois*, r. Duguay-Trouin, 15.

Bateaux à voile pour promenades : — 3 fr. la 1re h., 2 fr. les suiv., au port de Commerce).

Bateaux pour : — *Plougastel* (le dim., le jeudi et j. de fête), 40 c. : — *Le Fret-Morgat*, p. 129; — *Camaret* par *le Fret* ou *Quélern*, p. 133; — *Landévennec* et *Châteaulin*, p. 120; — *Douarnenez* (l'été; d'ordinaire mardi et vendredi après-midi; trajet en 3 h. env.; 5 fr. et 3 fr.; all. et ret. 8 fr.); — *Audierne* par *l'île de Sein*, p. 148.

Service maritime pour : — *Plymouth* (Cie du Great-Western-Railway), deux ou trois fois par sem. selon saison; traj. en 8 à 9 h.; 22 fr. 10 et 15 fr. 80; all. et ret. 31 fr. 60 et 22 fr. 10, val. 6 mois. — Billets directs *Brest-Plymouth-Londres*, bateau et ch. de fer, 57 fr. 40 et 67 fr. all. et ret. — Supplément pour droits divers, 2 fr.; buffet à bord.

BREST, ville fortifiée et port de guerre, à l'extrémité de la Bretagne, célèbre par sa rade, offre en soi-même, aux étrangers, peu d'attraits comme séjour. Mais c'est un centre important de tourisme et le point d'accès de nombreuses petites stations balnéaires : *l'Aberwrach*, *Argenton*, *Porspoder*, *Portsall-Kersaint*, *le Trez-Hir* et *le Conquet*. C'est également, à l'heure actuelle, la voie la plus courte pour *Morgat*.

ITINÉRAIRE. — En sortant de la gare de l'État, on laisse à dr. la *gare des chemins de fer départementaux* de l'Aberwrach et de Portsall (fermée le soir, à 8 h.), et on trouve un tram qui conduirait : à g., au port de commerce (bateaux de Crozon-Morgat, Camaret, Châteaulin, Douarnenez, Audierne et Plymouth); à dr., en ville et au port militaire. — En face de soi on a les **remparts** et la **porte Foy**.

Au lieu d'entrer en ville par la porte Foy, on suit à dr. l'*avenue de la Gare*, qui longe les glacis des remparts, plantés de gros ormes, jusqu'à la porte suivante. Celle-ci, laissant en arrière le faubourg de *Saint-Martin*, donne accès à la **place des Portes** (*monument aux morts pour la patrie*, par A. Maillard).

En face de la place des Portes s'ouvrent la *rue de Siam*, artère principale de Brest (p. 120), et la *rue Pasteur*, ancienne Grande-Rue, détrônée par la rue de Siam. Suivant la rue Pasteur, on croise la *rue de la Mairie* et on voit, à dr., l'église Saint-Louis.

L'**église Saint-Louis** est un beau monument du style Louis XIV, commencé en 1688, avec une médiocre façade de 1778, et terminé seulement au XIXe s. — L'int., en pierre blanche, élégant et somptueux d'aspect, **rappelle** la chapelle de Versailles. Belle *chaire* du 1er Empire. Magnifique **maître-autel** de marbre rouge, à baldaquin. Dans les transepts, *confessionnaux* anciens en chêne sculpté. Derrière le chœur, *plaques* et inscriptions à la mémoire de Ducouëdic et du chevalier F. de Langle. Beaux *vitraux* modernes. Plusieurs *tableaux* anciens et copies d'anciens. **Orgue** remarquable.

On continue à descendre la rue Pasteur, à l'extrémité de laquelle est l'entrée du port de guerre.

Le **Port de Guerre** (le permis de visiter est délivré au n° 81 de la rue Pasteur, à la *Majorité*, où il faut présenter *une pièce d'identité établissant que l'on est Français*, de 9 h. à 11 h. mat.; le port est fermé aux étrangers; le permis est valable pour la journée, de 9 h. à 11 h. et de 1 h. à 4 h.; s'en servir après 1 h. si l'on veut visiter le petit musée maritime) demande pour sa visite une grande heure. On peut toutefois se contenter de *visiter un navire de guerre* et les *chantiers de construction* de quelque cuirassé. Tout le reste de la promenade, longue et fatigante, consiste à passer devant des ateliers où l'on ne peut pénétrer et on fera bien de l'abréger. — En entrant, on remet son permis au gendarme de garde, qui désigne un matelot pour vous accompagner (rémunération d'usage). Le port couvre les deux versants rocheux qui encaissent la sinueuse rivière de la *Penfeld*. On voit, en arrivant, la *Consulaire* (c'est une pièce de canon qui appartenait aux Algériens, lors du siège d'Alger par Duquesne, en 1683; le missionnaire Levacher fut placé vivant à la gueule de cette pièce, déchargée ensuite contre l'escadre française) et l'*Amphitrite*, jolie statue de Coysevox, qui vient de l'ancien château de Marly, près de Paris. — Au-dessus de l'esplanade s'élève l'énorme **grue électrique** (45 m. de haut; puissance 150 tonnes) qui sert à embarquer les grosses pièces à bord des cuirassés et à la mise en place de leur mâture. — Le **Magasin Général**, qui borde l'esplanade (trophées et emblèmes), est de 1745. — Faisant le tour du port, on visite l'*atelier des chaloupes* et on passe sur l'autre rive par un *pont flottant*. Le **musée maritime** renferme des débris et fragments de vieux navires, des bustes de marins célèbres, des statues de bois provenant d'anciennes frégates.

Sortant du port militaire, on monte au Pont-Tournant par des escaliers de pierre ou par une rampe en pente douce.

Le **Pont-Tournant**, ou *Pont-National*, haut de 22 m. au-dessus de la Penfeld, est long de 117 m. Construit en 1861, il se compose de deux volées tournantes, pesant chacune 750,000 kilog.; l'ouverture et la fermeture, permettant le passage des grands navires, demandent 15 min. env. et s'exécutent à l'aide d'un cabestan mû seulement par quatre hommes. Au-dessous est un *pont flottant*. — Du haut du Pont-Tournant le spectacle est varié et pittoresque : à dr., le port de guerre, avec ses canons, ses navires, ses arsenaux et les casernes de la marine; en face, sur la rive dr., le quartier de **Recouvrance** (route du Conquet), rempli de « débits » à l'usage des marins et précédé d'une grosse **tour** du XIVe s., que déforme un toit ridicule en forme de chapeau chinois; vers la g., le vieux château (*V.* ci-dessous), l'embouchure de la Penfeld et la rade.

A l'entrée du Pont-Tournant, et sans le traverser, on trouve, à g., le *boulevard Thiers*, où la *rue Amiral-Linois* (1re à g.) conduit au Musée.

Le **Musée** (9 h. à 5 h.; du 1er oct. au 1er avril, 9 h. à 4 h.), renferme de bons tableaux anciens et modernes et des objets d'art. On peut signaler : — REZ-DE-CHAUSSÉE : (1er cabinet) *F. de Troy*. Entrevue de Médée et de Jason; — (Grande Salle) *Jobbé-Duval*, Mystères de Bacchus; *C.-A. Coypel*, Sacrifice d'Iphigénie; *Ary Scheffer*, Charlotte Corday; — (Cabinet) aquarelles et pastels; *Vien*. Portrait de la famille d'un fermier général sous Louis XVI; — (Salle après le cabinet) *Van Dargent*. Mort du dernier barde breton. — 1er ÉTAGE, à dr. (Cabinet rouge) tableaux; meubles; faïences; fines statuettes de biscuit; — (Salle Riou-Kerhalet) tableaux; gravures; lithographies; médailles; — (Grande salle) *Gilbert*, Combat naval près du Conquet (1513); *Poiteux-St-Ange*, Exécution de Porcon de la Barbinais; *Sébastien Bourdon*, Repos de la Ste Famille; *Lix*, Camille Desmoulins au Palais-Royal; *Ribot*, La mère Le Goff à Plougastel. Minéraux; armes. Fossiles. — A g. de l'escalier d'entrée : (Cabinet) quelques tableaux. — (Grande salle) *Penfold*, Mort du premier né; *Belle* (attribuée à), Le génie de la Liberté confie le triangle de l'Égalité à la Justice; *École de Van Dyck*, Néréide; *Espey*, Repos (cimetière des naufragés aux îles Glénans). Plaques de cheminée; bustes; plan de Brest; médailles.

A quelques pas derrière le musée, dans la *rue Émile-Zola*, **église du Carmel** de 1718. Au bas-côté dr., statuette de *Saint-Yves* avec un sac à procédure; *buffet d'orgue* au-dessus de l'autel; *chaire* ancienne.

Du musée, on revient au boulevard Thiers, pour gagner le château, que l'on voit à g. — Dans le petit square qui en précède l'entrée, *monument d'Armand Rousseau*, par Puech (1902).

Le **Château** (se présenter au delà du *portail* d'entrée, au corps de garde à dr.; le casernier vous accompagne. pourboire) remplaça aux XIIe et XIIIe s. un ancien *castellum* romain. Les tours les plus anciennes datent de cette époque; les autres du XVe s. En 1793, 26 députés girondins furent enfermés dans le château, qui sert auj. de caserne. — Autour de la cour intérieure ou **place d'Armes**, on voit les *casernes de Plougastel* (lucarnes de la Renaissance), *de Monsieur* (terminée en 1825) et *de César* (1776). De là, on gagne la *tour de la Madeleine* (XVe s.), la *tour Française* (à demi écroulée), la *tour de César* (XIIe s.) et la *tour de Brest* (belle vue du port). On visite ensuite le *Donjon* (remanié par Vauban), les *tours d'Azénor* et *d'Anne de Bretagne* (souterrains, cachots).

Sortant du château, on a devant soi le **Cours Dajot**, belle promenade plantée en 1769. La vue s'étend sur la rade, le Goulet et le port de commerce. — La **rade de Brest** forme un immense bassin naturel, aux longues lignes et aux nombreuses découpures. Large de 11 k. entre Brest et la côte opposée de Crozon, elle pourrait facilement contenir toutes les flottes de guerre de l'Europe. Elle ouvre en mer par le détroit dit **goulet de Brest**, large de 2 k. à peine, et dont les côtes sont hérissées de forts et de batteries. On peut, en louant une barque au port de commerce (3 fr. et 2 fr. l'h. env.), aller visiter (avec l'autorisation de l'officier de service) l'un des *navires-écoles* mouillés en rade. — Le **port de commerce**, où descendent des rampes et des escaliers, couvre 41 hect. et a 2 700 m. de quais. On s'y embarque aux *bateaux* de Morgat, Châteaulin, Douarnenez et autres services maritimes.

A l'extrémité du Cours Dajot opposée au château, on trouve à g. la *rue Jean-Macé* où, presque aussitôt à dr., la *rue Amiral-Réveillère* ramènerait à la porte Foy et à la gare. — Suivant la rue Jean-Macé, on arrive à la **place du Champ-de-Bataille**, très fréquentée le soir (musique), et où sont la **Bourse**, la *Poste-et-Télégraphe* et le **Théâtre** (voitures et autos de place).

De la place du Champ-de-Bataille on gagne par la *rue d'Aiguillon*

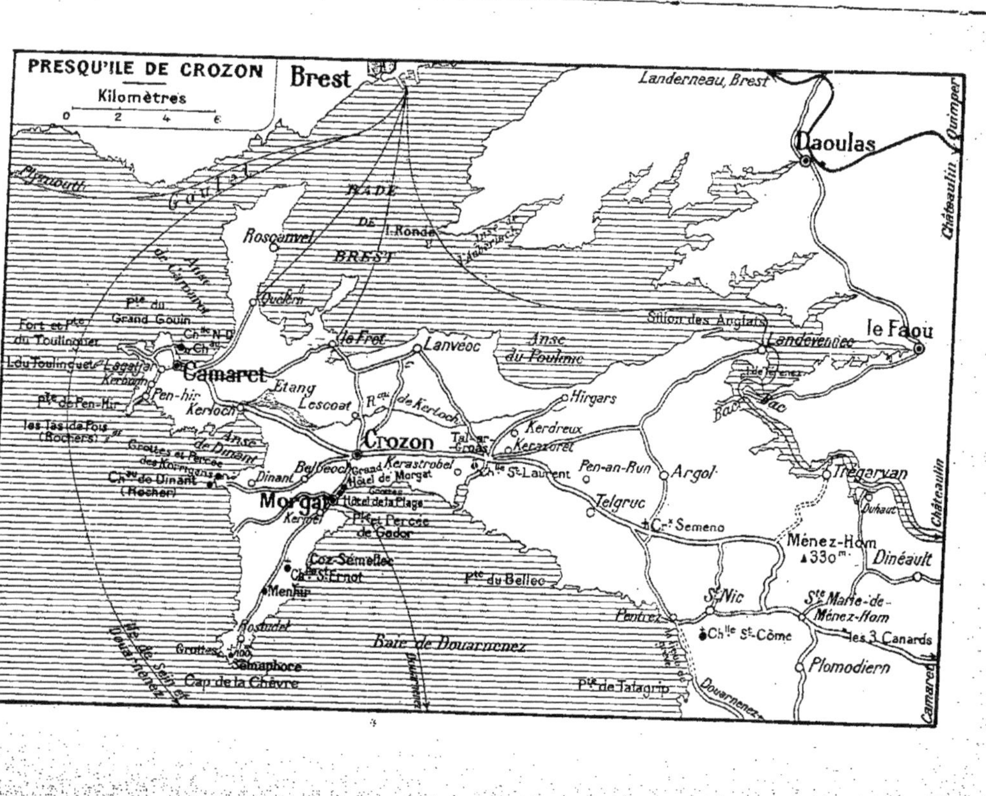
PRESQU'ILE DE CROZON
Kilomètres
0 2 4 6
Brest
Landerneau, Brest
Daoulas
Châteaulin, Quimper
Plymouth
Goulet
RADE
DE
BREST
I. Ronde
Roscanvel
Anse de Camaret
Quélern
Pte du Grand Gouin
Fort et Pte du Toulinguet
I. du Toulinguet
Camaret
Pen-hir
Pte de Pen-Hir
Kerloch
Les Tas de Pois (Rochers)
Grottes et Percée des Korrigans
Anse de Dinant
Chau de Dinant (Rocher)
Dinant
Le Fret
Lanvéoc
Anse du Poulmic
Etang
Lescoat
Rau de Kerloch
Crozon
Morgat
Hôtel de la Plage
Coz-Sémellec
Menhir
Rostudel
Grottes
Sémaphore
Cap de la Chèvre
Baie de Douarnenez
Douarnenez
Pte du Bellec
Sillon des Anglais
Landévennec
Le Faou
Hirgars
Kerdreux
Pen-an-Run
Argol
Telgruc
Trégarvan
Châteaulin
Ménez-Hom
330m
Dinéault
St Nic
Pentrez
Ste Marie-de-Ménez-Hom
les 3 Canards
Plomodiern
Pte de Talagrip
Camaret

(angle du Théâtre), la **rue de Siam** (nombreux magasins et cafés), qu'affectionnent les Brestois. Vers la g., elle descend au Pont-Tournant (p. 117); vers la dr., elle passe devant la **Préfecture maritime**, ancien hôtel Saint-Pierre, et ramène à la place des Portes.

EXCURSIONS. — **1°** De Brest à **Plougastel-Daoulas**, *V.* p. 113.

2° Excursions en mer (*V.* la carte p. 119) de Brest à : — *Camaret*; — *Douarnenez*; — *Audierne*, par *l'île de Sein*. — *V.* chacun de ces noms et les affiches, ainsi que pour diverses autres excursions.

3° De Brest à Landévennec et Port-Launay-Châteaulin (*excursion recommandée, surtout jusqu'à Landévennec*; *bateau médiocre*) : ⛴ à jours et heures variables (*V. affiches au port de Commerce et journaux locaux*), 52 k. jusqu'à Port-Launay, en 4 à 6 h. : 2 fr. L'été, *excursions spéciales à Landévennec* (all. et ret. le même j.). — Le bateau, doublant la *pointe de l'Armorique* et *l'île Ronde*, s'enfonce dans la baie la plus profonde de la rade de Brest.

22 k. *Landévennec* (hôt. : *Reine Salaün*; *Le Stum*; tous deux à prix modérés), petit v. dans une admirable situation, encerclé d'eau et de bois. — *Eglise* (XVIe-XVIIe s.) dans un site charmant, au bord de la grève. — Célèbre **abbaye** (on visite), fondée au Ve s. par St Guénolé; il reste les ruines de la *chapelle* et le *tombeau de Saint-Guénolé*, des débris de statues et de sculptures. Un *parc* magnifique entoure l'abbaye. — Par la route de Crozon (à pic; 1 h. env. all. et ret.), on monte au ham. de *Gorréquer* (84 m. d'alt.), puis à 107 m., au faîte du promontoire qui abrite Landévennec à sa base. La vue est immense et l'une des plus belles de la Bretagne. A ses pieds, on a la **station navale** de *Térénez* (rivière de Châteaulin); sur l'horizon, le Ménez-Hom.

Au delà de Landévennec le bateau s'engage dans la rivière de Châteaulin et passe à la station navale de Térénez. — 33 k. et 36 k. Escales de *Dinéault* et de *Trégarvan*, au pied de la montagne de **Ménez-Hom** (300 m. d'alt.; p. 130). — 50 k. *Ecluse de Guily-Glas*, au pied du **viaduc** monumental de Port-Launay (ch. de fer de Quimper à Landerneau; 357 m. de long; 50 m. de haut). — 52 k. *Port-Launay*, où s'arrête le bateau, à 2 k. 1/2 de *Châteaulin* (*V.* ce nom).

4° De Brest à : — **l'Aberwrach**; — **Argenton** et **Porspoder**; — **Portsall-Kersaint**; — **le Conquet**; — *Morgat*; — *V.* ces noms.

Distances par la route : — *Landerneau*, 22 k.; — *Morlaix*, par Landerneau, 60 k.; — *Quimper* : *A*. par Guipavas, Landerneau, Daoulas, Le Faou, Quimerch, Port-Launay, Châteaulin, Quilinen et Kerfeunteun, 92 k.; *B*. par le Fret (passage en ⛴ de Brest au Fret), Lanvéoc, Telgruc, Pentrez, Plonévez-Porzay, Locronan et Plogonnec, 51 k.

(FINISTÈRE)

Cl. P. Gruyer.

🚂 Etat de Paris à Brest (V. ce nom pour distance et prix). — 🚂 départemental de Brest à l'Aberwrach, 36 k. en 1 h. 50 : 2 fr. 80 et 1 fr. 85. 🚗 29 k. de Brest à l'Aberwrach.

Hôtel : — *des Anges* (petit déj. 50 c., déj. ou dîn. 2 fr. 50, ch. 2 fr.; pens. 6 fr.), sur la baie des Anges; — *Bellevue* (déj. ou dîn. 2 fr. 50, ch. 1 fr. 50; pens. 6 fr.), sur le quai du port.

Restaurant : — *de la Marine* (déj. ou dîn. 2 fr. 50).

Chambres et maisons meublées : — (en petit nombre) prix modérés.

L'ABERWRACH peut à peine être appelé une station balnéaire et il ne s'y trouve pas de plage proprement dite. C'est un petit port, où l'on pêche surtout le homard et la langouste, au fond d'une anse abritée par une ceinture de récifs et d'îlots. C'est un des coins les plus sauvages de la Bretagne. Peu de ressources.

ITINÉRAIRE. — *A*. De *Brest* la route de l'Aberwrach passe à (8 k.) *Gouesnou* (*église* de 1552, avec porche de 1742 et belle flèche de pierre; *chapelle Saint-Mémor*, avec une pierre percée d'un trou, où les rhumatisants passent leur bras). — 14 k. 1/2. *Bourg-Blanc*. — 20 k. La route passe à l'extrémité de l'estuaire de l'Aber-Benoît, qui s'enfonce de 9 k. dans les terres. — 23 k. 1/2. **Lannilis** (hôt. *Lagadec*, déj. ou dîn. 2 fr. 50, ch. 1 fr. 50), gros bourg sans intérêt (*église* moderne avec belle *tour-clocher* de 1774). — 29 k. L'Aberwrach.

B. — De *Brest* le ch. de fer départemental emprunte, pour contourner la ville, les fossés des remparts. — 6 k. *Lambézellec*, grosse commune industrielle. — 12 k. *Gouesnou* (*V*. ci-dessus). — 18 k. *Plabennec* (*église* de 1762). — 23 k. *Plouvien* (au cimetière, *calvaire* de 1685). — 30 et 31 k. *Station de Lannilis* et halte du *Cosquer*; celle-ci est la plus proche du bourg (*V.* ci-dessus). — 31 k. *Landéda.* On voit à g. de la voie, près d'un lavoir, les *ruines* du *château de Troménec.*

36 k. **L'Aberwrach.** On arrive au **port** (nombreux « casiers » à homards), situé à l'entrée de l'estuaire de l'Aber-Wrach, qui s'enfonce de 9 k. dans les terres et qui assèche presque entièrement à marée basse, ne laissant qu'un étroit chenal. — On suit la route qui borde la mer vers la g., et on atteint l'**anse des Anges**, où l'hôtel des Anges est installé dans ce qui reste du **couvent de N.-D. des Anges**, fondé par Anne de Bretagne, en 1507 (*cour intérieure* pittoresque, avec puits et pigeonniers ; la *chapelle* est effondrée). — C'est dans cette baie que l'on se baigne, faute de plage, sur un sable caillouteux. Le constraste est frappant entre le calme des eaux de la baie et la côte extérieure, toute déchiquetée par les flots. On entend sans cesse, au loin, gronder la mer.

EXCURSIONS. — **1°** Une course intéressante pour les personnes qui ne craignent pas la mer (*navigation très dure*) consiste à se faire conduire par un pêcheur, à travers le dédale de récifs et d'îlots où une curieuse population d'hommes et de femmes, vêtues de drap noir, récolte et brûle le goémon, jusqu'au **phare** de l'**île Vierge** (5 k. N. en ligne droite). — On passe près de l'*île Longue*, entre l'*île Cézon*, qui porte un fort, et l'*île d'Ebre*, près de l'*île Wrach* (feu fixe rouge), de l'*île Stagadon* et de l'*île Venvan*. L'île Vierge, presque au ras des flots (11 m. d'alt.), porte un phare gigantesque, haut de 75 m., de 30 milles de portée. A marée basse, elle est relié à la terre par une chaîne de récifs.

2° Si l'on continuait, de l'hôtel des Anges, à suivre la côte vers la g., par des chemins ou sentiers médiocres, on laisserait à dr. une petite presqu'île (2 k.) habitée par des pêcheurs et on gagnerait (4 k. 1/2) l'estuaire de l'Aber-Benoît. Passant celui-ci, on trouverait au delà (6 k. 1/2) les belles **dunes** de sable de **Lampaul-Ploudalmézeau** (p. 126).

ARGENTON et PORSPODER

(FINISTÈRE)

Cl. P. Greyer.

Etat de Paris à Brest (V. ce nom pour distance et prix). — départemental de Brest à Plourin, 28 k. en 1 h. 14 env. : 1 fr. 70 et 1 fr. 45. — 7 k. de Plourin à Argenton, 8 k. 1/2 jusqu'à Porspoder ; voit. publ. pour Argenton et Porspoder : 75 c.

28 k. 1/2 de Brest à Argenton, 30 k. jusqu'à Porspoder.

Hôtels : — A ARGENTON : — *Hôtel-restaurant Créach* (déj. ou din. 2 fr. 50, ch. 1 fr. 50 ; pens. 5 fr.).

A. PORSPODER : — *Hôtel Bon-Accueil* (5 fr. par j.).

Locations meublées (à *Argenton* et à *Porspoder*) : — ch. au prix moyen de 30 à 40 fr. par mois ; ch. et cuisine 50 fr. ; — petites maisons, simples d'aspect (6 à 7 pièces), dep. 100 fr. par mois ; — quelques villas plus confortables, à Argenton.

Pour les locations s'adr. aux commerçants des deux bourgs.

ARGENTON et **PORSPODER**, deux petits pays qui se touchent presque, forment deux plages familiales assez fréquentées (beaucoup de Brestois) et sans décorum, où la vie est encore peu coûteuse. Les locations meublées y sont assez nombreuses, mais il est utile de s'en inquiéter de bonne heure dans la saison. Le paysage est entièrement dénudé et sans un arbre, mais les grèves sont belles et les rochers pittoresques.

ITINÉRAIRE. — *A*. De *Brest* la route d'Argenton passe d'abord à (8 k.) *Guilers*. A 1 k. 1/2 en deçà du bourg, **château de Kéroual** (on visite), habité par Renée de Kéroual, maîtresse de Charles II d'Angleterre et qui y naquit en 1649 ; au grand salon, les *peintures* mythologiques qu'elle y fit exécuter ont subsisté. — 13 k. **Saint-Renan** (hôt. : *du Commerce ; des Voyageurs*) ; sur la place de la halle, *maisons anciennes* des XVe, XVIe et XVIIe s., gothiques et de la Renaissance. A 5 k. O., par la vieille route de *Plouarzel*, au delà d'un bois et de la ferme de *Kerloas*,

menhir de Kervéatou, haut de 12 m. (bosse en saillie à 1 m. env. du sol), longtemps l'objet de superstitions bizarres. — 17 k. 1/2. *Lanrivoaré*, à 1/2 k. à dr. de la route. Dans le cimetière qui entoure *l'église*, vieux **cimetière sacré**, dallé de pierres, où 8 *pierres rondes* figurent 8 pains changés en pierre par St Hervé à qui un boulanger refusa l'aumône.

19 k. On laisse à g. la route de *Lanildut* (*V.* ci-dessous). — 20 k. Un chemin de 1/2 k. env., à g. de la route, conduit aux belles ruines du **château de Kergroadès** ou **de Roquelaure** (Renaissance bretonne), dans un petit bois. — 23 k. On coupe une route qui va, à dr., à *Plourin* (*V.* ci-dessous). — 28 k. 1/2. Argenton (Porspoder est à 1 k. 1/2 à g.).

B. — De *Brest* le ch. de fer départemental emprunte, pour contourner la ville, les fossés des remparts. — 6 k. *Lambézellec*, grosse commune industrielle. — 12 k. *Guilers* (*château de Kéroual*, *V.* ci-dessus).

17 k. *Saint-Renan* (*V.* ci-dessus), d'où une route de 12 k. N.-O. (voit. publ. : 75 c.; la station suivante de Lanrivoaré est plus proche de 3 k. 1/2) conduit au petit port de **Lanildut** (une ou deux *auberges*; quelques *chambres* et *maisons meublées* à prix modérés), très petite station balnéaire à l'embouchure vaseuse de l'Aber-Ildut. De Lanildut on peut gagner ensuite, par la côte, Porspoder, 4 k. 1/2, et Argenton, 6 k.

22 k. *Lanrivoaré* (*V.* ci-dessus; ruines de Kergroadès, à 2 k. 1/2 N.-O.).

28 k. *Plourin* (à *l'église*, *chaire* sculptée figurant l'histoire de St Budoc; *tombes* de 1315 et 1400 au cimetière), où l'on quitte le train. — Une route de 7 k. conduit de la station de Plourin à Argenton.

Argenton est un petit *port de pêche* (homards et langoustes), sur une anse tranquille qu'une ligne de rochers abrite de la pleine mer. — On se baigne à dr. du bourg, sur une belle grève sablonneuse. — Sur toute la côte brûlent, à l'automne, de grands feux de *goëmons* (on en tire l'iode et la soude) qui, par moments, voilent complètement le paysage.

A 8 k. en mer, en face d'Argenton, **récif du Four**, portant un *phare* périlleux d'accès.

A 1/2 k. N. (à dr. en regardant la mer), près de la grève, *chapelle Saint-Gonvel*, voisine du *dolmen* souterrain du *Men-Milliguet*. — A 1/2 k. au delà, par la côte, beau **rocher du Coq**, qui s'avance comme un promontoire. — En continuant à suivre la côte dans cette direction, on atteindrait (5 k. 1/2 d'Argenton, par la route; 6 k. par la côte) *Portsall-Kersaint* (*V.* ce nom).

Porspoder, à 1 k. 1/2 S. d'Argenton (à g. en regardant la mer), est un curieux petit village dominant une grève sauvage, dont les **rochers** sont tapissés d'énormes goëmons et entremêlés de sable.

A 1 k. E. env., **menhir de Kérouézel**, haut de 9 m.

A 4 k. 1/2 S., en suivant la côte, on gagnerait *Lanildut* (*V.* ci-dessus).

Cl. P. Granger.

Etat de Paris à Brest (*V.* ce nom pour distance et prix). — *départemental de Brest à Portsall, 35 k. en 1 h. 40 : 2 fr. 70 et 1 fr. 80.* *30 k. de Brest.*

Hôtels : — *de Bretagne* (petit déj. 50 et 75 c., déj. 2 fr. 50, dîn. 3 fr., ch. 2 fr. 50 ; pens. à la sem. 7 fr. par j., au mois 6 fr.), à Portsall, près de la gare ; — *des Baigneurs* (déj. ou dîn. 1 fr. 75, ch. 2 fr. ; pens. 4 fr. 50 par j.), à Kersaint.

Locations meublées : — maisons et villas de 4 à 6 pièces, de 300 à 600 fr. pour la saison ; — chambres chez l'habitant, 80 fr. par mois env. pour 3 ch. ; 30 fr. une chambre. — On se loge aussi à *Ploudalmézeau* (*V.* ci-dessous).

Voitures de louage et bateaux : — à l'hôtel de Bretagne.

PORTSALL et **KERSAINT**, qui se joignent l'un l'autre, forment une station balnéaire simple et familiale, en voie de développement et assez fréquentée. On trouve un bon hôtel à Portsall, un autre plus simple à Kersaint. La côte est dénudée, mais offre de nombreuses découpures, avec des rocs pittoresques et d'admirables grèves de sable où l'on se baigne à son aise.

ITINÉRAIRE. — *A.* De *Brest* la route de Portsall-Kersaint est la même que celle d'Argenton (*V.* p. 123), jusqu'à la bifurc. de *Lanrivoaré* (17 k. 1/2), où l'on tourne à dr., en traversant le ch. de fer, puis le village (16 k.). — 26 k. **Ploudalmézeau** (hôt. : *de Bretagne*, petit déj. 50 c., déj. 2 fr., dîn. 2 fr. 50, ch. 2 fr., pens. dep. 5 fr. ; *chambres meublées*), à 4 k. de la mer, a une *église* moderne, avec une belle flèche de 1776 (à l'int., bas-côté dr., groupe du XVIe s. figurant *la Vierge*, en coiffe bretonne, tenant le Christ sur ses genoux ; 2 *fresques* de Yan Dargent : Christ descendu de la croix et Rédemption des âmes). A 3 k. N. de Ploudalmézeau, *Lampaul-Ploudalmézeau* a une *église* avec tour-clocher à campanile, de 1629 (Renaissance), et est à 1 k. de la mer, bordée d'immenses **dunes** de sable: entre le bourg et la mer, au ham. du *Rib*, est une *allée couverte*. — 29 k. Portsall et (vers la g.) 30 k. Kersaint.

B. — De *Brest* le ch. de fer suit le même parcours que pour Argenton (*V.* p. 124), jusqu'à la station de *Plourin* (28 k.). — 32 k. *Ploudalmézeau* (*V.* ci-dessus). — 34 k. *Tréompan*, halte desservant (1 k. 1/2 à dr.) la plage de Tréompan (*V.* ci-dessous).

35 k. **Portsall**, où s'arrête le train, est un *port de pêche*, au fond d'une anse de 1 k. 1/2 env. de profondeur, qui assèche à marée basse. Les maisons des pêcheurs se disséminent le long de la côte qui encercle cette anse. On y va à dr. de la station, par une route qui gagne ensuite la plage de Tréompan (*V.* ci-dessous).

Si au contraire on se dirige vers la g., on trouve un certain nombre **de villas** et on passe un vallon, que suit un cours d'eau se déversant dans la mer parmi quelques prairies; on remonte ensuite à **Kersaint** (1 k. de la gare). — **L'église**, du XVIe s., y est entourée d'arbres et a une jolie *tour-clocher* (moderne); face au portail, ancien *ossuaire* à niches. — Les ruines du **château de Trémazan**, du XIIIe s., sont encore imposantes. De la formidable forteresse il reste de larges fossés, la *porte* de l'enceinte, la plus grande partie de l'enceinte de la *cour intérieure* (2 manteaux de cheminées dans une tour ruinée, à g.) et le **donjon**, carré, avec une fenêtre du XIVe s.

PLAGES DE BAINS. — On se baigne : soit à la **plage de Kersaint** (cabines), voisine du château de Trémazan; soit à celle de Tréompan.

Pour se rendre à celle-ci on prend, à la gare du ch. de fer, la route qui traverse d'abord le petit village de Portsall, en passant à l'extrémité de la baie; puis on se dirige vers la dr. On atteint ainsi (2 k. 1/2 env.) la grève dite **plage de Tréompan,** qui développe en arc de cercle ses dunes de beau sable blanc (on s'y baigne en liberté et sans cabines). Une route de 1 k. 1/2 relie directement la plage de Tréompan à la *halte* du ch. de fer de ce nom. — Vers la g., la **pointe de Carn** marque le tournant de la Manche et de l'Océan et l'on voit passer au large de nombreux navires. Une foule de rocs déchiquetés, entre lesquels se glissent les bateaux de pêche et les barques chargées de goëmon, émergent pittoresquement à marée basse. — Vers la dr., on gagnerait, par des chemins de sables (2 k.) les vastes dunes de *Lampaul-Ploudalmézeau* (p. 125), puis (5 k. 1/2) *l'estuaire de l'Aber-Benoit*. Traversant celui-ci, on arriverait à (9 k.) *l'Aberwrach* (*V.* ce nom).

EXCURSION. — A 5 k. 1/2 S.-O. de Kersaint, par la route de voit. qui passe à *Landunvez*, ou à 6 k. par la côte (*recommandé*: chemins de piétons et sentiers), on se rend à **Argenton** et, 1 k. 1/2 au delà, à **Porspoder** (*V.* p. 124).

Cl. P. Groyer.

État de Paris à Brest (V. ce nom pour distance et prix. — Tram électrique de Brest au Conquet (toutes les heures, sauf à midi), 22 k. en 1 h. 25 : 1 fr. 60 et 1 fr. 15.
22 k. de Brest.

Hôtels : — *du Commerce et de Bretagne* (petit déj. 60 c., déj. 2 fr. 50, dîn. 3 fr., ch. dep. 2 fr.; pens. dep. 6 fr.); — *Sainte-Barbe*, au bord de la mer (plusieurs fois rouvert et fermé; s'informer).

Logements meublés : — 40 à 50 fr. par mois.

Maisons meublées : — (5 à 6 pièces) 400 à 800 fr. pour la saison; (8 pièces) 600 fr.; 10 à 12 pièces (700 à 800 fr.); — pour villas modernes, 1/3 du prix en sus. — S'adr. à *Me Andrieux*, notaire.

Loueur de voitures : — *Mme Le Bars*.

LE CONQUET est une petite station balnéaire fréquentée, située dans un paysage sévère et non sans grandeur, à l'une des pointes extrêmes de la Bretagne. On accède, par la même voie, à la station balnéaire du *Trez-Hir*.

ITINÉRAIRE. — De *Brest* le tram et la route partent de la *porte de Recouvrance*, où l'on se rend par le pont-tournant et où conduit un tram urbain. On passe ensuite (2 k.) à *Saint-Pierre-Quilbignon*, gros bourg de la banlieue de Brest. — 3 k. On laisse à g. la route de *Sainte-Anne* (2 k.), bains de mer des Brestois, sur la rade.

16 k. **Le Trez-Hir** (hôt. : *de la Plage*, l'été; *A la descente du Trez-Hir*), station balnéaire fréquentée des Brestois, avec villas, sur la belle **anse de Bertheaume**, bien abritée et verdoyante.

22 k. **Le Conquet**, petite ville maritime ancienne, d'aspect pittoresque, plusieurs fois pillée et brûlée par les Anglais. Il y reste quelques

maisons anciennes, à pignons sculptés. — Arrivant de Brest et suivant la *Grande-Rue*, qui continue la route, on trouve à dr. l'hôtel du Commerce.

1° Peu après, une rue à g. conduirait à l'**église** (moderne); au *portail*, statues du xve s.; à l'int., beau *vitrail* du Crucifiement (xvie s.) et *tombeau de Michel Le Noblets* (✝ 1652), missionnaire de l'Armorique.

2° Une rue à dr. irait au contraire vers le **port**, situé dans l'estuaire qui sépare le Conquet de la presqu'île de Kermorvan (*V.* ci-dessous); une petite digue le protège et il sert surtout aux pêcheurs (homards et langoustes); on s'y embarque pour Ouessant (*V.* ci-dessous).

3° Continuant à suivre la Grande-Rue, on atteint la **pointe de Sainte-Barbe**, rocheuse (grottes) et regardant la pleine mer : on y trouve la **plage de bains** (on se baigne aussi à la presqu'île de Kermorvan).

EXCURSIONS. — **1° La Presqu'île de Kermorvan** forme une longue bande rocheuse et fait face au port. On s'y rend en *bac* (5 c.). — Passant sur son autre face qui regarde la pleine mer, on trouve l'**anse des Blancs-Sablons**, avec *plage de bains*. — Si on suit la presqu'île vers la g., on voit une ferme, voisine de *2 dolmens* et d'un *menhir*; plus loin est un *lech* (petit menhir taillé), au delà duquel atteint la **pointe de Kermorvan** (*phare*). La vue est superbe vers l'*île de Béniguet*, le groupe de Molène et, à l'horizon, Ouessant.

2° Ruines de Saint-Mathieu : 4 k. S. — On sort du Conquet par la *rue de l'Église*; la route, qui se tient à distance de la mer, traverse (2 k.) *Lochrist* (*église* avec statues anciennes, d'un travail naïf).

4 k. *Saint-Mathieu* est un misérable hameau, situé sur la pointe du même nom. — De l'ancienne *église* du village il reste un beau **portail** du xive s. — De l'ancienne **abbaye** de Bénédictins, détruite sous la Révolution, subsistent les ruines imposantes de l'*église abbatiale* (s'adr. au gardien du phare; pourboire), élevée de 1157 à 1208, avec bas-côté du xive s. Ces ruines sont dominées par le **phare**, à feu tournant, qui y est enclos.

Au delà de l'abbaye, la **pointe de Saint-Mathieu**, déchiquetée par les flots (poste de *télégraphie sans fil*) se prolonge en mer par la chaussée des *Pierres-Noires* et le groupe d'îles qui s'échelonne vers Ouessant.

De Saint-Mathieu une route de 5 k. 1/2, qui passe par *Plougonvelin*, regagne directement la route de Brest, près du Trez-Hir (p. 127).

3° Ile d'Ouessant (*N.-B. Cette excursion ne peut être conseillée qu'aux personnes ne craignant pas la mer; la traversée est souvent très dure, l'abordage difficultueux; le bateau manque de confortable*) : bateau du courrier postal les mardi, jeudi, samedi, à 6 h. mat., en été; les mercredi et samedi, à 7 h. mat., en hiver; départ *temps permettant* (s'adr. ou écrire pour renseignements au bureau de poste du Conquet); 32 k. en 3 h. à 3 h. 1/2 : 1 fr. 50. — Le bateau fait escale à l'**île Molène**, au ras des flots, et aborde à *Ouessant*, dans la **baie de Lampaul**, à moins que les vents ne s'y opposent. On débarque alors sur la face opposée de l'île.

Lampault (hôt. : *Grand-Hôtel*, déj. 2 fr. 50, dîn. 3 fr., ch. 2 fr., pens. 6 fr.; *des Voyageurs*) est le bourg principal d'Ouessant, où se trouve l'**église**, moderne. — Les points les plus intéressants de l'île sont : la **pointe et le phare de Créach**; l'**île Keller**; la **baie de Béninou**; le **phare du Stiff**. — *V.* le Guide-Joanne : *Bretagne*.

Cl. Neurdein.

1° *Etat de Paris à Brest* (*V. ce nom pour distance et prix*). — *de Brest au Fret, 11 k. en 45 min. : 50 c. et 75 c.; 3 départs par j. pendant l'été (7 h. 1/4 et 9 h. 1/2 mat.; 4 h. 1/2 s.); 2 dép. hors saison (7 h. 3/4 mat. et 5 h. 1/2 s.); au retour, départs du Fret à 8 h. 1/4 et 10 h. 1/2 mat., 5 h. 1/2 s. (hors saison, 8 h. 3/4 et 4 h. 1/2). Vérifier les heures (elles varient parfois) aux affiches et horaires. — 7 k. du Fret à Morgat; omnibus ou autos des hôtels : 1 fr.*

C'est la voie d'accès la plus commode et la plus économique; la traversée en rade de Brest est, surtout l'été, des plus douces.

2° *Orléans de Paris à Douarnenez* (*V. ce nom pour distance et prix*). — *de Douarnenez à Morgat, 20 k. en 1 h. 1/2 env. : 2 fr.; all. et ret. même j., 3 fr.; pour la passerelle, 50 c. en plus; départ tous les j. pendant l'été, temps permettant (9 h. 3/4 mat. et 6 h. s. env.; retour de Morgat à 7 h. 1/4 mat. et 5 h. s. env.). Vérifier les heures aux affiches et horaires. — La traversée, douce par beau temps, peut devenir assez dure par grosse mer et vents d'Ouest.*

3° *Orléans de Paris à Châteaulin* (*V. ce nom pour distance et prix*). — *36 k. de Châteaulin à Morgat; voit. publ. (médiocre) jusqu'à Crozon (2 k. de Morgat) : 4 fr.; voit. de louage (en écrivant aux hôtels de Morgat ou en s'adr. aux loueurs de Châteaulin) : 20 fr. env. — départemental projeté.*

Hôtels : — *Grand-Hôtel et Hôtel de la Mer'* (petit déj. 1 fr., déj. 2 fr. 50, dîn. 3 fr. 50, ch. 3 à 10 fr.; pens. 8 à 15 fr.; bains; tennis); — *de la Plage* (petit déj. dep. 75 c., déj. 2 fr. 50, dîn. 3 fr., ch. dep. 2 fr.; pens. 7 fr. 50 à 10 fr.); — *Hervé* (petit déj. 50 et 75 c., déj. 2 fr. 50, dîn. 3 fr., ch. dep. 2 fr. 50; pens. dep. 6 fr.).

Chalets meublés : — (en grand nombre) de 600 à 3,000 fr. pour la saison (4 à 12 lits); s'adr. à *Me Ker-*

vern, notaire à Crozon, et au Grand-Hôtel (*Péchin*) de Morgat.

Chambres et logements meublés : — à *Crozon* (2 k.); — en très petit nombre à *Morgat*.

Poste : — bureau auxiliaire, de juin à oct., à l'hôtel de la Mer.

Voitures de louage : — aux hôtels de Morgat; — loueurs à Crozon.

Excursions : — organisées l'été, par les hôtels pour les principaux sites de la région.

Automobiles : — en location au Grand-Hôtel (atelier de réparation).

Bateau automobile : — en location au Grand-Hôtel.

Barque pour : — les grottes (2 séries), 1 fr. et 2 fr. par pers.; s'adr. aux pêcheurs et aux hôtels.

MORGAT est une des stations balnéaires les plus fréquentées de la Bretagne et la mode semble s'y porter de jour en jour. On y trouve des hôtels munis du confortable moderne et de belles villas. La vie y est plutôt chère et les familles modestes s'installent de préférence au bourg de *Crozon* (2 k.; *V.* ci-dessous). Morgat est en outre visité par de nombreux touristes de passage, pour ses beautés naturelles et son site superbe; c'est également le centre de plusieurs excursions intéressantes. Le climat y est doux et bien abrité des vents froids. — *V.* la carte, p. 119.

ITINÉRAIRE. — *A*. De *Brest*, le bateau du Fret ne sort pas de la rade, dont il gagne en ligne droite la rive opposée. Il laisse à dr. la *pointe des Espagnols* et l'entrée du Goulet, puis longe la longue presqu'île dite *île Longue*. — 11 k. **Le Fret** (hôt. *de la Terrasse*), petit port où l'on trouve les voitures et autos des hôtels de Morgat. La route de Morgat (dure et montueuse) s'élève à 66 m. d'alt. et passe près de la *chapelle Saint-Jean* (3 k.). — 5 k. (du Fret) **Crozon** (hôt. *de France; chambres meublées*; loueurs de voit.), à 81 m. d'alt. A l'*église* (moderne), **retable** en bois peint et sculpté, d'un travail naïf, figurant le Martyre de la Légion Thébaine; *chaire* du XVIIe s. — Au delà de Crozon, la route redescend sur le versant de la baie de Douarnenez, vers Morgat (7 k.).

B. — De *Douarnenez* le bateau se dirige directement vers Morgat. Durant toute la traversée la vue est magnifique sur les rivages de la baie, que domine, à dr., le triple sommet du *Ménez-Hom* que ferment à g. la presqu'île du Raz (*pointe du Van*) et la presqu'île de Morgat (*cap de la Chèvre*).

C. — De *Châteaulin* la route de terre (route montueuse et accidentée, mais parcours des plus intéressants) passe sous le viaduc du ch. de fer Quimper-Landerneau et s'élève en laissant à g., peu après, la route de Douarnenez; le pays est dénudé. — 4 k. 1/2. A 139 m. d'alt., on laisse une route à dr. — 9 k. 1/2. On passe (187 m. d'alt.) devant la maison isolée des *Trois-Canards*. Un immense panorama se développe, à g., sur la baie de Douarnenez.

11 k. *Sainte-Marie de Ménez-Hom*, ham. à 196 m. d'alt. (belle **chapelle Sainte-Marie**, gothique et Renaissance; au cimetière qui l'entoure, *calvaire* sculpté) sur le flanc de la montagne de **Ménez-Hom** (330 m. d'alt.; 2 k. 1/2 env. jusqu'au sommet, par des sentiers mal tracés). La montagne est tapissée d'herbe rase et le sol est un peu marécageux; de son faîte, souvent noyé de vapeurs, se développe par beau temps un des plus admirables panoramas de la Bretagne.

12 k. 1/2. On laisse à g. la route de *Saint-Nic* (2 k. 1/2, p. 136) et de (4 k.) *Pentrez*, petite station balnéaire (p. 136).

18 k. On laisse à g. une autre route vers Saint-Nic et on parcourt, toujours à flanc de montagne, la presqu'île de Crozon. — 21 k. La *Croix-Sémèno*. — 29 k. Carrefour de *Tal-ar-Groas*, voisin de la *chapelle Saint-Laurent*. — 31 k. *Crozon* (p. 130), d'où l'on descend à g. vers Morgat (36 k.).

En arrivant de Crozon à **Morgat** on trouve d'abord le Grand-Hôtel et l'hôtel de la Mer, sur le rivage. On longe ensuite la mer vers la dr. en côtoyant la **plage** (sable) située sur l'**anse de Morgat**. Celle-ci, encadrée de falaises (à dr., **arche de rocher** de la **pointe de Gador**), s'ouvre sur la magnifique baie de Douarnenez qui semble, par beau temps, un vaste lac bleu. Au bout de 1 k. env. on arrive au petit **port sardinier** et à l'ancien village de Morgat.

Les trois principales curiosités de Morgat et de ses environs (*toutes trois très recommandées*) sont les Grottes marines, le Cap de la Chèvre, le « Château » de Dinant.

EXCURSIONS. — **1° Grottes de Morgat**. — Elles se divisent en 2 groupes : 1° **Petites Grottes** (*grottes de Roméo, des Oiseaux, des Éléphants*), facilement accessibles à mer basse; elles s'ouvrent dans les falaises de g. (en regardant la mer), à l'extrémité de plage.

2° **Grandes Grottes**, qui ne sont accessibles qu'en barque (*lorsque l'état de la mer le permet; de préférence avec du soleil*); elles se divisent elles-mêmes en deux séries. S'adr. aux pêcheurs ou aux hôtels; on embarque souvent à dos d'homme: 1 fr. par pers. (minimum de 4 pers.), pour chaque série. — Le 1er groupe, situé au delà des petites grottes, comprend la **Grotte de l'Autel** (*la plus belle de toutes*). On y pénètre par un couloir étroit; à l'int., la voûte s'élève à 10 m. et les parois ont des couleurs rouges merveilleuses; au milieu de l'eau s'élève le rocher, dit **l'Autel**, dont on fait le tour. La *Grotte du Foyer* lui fait suite et a les mêmes couleurs. — Le 2e groupe est à l'opposé, vers l'arche de la pointe de Gador. Ce sont les *Grottes de Sainte-Marine, des Normands* et *des Cormorans*, l'*Entonnoir* ou la *Cheminée du Diable* (on y voit le jour par en haut).

2° Cap de la Chèvre : 🚗 8 k. S.-O.; l'été, voit. d'excursion des hôtels; voit. de louage 10 à 15 fr. env. (*excursion à faire à marée basse*). — V. la carte, p. 119.

Tandis qu'*à pied* on suivrait, avec plus d'intérêt, un sentier qui contourne la falaise (côté de la pointe de Gador), traverse un bois de pins et amène au rocher du **Coz-Sémellec** (3 k. env.; près d'un lavoir) d'où on rejoint la route vers la dr., la *route de voitures* perd presque constamment la mer de vue. Elle passe à (1 k.) *Kermel*, ham., puis à *Saint-Ernot* (3 k. 1/2; à 1/2 k. à g., au bord de la mer, rocher du Coz-Sémellec), au *menhir de Kéravel* (5 k. 1/2; à g. de la route) et à *Rostudel* (7 k.).

8 k. Le **Cap de la Chèvre** se dresse à l'entrée de la baie de Douarnenez (en face, *presqu'île du Raz* et pointe du Van), à 100 m. à pic; on y voit un *sémaphore*. — Le cap est inaccessible vers la g. (**grotte du Charivari**, que l'on n'atteint qu'en barque) mais, vers la dr., un sentier (on peut se faire conduire par un gardien du sémaphore; pourboire) descend (*à mer basse*) à la base de la falaise, vers de magnifiques rochers ruiniformes; les **plus beaux** sont la **percée des Tunnels**, la **grotte du Kaolin** et le **Temple grec**.

3° « Château » de Dinant : 🚗 8 k. O. (l'été, voit. d'excursion des hôtels), ou 5 k. 1/2 par le chemin de piétons. — Tandis que les voitures doivent revenir jusqu'auprès de Crozon (au delà, *route caillouteuse*), le chemin de piétons part directement du port de Morgat. On ne traverse que des hameaux; la route et le chemin se rejoignent au ham. de *Belbéoch*.

8 k. (ou 5 k. 1/2). La **Pointe** et le « **Château** » **de Dinant** (des gamins conduisent) sont formés par une énorme masse rocheuse, semblable à une citadelle de géants et que deux arcades naturelles (*percée des Korrigans*) relient à la terre. — Dans une anse de galets, à dr., belles **grottes de Korrigans** (*à mer basse; seulement à l'époque des grandes marées, soit 2 fois par mois pendant 4 ou 5 jours, à l'époque des pleines et des nouvelles lunes; guide nécessaire*), où l'on accède parmi les flaques d'eau, entre des rocs déchiquetés et formidables.

A 2 k. S. env., par la côte, *plage* et *bois de pins de la Palue* (*V.* ci-dessous).

4° **Bois de pins de la Palue** : ⊛ 4 k. 1/2 O.; l'été, voit. d'excursion des hôtels. — On part du port de Morgat et on laisse à g. la route du cap de la Chèvre. La **plage** et le **bois de pins de la Palue** sont tournés vers l'Océan, dans un beau site. A dr., « *Château* » *de Dinant*, 2 k. env. (*V.* ci-dessus). En mer on voit les rochers des *Tas-des-Pois*.

5° Les autres excursions se font à : — **Camaret** (*V.* ce nom) : ⊛ 11 k. N.-O., par Crozon (2 k.); — **Landévennec** (p. 120) : ⊛ 20 k. N.-E., par Crozon et le carrefour de Tal-ar-Groas (7 k.), où l'on prend la 3e route à g.; — le **Ménez-Hom** : ⊛ 25 k. S.-E., par Crozon et le carrefour de Tal-ar-Groas, où l'on suit la route de Châteaulin jusqu'à *Sainte-Marie de Ménez-Hom* (p. 130).

Distances par la route : — *Brest*, par Châteaulin, Port-Launay, Quimerch, le Faou, l'Hôpital-Camfrout, Daoulas, Landerneau et Guipavas, 101 k.; — *Carhaix*, par Châteaulin, Pleyben et Châteauneuf-du-Faou, 101 k.; — *Châteaulin*, 36 k.; — *Douarnenez*, par Sainte-Marie de Ménez-Hom, Plomodiern, Ploéven, Plonévez-Porzay (détour de 2 k. en plus pour Locronan), Le Riz et Ploaré. — *Morlaix*, par Châteaulin, Port-Launay, Quimerch, le Faou, l'Hôpital-Camfrout, Daoulas, Landerneau, Landivisiau et Saint-Thégonnec, 83 k.; — *Quimper*, par Châteaulin et Quilinen, 63 k.

Cl. P. Gruyer.

1° ⛴ *de Brest au Fret*, *V. p. 129.* — 🚗 *du Fret à Camaret, 8 k.; voit. publ. : 75 c.*

2° ⛴ *de Brest à Quélern, 2 fois par sem., 11 k. en 45 min. : 50 c. et 75 c.* — 🚗 *De Quélern à Camaret, 5 k.*

3° ⛴ *de Brest à Camaret, les dim. et jours de fête, pendant l'été, 26 k. (V. affiches et journaux locaux pour heures et prix).*

4° 🚗 *de Châteaulin à Camaret, par Crozon, 43 k. (voit. publ.; médiocre).*

Hôtels : — *de la Marine* (déj. ou dîn. 2 fr. 50; ch. dep. 2 fr.); — *de France* (mêmes prix).

Locations meublées : — quelques maisons et quelques chambres chez l'habitant, en petit nombre et à prix modérés.

CAMARET est un port de peche et une très petite station balnéaire, à l'un des points extrêmes de la Bretagne, dans un paysage sauvage et dénudé, aux falaises et aux rocs superbes. On peut se baigner à une petite plage, voisine du port de Camaret; mais (*recommandation importante*) partout ailleurs sur les côtes environnantes, même sur les plus belles grèves, il faut se défier des courants marins qui sont des plus dangereux. C'est de Camaret que se fait la belle excursion des rochers dits les « Tas-de-Pois ».

ITINÉRAIRE. — *A.* De *Brest* au *Fret* ou à *Quélern* la traversée se fait en rade, comme pour Morgat (*V.* p. 130), et est d'ordinaire très douce. — De Brest directement à *Camaret*, par le Goulet de Brest, la traversée peut devenir moins bonne, par gros temps.

B. — De *Châteaulin*, la route de Camaret est la même que celle de Morgat, jusqu'à *Crozon* (34 k.; p. 130). — De Crozon, laissant à g., à la sortie du bourg, la route de Morgat et celle du « Château » de Dinant, on descend vers la belle **anse de Dinant**, aux dangereux courants. On passe à son extrémité (5 k. 1/2 de Crozon; 39 k. 1/2 de Châteaulin), près du ham. de *Kerloc*, sur une chaussée que les vagues atteignent par gros temps. — On rejoint ensuite les routes du Fret et de Quélern, un peu avant Camaret. — 9 k. (ou 43 k.). Camaret.

Camaret aligne ses maisons le long du *quai Gustave-Toudouze*, où se trouvent les deux hôtels. De l'autre côté du port ont voit s'allonger la longue digue naturelle ou Sillon de Camaret, qui porte la chapelle de Rocamadour et le château Vauban. Suivant le quai du **port**, on arrive à l'endroit où cette digue se rattache à la terre.

Si l'on continuait au delà à suivre la côte, on trouverait la **plage de bains**, mi-sable, mi-galets, qui s'étend jusqu'à la **pointe du Grand-Gouin**.

Le **Sillon de Camaret**, sur lequel on s'engage à dr., est long de 91 m. Il abrite le port et a été renforcé par une digue. Il porte la **chapelle N.-D. de Rocamadour** (*Roch' Amadour*), aux murs bas, et qui datait de 1560; **détruite** par un incendie en 1910, elle a été relevée dans son aspect ancien. Un peu plus loin, est le **Château Vauban**, rougeâtre, élevé par Vauban en 1689, et qui était armé de canons: on y voit un *four* à boulets rouges (pour incendier les navires ennemis) et un petit **musée**.

Le 2e dim. de juin a lieu à Camaret le *pardon* et la *Bénédiction de la mer*.

EXCURSION. — **Les Tas-de-Pois** : ❀ 2 k. S.-O., puis chemin de piétons (1 k. 1/2 env.). — La route des Tas-de-Pois s'élève au-dessus de Camaret, entre des moulins à vent. Sur le sommet du plateau (1 k.), à dr. de la route, on voit les restes d'un **alignement mégalithique** (les pierres gisent sur le sol, sauf un menhir encore debout). — Au delà de cet alignement, vers la dr., on aperçoit la **pointe** et le **fort de Toulinguet** (le fort occupe toute l'extrémité de la presqu'île de Camaret et on ne peut y pénétrer; un *phare* y est enclos), précédés d'une belle grève de sable, aux courants dangereux. A dr. de cette grève (en regardant la mer) se creusent dans la falaise de belles **grottes** (*guide nécessaire*), accessibles seulement aux grandes marées (2 fois par mois, pendant 4 ou 5 jours, à l'époque des pleines et des nouvelles lunes).

2 k. Après avoir dépassé les ham. de *Lagatjar* et de *Kerbour*, la route cesse au ham. de *Pen-Hir*.

3 k. Un peu avant d'arriver au *sémaphore* (on peut demander au gardien de vous conduire; rémunération), on trouve à dr. un sentier qui descend à une esplanade gazonnée, dite **Salle Verte** (vue magnifique de rochers).

3 k. 1/2. Au delà du sémaphore, voisin d'un poste de *télégraphie sans fil*, la **pointe de Pen-Hir** avance dans les flots sa formidable falaise rocheuse, haute de 50 m. à pic, coupée de fiords où bouillonne la mer. — Elle se prolonge en mer par les blocs isolés des **Tas-de-Pois**.

De la pointe de Pen-Hir la vue s'étend, à g., sur la pointe et le « Château » de Dinant, et sur le cap de la Chèvre. En face de soi se développe la longue presqu'île du Raz, terminée par la pointe du Van. A dr., on voit la pointe du Toulinguet et le cap Saint-Mathieu, voisin du Conquet; au delà, l'île Molène et, par temps clair, Ouessant.

Distances par la route : — V. p. 132 : *Distances de Morgat*, en leur ajoutant 7 k.

CHATEAULIN et PENTREZ

(FINISTÈRE)

Cl. P. Gruyer.

1° *Orléans de Paris à Châteaulin, par Quimper, 716 k. en 13 h. env. : 69 fr. 10, 46 fr. 65, 30 fr. 40. — Billets de bains de mer, val. 33 j. : 82 fr. 90, 57 fr. 45, 42 fr. 55, all. et ret.*

2° *Etat de Paris à Landerneau et Orléans de Landerneau à Châteaulin, 659 k. en 12 h. env. : 70 fr. 60, 47 fr. 70, 31 fr. 10.*

3° *Etat de Paris à Guingamp (V. ce nom) et départemental de Guingamp à Châteaulin, par Carhaix. Billets de bains de mer, val. 33 j. : 78 fr. 75, 53 fr. 15, 34 fr. 90, all. et ret. — N.-B. Cet itinéraire, très long, n'est recommandable qu'aux touristes qui désirent sectionner le voyage et visiter, en cours de route, Carhaix et la Bretagne du Centre.*

566 k. de Paris, par Rennes (360 k.), Saint-Méen (401 k.), Loudéac (447 k.) et Carhaix (517 k.); — 24 k. de Quimper; — 43 k. de Landerneau.

Hôtels : — *de la Grand'Maison* (petit déj. 75 c., déj. 2 fr. 50, dîn. 3 fr., ch. 2 fr. 50; pens. 7 fr. 50;); — *A la Descente des Voyageurs* (petit déj. 30 c., déj. ou dîn. 2 fr., ch. dep. 1 fr.; pens. 5 fr.).

Loueurs de voitures : — *Nicolas*; — *Nicolas* jeune; — *Guyadet*; — *Glouquen*. — Dep. 15 fr. pour Morgat; 12 fr. pour Crozon; 10 fr. pour le Ménez-Hom.

CHATEAULIN, petite ville pittoresque, dans un beau site et point d'aboutissement de la ligne centrale des ch. de fer départementaux de la Bretagne intérieure, est la seule voie d'accès de *Morgat* par la route de terre (départemental projeté). De Châteaulin on gagne également la petite station balnéaire de *Pentrez*.

ITINÉRAIRE. — La gare Paris-Orléans est isolée sur la hauteur qui domine Châteaulin (omn. 50 c. ou départemental : 65 c., 45 c., 30 c.). La route descend en lacets jusqu'au fond de la profonde vallée de l'Aulne, où est encaissé Châteaulin. On passe la rivière sur un *pont* de pierre et on trouve en face de soi la *Grande-Rue*.

Sur le quai de la rive dr. se trouvent l'*hôtel de ville* (insignifiant), la *sous-préfecture*, une petite **promenade** plantée d'arbres et l'*église Saint-Idunet* (moderne et sans intérêt). Au delà, on gagnerait les belles prairies de la **vallée de l'Aulne**, où serpente la rivière (canal de Nantes à Brest).

Il faut revenir sur ses pas, sur la rive g., et monter vers la g. à la chapelle Notre-Dame, sur la butte de l'ancien château.

La **chapelle Notre-Dame**, ancienne chapelle du château (XVe-XVIe s.; façade de 1722; *tour-clocher* de la Renaissance), est située sur une butte rocheuse qui domine la rive g. de l'Aulne (à l'int., quelques *statues* anciennes et maître-autel à colonnes torses). De la petite esplanade qui la précède (*croix de pierre* sculptée), la vue est de toute beauté sur Châteaulin et sur les méandres de la rivière, qui coule parmi de vertes prairies, dominée par mamelons agrestes, des **Montagnes Noires**. — Au-dessus de la chapelle, des *ruines* broussailleuses restent seules du Château.

EXCURSIONS. — **1°** A 2 k. 1/2 en aval de Châteaulin, sur la rive dr. de l'Aulne, **Port-Launay** est le port de Châteaulin et le point d'arrêt du bateau de *Châteaulin à Landévennec et Brest*, V. p. 120.

2° Calvaire de Pleyben (*recommandé*) : ✇ 10 k. 1/2 N.-E. ou ✇ départemental, 13 k. de *Châteaulin-ville* : 1 fr. 45, 95 c., 65 c. (15 k. de *Châteaulin-Orléans* : 1 fr. 70, 1 fr. 10, 75 c.). — Pleyben (hôt. *Croix-Blanche*, déj. ou din. 2 fr. 50, ch. 2 fr.) possède un **calvaire** de 1650, où de nombreux personnages figurent l'histoire de Jésus-Christ, et une **église**, jadis entourée du cimetière, dont il reste une **porte** de la Renaissance et un charmant **ossuaire** du style ogival flamboyant (XVe s.). C'est un remarquable édifice, gothique et Renaissance, avec une belle **tour-clocher** à clochetons (à sa base, *porche* des Apôtres). A l'int., voûtes lambrissées, avec *frises sculptées*; admirables **vitraux** de la Renaissance (1564).

3° De Châteaulin à Pentrez : ✇ 16 k. 1/2 N.-O.; voit. publ. médiocre (courrier de Camaret) jusqu'à Sainte-Marie de Ménez-Hom; voit. de louage : 10 fr. env. de Châteaulin à Pentrez. — On suit la route de Morgat (*V.* **p.** 130 et **la** carte p. 119), pendant 12 k. 1/2 et l'on passe (11 k.) au petit ham. de *Sainte-Marie de Ménez-Hom*, sur le flanc de la montagne du même nom (p. 130). — 12 k. 1/2. On laisse à dr. la route de Morgat et on descend vers la mer.

15 k. *Saint-Nic* (*église* du XVIe s., avec **vitraux** anciens; au cimetière, *calvaire* à personnages); et, 16 k. 1/2, *Pentrez* (2 petits *hôtels*, l'un à Saint-Nic, l'autre à Pentrez, à prix modérés; quelques *chalets*, 200 fr. par mois env.), petite station balnéaire en formation, au fond de la baie de Douarnenez. — A Pentrez commence la **Lieue de Grève**, belle grève de sable fin, de 3 k. 1/2 de long, qui est fermée, à son autre extrémité, par la **pointe de Talagrip**. — A 4 k. 1/2 S., au delà de Talagrip, par la côte et de mauvais chemins de piétons, à 10 k. 1/2 par la route, célèbre *chapelle Sainte-Anne de la Palue* (p. 146).

4° De Châteaulin à Morgat, V. p. 130.

QUIMPER
(FINISTÈRE)

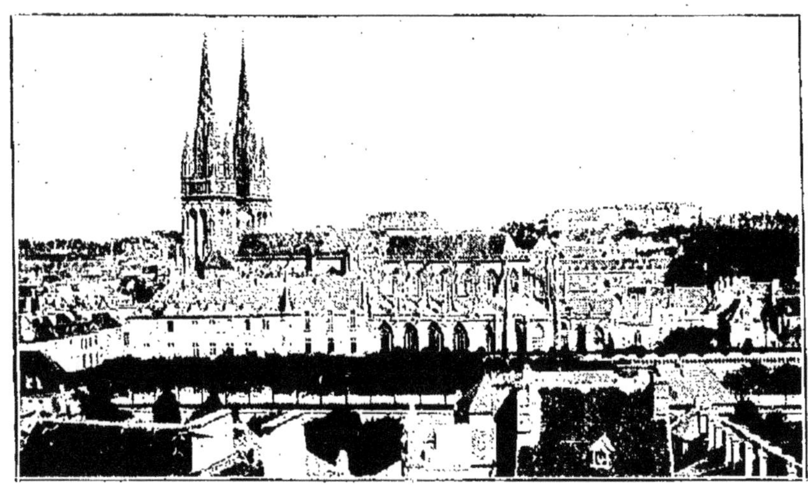

Cl. P. Groyer.

Orléans, 685 k. de Paris, en 10 h. 1/2 env. par express toutes classes : 65 fr. 75, 44 fr. 40, 28 fr. 95. — Billets de bains de mer, val. 33 j. : 78 fr. 90, 54 fr. 55, 40 fr. 55, all. et ret.

389 k. de Paris à Nantes ; 240 k. de Nantes à Quimper, par Redon, Vannes, Auray, Hennebont et Quimperlé.

Hôtels : — *de l'Epée** (petit déj. 1 fr. 25, déj. 3 fr., dîn. 3 fr. 50, par petites tables 50 c. en plus; ch. de 3 à 6 fr., 2 lits de 5 à 12 fr. ; chauffage central), r. du Parc (quai de l'Odet); — *du Parc** (petit déj. 1 fr. et 1 fr. 25, déj. 2 fr. 50, dîn. 3 fr., par petites tables 50 c. en plus ; ch. dep. 2 fr. 50 ; pens. dep. 8 fr. 50 ; bains ;), idem ; — *de France* (petit déj. 1 fr., déj. 2 fr. 50, dîn. 3 fr., ch. dep. 2 fr. 50, pens. dep. 8 fr. ;), bd de l'Odet, 1 ; — *Communauté de la Retraite* (pour dames ; 3 fr. et 5 fr. par j.); — *des Voyageurs* (4 fr. 50 par j.), r. de Brest ; — *du Lion d'Or* (petit déj. 50 c., déj. ou dîn. 2 fr., ch. dep. 1 fr. 50 ; pens. 6 fr.), pl. Saint-Corentin, 12.

Loueurs de voitures : — *Le Saux*, en face de la gare ; — *Floriot*, bd de l'Odet, 20 ; — *Le Corre*, r. du Parc, 10 ; — *Rancillac*, r. du Parc, 16 ; — *Hélou*, r. de Douarnenez, 12 ; — *Liziard*, r. Saint-François, 1.

Location d'autos : — bd de l'Odet, 12.

Service d'auto pour : — *Beg-Meil* (1 fr. 65 de *Quimper-gare*), par *Fouesnant* (1 fr. 15), et pour *Bénodet* (1 fr. 15), plusieurs fois par j. ; de *Quimper-ville* : 1 fr. 50 et 1 fr. ; sections à 30 c.

Bateaux de promenade : — automobiles et à voile, s'adr. au port de l'Odet (à Locmaria).

Bateaux automobiles pour : — (l'été) *Bénodet*, 2 fr. et 1 fr. 25 ; les dim., jeud. et j. de fête, 1 fr. 50 et 1 fr. ; on embarque au port de l'Odet (à Locmaria). — Excursions (l'été) à *Loctudy* (V. affiches).

Agence de location (pour Beg-Meil, Bénodet et Douarnenez) : — *A. de Couesnongle*, quai de l'Odet, 46.

Spécialités : — faïences de Locmaria, broderies, meubles et costumes bretons.

QUIMPER Ⓑ, V. de 19.411 hab., ch.-l. du départ. du Finistère, ancienne capitale de la Cornouaille, est agréablement situé au confluent du Steir et de l'Odet, dans une vallée profonde et verdoyante. La cathédrale est un monument de premier ordre et les deux musées méritent une visite. Le *pardon*, où l'on voit de curieux costumes, a lieu le 15 août. Quimper est un centre important de tourisme et la voie d'accès directe des stations balnéaires de *Beg-Meil*, *Fouesnant* et *Bénodet*; c'est le point de transit de celles de *Loctudy*, *Guilcinec* et *Penmarch*, par Pont-l'Abbé. On y bifurque enfin pour *Douarnenez*, d'où l'on gagne ensuite *Audierne* et la Pointe-du-Raz.

ITINÉRAIRE. — De la gare, l'*avenue de la Gare*, à dr., amène au *pont Firmin*, sur lequel on traverse l'Odet, encore mince rivière.

Longeant vers la g. le quai ou **boulevard de l'Odet** on voit, sur l'autre rive, le *théâtre*, puis des maisons précédées de jardins, avec des passerelles jetées sur la rivière; à dr., on trouve un petit *square*, avec restes des anciens **remparts**.

Au delà, on laisse à g., sur l'autre rive de l'Odet, la **Préfecture**, bel édifice moderne, dans le style gothique flamboyant, par Vally, et en face de soi la **rue du Parc** (hôtel de l'Épée, avec *peintures décoratives* de Lemordant, et hôtel du Parc), pour tourner à dr. par la *rue de l'Évêché*. Celle-ci, passant devant l'ancien évêché, auj. Musée Archéologique (p. 140), amène à la place Saint-Corentin.

Sur la **place Saint-Corentin** s'élèvent la cathédrale, l'hôtel de ville (Musée de Peinture et de Sculpture; p. 140) et la **statue de Laënnec** (né à Quimper; 1781-1826), par Le Quesne (1868).

La **Cathédrale**, dédiée à St Corentin, a été élevée de 1239 à 1515, avec interruption durant le XIVe s.; c'est la cathédrale gothique la plus complète de la Bretagne. Le grand **portail** de la façade a une double porte (aux sculptures refaites) et est de 1425 (gothique flamboyant); on y distingue de nombreux blasons de seigneurs bretons et, au centre, le *lion de Montfort* tenant dans sa griffe la bannière de Bretagne; à dr., rue de l'Évêché, joli *portail de Ste Catherine*, aux sculptures et statuettes anciennes; à g., face à l'hôtel de ville, *porche* à porte double, encadrée de feuillages sculptés, que suivent 3 autres *portes* en plein cintre et en ogive. Les **tours** sont hautes de 76 m. au sommet des flèches; la partie carrée date du début du XVIe **s.**; les **flèches** ont été exécutées en 1854-56, par Bigot, dans le type breton. Entre les 2 flèches, *statue équestre* du roi légendaire *Grallon*. — A l'int., on est frappé par la déviation symbolique de l'axe de la nef (elle figurerait l'inclinaison de la tête du Christ sur la croix); la nef (XVe s.) est longue, y compris le chœur, de 92 m.; une 1re galerie à jour, ou *triforium*, y court au-dessous d'une 2e galerie; les 10 fenêtres sont garnies de magnifiques **vitraux** (fin du XVe s.; restaurés). Au bas du bas-côté dr., **Saint-Sépulcre** à personnages, du XVIIIe s., et *tombeau* d'évêque. Au transept dr., **vitraux** anciens (sauf ceux de la fenêtre du fond). Le chœur est du XIIIe et du XVe s.; aux fenêtres, **vitraux** anciens (1417-1419), sauf dans plusieurs rosaces; *maître-autel* moderne, en cuivre doré et émaillé. Au pourtour du chœur, les chapelles sont décorées de *fresques* modernes, par Yan Dargent; à la 3e chap., *tombeau* de granit, d'un évêque, avec belle statue du XVe s.; à la 4e chap., **tombeau de Pierre de Quenquis**, chanoine (XVe s.); à la 5e chap., *statue couchée* d'évêque (XIVe s.) et, au-dessus de l'autel, *frise* de marbre ancienne (le Christ entre 4 évêques); jolie *porte de la sacristie*; 11e chap., *tombeau*, avec statue marbre, de l'évêque Graveran, † 1855, qui fit élever les

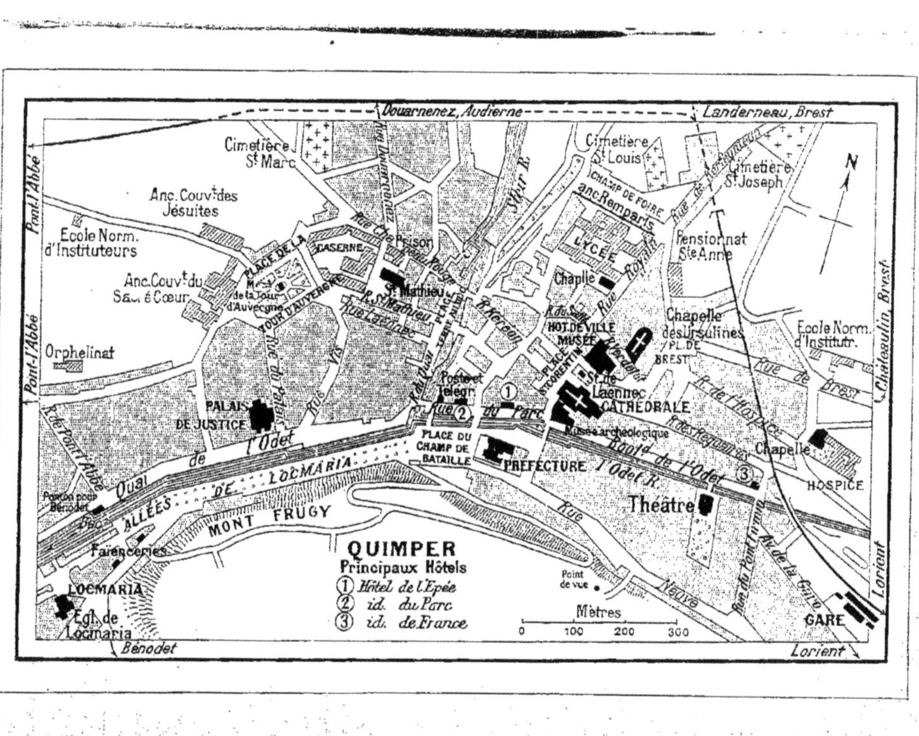

QUIMPER
Principaux Hôtels
① Hôtel de l'Epée
② id. du Parc
③ id. de France
Mètres
0 100 200 300
Douarnenez, Audierne
Landerneau, Brest
Pont-l'Abbé
Châteaulin, Brest
Bénodet
Lorient
Cimetière St Marc
Cimetière St Louis
Cimetière St Joseph
Anc. Couvt des Jésuites
Ecole Norm. d'Instituteurs
Anc. Couvt du Sacré Cœur
Orphelinat
CASERNE
PLACE DE LA TOUR D'AUVERGNE
St Mathieu
Rue Laënnec
R. Kéréon
CHAMP DE FOIRE
anc Remparts
LYCÉE
Pensionnat Ste Anne
Chapelle des Ursulines
HOT. DE VILLE
MUSÉE
PL. DE BREST
Ecole Norm. d'Institutr.
Rue de Brest
R. de l'Hospice
PALAIS DE JUSTICE
Poste et Télégr.
Rue du Parc
CATHÉDRALE
Musée archéologique
PLACE DU CHAMP DE BATAILLE
PRÉFECTURE
l'Odet R.
Boul.d de l'Odet
Chapelle
HOSPICE
Théâtre
Quai de l'Odet
ALLÉES DE LOCMARIA
MONT FRUGY
Faïenceries
LOCMARIA
Egl. de Locmaria
Point de vue
Rue Neuve
GARE

flèches de la cathédrale. Au transept g., **vitraux** anciens (sauf ceux de la fenêtre du fond). Au bas du bas-côté g., superbe **statue de St Jean**, du XVe s., en albâtre, provenant de Saint-Guénolé, près Penmarch, et *tombeau* d'évêque, en granit.

Sortant de la cathédrale, on revient au Musée Archéologique, rue de l'Evêché.

Le **Musée Archéologique** (*recommandé*) occupe l'ancien **Evêché**, dont la plus belle partie fut bâtie de 1510 à 1540.

COUR. — Le bâtiment sous lequel on est passé est de 1648 (Renaissance bretonne), avec fenêtres à frontons. — Dans l'angle de dr., élégante **tourelle d'angle** (1540), du gothique flamboyant, avec magnifique *cheminée*. — L'aile qui suit, du même style (*statue de la Vierge*), est moderne. — Différents types reconstitués de **cloîtres** bretons. — Sur le sol, *mesures à grains*.

JARDIN. — Il fait suite et est pittoresque (restes des vieux remparts de Quimper, à dr.; *débris tumulaires* et *sculptures* diverses).

REZ-DE-CHAUSSÉE. — Ancienne **cuisine** de l'évêché : reconstitution d'un *intérieur breton* (métier à tisser; armoire; lit; sièges; buffets; puits). — Ancien **cellier** : tombeaux et pierres tombales; *pierre tombale de Gratlon de Kercastar* (XIVe s.); *mausolée* du XVe s., fait de morceaux divers (personnages, anges et armoiries); *statue couchée* de François Du Châtel, gouverneur de Quimperlé sous la Ligue, † 1612. — **Salle des bois sculptés** : armoires; panneaux sculptés; beau *vitrail* (XVIe s.); panneau ovale de *la Trinité*. A la tribune : ferronnerie, clefs, serrures.

On monte par le superbe ESCALIER de pierre (*prendre la rampe*), de 1540.

1er ÉTAGE. — Ancienne **salle Synodale**, avec *boiseries* du XVIIIe s. (1758) et *portraits d'évêques* par Lhermitais (même époque). — Monnaies. Médailles. Reliure aux armes des évêques de Quimper. — **Salle des faïences** anciennes (Quimper, Rouen, Gien; faïences italiennes). — Émaux de Limoges.

2e ÉTAGE. — 1re SALLE : Belle *cheminée* de granit (XVIe s.). Plafond à poutres sculptées (même époque). *Mobilier* de la Renaissance. — Petite LOGETTE y attenant.

3e ÉTAGE. — Fin de l'escalier; pilier central en chêne sculpté (*armes de Rohan*). — **Salle de sculpture comparée.**

4e ÉTAGE (un petit escalier à vis y conduit). — Belle *cheminée* gothique.

5e ÉTAGE. — Petite pièce avec *cheminée de granit* et poutres sculptées (figurines et écussons).

Du Musée archéologique, on revient place Saint-Corentin, à l'**Hôtel de Ville**, où se trouvent la **bibliothèque** et le Musée municipal.

Le **Musée de Peinture et de Sculpture** (50 c. de midi à 4 h.; hors ces heures, 75 c.; gratuit le dim.) renferme des œuvres intéressantes anciennes et modernes. — *N.-B. Il vient d'y être fait un remaniement complet, à peine terminé.*

Rez-de-chaussée. — SALLE DE G. — Au fond, sous un vitrage, **Noce bretonne** (deux noces de riches paysans sortent d'une église; autour d'eux, sonneurs de biniou; fidèles en prière près d'une croix; buveurs avec des chopines en faïence de Quimper; mendiants; enfants); les costumes anciens (Finistère et Morbihan) des personnages sont authentiques, mais les types des figures manquent de caractère. — Dans la même salle : débris gallo-romains, antiquités gauloises, haches en bronze et silex.

COUR. — SALLE DE SCULPTURE — Œuvres nombreuses d'*Hector Lemaire* (Amour maternel; Offrande à Vénus; Chute des feuilles; Du Guesclin). — **Quillivic. Femme de Pont-l'Abbé reprisant** (bronze). — *Larroux.* La Femme du pêcheur (bois sculpté). — *A. Boucher.* Laënnec trouve l'auscultation. — **Quillivic. Deux « bigoudènes » de Pont-l'Abbé.** — A dr. et à g., statuettes et bustes, parmi lesquels (à **dr.**) **Guillou**, pilote de Concarneau, par **A. Mercié.**

Un ESCALIER, avec *sculptures*, monte à la peinture.

1er étage. — 1re SALLE (à dr. ; *salle bretonne* ancienne et moderne). — *Denis Goy.* Le Vieux-Quimper (aquarelle). — *Lasnyer.* Cloître du Mont Saint-Michel. — *Beau.* Ⓟ de P. Luzel. — *Gudin.* Tempête à Belle-Isle. — *Perrin de Rostrenen.* Marché à Quimper (en 1820 : curieux costumes). — *Roussin.* Noce en Cornouaille (curieux costumes). — *Goy.* Femme bretonne. — *J. Noel.* Morlaix en 1830.

2e SALLE ou GRANDE-SALLE (*salle bretonne*; pancarte explicative). — Sculpture : *P. Auban.* L'Épave. — Peinture : — *L. Duvau.* Retour du pardon de Sainte-Anne (1852). — *Bloch.* Défense de Rochefort-en-Terre. — *Dawant.* Mort de Ducouëdic. — *J. Girardet.* Les révoltés de Fouesnant. — *Berteaux.* Assassinat de l'évêque Audrein. — **Yan Dargent. Les lavandières de nuit.** — **Boudin. Vue de Quimper.** — *Fouqueray.* Le Vengeur. — *Moreau de Tours.* Mort de La Tour d'Auvergne. — *Alfred Guillou.* Adieu. — *Bloch.* Combat de la chapelle de Malestroit.

3e SALLE, à g. du vestibule d'entrée (*tableaux anciens*, écoles italienne et espagnole, ou copies d'anciens). — *Tiepolo.* Nativité. — **A. Caracchi. St Sébastien.** — *Robusti.* Musiciens. — *Guido-Reni.* Madeleine. — **Alonzo Cano. La V. donne à St Ildefonse une chasuble qu'elle a brodée pour lui** (très belle toile). — *École des Primitifs.* Descente de croix.

4e SALLE (*tableaux anciens*, écoles hollandaise, allemande et flamande). — Panneau de dr. : *G. Kalf.* Cuisine. — *Netscher.* Ⓟ de femme. — *M. de Mirevelt.* Ⓟ de femme (XVIIe s.). — *W. Van de Velde.* Marine. — **F. Bol. Jeune femme.** — *Netscher.* Jeune princesse. — Panneau de g. : *Hondthorst.* Judith. — *Corneille de Harlem.* Adam et Ève. — *J. Van Scorel.* La V. et l'enfant J. — **G. de Craver. Assassinat de Thomat Becket.** — Curieuse *Fête à Venise.* — **Ecole de Durer. Adam et Eve.** — *P. Breughel le Vieux.* Noce flamande. — *École flamande.* La fontaine de Vie (l'humanité s'abreuve au sang du Christ). — *J. Van Rossum.* Jeune fille et son chien. — Grande **Descente de croix**, peinture ancienne, restaurée par **Valentin** (très belle). — *A. Van Strahlen.* Jolies petites Scènes de patinage. — **Van Dyck. Tête de Vierge au calvaire** (fragment ou étude). — **Rubens. Esquisse** (Moines reçus par un roi).

5e SALLE (école française, ancienne et moderne; en remaniement). — *École des XVIIe et XVIIIe s.* : Tableaux et esquisses par (ou attribués à) Le Brun, Mignard, Jouvenet, A. Coypel, Fragonard. — Plusieurs jolis petits tableaux de **Boilly** (Jardin du Luxembourg; une Famille; Portraits et costumes). — *Tableaux de l'école de David* (sujets grecs et romains). — **Dévéria. Grande dame sous Louis XIII.** — *Jobbé-Duval.* Les Juifs chassés d'Espagne. — **Vidal. Ⓟ de Mme Vidal; son Portrait par lui-même; Ⓟ de femme.** — **Corot. Pierrefonds.** — **Renouf. La Veuve de l'île de Sein.** — **Harrison. Marine.** — *Royer.* L'ex-voto. — *Buland.* Ste Marie de Bénodet. — **Detaille. Deux mobiles tués.** — *Hirchfeld.* La Cinquantaine

[On peut voir près de la place Saint-Corentin, *rue du Gué-Odet* (angle de la *rue Royale*), une *maison* Renaissance, avec *cariatides* bouffonnes.]

De la place Saint-Corentin on prend, en face de la cathédrale, la

rue Kéréon, artère centrale de la ville, bordée de **maisons anciennes** (nos 9, 11, 13, 12 et 14). Elle laisse à g. la *rue Saint-François* (*maisons anciennes*) et aboutit à un petit **pont** sur le Steir (à g., reste de l'enceinte fortifiée et **tourelle**).

Passant le Steir, on traverse, à g., la *place Terre-au-Duc* (*maisons anciennes*) et l'on regagne, par la *rue du Quai*, les quais de l'Odet. — A g., *poste-et-télégraphe* et rue du Parc, qui ramènerait à la gare.

En face de soi, on a la **place du Champ-de-Bataille**, dominée par la haute masse du **Mont Frugy**, couvert de hêtres. — En montant une allée vers la g., *belle vue* d'ensemble sur Quimper).

A dr., le **quai de l'Odet** (*ponton des bateaux* de Bénodet), ou les **Allées de Locmaria** (sur l'autre rive et faisant suite au Champ-de-Bataille), conduisent (10 min. env.; traverser tout de suite l'Odet, sans quoi on ne pourra plus le passer qu'en bac, 5 c., en face de Locmaria) à **Locmaria** et à ses **faïenceries** (on visite), où se font ces assiettes, ces plats et ces potiches peintes que l'on rencontre partout en Bretagne. — Locmaria (au-delà des faïenceries) possède une *église* romane (XIe s.), à porche gothique.

De Quimper à : — *Beg-Meil*, par *Fouesnant*, V. p. 161 : — *Bénodet*, p. 159; — *Douarnenez*, *Audierne* et la *Pointe-du-Raz*, p. 143, 147 et 149; — *Pont-l'Abbé*, p. 151.

L'été, excursions en *bateaux-automobiles*, par la rivière de l'Odet, à *Bénodet*, *Loctudy*, etc. (*V.* les affiches au ponton de l'Odet).

Distances par la route : — *Audierne* (Pointe-du-Raz), par Landudec et Plouhinec, 35 k.: — *Brest*, par Châteaulin, Port-Launay, Quimerch, Le Faou, Daoulas et Landerneau, 92 k.; — *Carhaix*, par Briec et Châteauneuf-du-Faou, 98 k.; — *Concarneau*, 23 k.; — *Guingamp*, par Carhaix et Callac, 106 k.; — *Morlaix*, par Briec, Pleyben, Brasparts et Pleyben-Christ, 82 k.; — *Pontivy*, par Rosporden, Scaër, Le Faouët et Guémené-sur-Scorff, 101 k.; — *Rennes*, par Rosporden, Quimperlé, Hennebont, Baud, Locminé, Josselin et Ploërmel, 206 k. — *Saint-Brieuc*, par Briec, Châteauneuf-du-Faou, Carhaix, Rostrenen, Corlay et Quintin, 136 k.; — *Vannes*, par Rosporden, Quimperlé, Pont-Scorff, Hennebont, Landévant et Auray, 116 k.

(FINISTÈRE)

Cl. P. Gruyer.

Orléans de Paris à Quimper (V. ce nom pour distance et prix). — *Orléans de Quimper à Douarnenez, 24 k., en 40 min. : 2 fr. 70, 1 fr. 80, 1 fr. 20.* — *Billets de bains de mer, val. 33 j., de Paris à Douarnenez : 81 fr. 95, 56 fr. 80, 42 fr. 05, all. et ret.*

629 k. de Paris à Quimper; 21 k. de Quimper à Douarnenez.

Hôtels : — *de France** (petit déj. 1 fr. 25, déj. 3 fr., dîn. 3 fr. 50, ch. dep. 3 fr.; pens. 9 fr.; bains; [symbol]), r. Jean-Bart, 21; — *du Commerce* (petit déj. 75 c., déj. 2 fr. 50, dîn. 3 fr., ch. dep. 2 fr. 50; pens. 7 fr.), r. Jean-Bart; — *de l'Europe* (petit déj. 75 c., déj. ou dîn. 2 fr. 50, ch. dep. 2 fr.; pens. 6 fr.; [symbol]), r. Duguay-Trouin; — *de Bretagne* (déj. ou dîn. 2 fr., ch. 1 fr. 50; pens. 5 fr. par j.), r. Duguay-Trouin, 30.

Aux Sables-Blancs : — *Hôt. des Sables-Blancs* (petit déj. 75 c., déj. 2 fr. 50. dîn. 3 fr., ch. dep. 2 fr. 50; pens. 7 fr.; bains de mer, cabines et costumes; location de chalets); — *de la plage Saint-Jean* (5 fr. 50 par j.; 6 fr. 50 en août).

A la Plage du Riz : — 2 bonnes auberges, qui donnent pension.

Chambres et logements meublés : — (à *Douarnenez*, à *Tréboul* et aux *Sables-Blancs*) 30 à 40 fr. par mois et par chambre (discuter les prix demandés).

Chalets meublés : — (à la *plage du Riz* et à celle *des Sables-Blancs*) 500 à 1,500 fr. env. pour la saison (8 à 12 pièces); 400 à 1,000 fr. juillet et août; 300 à 800 fr. août et sept. — S'adr. à M. *Paul Damey*, notaire à Douarnenez; à M. *Picaud*, r. du Pont (Douarnenez); à l'hôtel des Sables-Blancs.

Loueurs de voitures : — *A. Gelote*, r. Duguay-Trouin, 46; — *A. Minguy*, pl. du Champ-de-Foire (15, r. Duguay-Trouin, 15); — *Lacanant*, r. Jean-Bart, 8; — *Lebis*, r. Jean-Bart, 22; — *Guermeur*; — *Henot*.

Bateaux pour : — *Brest* (l'été; d'ordinaire mercredi et samedi, après-midi; trajet en 3 h. env.; 5 fr. et 3 fr.; all. et ret. 8 fr.); — *Morgat* (p. 129).

DOUARNENEZ, le premier de nos ports sardiniers (800 bateaux et 4,000 pêcheurs), est une ville sale et populeuse, mais animée par une pittoresque population de pêcheurs et de femmes employées aux confiseries de sardines. Sa situation magnifique sur la baie de Douarnenez y attire de nombreux touristes et deux plages de bains en dépendent, aux *Sables-Blancs* et au *Riz*.

ITINÉRAIRE. — En sortant de la gare (à g., route des Sables-Blancs, 2 k.) on tourne à dr., pour traverser bientôt sur un grand **pont-viaduc** (belle vue) l'**estuaire du Pont-David**, sur la rive dr. duquel s'étage Douarnenez; à son débouché dans la mer, on voit l'île Tristan.

Le pont franchi, on trouve la *rue Duguay-Trouin* que l'on suit vers la g. et qui, après avoir traversé une esplanade qui sert de **champ de foire**, aboutit à la *rue Jean-Bart* (carrefour avec *fontaine et horloge*).

A g. dans la rue Jean-Bart, hôtel de France et **église** paroissiale, vaste édifice moderne, sans intérêt, avec tour inachevée. — A dr., hôtel du Commerce et route du Riz.

Au delà de ce carrefour on prend : soit la *Grande-Rue* à g.; soit la *rue Sainte-Hélène* à dr., qui passe derrière la **halle** (*poste-et-télégraphe*), puis devant l'**église Sainte-Hélène** (XVIe-XVIIe s.; 2 **verrières** du XVIe s.). L'une et l'autre aboutissent au port sardinier.

Le **Port Sardinier** abrite une nombreuse flottille; on remarque les grands filets bleus qui servent à pêcher le poisson. Des **confiseries de sardines** (on peut demander à visiter) se reconnaissent à l'odeur prononcée qu'elles exhalent.

Vers la dr. du port, des escaliers montent au ham. de *Plomarch* (c'est là que le légendaire roi Marc'h aurait eu son palais et que Tristan de Léonais s'y fit aimer par Yseult, fiancée au roi); ils sont suivis d'un sentier qui, contournant la côte, mènerait (3 k. env.: assez fatigant) à la plage du Riz.

Vers la g. du port, on arrive à la **jetée** du port (*bateaux de Brest et de Morgat*), d'où l'on voit se développer dans toute sa magnificence la **baie de Douarnenez** (sur l'horizon le Ménez-Hom; vers la g., presqu'île de Crozon, Morgat et cap de la Chèvre).

PLAGES DE BAINS. — Les deux plages de bains de Douarnenez sont situées à l'opposé l'une de l'autre. On se rend à la **plage des Sables-Blancs** par une route (2 k.) qui, de la gare, descend d'abord au petit port de pêche de *Tréboul* (*Bénédiction de la mer* en août; en face du Tréboul, **île Tristan**, pittoresque, avec un *phare*, et où l'on va en *bac* : 10 c., *marée permettant*). De Tréboul la route, ou un chemin de traverse pour les piétons, conduisent aux Sables-Blancs, petite station balnéaire dans un site tranquille. On se baigne à la petite **plage Saint-Jean** et à celle **des Sables-Blancs**, à g. de celle-ci (en regardant la mer), au delà d'une jolie petite *chapelle*.

La **plage du Riz**, la plus belle, est située à l'extrémité de la baie de Douarnenez. On s'y rend : soit par un sentier (fatigant; 3 k. env.) qui part du port sardinier, passe au ham. de Plomarch et contourne la côte; soit (3 k.; côtes dures) par la rue Jean-Bart et la route de *Ploaré*, village dominant Douarnenez, avec une belle **église** gothique et Renaissance (*clocher* de pierre, de 55 m., un des plus beaux de la Bretagne). De Ploaré, la route (magnifiques échappées de vue sur la baie) redescend à la plage du Riz, dans une admirable situation (grève de sable où le flot arrive du large; à l'extrémité de cette grève, à dr.,

grottes creusées dans la falaise, facilement accessibles à mer basse).
Du Riz, route de *Locronan* et de *Sainte-Anne-de-la-Palue* (*V.* ci-dessous).

EXCURSIONS. — **1° Locronan et Sainte-Anne-de-la-Palue** : 🚲 9 k. 1/2 et 21 k. 1/2; la station de *Guengat* (ligne Douarnenez-Quimper) est à 5 k. S. de Locronan, celle de *Quéménéven* (ligne de Quimper-Landerneau) est à 7 k. E. de Locronan et la route passe (4 k.) par la chapelle de Kergoat (*V.* ci-dessous). — De Douarnenez la route de Locronan fait suite à la *rue Jean-Bart* et monte en pente rude à (1 k.) *Plouaré* (105 m. d'alt.; p. 144); elle redescend ensuite à la plage du *Riz* (p. 141).

3 k. Du Riz, la route s'éloigne de la mer (on pourrait *à pied*, à mer basse, gagner Sainte-Anne-de-la-Palue par la grève, parmi les flaques d'eau, les rochers et les goëmons : 5 k. N. env.).

5 k. *Kerlas*, ham. avec **chapelle** des XVIe et XVIIe s. La façade, de 1630, est surmontée de 3 clochetons; au cimetière, *croix* de pierre de 1645.

6 k. On laisse à g., à 105 m. d'alt., une **route** vers Plonévez-Porzay (de cette route, à 1 k. de la bifurc. une autre route à g., de 3 k., médiocre, conduirait directement à Sainte-Anne).

9 k. 1/2. *Locronan* (hôt. *des Touristes*, déj. ou dîn. 2 fr., ch. 1 fr. 50, pens. 5 fr., ✉) a conservé quelques *maisons anciennes* de la Renaissance (XVIe et XVIIe s.).

L'église (XVe s.) est du gothique flamboyant. La *tour*, précédée d'un joli *porche*, a perdu sa flèche, abattue par la foudre; un petit *clocher* s'élève sur le grand comble du chœur, qui est orné d'une galerie à jour, dessinée en cœurs. — A l'int., voûtes à nervures; dans la nef, **chaire** du XVIIe s., avec sculptures figurant la *légende de St Ronan* en costumes du temps de Louis XIV; à la sacristie, *calice* doré et armorié et *ostensoir* de la Renaissance.

Côte-à-côte avec l'église, la **chapelle du Pénity**, de 1530, renferme le **tombeau de St Ronan**, du XVIe s. (table de granit, où repose la statue couchée du saint; 6 anges supportent la pierre de la table, sous laquelle les pèlerins passent en rampant).

Tous les ans se tient, le 2e dim. de juillet, le *pardon* de St Ronan. L'affluence est surtout considérable pour la **Grande-Troménie**, qui a lieu tous les 6 ans (1911-1917) et qui dure 8 jours. La procession se met en marche à midi et se dirige d'abord vers Plonévez-Porzay et la chapelle de Kergoat (*V.* ci-dessous); à 4 h., elle fait halte au sommet de la montagne qui domine la baie de Douarnenez, puis elle reprend sa marche par le territoire de *Plogonnec*, longe une lande où un bloc de rocher, dont les fidèles font plusieurs fois le tour, passe pour la *jument pétrifiée de St Ronan*; elle rentre enfin à Locronan entre 6 h. et 7 h. du soir. On estime à 40,000 le nombre des pèlerins qui viennent, cette semaine là, à Locronan.

De Locronan on pourrait gagner directement Sainte-Anne-de-la-Palue par Plonévez-Porzay (*V.* ci-dessous), mais il faut faire un détour de 5 k. N.-E. (route de Châteaulin), pour aller visiter la chapelle de Kergoat.

18 k. 1/2 (de Douarnenez). La **chapelle de Kergoat** est un bel édifice gothique, avec *tour-clocher* du XVIIe s. — A l'int., hautes fenêtres à meneaux en fleur de lys, 2 *tableaux* de Valentin et 8 splendides **vitraux** (Vie de J.-C.; Histoire de Joseph; le Paradis; l'Enfer).

De Kergoat on gagne, à g. (17 k. 1/2), *Plonévez-Porzay* (hôt. *Laurent*); puis, de Plonévez, on suit pendant 1 k. la route de Morgat et (18 k. 1/2) on y prend à g. la route de Sainte-Anne.

21 k. 1/2. *Chapelle Sainte-Anne-de-la-Palue*, sur une hauteur, à 1/2 k. du rivage de la baie de Douarnenez. La **chapelle** renferme la *statue* vénérée de la sainte, en granit, de 1543.

Le 15 août de chaque année, et le samedi qui le précède, se tient à Sainte-Anne le plus pittoresque **pardon** de la Bretagne: de nombreux pèlerins y couchent sous la tente et y mangent en plein air (*apporter ses provisions*). La *procession* se déroule dans le cadre admirable de ces immenses grèves désertiques et avec de curieux costumes.

2° De Douarnenez à Morgat : ⛴ (p. 129) ou ⚙ 47 k. N.-E. (*routes dures et côtes rudes, mais superbe excursion*); voit. de louage : 25 fr. env. — La route passe par *Ploaré* (1 k.; p. 144), la plage du *Riz* (3 k.; p. 144), *Locronan* (9 k. 1/2; *chapelle de Kergoat* à 3 k. 1/2 N.-E.; V. ci-dessus), *Plonévez-Porzay* (12 k. 1/2; à 4 k. 1/2 N.-O., *chapelle Sainte-Anne-de-la-Palue*, V. ci-dessus), *Ploéven* (16 k. 1/2), *Plomodiern* (19 k. 1/2; on y laisse à g. la route de *Saint-Nic*, 4 k., et de *Pentrez*, 1 k. 1/2 au delà, p. 136), *Sainte-Marie de Ménez-Hom* (22 k.; 196 m. d'alt.; p. 130) et *Crozon* (45 k.; p. 130). Pour *Morgat*, V. p. 130.

3° De Douarnenez à Brest : ⛴ (V. p. 143), par la baie de Douarnenez, le Cap de la Chèvre, les Tas-de-Pois et le Goulet de Brest (V. la carte, p. 119).

4° De Douarnenez à Audierne et à la Pointe du Raz : V. p. 147 et 149.

Distances par la route : — *Brest*, par le Riz, Locronan, chapelle de Kergoat, Cast, Châteaulin, Port-Launay, Quimerch, Le Faou, l'Hôpital-Camfrout, Daoulas, Landerneau et Guipavas, 92 k.; — *Carhaix*, par le Riz, Locronan, chapelle de Kergoat, Cast, Châteaulin, Pleyben, Châteauneuf-du-Faou, Landeleau et Cléden-Poher, 49 k.; — *Guingamp*, par Châteaulin, Carhaix, Callac et Monstérus, 98 k.; — *Rennes*, par Châteaulin, Carhaix, Rostrenen, Goarec, Loudéac, Saint-Méen et Montfort-sur-Meu, 208 k.

(FINISTÈRE)

Cl. Neurdein.

1° [train] départemental de Douarnenez (p. 143) à Audierne, 20 k. en 50 min. : 1 fr. 55 et 1 fr. 05.
2° [train] départemental de Pont-l'Abbé (p. 151) à Audierne, par Pont-Croix, 42 k.
[auto] 20 k. 1/2 de Douarnenez; — 32 k. 1/2 de Pont-l'Abbé; — 35 k. de Quimper.

Hôtels : — *de France* (petit déj. 75 c. et 1 fr., déj. 2 fr. 50, dîn. 3 fr., ch. 3 à 5 fr.; pens. 7 à 8 fr.; omn. 50 c.; [garage]); — *du Commerce* (petit déj. 75 c. à 1 fr., déj. 2 fr. 50, dîn. 3 fr., ch. dep. 2 fr.; pens. 5 fr., 6 fr. en août; [garage]); — *de la Gare* (petit déj. 50 c., déj. 1 fr. 75, dîn. 2 fr., ch. 2 et 3 fr.; pens. 5 fr.; [garage]); — *hôtel-restaurant Jaffry* (déj. et dîn. à 1 fr. 50), sur le quai.

Locations meublées : — chambres et logements, 30 à 40 fr. par ch.; — quelques maisons meublées.

Voitures publiques (l'été) pour : — la *Pointe-du-Raz*, p. 149.

Voiture de louage pour : — la *Pointe-du-Raz*, 8 à 15 fr.

Bateau à vapeur pour : — *Brest*, par l'*île de Sein*, p. 148.

AUDIERNE, port de pêche sardinier et point d'accès de la Pointe-du-Raz, est en même temps une petite station balnéaire. Le mouvement des touristes y est considérable durant tout l'été. Le site, à l'embouchure du Goyen, est agréable et pittoresque.

ITINÉRAIRE. — A. De *Douarnenez* la route d'Audierne croise (1 k.) le ch. de fer de Quimper. — 10 k. *Comfort*, ham. avec **calvaire** (socle gothique; les statues des Apôtres sont du XVIIe ou XVIIIe s.; le Christ est moderne) et jolie **église** gothique (XVe s.; remaniée aux XVIe et XVIIe s.; à l'int., au chœur, *vitraux* anciens et, dans la nef, curieuse *roue de fortune*, à clochettes, pour appeler les bénédictions du ciel). — 15 k. **Pont-Croix** (hôt. *des Voyageurs*, déj. 2 fr., dîn. 2 fr. 25, ch. 1 fr.), petite ville ancienne, avec l'intéressante **église N.-D. de Roscudon** (*tour* du XVe s., avec magnifique *flèche* de pierre, de 67 m. : l'int. est du style de transition, mi-roman et mi-gothique). — 20 k. 1/2. Audierne.

B. — De *Douarnenez*, le ch. de fer parcourt de hauts plateaux et des bois de pins. — 7 k. *Poullan* (à 1/2 k. à g. ; à 4 k. S.-O., église et calvaire de *Comfort*, V. ci-dessus). — 11 k. *Beuzec-Cap-Sizun*, à 3 k. 1/2 à dr. — 15 k. *Pont-Croix* (*V.* ci-dessus).

20 k. **Audierne** (on trouve à la gare les *voitures pour la Pointe-du-Raz* : 3 fr. par pers. all. et ret. ; on peut déjeuner soit à Audierne, soit à la Pointe). — De la gare on longe le *quai* jusqu'à un carrefour où sont les hôtels et d'où part la route du Raz.

A ce carrefour (une ruelle monte à l'**église**, XVe-XVIIe s. ; tabernacle

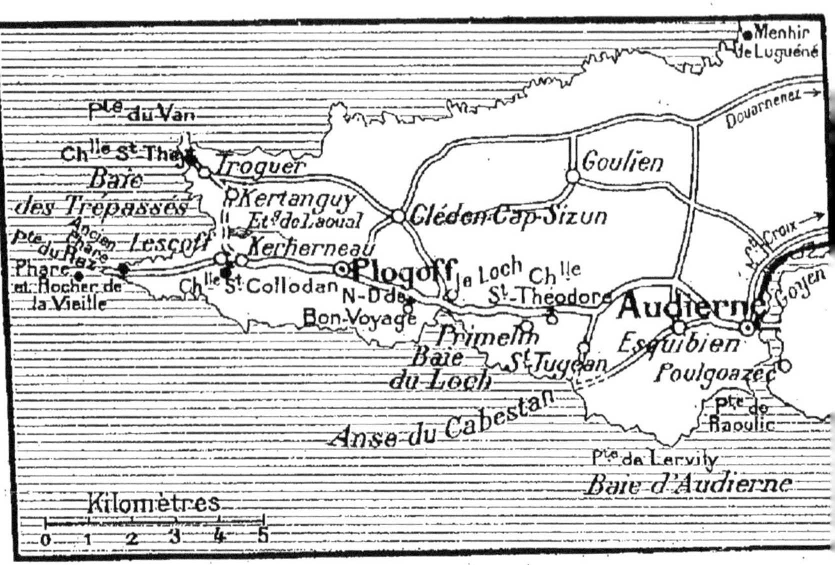

sculpté) commence le **port**, situé dans l'estuaire du Goyen, à 1 k. 1/2 d[e] la mer. Sur l'autre rive, petit v. de *Poulgoazec* et *château de Loquéran*

En suivant la rivière on trouve la **plage de bains** et la *pointe d[e] Raoulic*, puis (2 k. 1/2 au delà) la *pointe de Lervily*, d'où l'on voit se développer vers la g. la vaste **baie d'Audierne**, jusqu'à Penmarch.

EXCURSIONS. — **1°** D'Audierne à la **Pointe du Raz** : *V.* p. 149.

2° Ile de Sein (*excursion qui n'est recommandable qu'aux personnes n[e] craignant pas la grande mer ; navigation parfois très dure*) : [bateau] d'Audierne à *Brest* (3 fr.) avec *escale* à l'île (1 fr. 50), une ou deux fois p[ar] sem. — Pour *l'île de Sein* (hôt. : *Valin*, déj. 2 fr., dîn. 2 fr. 50 ; c[h.] 1 fr. 50 ; pens. 6 fr. ; *des Touristes*, l'été, déj. ou dîn. 2 fr. 50 ; ch. 2 fr pens. dep. 5 fr. 50), farouche et désolée, *V.* le Guide-Joanne : *Bretagn[e]*

3° Pont-l'Abbé et Penmarch. — On peut, d'Audierne, revenir ve[rs] Quimper en passant ([voiture] départemental, 42 k.) par *Pont-l'Abbé* (p. 15[.]) d'où se fait l'excursion de *Penmarch* (p. 157).

POINTE DU RAZ

(FINISTÈRE)

Cl. P. Gruyer.

15 k. d'Audierne (V. ce nom). L'été service de voitures des hôtels : 3 fr. par pers., all. et ret. ; voit. de louage : 8 à 15 fr., selon saison.

Hôtels (l'été) : *du Raz-de-Sein* (corresp. de l'hôtel de France, à Audierne; déj. ou din 3 fr. ; ch. dep. 3 fr.; pens. 7 à 8 fr. ;); — *de la Pointe-du-Raz* (hôt. du Commerce, à Audierne ; déj. 2 fr. 50, din. 3 fr. ; ch. dep. 2 fr. ; pens. 5 fr., en août 6 fr. ;); — *Atlantic-Hôtel* (hôt. de la Gare, à Audierne; déj. 2 fr. 50, dîn. 3 fr. ; ch. dep. 2 fr. 50; pens. 6 fr., en août 7 fr. ;).

La **POINTE DU RAZ** est une des merveilles naturelles de la France. C'est un des points capitaux d'un voyage circulaire en Bretagne. D'ordinaire on arrive à Audierne par l'un des trains du matin; on déjeune, selon l'heure, à Audierne ou à la Pointe, et on revient prendre le train de l'après-midi ou du soir. Une journée suffit ainsi à l'excursion.

ITINÉRAIRE. — D'*Audierne* la route du Raz s'élève et se développe sur de hauts plateaux. De nombreux enfants courent d'ordinaire après les voitures, en chantant et en demandant des sous. — 4 k. On laisse à g. une route vers *Saint-Tugean* (1 k.), misérable ham. où subsiste une belle **église** des XVe et XVIe s. (on en voit la tour carrée). — 5 k. 1/2. On dépasse à g. *Primelin* et la *chapelle Saint-Théodore*, voisine d'un moulin à vent; on voit un *dolmen* se détacher sur le ciel. — 7 k. 1/2. La route descend vers l'**anse du Loc**, puis remonte sur la côte opposée. — 9 k. On voit à 1/2 k. à g. la *chapelle N.-D. de Bon-Voyage*. Le pays se dénude de plus en plus. — 10 k. 1/2. **Plogoff**, avec *église* du XVIe s., dernier village que l'on traverse. — 12 k. 1/2. *Kerherneau*, ham. (à dr., un chemin irait à la baie des Trépassés); à g., *chapelle Saint-Yves*. — 13 k. 1/2. *Lescoff*, dernier ham. — 15 k. Après avoir laissé à g. l'*ancien sémaphore*, auj. hôtel, on arrive à l'ancien phare et au *sémaphore*.

La **Pointe du Raz** est formée d'une longue épine rocheuse, aux flancs battus par les vagues, et dont la crête est toute déchiquetée. — *N.-B. Des hommes du pays s'offrent pour vous conduire et vous donner la main aux endroits difficiles; leur aide est à peu près indispensable si l'on veut faire le tour complet de la Pointe; rémunération à fixer d'avance.* — Si l'on veut se contenter d'une vue d'ensemble, on montera à l'*ancien phare* (s'adr. au gardien du sémaphore; pourboire), et l'on se fera conduire au ro maçonné dit « fauteuil de Sarah-Bernhardt » (*V.* ci-dessous).

TOUR DE LA POINTE (1 h. env.). — Prenant la promenade par la dr. (en venant d'Audierne), on trouve, dans la lande qui est à dr. du sémaphore, un sentier qui longe la côte dans la direction de la Pointe. Dominant à 72 m. d'alt. la baie des Trépassés, il passe au-dessus de gouffres à pic, au fond desquels bouillonne la mer (belle couleur verte; énorme roche isolée et rougeâtre, penchée sur les flots, et nommée **le Menhir**). On passe ensuite au-dessous du poste de *télégraphie sans fil* et l'on domine le formidable entonnoir de l'**enfer de Plogoff**, dont les flots heurtent les parois rocheuses avec le bruit sourd de coups de canon. Le chemin devient difficultueux, au ras de l'abîme et sans parapet. — A son extrémité, et lorsqu'on ne peut continuer plus loin, une de ses branches, la plus périlleuse, descendrait à dr. vers le fond de l'Enfer de Plogoff, jusqu'à une étroite plate-forme d'où l'on entrevoit le jour et la mer, de l'autre côté de fissures qui traversent toute l'épaisseur de la pointe. Ce sont les **tunnels de Plogoff**.

Le sentier repasse vers la g., sur l'autre face du promontoire, par laquelle on remonte au poste de télégraphie sans fil et à une *statue* en marbre blanc *de N.-D. des Naufragés*, par Godebsky. Vers la dr., on aperçoit une petite terrasse maçonnée, dite *fauteuil de Sarah Bernhardt*, d'où l'on voit toute la pointe, blanche et déchiquetée comme un gigantesque ossement. Dans son prolongement est le **phare de la Vieille**; au delà, sur l'horizon, en mer, on découvre l'*île de Sein*.

BAIE DES TRÉPASSÉS (2 k. 1/2 N.-E. par le sentier de la falaise; un autre sentier de 1/2 k. y conduit, du ham. de Lescoff, sur la route d'Audierne; un chemin de 1 k., du ham. de Kerherneau: *faire l'excursion à marée basse si l'on veut voir les grottes*). — De la Pointe du Raz, le sentier de la baie des Trépassés prend à g. du sémaphore (en tournant le dos à la Pointe) et il est facile de le suivre, en dominant la baie.

2 k. 1/2. On arrive au fond de la grande dépression où se développe la grève sablonneuse de la **Baie des Trépassés**. — Le nom de cette baie lui vient, soit de la tradition suivant laquelle les Druides y étaient embarqués après leur mort, pour être ensevelis à l'île de Sein, soit des naufrages, fréquents en ces parages, qui y rejettent les cadavres.

On peut suivre sans peine le rivage de la baie, qu'encadrent à dr. les escarpements rocheux de la **pointe du Van** (*excursion recommandée aux personnes qui ne craignent pas la marche*; chemins de piétons, 2 k. 1/2), à g. ceux de la Pointe du Raz. Dans les falaises de g. se creusent de belles **grottes** (à marée basse). Au fond du vallon qui aboutit à la baie miroite l'**étang de Laoual**, qui passe pour recouvrir l'emplacement de l'ancienne ville d'Is, submergée par les flots.

De la baie des Trépassés on peut rejoindre directement la route d'Audierne, aux ham. de Lescoff (1/2 k.) ou de Kerherneau (1 k.).

PONT-L'ABBÉ
(FINISTÈRE)

Cl. P. Gruyer.

Orléans de Paris à Quimper (V. ce nom pour distance et prix) et de Quimper à Pont-l'Abbé, 22 k. en 40 min. env. : 2 fr. 45, 1 fr. 65, 1 fr. 10. — Billets de bains de mer, val. 33 j., de Paris à Pont-l'Abbé : 81 fr. 70, 56 fr. 65, 41 fr. 95, all. et ret.
17 k. de Quimper; — 32 k. 1/2 d'Audierne.

Hôtels : — *du Lion-d'Or* (petit déj. 60 c., déj. 2 fr. 50, dîn. 3 fr., ch. 2 fr.), r. Voltaire; — *des Voyageurs* (journée 5 fr.), sur le quai; — *Couvent des Augustines* (pens. 4 fr. 50 par j.; le mois 110 fr.; 4 fr. et 90 fr., boisson et lumière non comprises; jardin).

Chambres meublées : — 20 à 25 fr. par mois.

Service d'auto pour : — *Loctudy*, V. p. 153.

Loueurs de voitures : — *Le Corre*, r. Penahap, 16; — *Duhamel*, r. Voltaire; — *Thomas*; — à l'hôtel du Lion-d'Or.

Broderies bretonnes : — r. Victor-Hugo, r. Voltaire, etc. (nombreux marchands; prix modérés).

PONT-L'ABBÉ est une petite ville célèbre par le costume étrange de ses habitants, les « Bigoudens » (prononcer *Bigoudènes*). C'est une des races les plus caractéristiques de la Bretagne et qui semble provenir d'une émigration orientale. Le mot *bigouden* désigne à proprement parler la coiffure des femmes, sorte de casque d'étoffe, pailleté de clinquant, qui leur emboîte la tête. Le corsage est en drap noir, orné de broderies éclatantes, qui dessinent de curieuses arabesques sur la poitrine et sur les manches; un bourrelet entoure la taille, pour l'élargir. Les hommes sont vêtus de même, en drap noir, avec gilet brodé. *L'entrée et la sortie de la messe*, le dimanche, sont des plus pittoresques. Pont-l'Abbé est la voie d'accès des petites stations balnéaires de *Loctudy* et de *Guilvinec* et le point du départ de l'excursion de *Penmarch*.

ITINÉRAIRE. — L'*avenue de la Gare* mène à la *rue Victor-Hugo*, que l'on prend vers la dr. Elle conduit à la chaussée de l'**étang** de Pont-l'Abbé, empli par la marée, qui fait marcher un grand *moulin*, à g.

En face de soi on a l'ancien **Château**, bâti au XIIIe s., dont il reste une grosse tour ronde; les autres bâtiments sont du XVIe s. et servent d'*hôtel de ville*. — On continue tout droit par la *rue du Château*, qui longe celui-ci, et à laquelle fait suite la *rue Voltaire*, principale artère de la ville (au n° 13, *maison* Renaissance; *rue Danton*, 2e à dr., *poste-et-télégraphe*. La *rue des Carmes* (3e à g.) conduit à la *place au Beurre* et, à g., à l'église.

L'église (XIVe à XVIe s.) est surmontée d'un gros **campanile** à charpente de bois, recouvert d'ardoises; le grand *portail* a une porte ogivale, à colonnettes, surmontée d'une belle rosace. — A l'int., la nef, très large, n'a qu'un bas-côté; sous la 2e arcade, à dr., *Mise au tombeau* du XVIIIe s., en bois sculpté et doré (sous ces arcades, *tombeaux* qui renfermaient les restes des anciens barons de Pont-l'Abbé): au bas-côté g., statue triple de *la Trinité* (Dieu le père, la colombe du Saint-Esprit, le Christ crucifié); au chœur, très belle **rosace** du style flamboyant, avec vitraux modernes.

Au delà de l'église, on atteint le quai du **port**, au fond de l'estuaire de la rivière de Pont-l'Abbé. En face de soi, on voit le clocher de l'**église** ruinée (XVe-XVIe s.) de *Lambourg*, petit faubourg de Pont-l'Abbé.

On peut suivre vers la dr., durant 2 k. env., en une charmante **promenade**, le quai de la rivière (bois de pins); en poursuivant ensuite par de mauvais sentiers et de nombreux détours, on atteindrait ainsi *Loctudy* (6 k. env. de Pont-l'Abbé; p. 153).

Le quai du port ramène, vers la g., à la chaussée de l'étang et au bourg.

EXCURSIONS. — **1°** A 3 k. S.-O. de Pont-l'Abbé, par la route de Penmarch, que l'on quitte au bout de 2 k. (en face d'une maisonnette), pour prendre un chemin à g., dans un bois de pins, le **Château de Kernuz** (on visite) est du XVe s. et une *enceinte fortifiée* l'entoure, ainsi que son *parc*. Dans le parc, jolie *chapelle* gothique et, devant le château, curieux **menhir** sculpté (Mars, Mercure), où les divinités romaines se sont superposées à la religion celtique. — A l'int., le château renferme de beaux *meubles* et une superbe *collection archéologique* (les objets proviennent en grande partie des fouilles exécutées sous les monuments mégalitiques de la région).

2° De Pont-l'Abbé à **Loctudy**, *V.* p. 153; — à **Guilvinec**, p. 155; — à **Penmarch**, p. 157.

3° De Pont-l'Abbé à **Pont-Croix** et **Audierne** (*Pointe du Raz*): [tramway] départemental, 37 k. et 42 k., ou [voiture] 30 k. et 32 k. 1/2; — *V.* p. 147.

(FINISTÈRE)

Cl. P. Gruyer.

🚃 *Orléans de Paris à Quimper et Pont-l'Abbé* (*V. ces mots pour distance et prix*). — *Service d'auto de Pont-l'Abbé à Loctudy* (*6 k.*); *plusieurs fois par j. : 65 c. de Pont-l'Abbé-Gare; 50 c. de Pont-l'Abbé-Mairie; sections à 30 c.*
6 k. S.-E. de Pont-l'Abbé à Loctudy.

Hôtels : — *des Bains* (déj. 2 fr. 50, dîn. 3 fr., ch. 2 fr.: pens. dep. 5 fr.); — *Restaurant de la Cale.*
A L'ILE TUDY : — *Ve Jehanne* (prix modérés).
Locations meublées : — Villas à Loctudy (en petit nombre), 1,000 à 1,500 fr. pour la saison; — chambres et logements meublés, à Loctudy-bourg et à l'île Tudy, 25 à 40 fr. par ch.; — maisons de pêcheurs à l'île Tudy.

LOCTUDY est une petite station balnéaire, plutôt aristocratique (villas; plusieurs châteaux); elle est dans un site bien abrité et retiré, entourée de belles campagnes. Loctudy fait face à l'*île Tudy*, où l'on trouve à se loger et à vivre à très bon compte. — *V.* la carte, p. 156.

ITINÉRAIRE. — De *Pont-l'Abbé* la route de Loctudy fait suite à la rue Voltaire; on ne voit pas la mer durant le trajet. — 3 k. On longe le parc du beau *château de Kérazan*, à g. — 4 k. Après être passé au fond d'une petite anse de la rivière de Pont-l'Abbé, on dépasse la **chapelle de Crouariou**, à dr., entourée d'une esplanade avec *croix ornée*, seul reste d'un ancien calvaire.

5 k. Bourg de **Loctudy**, avec une intéressante **église** romane (XIe s.; mauvaise façade, accolée au XVIIIe s.). A l'int., curieux *chapiteaux* romans des colonnes, qui soutiennent des arcades en fer à cheval; une galerie ou *triforium* court au-dessus du chœur et est éclairée par des fenêtres en meurtrières; au bas-côté dr., *tombeau* du XVe s.; autre tombeau au bas-côté g. — Derrière l'église, dans le cimetière, on voit

un *lech* cannelé (menhir taillé) et la petite *chapelle N.-D. de Portzbihan*, romane et gothique.

6 k. Bifurc. — 1° En continuant la route, droit devant soi, on atteint la **plage de bains de Langoz** (sable; cabines), tournée vers la pleine mer (à g., anse de Bénodet). — 2° En tournant à g., on trouve le petit **port** de Loctudy, dit **la Cale** (embarquement de pommes de terre pour l'Angleterre), à l'embouchure de la rivière de Pont-l'Abbé et face à l'île de Tudy.

L'**île Tudy** est reliée à Loctudy (1/2 k. env.) par un *bac* (5 c.; *marée permettant*). Elle est au ras de l'eau et ses habitants sont tous pêcheurs; étroite et longue de 2 k. 1/2 env., elle groupe ses maisons autour de sa petite *église*, du XVIe s.

EXCURSIONS. — **1°** De l'île Tudy on peut gagner *Pont-l'Abbé* en se faisant passer en bateau (1 k.; *marée permettant*) à l'**île Chevalier**, longue de 2 k. env., que l'on traverse dans sa longueur, pour repasser, par une petite digue, sur le continent. Une route de 2 k. amène ensuite à Pont-l'Abbé, où l'on arrive par le faubourg de *Lambourg* et son église ruinée (p. 152).

2° De l'île Tudy, un chemin qui assèche à mer basse et qui relie l'île à la terre rejoint la route de Bénodet à *Pont-l'Abbé* (vers la g.: 9 k.). En suivant vers la dr. soit cette route (8 k.), soit le cordon des dunes de la côte, on arriverait au bac de **Bénodet** (p. 159).

3° L'été, **excursions** de *Quimper* à Loctudy, par la *rivière de Bénodet* et *Bénodet*, en *bateaux automobiles* (indiqués par affiches, p. 159).

4° De Loctudy à **Guilvinec** et à **Penmarch** : V. p. 155 et 157; carte, p. 156.

Cl. P. Groyer.

🚋 *départemental de Pont-l'Abbé* (*V. ce nom pour voies d'accès*) *à Guilvinec, 10 k. en 30 min. env. : 75 c. et 50 c.*
✉ *10 k. 1/2 de Pont-l'Abbé.*

Hôtels : — *de l'Océan* (déj. 2 fr. 50, din. 3 fr., ch. 2 fr.; pens. 42 fr. par sem., 150 fr. par mois).

Locations meublées : — chez les pêcheurs, 2 ch. 75 à 80 fr. par mois, 125 fr. deux mois; — une ch. 50 fr. par mois env.

GUILVINEC est un port de pêche populeux, avec une nombreuse flottille, et une petite station balnéaire, assez primitive.

ITINÉRAIRE. — *A.* De *Pont-l'Abbé* la route de terre est la même que celle de Penmarch (*V.* p. 157), que l'on suit jusqu'à *Plomeur* (5 k. 1/2), où l'on tourne à g. pour atteindre (10 k. 1/2 de Pont-l'Abbé) Guilvinec.
B. — De *Pont-l'Abbé* le ch. de fer départemental (ligne de Penmarch) dessert (6 k.) *Plobannalec*, station desservant, à 3 k. 1/2 S., le petit port de **Lesconil**, qui n'offre pas de ressources; il est situé sur un estuaire qui assèche à marée basse. Entre Plobannalec et Lesconil, on voit un *dolmen* à 100 m. à **dr.** de la route, puis plus loin un *menhir*, à 300 m. à dr. — 9 k. *Treffiagat.*

10 k. **Guilvinec**. Près de la gare, qui est voisine de la route de terre, on voit un vieux *manoir* pittoresque, converti en ferme. — De **la gare**, on gagne vers la g. (1/2 k.) Guilvinec, qui aligne ses maisons de pêcheurs, blanchies à la chaux, au bord de l'estuaire dit **port de Guilvinec**, asséchant à marée basse.
La plage de bains est vers la dr. (en regardant la mer) et se compose d'une vaste grève sablonneuse, avec quelques cabines. Le pays est dénudé.

EXCURSIONS. — **1°** Une route de 5 k. N.-O. relie Guilvinec à **Penmarch** (p. 158), en laissant à dr. la **chapelle Saint-Tromeur** et en passant par le ham. de *Poulguen*. — A pied, on peut suivre la côte jusqu'à

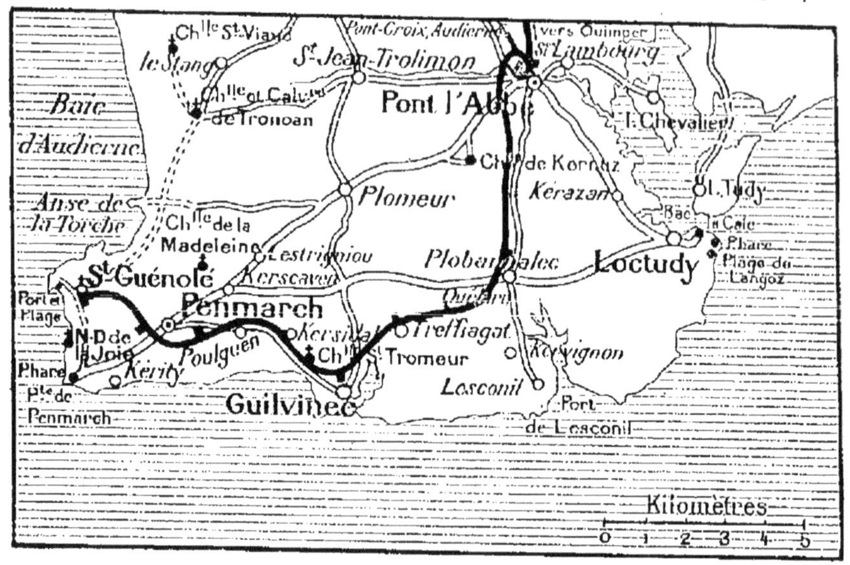

Kérity (p. 158 ; 6 k. O.), par les dunes de la côte et des chemins de sable, fatigants. — De Penmarch et de Kérity à *Saint-Guénolé*, V. p. 158.

2° A l'opposé, on va vers le N.-E., à **Loctudy** (p. 153; 12 k. 1/2; station de *Plobannalec*, à 5 k. 1/2 de Loctudy).

Cl. P. Gruyer.

départemental de Pont-l'Abbé (*V. ce nom pour voies d'accès*) *à Saint-Guénolé, 18 k. en 50 min. env. : 1 fr. 40 et 95 c.*

14 k. de Pont-l'Abbé ; — 31 k. de Quimper.

Hôtels : — A SAINT-GUÉNOLÉ : — *Grand-Hôtel de Saint-Guénolé* (petit déj. 50 c., déj. 2 fr. 50, din. 3 fr., ch. 1 fr. 50 ; pens. 5 à 8 fr. par j.), au bord de la mer ; — *de Bretagne* (déj. 2 fr., din. 2 fr. 50 ; pens. 5 et 6 fr.), près de la gare.

AU PHARE D'ECKMÜHL : — *du Phare* (déj. 2 fr. 50, din. 3 fr., ch. 1 fr. 50 ; pens. 6 fr. par j. ; au mois 5 fr. ; poste de secours du T. C. F.).

Locations meublées : — à *Saint-Guénolé*, chambres et logements (assez primitifs), à 1 fr. 50 env. par jour et par chambre.

PENMARCH et **SAINT-GUÉNOLÉ** ne sont plus auj. que deux bourgades bien déchues de leur importance ancienne, dans un pays dénudé et battu des vents. La côte y est bordée de récifs sur lesquels écume la mer ; il y a peu, en Bretagne, de sites aussi sauvages. C'est une des excursions coutumières des touristes.

ITINÉRAIRE (*V.* la carte p. 156). — *A*. De *Pont-l'Abbé*, la route de Penmarch coupe le ch. de fer à la sortie de la ville, pour suivre un itinéraire différent. — 2 k. En face d'une maisonnette, on laisse à g. le chemin du *château de Kernuz* (p. 152). — 5 k. 1/2. *Plomeur* (*calvaire* moderne au cimetière, avec *Piéta* ancienne), où on laisse à g. la route (5 k.) de la petite station balnéaire de *Guilvinec* (*V.* p. 155). — On laisse ensuite un *dolmen* et un beau *menhir*, haut de 4 m., à dr. de la route, puis on passe à (8 k.) *Lestrignou*, ham. avec plusieurs *dolmens* (l'un près de la route, derrière les maisons). — 10 k. *Kerscaven*, ham. (2 *menhirs*, de 8 et 4 m., à dr. de la route ; à 1 k. à dr., *chapelle de la Madeleine*. — 11 k. *Penmarch* (*V.* ci-dessous), d'où une bifurc. à g. conduirait à (2 k.)

Kérity et au (3 k.) *phare d'Eckmühl* (*V.* ci-dessous). — 13 k. 1/2. **Eglise ruinée de Saint-Guénolé** (xve s.), dont il ne reste qu'une grosse *tour* rasée par son milieu. — 14 k. Saint-Guénolé.

B. — De *Pont-l'Abbé*, le ch. de fer dessert (6 k.) *Plobannalec* (p. 156), puis (9 k.) *Treffiagat.* — 10 k. *Guilvinec* (*V.* p. 155).

15 k. **Penmarch** (on prononce, à tort, *Pinmar*), jadis florissante cité, a conservé la belle **église Saint-Nonna** (début du xvie s.); l'*abside* (3 belles fenêtres) fait face à la route de Pont-l'Abbé et la *façade*, à l'opposé, a un joli *porche* sculpté. A l'int., voûté en bois, *cadre* au bas-côté g., résumant les vicissitudes de Penmarch; à dr. du chœur, *tableau votif* (tempête et procession du vœu de Louis XIII, qui entre à l'église Saint-Nonna; au chœur, restes de *vitraux* anciens; 3 *bénitiers* anciens. — De Penmarch on peut gagner à pied (2 k.) Kérity.

16 k. **Kérity**, port sardinier, à dr. de la station, déchu comme Penmarch, offre les ruines de l'ancienne **église Sainte-Thumette** (xve s.; restes de la façade et arceaux) et quelques autres débris. — Attenante à Kérity (1 k. 1/2 de la gare) est la **pointe de Penmarch** (hôt. *du Phare*, *V.* : *Hôtels*), où se dresse le **phare d'Eckmühl** (on visite; pourboire au gardien), haut de 59 m. (357 marches; magnifique lentille de cristal du feu électrique, à éclats). Proche du phare, *ancien phare* et *chapelle Saint-Pierre* (xve s.). — Du phare on peut gagner, par la côte, Saint-Guénolé (2 k.; chemin de piétons, sablonneux et fatigant), en passant à la jolie **chapelle de N.-D. de la Joie** (xve s.; à côté, *calvaire* de même époque; *pardon* le 15 août).

18 k. **Saint-Guénolé**, port de pêche sardinier, à la rude population, à proximité duquel se trouvent les plus belles roches de la côte.

On se dirige (des gamins conduisent pour quelques sous) vers une grande maison carrée, autour de laquelle se cultive du raisin, dans de belles *serres* (on visite). — A cette hauteur, on voit à g. une maisonnette isolée sur les rochers, qu'il faut gagner. Les **rochers** de Saint-Guénolé se composent d'un amas de rocs, déchiquetés par les vagues et formant un pêle-mêle d'écueils. Le spectacle est beau surtout par tempête de l'ouest. Devant la maisonnette, on voit une *croix de fer*, scellée à plat sur le sol, indiquant la place où, le 8 oct. 1870, la famille du préfet du Finistère (5 personnes) disparut, enlevée par une lame de fond. — On se fera conduire ensuite (à g.; *temps et marée permettant*) au **Trou-de-l'Enfer** (*Toul-an-Ifern*).

1° Si l'on continuait à suivre la côte vers la dr. (chemins de sables), on arriverait aux bords désertiques de la vaste baie d'Audierne (à 3 k. 1/2 env., **anse et rocher de la Torche**, séparé de la terre par la crevasse du *Saut-du-Moine*).

2° De Saint-Guénolé (à 1/2 k. dans les terres, par la route de Penmarch, grosse tour ruinée de l'ancienne *église de Saint-Guénolé*, *V.* ci-dessus), on peut (vers la g., en regardant la mer) gagner, en suivant la grève (2 k.; chemins de sables), la *chapelle N.-D. de la Joie* et le *phare d'Eckmühl* (*V.* ci-dessus), d'où l'on rejoindrait le train (1 k. 1/2 au delà) à *Kérity*, ou à *Penmarch* (3 k.).

BÉNODET
(FINISTÈRE)

Cl. Villard.

Orléans de Paris à Quimper (*V. ce nom pour distance et prix*). — *Service d'auto de Quimper à Benodet* (*16 k.*), *plusieurs fois par j. : 1 fr. 15 de Quimper-Gare; 1 fr. de Quimper-Ville. — L'été, service en bateau automobile, par la rivière de l'Odet : 1 fr. 25; all. et ret. 2 fr.*
16 k. de Quimper à Bénodet.

Hôtels : — *Grand-Hôtel de Bénodet* (petit déj. 75 c., déj. 2 fr. 50, dîn. 3 fr.; ch. à 1 lit 2 fr. 50 à 3 fr. 50, à 2 lits 3 fr. 50 à 4 fr. 50; pens. à la semaine 6 fr. 50 par j.; pour un mois 6 fr.); — *des Bains de Mer* (petit déj. 50 c., déj. 2 fr. et 2 fr. 50, dîn. 3 fr., ch. dep. 2 fr. 50; pens. dep. 6 fr.).

Maisons et villas meublées : — de 500 à 5,000 fr. pour la saison. — S'adr. : à *Bénodet*, au secrétariat de la mairie; — à *Quimper*, à l'*Agence de Couesnongle*, quai de l'Odet, 46.

BÉNODET est une agréable petite station balnéaire, dans un site tranquille et retiré, très abrité. Elle tire son principal attrait de la luxuriante verdure qui l'entoure: celle-ci arrive presque aux rives de la mer, ou plutôt de l'estuaire de la rivière de l'Odet, où se trouve situé Bénodet, à 1 k. 1/2 env. de l'Océan.

ITINÉRAIRE. — *A.* De *Quimper* la route de terre de Bénodet part du Champ-de-Bataille, suit les allées de *Locmaria* (p. 142), puis elle s'éloigne de l'Odet. — 3 k. La route se rapproche de l'Odet qui, à 1/2 k. à dr., s'épanouit, entouré de coteaux boisés, et atteint 1 k. 1/2 de large. Puis on s'éloigne définitivement de l'Odet. — 5 k. 1/2. *Moulin du Lan*, au fond de l'*anse de Toulven*. — 8 k. 1/2. *Moulin du Pont*, au fond de l'*anse de Saint-Cadou*. — 10 k. On laisse à g. la route de Fouesnant et Beg-Meil. — 11 k. *Chapelle du Drennec*, près d'une fontaine avec *calvaire*, où on laisse une route à g. — 16 k. Bénodet.

B. — Le bateau de Bénodet stationne, à *Quimper*, sur la rive dr. de la rivière de l'Odet, en face de Locmaria (10 min. env. du centre de la ville). — On passe devant les *châteaux de Poulguinan* et *de Lanniron* (rive g.). — 3 k. L'Odet s'épanouit en un beau lac entouré de coteaux boisés, de 3 k. 1/2 de long et atteignant 1 k. 1/2 de large (sur la rive dr., *château* restauré *de Kerdour*). — 6 k. 1/2. L'Odet se rétrécit à la hauteur de l'*anse* sinueuse *de Saint-Cadou* qui s'enfonce dans les terres, à g. — 11 k. 1/2. *Château du Pérennou* (rive dr. ; on peut visiter). — 13 k. L'Odet s'élargit à nouveau.

16 k. **Bénodet**, petit village sur la rive g. de l'Odet et enveloppé de verdure, a une *église* moderne, sauf le chœur, qui est du XIIIe s. et a conservé ses vieux piliers. — Un petit port, sans grand mouvement, abrite quelques bateaux; deux fanaux éclairent l'entrée de la rivière. Pour trouver la **plage** et la pleine mer, il faut continuer à suivre, durant 1 k. 1/2 env., le bord la rivière, qui s'ouvre sur l'Océan entre la **pointe de Bénodet** à g., et la *pointe de Combrit*, à dr.

EXCURSIONS. — 1° Au delà de la pointe de Bénodet, on trouve le *fort* ruiné de *Groasquen*; un étroit passage, qui assèche à peu près à mer basse, le sépare d'une étroite chaussée sablonneuse, qui enclôt un petit golfe intérieur et qui se rattache (3 k. 1/2) à la **pointe de Mousterlin**. — Un nouveau cordon de dunes, de 4 k., relie celle-ci à *Beg-Meil* (*V.* ce nom).

2° En face du village de Bénodet, un *bac* (5 c. par pers. ; 50 c. par voit.) traverse l'Odet et aborde au petit ham. de *Sainte-Marine*, avec *chapelle*, d'où part la route de **Pont-l'Abbé** (16 k. O. ; p. 151), par *Combrit* (6 k. ; à l'*église*, boiseries sculptées ; petit *ossuaire*).

On peut aussi, de Sainte-Marine, gagner par les dunes de la côte (vers la g. ; chemins de piétons) l'*île Tudy* (4 k.) et **Loctudy** (en *bac* et *marée permettant*, de l'île Tudy ; p. 154).

3° Un service d'*auto* relie (9 k. N.-E.) Bénodet à **Fouesnant** (p. 162), et (5 k. 1/2 S.-E.) Fouesnant à **Beg-Meil**).

4° De Bénodet à **Concarneau** (p. 163), 21 k. 1/2 N.-E., par *Fouesnant* (*V.* ci-dessus) et *la Forêt* (12 k. 1/2 ; p. 162).

(FINISTÈRE)

Cl. Villard.

Orléans de Paris à Quimper (V. ce nom pour distance et prix). — Service d'auto de Quimper à Beg-Meil (21 k.), plusieurs fois par j. : 1 fr. 65 de Quimper-Gare, 1 fr. 50 de Quimper-Ville.

21 k. de Quimper; — 18 k. de Concarneau.

L'été, de Concarneau à Beg-Meil (5 k.; prix variable). Des canots automobiles y viennent aussi en excursion de Quimper, par la rivière de l'Odet et Bénodet (V. affiches).

Hôtels: — *Grand-Hôtel des Dunes** (de Pâques à oct.: petit déj. 1 fr. 25, déj. 3 fr., dîn. 3 fr. 50, ch. dep. 3 fr. : bains chauds); — *Grand-Hôtel de Beg-Meil** (petit déj. 1 fr., déj. 2 fr. 50, dîn. 3 fr., ch. dep. 4 fr.; pens. 7 à 12 fr.; jardin; bains chauds; tennis; villas meublées); — *de la Plage* (petit déj. 50 c., déj. 2 fr. 50, dîn. 3 fr., ch. 2 et 3 fr.; pens. dep. 6 fr.); — *de l'Océan*.

Télégraphe : — au sémaphore.

Villas meublées : — (de 5 à 15 pièces) 500 à 5,000 fr. pour la saison. — S'adr. sur place ou à l'*Agence de Coucsnongle*, quai de l'Odet, 46, à *Quimper*.

Voitures de louage et bateaux d'excursions : — s'adr. aux hôtels.

BEG-MEIL (V. la carte, p. 165) est une station balnéaire bien fréquentée, abritée des vents d'ouest, et qu'avoisinent de belles campagnes qui font en partie son attrait. On y trouve peu de petites locations (pour celles-ci, il faut aller plutôt à *Fouesnant*, V. ci-dessous), mais surtout des villas et de bons hôtels, où l'on prend pension.

ITINÉRAIRE. — De *Quimper*, la route de Beg-Meil part du Champ-de-Bataille et traverse *Locmaria* (p. 142). Puis elle s'éloigne de l'Odet. — 3 k. La route se rapproche de l'Odet qui, à 1/2 k. à dr., s'épanouit, entouré de coteaux boisés, et atteint 1 k. 1/2 de large. Puis on s'éloigne définitivement de l'Odet. — 5 k. 1/2. *Moulin du Lan*, au fond de l'*anse* *de Toulven*. — 8 k. 1/2. *Moulin du Pont*, au fond de l'*anse de Saint-Cadou*. — 10 k. On laisse à dr. la route de Bénodet. — 12 k. 1/2. *Pleuven*.

15 k. 1/2 **Fouesnant** (hôt. *Boissel*, déj. ou din. 2 fr., ch. 1 fr.; quelques *chambres et logements meublés*), charmant et tranquille village, entouré d'arbres et de vergers (cidre renommé). Les femmes y portent une grande coiffe à ailettes et un large col plissé, échancré au cou. L'*église*, de style roman (XIIe s.), sauf la façade, est un intéressant monument, aux voûtes en plein cintre, et d'aspect sévère. — Un chemin de 2 k. s'ouvre sur le flanc droit du cimetière et conduit vers la mer, à la **Baie de la Forêt**, où s'avance le petit cap sablonneux du **Cap-Coz** (on s'y baigne). Une petite *cale* abrite quelques barques. — A 3 k. 1/2 N.-E., par la route de Concarneau, petit village de **la Forêt**, situé au fond de la baie du même nom, qui assèche à 2 k. à marée basse. On y voit une **église** du XVIe s., du style flamboyant (à l'int., autel de St Louis, avec *tableau* représentant le roi, en costume du temps de Louis XIV, recevant la couronne d'épines). Autour de l'église, le cimetière a un *calvaire* du XVIe s. et un ancien *ossuaire*. Comme à Fouesnant, les arbres baignent leurs rameaux dans les flots.

21 k. **Beg-Meil**, situé à l'extrémité de la baie de la Forêt, fait face à Concarneau, qui est de l'autre côté de la baie. — Sur cette baie, la côte est couverte d'arbres, de vergers et de grasses prairies, qui rappellent la Normandie. — Le rivage de l'Océan, au contraire, vers la **pointe de Beg-Meil** (*sémaphore* et *2 menhirs*, dont l'un est peint en blanc et sert de signal maritime), est complètement dénudé. On y trouve une belle **plage** de sable, avec quelques rochers.

EXCURSIONS. — **1°** Au delà du sémaphore et de la plage, un long cordon de dunes, de 4 k., en bordure de la mer, relie Beg-Meil à la **pointe de Mousterlin**. — De celle-ci, une autre mince chaussée sablonneuse, qui enclot un petit golfe intérieur, se dirige vers la *pointe de Bénodet*, dont la sépare un étroit passage, qui assèche à peu près à marée basse. **Bénodet** (p. 159) est à 2 k. 1/2 au delà.

De Beg-Meil à *Bénodet* par la route, 14 k. 1/2 N.-O. (service d'*auto*), par *Fouesnant* (5 k. 1/2; *V.* ci-dessus).

2° De Beg-Meil à **Concarneau** (p. 163), 18 k. N.-E., par *Fouesnant* (5 k. 1/2 et service d'*auto*, 50 c.; *V.* ci-dessus) et *la Forêt* (9 k.; *V.* ci-dessus).

L'été [bateau] de Beg-Meil à Concarneau (5 k.), prix variable.

CONCARNEAU
(FINISTÈRE)

Cl. Neurdein.

Orléans de Paris à Concarneau (changement de train à Rosporden), 680 k. en 11 h. 1/2 env. par express (toutes classes) : 65 fr. 20, 44 fr., 28 fr. 70. — Billets de bains de mer, val. 33 j. : 78 fr. 25, 54 fr. 10, 40 fr. 20, all. et ret.

619 k. de Paris, par Nantes (389 k.), Redon (456 k.), Vannes (513 k.) et Rosporden (607 k.); — 25 k. de Quimper.

Hôtels : — A CONCARNEAU-VILLE : — *Atlantic Hôtel* * (l'été; petit déj. 1 fr., déj. 3 fr., din. 3 fr. 50, ch. dep. 3 fr.; pens. 7 à 12 fr.; ateliers d'artistes; ▦; bains; on parle anglais), à l'extrémité du port; — *Grand-Hôtel des Voyageurs* (petit déj. 1 fr., déj. 2 fr. 50, dîn. 3 fr., ch. de 2 à 6 fr.; pens. 6 à 10 fr. par j.; réduction pour long séjour; ateliers d'artistes; bains; ▦), place d'Armes; — *Grand-Hôtel* (petit déj. 75 c. à 1 fr., déj. 2 fr. 50, dîn. 3 fr.; pens. 6 fr. par j.); — *de France* (petit déj. 50 c. et 75 c., déj. ou dîn. 2 fr., ch. dep. 2 fr.; pens. 6 à 7 fr.; réduc. pour long séjour; ▦), av. de la Gare, 11; — *du Commerce* (petit déj. 50 c., déj. avec café 2 fr., dîn. 2 fr. 50, ch. 1 fr. 50; pens. de séjour), av. de la Gare; — *de Bretagne* (petit déj. 50 c., déj. ou dîn. 1 fr. 75; pens. 4 fr. par j., 100 fr. par mois), av. de la Gare.

A LA PLAGE DES SABLES-BLANCS : — *Hôtel Beau-Rivage* (petit déj. 75 c. et 1 fr., déj. 2 fr. 50, dîn. 3 fr., ch. dep. 2 fr. 50 : pens. dep. 6 fr.; jardin); — *des Sables-Blancs* (déj. 2 fr. 50, dîn. 3 fr., ch. de 2 à 4 fr.; pens. 6 à 7 fr.).

Chambres, logements et villas meublés : — en grand nombre, à Concarneau et aux Sables-Blancs; s'adr. au secrétariat de la mairie; — pour les villas, à *Me Cottin*, notaire, ou à M. Deyrolle-Dautan (*Atlantic-Hôtel*) : petites villas (6 pièces env.) dep. 450 fr. pour la saison; grandes villas (12 à 15 pièces et jardin) de 900 à 2,000 fr.; — 2 villas meublées à louer dans le parc de Kéryolet (800 à 900 fr. pour la saison).

Loueurs de voitures : — *Veuve Moreau*, quai d'Aiguillon; — *Beaujean*.

CONCARNEAU est un port sardinier important, malpropre, mais qui attire de nombreux touristes et artistes par son aspect pittoresque. C'est en même temps une importante station balnéaire. Le climat est doux et bien abrité des vents froids.

ITINÉRAIRE. — De la gare de l'Orléans, voisine de la *gare du chemin de fer départemental* de Pont-Aven et Quimperlé, on prend à dr. l'*avenue de la Gare*, qui descend au **quai d'Aiguillon** (station de *Concarneau-ville* de la ligne départementale), bordant la petite anse intérieure d'où émerge la Ville-Close. Cette anse découvre à marée basse des vasières infectes; de grands travaux, comportant l'établissement d'une écluse, pour y retenir l'eau, et de quais autour de la Ville-Close, sont projetés.

Continuant à suivre le quai, on arrive à la **place d'Armes**. En face sont les bassins du port; à dr. on voit les *halles* (la *poste-et-télégraphe* est derrière).

Un pont relie la place d'Armes à la **Ville-Close**, sur un ilot cerclé de *remparts* (les parties les plus anciennes de ceux-ci sont du XIVe s. env.; ils ont été restaurés de nos jours). — Passant le pont et pénétrant dans la Ville-Close, on traverse une 1re *enceinte* (**beffroi** moderne, de style ancien), avec porte blasonnée, puis une *cour intérieure*, fortifiée. Une 2e porte donne accès dans la ville, que traverse dans sa longueur la *rue Vauban* (à l'entrée, à g., dans la *Tour de la reine Anne*, curieuse *citerne*). Par la rue Vauban, on atteint une petite place, où est **l'église Saint-Guénolé** (1830; à l'int., *chaire* ancienne, *statues* de St Guénolé et de St Pierre). Au delà de l'église, on arriverait à un *passage d'eau* (bac) pittoresque, avec des rochers.

Revenant à la place d'Armes, on y prend le quai qui longe le côté dr. du **port** (nombreuses barques de pêche; filets bleus pour prendre la sardine; va-et-vient des marins). A l'extrémité du quai, on arrive en vue de la pleine mer.

Tournant à dr., on passe devant l'**Aquarium** (fermé au public: il dépend du Muséum de Paris), puis devant **la chapelle N.-D. de Bon-Secours** (XVe s.), voisine d'un petit *phare* et d'une *croix*. — En face de soi on a l'**avant-port**, protégé par une longue jetée; vers la dr. s'étend la **baie de la Forêt** (à l'extrémité de la côte opposée, on aperçoit Beg-Meil). C'est ici qu'il faut venir pour assister au départ et au retour quotidiens de la flottille des sardiniers. Ce spectacle est un des attraits de Concarneau.

Continuant à suivre la mer, on passe devant des *sardineries* (on peut demander à visiter), puis devant une rangée de chalets. On arrive ensuite (1 k. env.) à la **plage des Sables-Blancs**, avec cabines. C'est de ce côté que se déplace de plus en plus la colonie étrangère et que se développe le bourg balnéaire. On peut suivre encore pendant 1 k. le bord de la mer, toujours bordée de chalets, et on trouve une 2e *plage de bains*.

EXCURSIONS. — **1° Château de Kéryolet**: ⊛ 1 k. 1/2 N.-E. On visite tous les j. (le lundi mat. excepté), de 9 h. mat. à 5 h. s.: 50 c.; les dim. et fêtes, après-midi: 15 c.; cartes d'abonnement pour le parc. — On s'y rend de Concarneau par l'*avenue Thiers*, ou route de Pont-Aven (un peu avant le quai d'Aiguillon, en venant de la gare). Au delà de la ville, après avoir dépassé un lavoir, à g., on prend du même côté la route de *Beuzec*. On suit cette route 900 m. env. et on trouve une des portes du domaine de Kéryolet (imitation de vieille tourelle); on gagne ensuite le château par le **parc**, qui est admirable. — Le **château de Kéryolet**, moderne, est une prétendue reconstitution d'un manoir du temps de Louis XII ; il est surchargé d'ornements de mauvais goût. Légué au département par la comtesse Chauveau-Narischkine, il renferme d'*intéressantes collections* (des objets très remarquables s'y mêlent à d'autres, plus douteux).

Rez-de-chaussée. — Cuisine : collection curieuse de *bassinoires* anciennes. — Salle a manger : *tapisseries* flamandes ; cheminée en bois sculpté ; vaisselier et deux vitrines garnies de belles *faïences* anciennes. — Salon Louis XIV : belle table en bois sculpté ; table à jeu 1er Empire ;

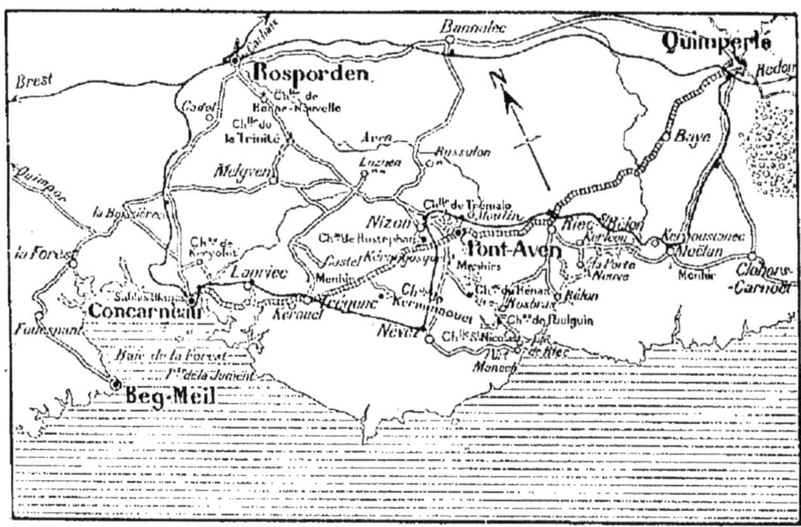

curieuse *volière* Louis XV : beau *paravent de Beauvais*, représentant la fable *Le Renard et la Cigogne*. — **Salle des Gardes** : grande salle très élevée, avec plafond et galerie de bois sculpté, baies garnies de vitraux médiocres et cheminée prétentieuse en granit de Kersanton ; belles *tapisseries* de Flandre représentant une chasse ; meubles anciens et objets d'art ; parchemins ; *autographes*. — Chapelle : 2 autels en bois sculpté, anciens, provenant de l'église de Névet, près Pont-Aven ; vieilles bannières. — Sacristie : superbe **retable** dit d'**Anne de Bretagne**, en bois doré, avec 4 panneaux décorés de peintures sur bois ; au milieu du retable, Christ janséniste (rapporté). — Salle d'armes : armures ; meubles anciens ; série de hauts-reliefs représentant les prétendus exploits de la famille des Chauveau. — Salle Saint-Hubert ou des Chasseurs : curieux tableau (*Jugement de Salomon*) ; belles *tapisseries* flamandes.

1er étage. — Chambre a coucher de la Princesse Narischkine : vieux **bureau** dit **de Mirabeau**, et **lit** ayant appartenu à la célèbre tragédienne **Rachel**, en bois doré et satin bleu. — Chambre a coucher du Comte : portrait du Comte, par Fouque, et portrait de la Princesse, par Dubufe père. — Musée breton et normand : meubles divers. — Corridor : beaux costumes bretons anciens. — Salle des Coiffes : collection des différentes coiffes bretonnes du Finistère. — PETITE SALLE, avec quelques tableaux. — CHAMBRE dite DU ROI, préparée pour le comte de Chambord (il n'y est pas venu) : magnifiques *broderies* de soie.

2ᵉ étage. — Œuvres du peintre *Bernier*.

Du sommet de la tour, *belle vue* sur la mer, Concarneau et la campagne environnante. — Derrière le château, dans le parc, joli bois de sapins et vallon pittoresque, avec un lavoir et de grands arbres.

2° De Concarneau à **Beg-Meil** : 18 k. S.-O., par *la Forêt* (9 k.; p. 162) et *Fouesnant* (12 k. 1/2; p. 162); de Fouesnant à Beg-Meil, *service d'auto* (50 c.), venant de Quimper. — Pour Beg-Meil, *V.* ce nom.

L'été de Concarneau à Beg-Meil (5 k.), prix variable.

3° De Concarneau à **Pont-Aven** : 15 k. N.-E. ou départemental, 19 k. : 1 fr. 45 et 1 fr. — Pour Pont-Aven, *V.* ce nom.

De Pont-Aven à *Quimperlé* (*V.* ce nom), 17 k. par la route ou 21 k. par départemental.

Distances par la route : — *Brest*, par Quimper, Châteaulin et Landerneau, 115 k.; — *Carhaix*, par Rosporden, 62 k.; — *Lorient*, par Quimperlé, 53 k.; — *Morlaix*, par Carhaix, 110 k.; — *Quimper*, 23 k.; — *Vannes*, par Quimperlé, Pont-Scorff, Hennebont, Landévant et Auray, 101 k.

Cl. P. Gruyer.

Orléans de Paris à Quimperlé (V. ce nom pour distance et prix). — départemental de Quimperlé à Pont-Aven, 21 k. en 1 h. env. : 1 fr. 10 et 1 fr. 60.

Pont-Aven est aussi relié à Concarneau (V. ce nom) par départemental, 19 k. en 1 h. env. : 1 fr. 45 et 1 fr.

17 k. de Quimperlé; — 15 k. de Concarneau.

Hôtels : — A PONT-AVEN : *des Voyageurs* ou *Julia Guillou** (petit déj. 1 fr. et 1 fr. 50, déj. ou dîn. 3 fr.; ch. 2 à 8 fr.; pens. 6 à 10 fr.; bains; voit. et autos pour excurs.; ateliers d'artistes; ; annexe à *Port-Manech*, V. ci-dessous); — *Le Giouannec* (petit déj. 50 c., déj. ou dîn. 2 fr., ch. 1 fr. 50; pens. 4 à 5 fr.; ateliers d'artistes; jardin; voit. et autos pour excurs.;); — pens. *Ker-Maria* (petit déj. 75 c., déj. 2 fr., dîn. 2 fr. 50, ch. 2 à 4 fr.; pens. dep. 6 fr. par j., dep. 150 fr. par mois); — *Terminus* (petit déj. 75 c., déj. ou dîn. 2 fr., ch. 2 fr.; pens. 6 fr.), sur l'Aven.

Loueurs de voitures : — *Scao*, r. de la Gare; — *Porrial*, r. de la Gare; — aux hôtels Julia et Giouannec.

Bateaux de promenade : — au port et à l'hôtel Julia (service pour *Port-Manech*, V. ci-dessous).

PONT-AVEN (V. la carte, p. 165), fréquenté par les artistes, est une pittoresque localité, située dans une nature agreste, à la fois gracieuse et puissante. Ses femmes sont célèbres par leur charme; elles portent une grande coiffe blanche à ailettes et un large col plissé, échancré au cou, qui couvre les épaules. Pont-Aven est une des excursions classiques de la Bretagne. Le *pardon* (*recommandé*) a lieu le 3e dim. de sept.; tous les deux ans, *fête des Ajoncs*, en août ou sept. Pont-Aven est en outre le point d'accès de la petite station balnéaire de *Port-Manech*.

ININÉRAIRE. — Du ch. de fer on descend vers le bourg et on arrive sur la place centrale de Pont-Aven, où se trouve l'*hôtel Julia* (Julia

Guillou fut l'initiatrice de Pont-Aven; elle y hébergea les premiers artistes dans un petit hôtel. encore décoré des nombreuses « pochades » qu'ils y ont laissées : dans le salon du nouvel hôtel, intéressants tableaux). — Un peu plus loin on trouve un *pont* et la **rivière de Pont-Aven**, ou **Aven**.

1° Si, du pont, on suit la rivière vers la g., on passe près d'un *moulin* du XVe s. (lion et homme sculptés au bas de sa toiture). au delà duquel le lit de l'Aven est encombré de grosses **roches** qui y forment des **cascatelles**. C'est un site charmant. On trouve ensuite le petit **port** (7 k. de la mer; pour la descente de l'Aven, *V.* ci-dessous). où commence l'estuaire de l'Aven (*villa* du poète-chansonnier Botrel et, sur un rocher, *médaillon* de bronze du poète *Brizeux*, 1803-1858, par E. Dalodier, 1909). — On revient au pont.

2° Si, du pont (*église* moderne et sans intérêt), on suit la rivière vers la dr., on arrive au **Bois-d'Amour** (propriété privée; cartes dans les hôtels) qui s'étend le long de l'Aven, avec ses hêtres magnifiques et ses rochers moussus. Les arbres recouvrent de leurs ramures les eaux paisibles. C'est un site de toute beauté.

EXCURSIONS. — **1° Ruines de Rustéphan** : ⊛ 4 k. N.-O. — On prend la route de Concarneau, qui passe devant l'église et s'élève par un long détour (à pied, on prendra, derrière l'église, l'ancienne route, plus courte de 1/2 k.). — 2 k. 1/2 (ou 2 k.). Les 2 routes se rejoignent. — — 3 k. 1/2 (ou 3 k.). A dr. de la route de Concarneau s'ouvre la route de Nizon, que l'on suit pendant 1/2 k. env. pour trouver les ruines imposantes du **château de Rustéphan** (XVe s.; belle tour). — 1/2 k. au delà, *Nizon* (station du ⊞) a un vieux *calvaire* dans son cimetière.

2° Château de Hénan : ⊛ 3 k. 1/2 S. (rive dr. de l'Aven). — On suit la vieille route de Concarneau (*V.* ci-dessus : 1°); au sommet de la côte, à g., prendre la route du Hénan. — 1 k. 1/2. *Kérangosquer*, ham. (*menhir* de 5 m.; un peu plus loin, dans une lande, à g., autre *menhir* de 5 m. 50). On traverse ensuite une petite anse de l'Aven. — 3 k. 1/2. Le **château du Hénan** (XVe-XVIe s.) est dans un site pittoresque. On voit émerger des arbres, les toits et les flèches de ses tourelles gothiques.

3° Port-Manech et descente de l'Aven : — *A*. ⊛ 10 k. S.; service *d'auto* de l'hôtel Julia : 2 fr. all. et ret. ; — *B*. Par la rivière de l'Aven; service de *canot-automobile* de l'hôtel Julia : 1 fr. 50 all. et ret. Le trajet est pittoresque et charmant; des coteaux agrestes bordent la rivière; à dr., *château du Hénan* (*V.* ci-dessus), puis *château de Poulguin*, (XVIe et XVIIe s.); — *C*. ⊞ de Concarneau, station de *Névez*, qui est à 5 k. N.-O. de Port-Manech.

Port-Manech (hôt. : *Julia Guillou*, l'été, petit déj. 1 fr. et 1 fr. 50, déj. ou dîn. 3 fr., ch. 2 à 8 fr., pens. 8 à 10 fr., ⊞; *de l'Aven*, 5 fr. par j.; quelques *chambres* et *logements meublés*) est un petit port de pêche à l'embouchure de l'Aven, qui s'y réunit à la rivière de Bélon (huîtres). C'est aussi une petite station balnéaire, isolée, dont l'excellent hôtel Julia est la principale ressource. La vie chez soi n'y est pas sans difficultés. La **plage** est à **Saint-Nicolas**. près de la *chapelle* de ce nom, un peu avant Port-Manech. — Un petit *phare*, à la *pointe d'Ar-Bréchen*, marque l'entrée de la rivière.

Cl. M. Monmarché.

Orléans, 640 k. de Paris, en 10 h. 1/2 env. : 60 fr. 70, 41 fr., 26 fr. 70. — Billets de bains de mer, val. 33 j. : 72 fr. 85, 50 fr. 15, 37 fr. 40, all. et ret.

582 k. de Paris, par Nantes (389 k.), Redon (456 k.) et Vannes (513 k.); — 47 k. de Quimper.

Hôtels : — EN VILLE : — *du Lion-d'Or et des Voyageurs* (petit déj. 1 fr. et 1 fr. 25, déj. 2 fr. 50, dîn. 3 fr., ch. dep. 3 fr.; chauff. central;), pl. Nationale; — *du Commerce* (petit déj. 75 c., déj. 2 fr. 50, dîn. 3 fr., ch. 2 fr.; pens. 7 fr. 50;), r. des Écoles; — *Duparc* (petit déj. 50 c., déj ou dîn. 2 fr., ch. 2 fr. et 2 fr. 50; journée 6 fr.; pens. 5 fr. 15 j., 4 fr. 50 un mois); — *Communauté de la Retraite* (pour dames; 4 fr. par j., boisson et éclairage non compris; 80 fr. par mois d'oct. à juin; 95 fr. de juin à oct. : beau jardin), bd du Bourgneuf.

A LA GARE : — *de l'Europe* (2e ordre; petit déj. 60 c., déj. ou dîn. 2 fr. 50, ch. 1 fr. 50;); — *des Postes*.

Service d'auto pour : — *Le Pouldu* (V. ce nom).

Voitures de louage : — *J. Guého*, r. de La Tour-d'Auvergne, 4; — *Mahé*, bd du Bourgneuf, 19; — *J. Hervé*, hôt. de l'Europe (près la gare); — à l'hôt. du Commerce.

QUIMPERLÉ, V. de 9,036 hab., est agréablement situé dans une contrée verdoyante, aux grands bois et aux frais vallons. La ville, qu'enserre la campagne, présente un aspect pittoresque; le clocher carré, à quatre clochetons, de l'église Saint-Michel la domine. Quimperlé est le point d'accès de la station balnéaire du *Pouldu* et l'un de ceux de *Pont-Aven*.

ITINÉRAIRE. — La cour de la gare s'ouvre sur une route transversale que les voitures suivent vers la dr., pour gagner en pente douce, la ville basse et la place Nationale (*V.* ci-dessous). — On la suivra au contraire vers la g., pour y prendre la 1re rue à dr. (*rue de l'Hôpital-Frémeur*), qui passe devant l'*hôpital*, et aboutit *place des Halles*, où se trouve l'église Saint-Michel.

L'église Saint-Michel (XIVe-XVe s.) a une grosse **tour** carrée (balustrades à jour) du gothique flamboyant, portant à chaque angle un clocheton à crochets; sa flèche de plomb a été fondue à la Révolution. Le *porche N.* (XVe s.), sur le flanc g. de l'édifice, est remarquable; il offre une vraie dentelle de pierre (double arcade, avec *bénitier* sculpté; les niches ont perdu, sauf trois, leurs statues d'Apôtres. De ce même côté, l'église est rattachée, par une arcade, à une **maison en bois** du XVe s. Le *porche S.* (flanc dr. de l'église) est du XIVe s.; de ce côté également, une arcade relie l'église aux maisons. — A l'int., la nef est sans bas-côtés; à dr. et mal éclairé, bon *tableau* du XVIe s. (Nativité); *fonts-baptismaux* du XVe s.; derrière l'autel, belle *maîtresse-vitre* (vitraux modernes).

Derrière le chevet de l'église, la **Grande-Rue**, escarpée, descend vers la ville basse. Elle aboutit à la *place Carnot*, que l'on traverse droit devant soi, pour passer l'Isole et, par la courte *rue de l'Isole*, arriver à un *marché* couvert derrière lequel est l'église Sainte-Croix.

L'église Sainte-Croix est une des plus curieuses de la Bretagne. Elle est la reproduction (plus ou moins exacte) de l'ancien édifice roman, élevé au XIe s. (1029-1083), détruit en 1862 par l'effondrement de son clocher. L'édifice, extérieurement semblable à la rotonde d'un cirque, imite dans son plan général le Saint-Sépulcre de Jérusalem. Une mauvaise *façade* du XVIIIe s. a subsisté. Derrière l'abside, le *clocher* a été refait de nos jours. — L'int. est circulaire et les bas-côtés tournent autour d'une plate-forme centrale, où est l'autel; *chaire* du XVIIIe s. Encadrant la porte principale, un magnifique **jubé** de la Renaissance (1541) a des sculptures en pierre blanche, d'une grande finesse (statues des *4 Évangélistes*, sous 4 dais; statuettes de *la Vierge*, des *Vertus théologales et cardinales*, et des *12 Apôtres*; au-dessus de l'arcade centrale, le *Christ glorieux*). Sous la plate-forme de l'autel, **crypte** curieuse, seul reste de l'église du XIe s. (*tombeau*, de 1434, *de l'abbé de Lesperoez*; *tombeau*, du XVe s.; *de St Urlou*, invoqué pour la goutte, avec trou et pointe de fer pour se gratter la tête).

Sortant de l'église Sainte-Croix par la porte latérale g., on a en face de soi la **rue du Château**; on y trouve quelques vieux logis et, à dr., les ruines de l'*église Saint-Colomban*; un peu plus loin, *Caisse d'Épargne* (moderne) et, à g., *escalier double* en pierre (Renaissance), en bordure de la rue, seul reste de quelque belle demeure.

Revenant à l'église Sainte-Croix et passant devant sa façade, on prend la *rue de la Mairie*, qui amène en quelques pas à **la place Nationale**, où les bâtiments de l'ancienne abbaye de Sainte-Croix (entrée libre; **cloître** du XVIIIe s.) abritent la *Mairie*, le *Tribunal* et la *Gendarmerie*. La *Sous-Préfecture* y est attenante.

A dr. sont les **quais** de l'Isole, auquel l'Ellé vient se réunir, pour former la Laïta et un petit **port**; on voit s'étager au-dessus la ville haute, dominée par le clocher de Saint-Michel.

1° Passant l'Isole, on peut regagner la gare, soit à dr. par la Grande-Rue, soit à g. par la route des voitures.

2° Si, laissant à dr. l'Isole, on franchit l'Ellé près de son confluent, on trouve le **boulevard du Bourgneuf**, bien ombragé; à son extrémité, à dr., l'ancien *couvent des Dominicains*, fondé en 1255, est occupé auj., sous le nom d'**Abbaye Blanche**, par les Dames de la Retraite (pension de famille pour dames). La porte (xve s.) est surmontée de fragments sculptés.

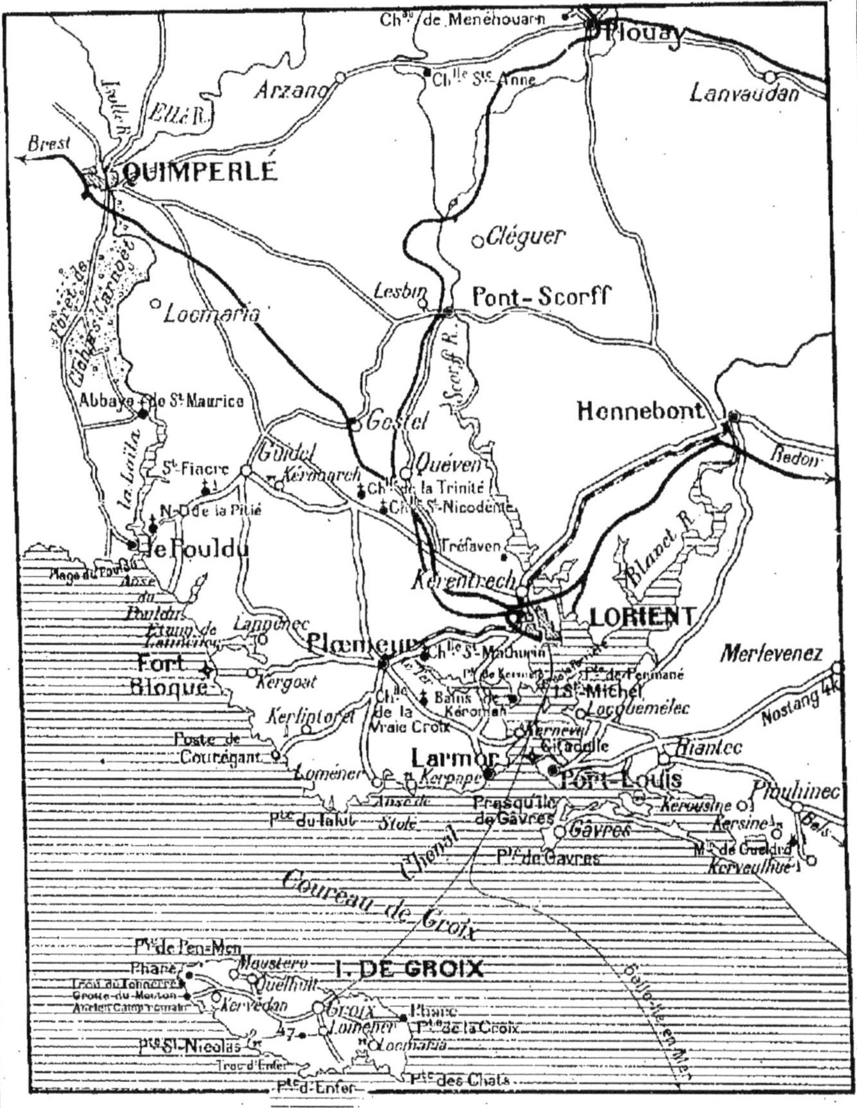

Dans la cour, une *chapelle* funéraire contient les restes de Jean de Montfort, duc de Bretagne, et de sa femme.

EXCURSION. — **Chapelle Saint-Fiacre, le Faouët et chapelle Sainte-Barbe** (*recommandé*) : 🚗 21 k. N.; voit. de louage : 10 à 12 fr. — *N.-B. Le Faouët est desservi d'autre part par le* 🚂 *départemental de Lorient ou de Pontivy, d'où se fait aussi l'excursion* (*V. p. 180 et 183*).

On sort de Quimperlé par la ville basse, pour s'élever à 97 m. d'alt. — 3 k. On laisse à g. *Tréméven*. — 4 k. 1/2. On laisse à dr. une route de 4 k. 1/2 N.-E. vers *Locunolé*, v. au delà duquel (1 k. env.) l'Ellé coule en torrent au pied d'une pittoresque muraille de rochers, dits **Rochers du Diable** (de Locunolé on regagne directement, 2 k. 1/2, la route du Faouët). — 5 k. 1/2, *Kerlavarec*, ham. et *château* — 8 k. On laisse à g. le *château de Penquelen* et à dr. une route de 2 k. 1/2 vers Locunolé (*V.* ci-dessus). — 12 k. 1/2. On descend vers le vallon de l'Ellé, dont on suit le flanc dr. — 16 k. 1/2. *Chapelle Saint-Meslan*.

18 k. Ham. et **chapelle Saint-Fiacre** (à dr. de la route : la clef est dans une des maisons du ham.; pourboire), du XVe s. : la façade porte une grande *flèche*, entre 2 flèchettes. A l'int., magnifique **jubé**, du style flamboyant, en bois sculpté et peint (vantaux à jour; statuettes de la *Vie de St Fiacre*; statuettes, à la galerie supérieure, d'Adam et Ève, de la Vierge et de St Jean; Christ en croix); au chœur, 3 *statues* anciennes à l'autel (St Laurent, La Vierge et l'Enf. J., Ste Ursule) et superbe **vitrail** du XVIe s. (Passion et Résurrection); beaux *vitraux* aux transepts.

21 k. **Le Faouët** (hôt. : *Croix d'Or et Touristes*, déj. 2 fr., din. 2 fr. 50, ch. dep. 2 fr., pens. 5 à 6 fr., bains, chauff. central, ☎; ateliers d'artistes; *Lion-d'Or*, déj. 2 fr., din. 2 fr. 50, ch. 2 fr., pens. 6 fr. 50, au mois 120 fr., bains, ☎), gros bourg avec de belles **halles** anciennes et une **église** des XVe et XVIe s.

Pour se rendre à la chapelle Sainte-Barbe (chemin de piétons, 2 k. N. env., assez fatigant; on peut se faire guider utilement par un enfant du pays) on sort du Faouët par une ruelle qui s'ouvre place des Halles (à la maison d'angle, statuette de la Vierge). A l'extrémité de cette ruelle, on tourne à g. et on prend un chemin creux qui descend dans un ravin; il remonte ensuite à pic, par une sorte de voie dallée, jusqu'à un plateau (178 m. d'alt.) bordé de grands pins. Traversant tout droit ce plateau, on trouve une *croix de pierre* et la maison du gardien qui a les clefs (pourboire); à dr., petit **beffroi** dont tout pèlerin fait sonner la cloche. — De là on descend vers la chapelle Sainte-Barbe par un **escalier** monumental (Renaissance); à dr., petite *chapelle Saint-Michel*, sur un rocher. La **chapelle Sainte-Barbe** (1489), du gothique flamboyant, est simple et élégante; sa situation est charmante, au-dessus du creux et agreste vallon de l'Ellé. A l'int., *maître-autel* à colonnes torses et *vitraux* (modernes) de la Vie de Ste Barbe.

Le Faouët est relié à *Carhaix* (p. 106) par 🚂 départemental, 46 k. par *Gourin* (25 k.; changement de train). — Du Faouët à *Pontivy* (p. 183) 🚂 départemental, 58 k. par *Guémené-sur-Scorff* (p. 183).

Distances par la route : — *Carhaix*, par le Faouët, le Saint et Gourin, 68 k.; — *Lorient*, 21 k.; — *Morlaix*, par le Faouët, Gourin, Carhaix, Poullaouen, les bois d'Huelgoat, Berrien et Pennerguès, 116 k.; — *Quimper*, par Bannalec, Rosporden et Saint-Yvi, 47 k.; — *Vannes*, par Pont-Scorff, Hennebont, Brandérion, Landévant et Auray, 69 k.

(FINISTÈRE)

Cl. Laurent.

Orléans de Paris à Quimperlé (*V. ce nom pour distance et prix*). — *Service d'auto, plusieurs fois par j.. de Quimperlé au Pouldu : 1 fr. 15 de Quimperlé-Mairie; 1 fr. de Quimperlé-Gare.*

12 k. 1/2, 14 k. 1/2 ou 16 k. 1/2 selon route, de Quimperlé au Pouldu (*V. ci-dessous*).

Hôtels : — *des Grands-Sables* (déj. 2 fr., dîn. 2 fr. 50, ch. 1 fr. 50; pens. 150 fr. par mois), sur la hauteur; — *des Bains* (déj. ou dîn. 2 fr. 50, ch. dep. 2 fr.; pens. 5 fr. sans la ch.; bains), à la plage des Grands-Sables; — *du Pouldu* (pens. 4 fr. 50; 5 fr. en août), au ham. du Pouldu.

Villas et maisons meublées : — petites maisons dep. 450 et 500 fr. la saison; — villas jusqu'à 2.000 fr. — S'adr. sur place ou à *Lorient*, à l'*Agence J. Braud.*

Chambres et logements meublés : — de 80 à 400 fr. pour la saison.

LE POULDU (*V.* la carte p. 171) est une station balnéaire familiale, fréquentée par la petite bourgeoisie. La vie y est encore à bon compte. L'excursion du Pouldu se combine d'ordinaire avec celle de la forêt de Clohars-Carnoët et de l'abbaye de Saint-Maurice (*V.* ci-dessous).

ITINÉRAIRE. — De *Quimperlé* trois routes conduisent au Pouldu : — *A.* route directe (12 k. 1/2 S.), qui laisse de côté l'abbaye de Saint-Maurice; — *B.* route que suit le service d'auto (14 k. 1/2), qui laisse de côté la forêt de Carnoët et l'abbaye de Saint-Maurice, et dessert (9 k.) le village de *Clohars-Carnohët*; — *C.* (*itinéraire recommandé*) 16 k., par la forêt de Carnoët et l'abbaye de Saint-Maurice (voit. de louage : 7 à 8 fr. env.). — On peut aussi descendre en *bateau*, avec la marée favorable, la rivière de Quimperlé, ou Laïta, jusqu'au Pouldu (15 k.; charmante promenade; s'adresser au port de Quimperlé; prix à débattre).

De Quimperlé la route du Pouldu (route directe ou route de l'Abbaye) longe le quai de la Laïta; aux dernières maisons, elle laisse à dr. la route de la gare, que suit le service d'auto, pour continuer à longer la rivière et passer (1 k.) sous le viaduc du ch. de fer. Puis elle monte en s'éloignant de la Laïta (à g.. parc du *château de Québlen*).

3 k. On entre dans la **forêt de Clohars-Carnoët** et on ne tarde pas à y trouver, à g., un chemin carrossable, indiqué par une *colonne* de pierre; on prend ce chemin. — On laisse à dr. la route du Pouldu.

La promenade est superbe sous les ombrages de la forêt et on laisse à g. un chemin allant à quelques ruines du *château de Carnoët*, ou château du Diable. On descend ensuite dans un vallon profond, où l'on passe un ruisselet sur un petit pont de pierre (6 k. 1/2). On remonte la côte opposée du vallon et, prenant au sommet de la côte une bifurc. à dr., on arrive (9 k.) à une grande allée de hêtres et à une barrière (entrée du domaine de Saint-Maurice).

Quittant la voiture (le cocher va attendre à la sortie de la propriété), on descend vers une ferme, et quelqu'un vous accompagne (pourboire). — De l'ancienne *chapelle* de l'abbaye il reste une façade à demi écroulée, du XVIIe s. (Renaissance bretonne). Passant une grille, on entre dans le parc du château et on trouve une autre **chapelle** (*dalle tumulaire* d'une dame du XIIIe s.; reliques de Saint-Maurice; autel du XVIIIe s.). Mitoyenne avec cette chapelle, une élégante **salle capitulaire** (XIIIe s.) est tout ce qui subsiste de l'**abbaye de Saint-Maurice** fondée au XIIe s. — Le **château** date du XVIIIe s. (*ifs* centenaires).

On retrouve la voiture devant la grille du château. La Laïta s'épanouit entre des collines boisées. Une route de 2 k. 1/2 ramène ensuite (12 k.) à la route du Pouldu, qu'on reprend vers la g.

15 k. On arrive en vue de la mer, à une bifurc. où est l'hôtel des Grands-Sables. De là on se dirige (1 k. à dr. ou 1 k. à g.) vers les deux agglomérations qui forment la station balnéaire du Pouldu.

Prenant la bifurc. de dr. (à g., ham. du *Pouldu*, *V.* ci-dessous), on descend vers la **plage des Grands-Sables** (hôt. des Bains), dans un paysage dénudé, mais avec un bel horizon de mer (au large, *île de Groix*), une vaste grève, quelques rochers et des dunes de sable.

De là, suivant à pied (2 k.) vers la g., par le sentier de la falaise, le rivage de la mer, on rencontre une foule de petites anses rocheuses, formant autant de grèves où l'on peut se baigner. On atteint de la sorte, au delà d'un *sémaphore* et d'un fortin déclassé, l'embouchure de la Laïta, que ferme la **barre du Pouldu**. Cette « barre » de sable, que les bateaux ne peuvent franchir qu'à marée haute, brise fortement par grosse houle. Le spectacle alors en est curieux.

Continuant le sentier, qui domine maintenant la rive dr. de la Laïta, on arrive au ham. du **Pouldu** (hôtel du Pouldu), entouré de jardins et de vergers, dans un site tranquille et bien abrité. — Une route de 1 k. remonte vers la g. à la bifurc. de l'arrivée et à la route de Quimperlé.

Un *bac* (5 c. par pers.; 50 c. par voit.), en face du ham. du Pouldu, traverse l'estuaire de la Laïta, de l'autre côté de laquelle on voit entre les arbres la *chapelle de la Pitié*; il amène à la route de Lorient.

Du Pouldu à *Lorient*, 16 k. S.-E., en traversant en *bac* (*V.* ci-dessus) l'estuaire de la Laïta et en passant par (2 k.) la *chapelle Saint-Fiacre* (XVe s.), voisine d'un *menhir* de 5 m., et (4 k.) *Guidel* (de Guidel, une route de 11 k. N.-O. ramènerait à *Quimperlé*; une autre route, de 9 k. S., conduirait au *Fort-Bloqué* p. 178).

Cl. H. Laurent.

Orléans, 620 k. de Paris, en 10 h. env. : 58 fr. 45, 39 fr. 45, 27 fr. 70. — Billets de bains de mer, val. 33 j. : 70 fr. 15, 48 fr. 20, 36 fr., all. et ret.

568 k. de Paris, par Nantes (389 k.), Redon (456 k.), Vannes (513 k.) et Hennebont (558 k.); — 67 k. de Quimper.

Hôtels : — En Ville : — *de France** (petit déj. 1 fr. 25, déj. 2 fr. 50, dîn. 3 fr.; bains; ▣), pl. Alsace-Lorraine; — *de Bretagne** (mêmes prix; bains; chauffage central), r. Victor-Massé, 6; — *de l'Europe* (petit déj. 75 c. et 1 fr., déj. ou dîn. 2 fr. 50, ch. 2 à 3 fr.; pens. 6 fr. 50; chauff. central; bains; ▣), r. Victor-Massé, 16; — *des Voyageurs* (petit déj. 75 c., déj. 2 fr. 50, dîn. 3 fr.; ch. 2 fr., 2 lits 4 fr.), r. Fénelon; — *Le Gall* (déj. ou dîn. 2 fr. 50; 6 fr. 50 par j.; bains), pl. Alsace-Lorraine, angle de la r. Saint-Pierre; — *de la Croix-Verte* (petit déj. 50 c., déj. ou dîn. 2 fr., ch., dep. 2 fr.; pens. 6 fr.), r. Victor-Massé, 14.

A la Gare : — *Terminus et de la Gare* (petit déj. 60 c. et 75 c., déj. 2 fr., dîn. 2 fr. 50, ch. dep. 2 fr.; pens. 6 fr. 50; ▣).

Maison meublée : — r. de la Cale-Ory.

Restaurants : — *du Grand-Café* (déj. 2 fr. 50, dîn. 3 fr., et à la carte), pl. Alsace-Lorraine; — *Américain*, pl. Alsace-Lorraine : — *de Paris*, r. Molière, près du théâtre.

Agence de location : — (pour Lorient et les plages de la région) *J. Braud (Intermédiaire du Morbihan)*, r. Bodélio, 9.

Pâtisseries lorientaises : — pl. Bisson, 3; — r. des Fontaines.

Meubles bretons : — r. du Port et r. du Morbihan.

Poste-et-télégraphe : — r. de la Comédie.

Trams : — réseau urbain. 15 c. et 10 c.; — pour *Hennebont*, 45 c.

Loueurs de voitures : — *Le Garff*, pl. Alsace-Lorraine, près l'hôtel de France; — *Simon*, pl. Alsace-Lorraine, 14; — *Névo*, r. Victor-Massé,

11. — 10 à 15 fr. pour le Pouldu. **Bateaux** pour: — *Larmor* (*V.* p. 178); — *Port-Louis* (p. 178); — *l'île de Groix* (p. 179); — *Belle-Ile* (p. 179). L'été, *excursions à Hennebont*, par le Blavet : 50 c.

LORIENT (B), V. de 44,640 hab., important port de guerre qui tient le 1er rang en France pour des constructions navales, est situé sur l'estuaire formé par le Scorff et le Blavet réunis, à 6 k. de la pleine mer. La ville date tout entière des XVIIe et XVIIIe s. et dut son essor à l'ancienne Compagnie des Indes. Autour de Lorient se trouvent un certain nombre de petites plages : *Bains de Kéroman* et *de la Perrière*, *Larmor*, *Port-Louis*, le *Fort-Bloqué*, fréquentées surtout par une clientèle régionale et où la vie est à bon compte. Lorient est le point d'accès de l'*île de Groix*, qui peut être considérée également comme un petit centre balnéaire.

ITINÉRAIRE. — Sortant de la gare (tram pour la ville et le port, sur le cours Chazelles, à dr.) on tourne à dr. et l'on trouve le **Cours Chazelles**, que l'on suit vers la dr., en traversant le *passage à niveau*. On aboutit (à dr., *gare des ch. de fer départementaux*; à g., **square Bodélio**, avec *buste du Dr Bodélio*, 1799-1887, philanthrope) à la **place du Morbihan**, que précède une médiocre *statue de Jules Simon*.

Sur cette place, 3 rues principales s'ouvrent en éventail; celle de g., *rue Colbert*, conduirait directement au port de guerre (p. 177), par la *rue de l'Hôpital* qui lui fait suite (*chapelle de l'Hôpital*, du XVIIe s.); celle que l'on a en face de soi, *rue du Morbihan* (**fontaine de Neptune**, 1876), aboutit à l'église Saint-Louis (*V.* ci-dessous). — On prend à dr. la *rue Victor-Massé*. La rue Victor-Massé, où sont les principaux hôtels, amène (au no 23, *maison natale* de Victor Massé, 1822-1881) à la **place Alsace-Lorraine**, la principale de la ville (*cafés*; *kiosque à musique*).

De cette place, la *rue des Fontaines*, à g., très fréquentée, conduit à la **place Bisson**, où est une **colonne** avec *statue de l'enseigne de vaisseau Bisson* (il tient la torche avec laquelle, en 1827, il mit le feu aux poudres de son navire et se fit sauter avec les pirates qui l'avaient envahi), et voisine de l'église Saint-Louis.

L'**église Saint-Louis**, de 1709, a la forme d'une basilique romaine, avec *tour* carrée. — A l'int., au bas-côté g., *fonts-baptismaux* avec dais sculpté; à la nef, *chaire* d'acajou du 1er Empire; *vitraux* modernes, relatifs à l'Histoire de Lorient).

A g. de l'église (en regardant celle-ci), dans un vieux bâtiment servant aussi de *justice de paix*, est le musée.

Le **Musée** (au 1er étage; les jeudis et dim. de midi à 5 h.; l'hiver de 1 h. à 4 h.; les autres j. s'adr. au concierge, pourboire) est peu important. — On y remarque (de dr. à g.) : *Biard*, Bisson faisant sauter son navire; *Decamps*, Le chêne et le roseau. Vitrine avec curieux *vêtements* brodés du Directoire. *Géricault*, Chevaux (étude à la sépia); *Guillou*, Coup de vent. Bustes, statuettes et statues. Coquillages, insectes, minéraux et poteries.

Revenant à la place Bisson, on descend le **Cours de la Bôve**, où est la *statue de Victor Massé*, par Mercié. — A cette hauteur, à dr., la *rue du Port* conduirait à la **chapelle de la Congrégation** (XVIIIe s.), avec grand retable sculpté. A la façade, à dr., un *boulet* du bombardement anglais de 1748 est encore incrusté.

Le Cours de la Bôve (à g., *rue de la Comédie*, où est la *Poste-et-Télé-*

graphe) aboutit au **Théâtre**, derrière lequel le **Cours des Quais** borde le **port de Commerce**.

Si l'on suivait le Cours des Quais vers la dr., on trouverait la **Salle des Fêtes**, grand monument moderne. — On se dirige vers la g. et on arrive au **pont-tournant** qui sépare le **bassin à flot** (à dr.) du **port d'échouage** (à g.), qui assèche à marée basse; pontons d'embarquement des *bateaux de Port-Louis*, *Larmor*, *Hennebont*, *île de Groix*.

1° Si, ayant traversé le pont-tournant, on longeait vers la g. le port de commerce, on arriverait à une longue **jetée**, faisant face à l'arsenal que domine la *tour de la Découverte* (*V.* ci dessous). Au bout de cette jetée s'ouvrent à g. le *port de guerre*, dans l'estuaire du Scorff, à dr. la **rade de Lorient**, où le Blavet vient confluer avec le Scorff; elle se termine à la mer, 6 k. au delà, après Port-Louis et Larmor.

2° Si, après avoir traversé le pont-tournant, on prenait, en face, la *rue Carnot* (la *rue Perrault*, que l'on croise la première, mènerait à dr. à la *place* et à la *statue de la République*, à g. au **square** et à la *statue de Brizeux*, par Ogé), on arriverait (1 k. 1/2; tram), après avoir tourné à g. par la *rue de Carnel*, au *cimetière* (**tombe de Brizeux**, par Etex, ombragée d'un chêne selon le désir du poète; en face, *tombe de Bodélio*, médecin et philanthrope).

Continuant à suivre vers la g. le Cours des Quais, on trouve à son extrémité, à g., la *rue de la Cale Ory*, que l'on remonte et où est l'entrée du port de guerre.

Le **Port de guerre** se compose de deux enceintes. La 1re, ouverte tout le jour, forme la **place d'Armes**, plantée d'arbres et servant de promenade publique (à dr. en entrant, la *Préfecture maritime* occupe deux jolis pavillons de style Louis XV, bâtis en 1733 par la Cie des Indes; au milieu de la place, *statue*, par Ogé, *de Dupuy de Lôme*, célèbre ingénieur maritime (1816-1885).

La 2e enceinte renferme les arsenaux et le port de **guerre** (*permis de visiter* délivré par l'officier de service, de 9 h. 15 à 9 h. 45 mat. et de 2 h. à 2 h. 30, sauf dim. et fêtes, *sur la production d'une pièce d'identité prouvant que l'on est Français*). Un matelot accompagne (rétribution). — La visite dure 1 h. 30 env. Les points les plus intéressants, auxquels on peut la borner, sont : la **Salle d'Armes** (12,000 armes à feu et autant d'armes blanches; trophées de Saint-Jean d'Ulloa, du Mexique, de Chine et de Cochinchine; 2 canons allemands, pris à Coulmiers); le **Musée Maritime** (modèles de navires; statues de bois d'anciennes frégates; moulage de la tête de Napoléon Ier sur son lit de mort; curieuses plaques de blindage traversées par des obus); la **tour des Signaux**, ou **tour de la Découverte**, élevée au XVIIIe s., haute de 38 m. (belle vue, sur Lorient, l'arsenal et le port, la rade vers Port-Louis et Larmor; à l'horizon, par temps clair, île de Groix). On visite ensuite un *cuirassé* ou *croiseur-cuirassé*. — Trois vieilles *frégates* servent de *casernes* et d'*écoles*, et l'on aperçoit au fond du port les énormes **chantiers de construction de Caudan**.

En sortant du port de guerre, la rue du Port, en face, ramène en ville, au cours de la Bôve; la rue de l'Hôpital (à dr.) conduirait directement à la place du Morbihan et à la gare.

EXCURSIONS (*V.* la carte p. 171). — **1° Bains de Kéroman et de la Perrière** : 🚲 2 k. env. (*tram*). — On prend au pont-tournant (port de Commerce) la rue Carnot, puis la rue de Carnel à g., qui longe le *cime-*

tière (*V.* ci-dessus); on atteint ainsi (2 k.) les *Bains de Keroman*, plage fréquentée par les Lorientais. — Ils sont voisins des *Bains de la Perrière* (petit *casino*; *parcs à huîtres*).

De la **pointe de la Perrière** un ⛴ transporte (10 c.) à **Kernével**, autres bains de mer, d'où on peut gagner à pied *Larmor*, en suivant la côte (1 k. 1/2 env.; *V.* ci-dessous : 2°).

2° Larmor. — *A.* 🚲 6 k. S., par (2 k. 1/2) le **pont suspendu de Kermélo**, sur l'estuaire du Ter; — *B.* ⛴ 6 k. 1/2 (25 c.; prix variable), par la rade, où l'on voit se dresser l'**île Saint-Michel** (*fort* et *poudrière*), sur un rocher de granit.

Larmor (*hôt.-restaurant*, pens. 5 et 6 fr. par j.; *chambres meublées*, 40 à 50 fr. par mois; *petites maisons*, 150 à 200 fr. par mois; *villas*, 200 à 500 fr. par mois) est une petite station balnéaire régionale, fréquentée surtout par les Lorientais; elle a une **plage** de sable, avec cabines. — **L'église** a une *tour* carrée et trapue (1615), avec clocher en pyramide; le *portail latéral* est du style flamboyant (XVIe s.; *porche* avec statues des Apôtres). A l'int., du style ogival, plafond de bois à *poutres sculptées*; *maître-autel* du XVIIe s.; à g., avant le chœur, *autel des Juifs*, avec beau *retable* flamand *du Crucifiement* (nombreux petits personnages; fond repeint).

De Larmor on peut : — soit se rendre à *Port-Louis* par ⛴ (15 c.; *V.* ci-dessous : 3°); — soit revenir à Lorient par *Kernével* (1 k. 1/2 env. par la côte), d'où un ⛴ passe à *la Perrière* (10 c.; *V.* ci-dessus); on gagne ensuite les *bains de Kéroman* et le tram de Lorient (2 k.).

3° Port-Louis : ⛴ 4 k. 1/2 S. (10 c.; prix variable), par la rade et en passant près de *l'île Saint-Michel* (poudrière). — *Port-Louis* (hôt. *Bellevue*, déj. 2 fr. 50, din. 3 fr., ch. 2 fr. 50, pens. dep. 6 fr.; plusieurs *restaurants-hôtels*; nombreuses *locations meublées*), port de pêche et place forte, est la principale station balnéaire des Lorientais. C'est une petite ville bien bâtie, fondée par Richelieu un siècle avant Lorient, qui l'a absorbée depuis.

On débarque dans la petite *anse de Kerso*, où se trouve le **port**. Ayant gagné les maisons, on se dirige à dr. vers une vaste *esplanade* entourée d'arbres, que l'on traverse devant soi pour atteindre la ligne des remparts. — Ces **Remparts** (on les traverse par une petite porte) développent le long de la mer leur imposante ligne de pierre; la **plage de bains** s'y adosse (on voit en mer l'île de Groix; vers la g., **presqu'île de Gâvres**, avec *champ de tir*. A l'extrémité des remparts (vers la dr.) la **citadelle** servit de prison au prince Louis Napoléon en 1836.

Revenant à l'esplanade, on prend vers la dr. *l'avenue des Écoles*, plantée de tilleuls, qui amène à un **jardin public**, voisin de *l'hôpital militaire* (ancien couvent du XVIIe s.). En face de l'hôpital, s'ouvre une rue qui conduit à **l'église Notre-Dame** (1665; *maître-autel* en marbre, derrière lequel *retable* avec tableau ancien de la Descente de Croix; *lutrin* et *chaire* sculptés). — Sortant de l'église, la *rue des Dames*, à dr., ramène au port.

De Port-Louis on peut par ⛴ (15 c.) gagner *Larmor* (*V.* ci-dessus : 2°).

3° Le Fort-Bloqué : 🚲 6 k. S.-O. et *tram* jusqu'à *Plœmeur* (*église* romane, avec tour de 1686; chaire et buffet d'orgue sculptés); 5 k. 1/2 de Plœmeur au Fort-Bloqué. — Le *Fort-Bloqué* (*hôt.-restaurant*, déj. 2 fr. 50, dîn. 3 fr., pens. 5 fr.) est une petite station balnéaire, en face du **fort** du même nom, situé sur un récif pittoresque entouré d'eau à chaque marée. La mer y est belle.

4° Ile de Groix (*intéressante excursion*) : ⛴ 14 k. S.-O. en 1 h. env. : 1 fr.; départ vers 5 h. s.; l'été, jeudi et dim., départ le matin, retour le soir (*heures et tarifs variables; vérifier aux horaires*). — 8 k. seulement sont en pleine mer (le 24 juin, jour de la Saint-Jean, *bénédiction de la mer*, en barque, dans le **coureau de Groix**, qui sépare l'île du continent) et la traversée est facile par beau temps : on couche dans l'île.

L'île de Groix (hôt. *de la Marine*, déj. ou dîn. 2 fr. 50; ch. 1 fr. 50; *hôtel-restaurant* près de l'église ; *chambres* et *logements meublés*), parallèle à la côte, a 8 k. de long et 2 à 3 k. de large. Elle forme un haut plateau qui atteint 50 m. d'alt. et dont le pourtour est en grande partie cerclé de falaises schisteuses. Les habitants, dits *Grésillons*, se livrent à la pêche de la sardine et à celle du thon. — On débarque sur la côte qui fait face au continent, dans un petit **port** (2 *jetées* portent chacune un phare). Le bourg est sur une hauteur, à 1 k. au delà du port.

La côte la plus intéressante à visiter est celle qui regarde le large, ou côte de la **Mer Sauvage**. On se fera conduire, en passant par le ham. de *Loméner*, au **trou de l'Enfer** (2 k. S. du bourg), étroite et magnifique cassure dans la falaise, jusqu'au fond de laquelle on peut descendre avec précaution. — On montre également les roches du *trou du Tonnerre* et la *grotte du Mouton*. — A 2 k. N.-E. de la *pointe d'Enfer*, en suivant la côte, *pointe Saint-Nicolas*, avec dolmen.

5° Belle-Ile : ⛴ le samedi (*vérifier aux horaires*; heures selon la marée), 50 k. : 3 fr. et 2 fr.; all. et ret. (8 j.) : 5 fr. et 3 fr. — Pour Belle-Ile, dont le point d'accès principal est *Quiberon*, *V.* p. 195.

6° Hennebont. — De Lorient, on se rend à Hennebont : par le 🚂 d'Orléans, 9 k. (1 fr., 70 c., 45 c.); par le tram, 10 k. (45 c.; prend les bicyclettes; par ⛴ l'été, en remontant le cours du Blavet (50 c.); trajet pittoresque; *V.* affiches et horaires).

Hennebont (hôt. *de France*, déj. 2 fr. 50, dîn. 3 fr., ch. dep. 2 fr., ✉, voit. et autos de louage) est une vieille ville pittoresque, avec des restes intéressants du passé. — L'avenue qui s'ouvre à dr. de la gare rejoint la route de Lorient, par laquelle arrive le tram, et qui descend au bord du Blavet. On suit le quai vers la g., jusqu'au pont. A dr., on voit le **port**, ses quais plantés d'arbres et le viaduc du ch. de fer.

Passant le pont (à g., débris des anciens **remparts**), on prend, face au pont et un peu à dr., la rue principale d'Hennebont ; elle monte vers la vieille ville, en laissant à dr. une place avec un lavoir. Un peu plus loin, à dr., la *rue Launay* offre quelques *maisons* à pignons ; deux d'entre elles communiquent d'un côté à l'autre de la rue par un curieux escalier (Renaissance). On arrive ensuite à une vaste place au fond de laquelle s'élève N.-D. du Paradis.

L'église Notre-Dame du Paradis est un bel édifice du style ogival (1513 à 1530), restauré de nos jours. L'énorme **tour** qui la précède, et derrière laquelle l'église disparaît, porte une *flèche* (72 m.). — L'int. est simple et élégant, avec piliers octogonaux; à la chap. des fonts-baptismaux, tableau du *Vœu des habitants d'Hennebont*, lors d'une peste en 1697; les ornements et vitraux de l'église sont modernes et sans valeur.

Sortant de l'église, on traverse en biais la place vers la dr., vers une *maison à tourelle* de la Renaissance, et on trouve la *rue Neuve*, vieille rue étroite de la fin du XVIe s. — On descend la rue Neuve vers la g. et on passe devant un **puits** ancien à la belle armature de fer, pour arriver devant la superbe Porte-Prison.

La **Porte du Bro-Erec'h**, ou **Porte-Prison**, avec 2 *tours* à mâchicoulis, date du xve s. et a été transformée en **Musée** (25 c. pour 1 pers.; 50 c. une famille). On visite : — TOUR DE G. : le *corps de garde*, avec meurtrières; un *couloir* et une *salle souterraine* (plafond aux dalles énormes); — TOUR DE DR. : un *cachot* humide; la *prison* municipale; une pièce transformée en *cuisine bretonne*; le *logement* du gardien; la *salle* dite *des condamnés* (porte à ferrures anciennes); plusieurs *cellules*; une salle de *mobilier breton*; une *salle religieuse* (statues du xie au xviie s.); la *salle de musée du Vieil-Hennebont*; une autre salle de *mobilier breton*. — Enfin on parcourt la COURTINE extérieure (vue pittoresque sur Hennebont).

Passant sous la Porte-Prison, on pénètre dans la **Ville-Close**, dont l'origine remonte au xiiie s.; la plupart des maisons furent reconstruites au xvie s.; beaucoup sont du xviie. On accède d'abord dans la *rue de la Prison*; puis, soit par la *rue Moricette* (à g.; *chapelle*), soit par la *Grande-Rue* (*vieilles maisons*), que suit la *rue des Lombards* (au n° 2, maison Renaissance), on redescend au quai du Blavet.

A dr., faïencerie dans une *maison* du xviie ou xviiie s.; à g., on passe sous les restes des remparts de la Ville-Close et on retrouve le pont d'Hennebont, par lequel on est arrivé.

A 1 k. N. env. d'Hennebont, en remontant la rive g. du Blavet, restes de l'**Abbaye de la Joie** et **Haras** (on le visite d'ordinaire). — A 3 k. N.-E. d'Hennebont (4 k. 1/2 par l'Abbaye de la Joie et la vallée du Blavet) **forges de Kerglaw et Lochrist**, connues sous le nom de forges d'Hennebont (on ne visite pas), voisines d'un *vieux pont* gothique.

7° Le Faouët : 🚌 départemental, 50 k. en 2 h. env. : 3 fr. 85 et 2 fr. 55. — Pour le Faouët (célèbres *chapelles Sainte-Barbe* et *Saint-Fiacre*, V. p. 172).

8° Le Pouldu : 🚲 16 k. N.-O., par *Kérentrech*, la route de Quimperlé et la *chapelle Saint-Nicodème* (6 k. 1/2; 1 k. 1/2 au delà à la hauteur de la *chapelle de la Trinité*, que l'on voit à dr., bifurquer à g.), *Guidel* (11 k.) et la *chapelle Saint-Fiacre* (xve s.; voisine d'un menhir de 5 m.), au delà de laquelle (15 k. 1/2) passage en *bac* (5 c. par pers.; 5 fr. par voit.) au Pouldu (V. p. 173).

Distances par la route : — *Auray*, par Hennebont et Landévant, 38 k.; — *Lamballe*, par Hennebont, Languidic, Baud, Pontivy, Loudéac, Plouguenast et Moncontour, 117 k.; — *Morlaix*, par Hennebont, Plouay, le Faouët, Gourin, Carhaix, Poullaouen, les bois d'Huelgoat et Berrien, 129 k.; — *Ploërmel*, par Hennebont, Languidic, Baud, Locminé, Buléon, Josselin et la pyramide des Trente, 84 k.; — *Pontivy*, par Hennebont, Languidic et Baud, 55 k.; — *Quimper*, par Quimperlé, Bannalec, Rosporden et Saint-Yvi, 67 k.; — *Quimperlé*, 21 k.; — *Vannes*, par Hennebont, Landévant et Auray, 55 k.

(MORBIHAN)

Cl. Laurent.

Orléans, 585 k. de Paris à Auray, en 9 h. env. : 54 fr. 55, 36 fr. 80, 24 fr. 530 k. de Paris, par Nantes (389 k.), Redon (456 k.) et Vannes (513 k.); — 99 k. de Quimper.

Hôtels : — En Ville : — *du Pavillon* (déj. 2 fr. 50, dîn. 3 fr., ch. dep. 2 fr.; jardin), pl. de la Mairie; — *du Lion-d'Or et de la Poste* (mêmes prix; pens. dep. 8 fr.;). A la Gare : — *de la Gare* (2e ordre).

A Sainte-Anne-d'Auray : — V. p. 182.

Autobus : — pour la ville : 30 c.; — pour *Locmariaquer*, 2 fois par j. : 1 fr. 50.

Voitures de louage : — s'adr. aux hôtels.

AURAY Ⓑ est une petite ville pittoresque, centre important de tourisme, et d'où se fait l'excursion de Sainte-Anne-d'Auray. C'est d'Auray que l'on se rend aux célèbres alignements mégalithiques de Carnac, par le ch. de fer ou par la route, et à ceux de Locmariaquer. Auray est enfin le point d'embranchement, sur la ligne Paris-Nantes-Quimper, des lignes de Pontivy et de Quiberon; celle-ci dessert les stations balnéaires de *Carnac-Plage*, *la Trinité-sur-Mer*, *Etel*, *Penthièvre* et *Quiberon*, d'où l'on s'embarque pour Belle-Ile.

ITINÉRAIRE. — *N.-B. On peut faire directement de la gare l'excursion de Sainte-Anne-d'Auray (5 k.; p. 182); par la Chartreuse d'Auray (1 k. env.) et le Champ des Martyrs (1 k. 1/2); Sainte-Anne-d'Auray est en outre desservi par la station de ce nom.* — De la gare, laissant à g. la route de la Chartreuse et de Sainte-Anne, qui coupe le passage à niveau, on gagne Auray par une route de 2 k. (*autobus* : 30 c.).

On arrive en ville à la *rue de l'Hôpital*, qui longe à g. l'**Hôtel-Dieu** (*chapelle* du xve s.). Un peu plus loin, on laisse à dr. la *rue de l'Eglise*, où se trouve l'**église Saint-Gildas**, gothique, avec façade **Renaissance** (à l'int., beau *maître-autel*; *boiseries* de la chap. des fonts-baptismaux), et l'on aboutit à la *place de la Mairie*. — **L'Hôtel de Ville** (fin du XVIIIe s.; beffroi) renferme la *bibliothèque* (provenant de la Chartreuse d'Auray).

Traversant la place et passant devant l'hôtel du Pavillon, puis (à g.) devant **la chapelle du Père-Eternel** (*stalles* sculptées), on atteint la **Promenade du Loc,** avec **belvédère** formé de 3 tours superposées (construit en 1727; surélevé en 1823); la vue est magnifique sur la vallée encaissée du Loc, qui, sous le nom de rivière d'Auray (*parcs à huîtres*), s'emplit à chaque marée (10 k. de la mer).

Descendant par des sentiers en lacets, on atteint le quai de rive dr., près d'une **fontaine** du XVIIIe s. Le **port** abrite des barques de pêche et de cabotage; on s'y embarque pour Belle-Ile (p. 195).

Passant ensuite sur la rive g., par un **pont** de pierre, on se trouve à *Saint-Goustan*, faubourg d'Auray (sur la place, curieuses *maisons anciennes*; *église Saint-Goustan*, avec porche du XIVe s.). — On revient au pont, au delà duquel la *rue du Château* remonte à la place de la Mairie.

EXCURSIONS. — **1° Chartreuse, Champ des Martyrs et Sainte-Anne-d'Auray** : 7 k. env.: voit. de louage : 6 à 10 fr.; pour *Sainte-Anne*, station du et voitures publiques de la gare à Sainte-Anne (3 k.; 25 à 50 c.). — D'Auray on suit la route de la gare (2 k.); un peu avant celle-ci on coupe la voie au passage à niveau.

3 k. Carrefour où l'on prend à g. une allée dans un bois de chênes, menant à la **Chartreuse d'Auray** (sonner; on fait une offrande à l'un des troncs), occupée auj. par des Sœurs (institution de sourdes-muettes). — On visite : la **chapelle funéraire** (1829), où sont les *ossements* des prisonniers royalistes, fusillés (1er au 25 août 1795) après le désastre de Quiberon; — la **chapelle de la Chartreuse** (bel *autel* à colonnes de marbre); — le **cloître** (XVIIe et XVIIIe), où 17 toiles reproduisent la *Vie de St Bruno*, de Lesueur, dont les originaux sont au Louvre.

On regagne ensuite la route et le carrefour, où l'on prend la route qui fait face à l'allée de chênes (route de Sainte-Anne). Elle descend dans la vallée du Loc et arrive à un autre carrefour (*colonne* et croix; auberge), d'où une allée conduit à dr. au Champ des Martyrs. — 3 k. 1/2. Le **Champ des Martyrs,** dans un beau paysage, est une pelouse qui s'étend à la place où furent fusillés les royalistes; la **chapelle expiatoire**, de style pseudo-grec, est de 1829.

Du carrefour qui précède le Champ des Martyrs on reprend la route de Sainte-Anne, qui longe à dr. le *marais de Kerso*; puis on franchit le Loc, près d'un moulin où s'arrête la marée. La route s'élève, puis traverse un plateau. — 6 k. 1/2. A dr., dans un champ clos de murs, **monument du comte de Chambord** (dit Henri V), érigé en 1891, par un comité royaliste (statue du comte, agenouillé, en costume royal; statues de Bayard, Du Guesclin, Ste Geneviève et Jeanne d'Arc). On aperçoit le village et la basilique de Sainte-Anne.

7 k. **Sainte-Anne-d'Auray** (hôt. : *de France*, déj. ou dîn. 2 fr. 50, ch. dep. 2 fr. 50; *Lion-d'Or*; *Poste*, déj. 1 fr. 50, dîn. 1 fr. 75; *restaurants* à tous prix) doit son importance au pèlerinage célèbre qui s'y établit au XVIIe s., à la suite de la vision miraculeuse du paysan Yves Nicolazic (Ste Anne, mère de la Vierge, lui apparut et lui ordonna de lui élever une chapelle). Le grand *pardon* a lieu les 25 et 26 juillet; on y voit des costumes pittoresques et la foule est énorme. — En arrivant par la route de la Chartreuse, on longe à dr. une vaste pelouse au fond de laquelle s'élève la **Scala Sancta** (1872), sorte de reposoir dont les

pèlerins montent les escaliers à genoux. La **fontaine miraculeuse** est à g. de la route (piscine et bassins). — La **Basilique**, rebâtie en 1873, de style pseudo-Renaissance, est d'un art médiocre; elle s'élève sur une esplanade entourée de magasins et fait face à la Scala Sancta. Une statue dorée de Ste Anne termine la *tour-clocher*, où l'on peut monter (belle vue). A l'int., les murs sont couverts d'*ex-voto*; les *vitraux* figurent l'histoire du pèlerinage; au transept dr., *autel de Ste Anne* (fragment de l'ancienne statue, trouvée par Nicolazic); au chœur, *statues de St Joseph* et *de St Joachim*, par Falguriu; au maître-autel, *retable* en pierre et marbre où 5 petits bas-reliefs du xve s. figurent la Passion; le *trésor* (50 c.; 25 c. par groupe) renferme des reliques et dons divers. — A côté de l'église, ancien **couvent des Garmes** (xviie s.), avec cour intérieure entourée d'arcades.

De Sainte-Anne, par la *gare de Saint-Anne* (3 k.; voit. 25 à 50 c.), on regagne Auray (6 k.; à voir en cours de route la *maison* du visionnaire *Yves Nicolazic*).

2° **Pontivy** : 🚂 Orléans, 55 k. en 1 h. 20 env. : 6 fr. 15, 4 fr. 15, 2 fr. 70; 48 k. par la route. — Pontivy (hôt. : *Grosset*; *de France*, déj. ou din. 2 fr. 50, ch. 1 fr. 50), V. de 9.359 hab., est située sur le Blavet. De la gare, une courte avenue conduit à la *rue Nationale*, que l'on prend vers la dr. On y laisse, à g., *l'église Saint-Joseph* (sans intérêt) et un **square** contenant une *sépulture gauloise*, pour arriver à la **place Nationale** (*statue du général de Lourmel*).

Suivant toujours la rue Nationale, on rencontre la **place Egalité** (*maisons anciennes*; *statue du docteur Guépin*), centre du vieux Pontivy. A dr. est la *rue du Fil*, par laquelle on gagne, en tournant à g., le **château** (xve s.; fossés gazonnés; *tours* trapues; cour intérieure).

Revenant à la place Egalité, on y tourne à g. pour descendre vers la *halle*, voisine de **l'église N.-D. de la Joie** (xvie s.; style flamboyant). — A dr. de l'église s'étend une place avec *monument de la Fédération bretonne-angevine*.

Revenant à la place Egalité, on gagne par la *rue du Pont* (*maisons anciennes*) les **quais du Blavet**; sur la rive opposée de Blavet on voit *l'hôpital*, baigné par la rivière.

Pontivy est relié par le 🚂 de l'Etat à *Saint-Brieuc*, par *Loudéac*.

De Pontivy un 🚂 départemental permet de gagner : soit *Josselin* et *Ploërmel* (p. 19?); soit *Le Faouët* (célèbres *chapelles Sainte-Barbe* et *Saint-Fiacre*; p. 172), par *Guémené-sur-Scorff* (hôt. : *Moderne*; *des Voyageurs*; vieilles maisons; halles anciennes; ruines du château et bain de la Reine Anne).

3° **Belle-Ile** : ⛴ le lundi soir ou mardi mat. (*vérifier aux horaires*; heures selon la marée), 42 k. : 2 fr. 50 et 2 fr. — Pour Belle-Ile dont le point d'accès principal est *Quiberon*, *V.* p. 195.

4° **Locmariaquer** : 🚗 13 k. S.; *service d'auto*, 2 fois par j. : 1 fr. 50. — Pour Locmariaquer, *V.* p. 187.

5° **Carnac, La Trinité-sur-Mer et Locmariaquer** : 🚗 40 k. S.-O. et S.-E., all. et ret.; voit. de louage d'Auray, pour l'ensemble de l'excursion : 15 à 20 fr. — *V.* la carte (p. 186) pour la direction générale et la description, p. 185 à 188.

D'Auray à *Carnac* et *Locmariaquer* par le 🚂 et la station de *Plouharnel-Carnac*, *V.* p. 185.

6° D'Auray à **Carnac-Plage**, **la Trinité-sur-Mer** et **Etel**, *V.* p. 189.

7° D'Auray à **Penthièvre**, **Quiberon** et **Belle-Ile**, *V.* p. 191.

Distances par la route : — *Quimper*, par Landévant, Hennebont (bifurc. pour Lorient), Pont-Scorff, Quimperlé (bifurc. pour Concarneau, par Pont-Aven), Rosporden (bifurc. pour Concarneau) et Saint-Yvi, 99 k. ; — *Rennes*, par Vannes, Elven, Ploërmel et Plélan, 124 k. ; — *Saint-Brieuc*, par Pluvigner, Baud, Pontivy, Uzel-près-l'Oust, Plaintel et Saint-Julien ; — *Saint-Malo*, par Vannes, Elven, Ploërmel, Mauron, Saint-Méen, Saint-Jonan de l'Isle, Caulnes, Dinan, Pleudihen, Châteauneuf et Saint-Servan, 164 k.

MONUMENTS MÉGALITHIQUES
DU MORBIHAN
Alignements de Menhirs
Menhir sur Tumulus
Menhir
Menhir renversé
Dolmen sous Tumulus
Dolmens
Tumulus
KILOMÈTRES
AURAY
CARNAC
LOCMARIAQUER
Belz
Etel
Erdeven
Kerzhéro
Mané-Groh
Plouharnel
Plœmel
Baden
La Trinité sur Mer
Carnac Plage
Port Navalo
Gavrinis
Quiberon
St Pierre
Port Bara
BAIE DE QUIBERON
MORBIHAN
Vannes

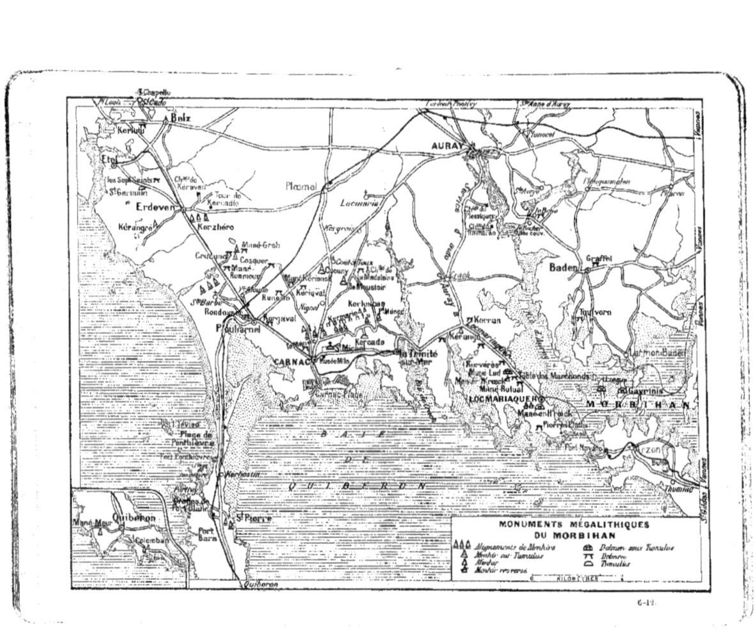

C-12.

(MORBIHAN)

Cl. P. Groyer.

🚂 *Orléans de Paris à Auray (V. ce nom pour distance et prix) et d'Auray à Plouharnel-Carnac (ligne de Quiberon), 14 k. en 20 min. env. : 1 fr. 55, 1 fr. 05, 70 c. — Billets de bains de mer de Paris à Plouharnel-Carnac, val. 33 j. : 67 fr. 20, 46 fr. 05, 34 fr. 50, all. et ret.*
🚲 *12 k. 1/2 d'Auray à Carnac (V. la carte ci-jointe).*

Hôtels — A Carnac : — *des Voyageurs* (petit déj. 50 c., déj. 2 fr., din. 2 fr. 50. ch. 1 fr. 50) ; — *de la Marine* (petit déj. 50 c., déj. 2 fr., din. 2 fr. 50, ch. dep. 1 fr. 50 ; pens. 6 fr., au mois 5 fr. ; 📷). — V. aussi *Carnac-Plage* (p. 190).

Restaurant : — *Jehanno* (déj. 1 fr. 50 et 1 fr. 75, din. 1 fr. 75 et 2 fr.), à l'arrêt du tram.

CARNAC est un petit bourg célèbre par les monuments mégalithiques disséminés sur son territoire et qui sont les plus importants que l'on connaisse. Contemporains du culte druidique qui régnait sur l'ancienne Gaule, ils furent soit des tombeaux de chefs religieux ou guerriers, comme les dolmens, soit, comme les alignements de pierres levées, la conception toute grossière et primitive de temples et de sanctuaires mystiques, où ce culte déroulait ses rites sauvages.

ITINÉRAIRE. — Tandis que la route d'*Auray* amène directement au bourg de Carnac en coupant les *Alignements du Ménec* (*V.* ci-dessous), le ch. de fer s'arrête à la station de **Plouharnel-Carnac**, distante de 4 k. de Carnac (*tram à vap.* : 40 c. et 30 c. ; *omnibus* à prix variable). — Cette station dessert également le petit centre balnéaire d'*Etel* (p. 189).

Le tram, après avoir traversé *Plouharnel*, s'arrête aux premières maisons de **Carnac**, pour continuer vers *Carnac-Plage* et *la Trinité-sur-Mer* (p. 190). On arrive en quelques minutes (à dr., en contre-bas, *fontaine de Saint-Cornély*) à la *place de l'Eglise*.

L'**église**, du XVIIe s., a une belle *flèche* en pyramide et, sur la place, un *porche* bâti, dit-on, avec des pierres de menhirs : il est surmonté d'un curieux baldaquin en pierre ajourée. — A l'int., voûtes en bois de la nef et des bas-côtés couvertes de *fresques* peintes (dans la nef : *Vie de St Cornély*, reconnaissable à la tiare qui le coiffe; dans les bas-côtés : *Scènes de l'Evangile*): remarquable *chaire* et *grille du chœur*, en fer forgé, du XVIIIe s.; *maître-autel* en marbres de couleur (charmantes figures d'anges); à g. de la grille du chœur, *tr. ıes* en fer ouvragé, au pied du *reliquaire de St Cornély*; beau *buffet d'orgue*.

Le *Pardon* de Carnac, dit de *Saint-Cornély* (patron des bœufs) a lieu le 2e dimanche de sept.

1° **Monuments mégalithiques de Carnac**. — *N.-B. Une rapide visite demande 2 à 3 h.; on peut à pied ou avec une voiture (s'adr. aux hôtels; 6 fr. env.), faire facilement la tournée ci-dessous (11 k. all. et ret.): on peut également, en cours de route, de la Trinité-sur-Mer (1 k.), gagner Locmariaquer (8 k. 1/2 de la Trinité). Consulter la carte ci-jointe.*

Sur la place de l'église, en face de l'hôtel des Voyageurs, s'ouvre la route de Locmariaquer qui conduit, en quelques pas, au **Musée Miln** (50 c.; 1 fr. plusieurs pers.). Ce musée est intéressant; il offre une foule d'objets contemporains du peuple qui éleva les mégalithes de la région (*haches, silex, colliers, bijoux*) et qui ont été trouvés dans les fouilles.

Continuant à suivre la route, on ne tarde pas à trouver à g. un chemin qui mène au **tumulus de Saint-Michel**, haut de 12 m. et fait de pierres sèches entassées. A l'intérieur de la butte (billets d'entrée à la maisonnette du gardien) se trouvent des couloirs fictifs où ont été reconstituées les petites sépultures, avec *vases cinéraires*, qu'enfermait, avant les fouilles, la masse du tumulus; on y voit aussi la grande *chambre funéraire* centrale, faite de blocs de granit. Au sommet de la butte, **chapelle Saint-Michel** et *croix sculptée* du XVIIe s. (vue admirable).

On revient ensuite à Carnac. On y prend, place de l'Eglise, la rue qui s'ouvre en face du porche latéral et qui passe devant l'hôtel de la Marine. Une route lui succède (route d'Auray), que l'on suit pendant 1/4 d'heure (1 k. 1/2 env.; peu après la sortie de Carnac, à quelque distance, à g., *dolmen* surmonté d'une *croix*). La route atteint ensuite les alignements du Ménec (borne indicatrice).

Les **Alignements du Ménec** comprennent 1,169 menhirs debout, sur 11 rangées. Ils se terminent à dr. de la route et s'étendent sur une longueur de 1 k. env. vers la g. (il faut 1/4 d'heure env. pour les suivre de ce côté jusqu'à leur extrémité, par un sentier qui suit la lande : ils aboutissent à un **cromlech** circulaire de 70 menhirs, en partie enclavés dans les maisons du ham. du *Ménec*.

Quittant la route d'Auray, on prend la route de dr. (en venant de Carnac), qui amène bientôt aux **Alignements de Kermario**, longs de 1,100 m. (10 rangées : 982 menhirs). Les blocs les plus considérables sont à l'extrémité O. où l'on se trouve; les premières pierres surtout sont énormes et bizarres de forme, et l'on reconnaît parmi elles une *pierre* dite *à sacrifices*, avec bassins et rigoles. — On peut de là revenir à Carnac, soit par la même route, soit en regagnant par des sentiers le tumulus de Saint-Michel, que l'on voit à dr. Les alignements de Kerlescan sont 2 k. 1/2 plus loin et moins importants.

La route longe à g. les alignements de Kermario, puis descend dans un petit vallon, pour traverser, après en avoir remonté la pente opposée, un joli bois de pins. Une allée qui prend à dr., dans le bois de pins, conduirait au *château de Kercado*, dans le parc duquel (on visite) est un beau *tumulus*, avec dolmen souterrain.

Les **Alignements de Kerlescan** commencent au delà d'une ferme qui est à g. de la route. Ils sont précédés par un **cromlech** carré, qui décrit sa vaste enceinte autour d'une lande; rangés sur 13 lignes, ils sont longs de 880 m., avec 579 menhirs. Ils se poursuivent jusqu'au ham. de *Kerlescan*, que l'on traverse, pour trouver (5 k. de Carnac) la route d'Auray (à g.; 10 k.) à la Trinité-sur-Mer (à dr.; 2 k.). — Au delà de cette route, les alignements reprennent et se terminent par quelques rangées de pierres plus petites, dites du **Petit-Ménec**.

7 k. *La Trinité-sur-Mer*, petite station balnéaire (p. 190), où l'on retrouve le tram de Carnac. De la Trinité-sur-Mer on peut : — soit continuer à g. vers *Locmariaquer* (8 k. 1/2 S.-E.; *V.* ci-dessous : 3°); — soit reprendre à dr. la route de Carnac (4 k.)

2° On peut en outre faire de Carnac la tournée suivante (11 k. N.-N.-O. all. et ret.; *consulter la carte*) : — Départ de Carnac par la place de l'Église et la route d'Auray : 1 k. 1/2, on coupe les alignements du *Ménec*; 2 k. 1/2, on bifurque à g., près du ham. du *Nignol*; 4 k., **tumulus et menhir de Cucuny**, à g.; 4 k. 1/2, on tourne à g.; 6 k. 1/2, **dolmens de Kériaval** à g. et un peu plus loin, **dolmens de Mané-Kérioned**, à dr.; 7 k. 1/2, **dolmen de Runesto**, à dr. De Runesto on continue jusqu'à la station de Plouharnel (pour les *Alignements d'Erdeven*, qui se trouvent sur la route d'*Etel*, *V.* p. 189), ou bien l'on revient à Carnac par une route un peu en deçà du point où l'on se trouve.

3° **Monuments mégalithiques de Locmariaquer** : 12 k. S.-E. de Carnac; voit. de louage : 8 fr. env., tram à vap. jusqu'à *la Trinité-sur-Mer*, 8 k. 1/2 de Locmariaquer. — *V.* ci-dessous : *B*.

LOCMARIAQUER, petit port de pêche, à l'embouchure de la rivière d'Auray dans le Golfe du Morbihan, est aussi célèbre que Carnac par ses monuments mégalithiques. Ils en sont toutefois différents d'aspect. Tandis que ceux de Carnac sont remarquables surtout par leur nombre, ceux-ci étonnent davantage par l'énormité de leur masse. Locmariaquer forme en outre une petite station balnéaire, très simple.

13 k. d'Auray à Locmariaquer; service d'auto, 2 fois par j. : 1 fr. 50. — V. ci-dessous : A.

12 k. 1/2 de Carnac à Locmariaquer (voit. de louage : 8 fr. env.): tram à vap. jusqu'à la Trinité-sur-Mer, 8 k. 1/2 de Locmariaquer. — V. ci-dessous : B.

de Vannes à Locmariaquer, 24 k., 2 ou 3 fois par j., heures selon la marée (consulter les horaires) : 2 fr. 25 et 1 fr. 75; all. et ret., val. 2 j. : 2 fr. 75 et 2 fr. 25. — Pour ce dernier trajet, V. p. 201.

Hôtel : — *Lautram* (déj. ou dîn. 2 fr.; pens. 5 fr.).

Locations meublées : — quelques chambres et quelques maisons.

ITINÉRAIRE. — *A*. La route d'*Auray* à Locmariaquer laisse à dr. (3 k.) le **château de Plessiquer**, féodal et de la Renaissance (1 k.), et un peu plus loin, du même côté, les ruines du **château de Rosnarho** (on visite). Au delà de *Crach* (6 k. 1/2), elle rejoint (8 k. 1/2) près du *menhir de Kérango* (*V.* ci-dessous), la route de Carnac à Locmariaquer, que l'on suit vers la g.

B. — De *Carnac* la route de Locmariaquer passe devant le *Musée*

Miln (p. 186), puis laisse à g. le *tumulus de Saint-Michel* (p. 186); elle traverse ensuite des *marais salants*. — 4 k. *La Trinité-sur-Mer* (p. 190), petite station balnéaire, où l'on rejoint le tram à vap. de Carnac, qui s'y arrête. — 4 k. 1/2. On passe sur le grand **pont de Kérisper**, puis on traverse un haut-plateau dénudé. — 6 k. 1/2. On voit un *dolmen* à dr. — 7 k. 1/2. A dr., *menhir de Kérango*. On est rejoint à g. par la route d'Auray. — 8 k. A g., *dolmen de Kerran*, puis un autre à dr. — 10 k. 1/2. A dr., *dolmen de Kervérès*.

11 k. 1/2. Entrée du bourg de **Locmariaquer** (*descendre de voiture*). — On trouve à l'entrée du bourg, à dr., un **tumulus** arrondi auquel est adossé (entrée sur la face opposée) le **dolmen de Mané-Lud** (*Montagne de la Cendre*; à l'int., sur les pierres de l'entrée et du fond, *serpents* grossièrement gravés).

En sortant du Mané-Lud et en avançant devant soi, par un sentier dans la lande, on rencontre un autre *dolmen*, plus petit, à demi enfoui, et l'on arrive aux deux pièces capitales de Locmariaquer. C'est d'abord, à dr., le **Men-er-H'rœck** (*Pierre de la Fée*), menhir de 23 m., qui gît à terre, brisé par la foudre (au XVIIIe s.) en quatre morceaux, dont l'un a 12 m. de long; on estime à plus de 200.000 kilog. le poids de ce colosse que dressa un peuple barbare. A g. du Men-er-H'rœck se montre la **Table des Marchands**, magnifique dolmen, remarquable par sa sveltesse et la légèreté de ses points d'appui; sa table, sous laquelle on descend par une *allée couverte*, est portée à son extrémité par un menhir conique, couvert d'*hiéroglyphes* indéchiffrés.

De là, en face de soi, on aperçoit à 100 m. env. le **dolmen de Mané-Rutual**, entouré d'un mur de pierres sèches; on s'y rend par un chemin qui longe le *cimetière* (à g.) et passe près d'un grand *menhir*, brisé et couché, accoté au mur d'une maison (à dr.). Une *allée couverte* précède le Mané-Rutual, dont la table est brisée.

On peut ensuite gagner directement, en continuant dans la même direction et en se tenant hors des maisons du bourg, le tumulus de Mané-er-H'rœck; mais, si l'on veut visiter le dolmen souterrain qu'il renferme, il faut auparavant aller en chercher la clef à la mairie ou à l'hôtel (50 c.; bougie).

Le **tumulus de Mané-er-H'rœck** (*Montagne de la Fée*) est à 1 k. env. au delà du bourg. Haut de 12 m., il est fait de pierres sèches amoncelées; le centre en est évidé comme un entonnoir, au fond duquel est l'entrée du *dolmen* (chambre funéraire) qu'il recouvre. De son sommet, on a une belle vue sur la presqu'île de Locmariaquer (on aperçoit, se détachant sur la mer, le **dolmen des Pierres-Plates**, 1 k. env.), sur les îles Hœdic et Houat, et sur la presqu'île de Quiberon, à dr.; vers la g., on voit Port-Navalo et la presqu'île de Rhuis, dominée par la butte du tumulus de Thumiac; en arrière, golfe du Morbihan.

On revient au bourg, dont l'**église** (12 k. 1/2 de Carnac, par la route) date en partie du XIIe s. — Le **port**, situé à l'estuaire de la rivière d'Auray, n'est accessible qu'à pleine eau.

[bateau] de Locmariaquer à *Vannes*, par le golfe du Morbihan (*V.* p. 201), et pour *Port-Navalo* (p. 203; on peut aussi s'y faire passer en *barque, marée permettant*). — [voiture] départemental de Port-Navalo à *Vannes* (p. 204).

ETEL, CARNAC-PLAGE, LA TRINITÉ-SUR-MER
(MORBIHAN)

Cl. O.

🚂 *Orléans de Paris à Auray et (ligne de Quiberon) d'Auray à Plouharnel-Carnac* (*V. p. 185, pour distance, prix et billets de bains de mer*). — *Tram à vap. de Plouharnel-Carnac à Etel* (*10 k. : 90 et 70 c.*), *à Carnac-Plage* (*6 k.; 60 c. et 45 c.*) *et à la Trinité-sur-Mer* (*10 k.; 90 c. et 70 c.*).

🚗 *9 k. de la gare de Plouharnel-Carnac à Etel; — 6 k. à Carnac-Plage; — 8 k. à la Trinité-sur-Mer.*

Hôtel (A ETEL) : — *Moderne* (déj. ou din. 2 fr. 50, ch. dep. 1 fr. 50; pens. 5 fr.; 🚗); — *de la Gare et de la Plage* (déj. ou dîn. 1 fr. 50 et 2 fr., ch. 1 fr. 50).

Locations meublées : — quelques chambres, logements et petites maisons, à prix modérés.

ETEL, qui est desservi comme *Carnac-Plage* et la *Trinité-sur-Mer*, mais dans une direction opposée, par la gare de Plouharnel-Carnac, est une petite station balnéaire, simple et familiale.

ITINÉRAIRE (*V.* la carte, p. 184). — De la *gare de Plouharnel-Carnac* la route d'Etel se dirige vers le N.-O. (à dr.) et est suivie par le *tram*; elle parcourt un territoire semé de nombreux mégalithes. — 2 k. *Leperhet-Crucuno* (halte). A *Crucuno*, ham. à 1 k. à dr., beau **dolmen** (table de 5 m. de long); à 400 m. E. env. de celui-ci, enceinte carrée de *21 menhirs*; au delà, *dolmen du Mané-Groh*. — 4 k. On croise les **Alignements d'Erdeven** (un millier de pierres levées, disséminées dans les champs et les landes). — 5 k. *Erdeven* (halte); à 1 k. à dr., *château de Kéravan* (XVIIe s.) et *tour de Kercadio*; à 1 k. à g., *menhirs de Kérangré*. Au delà d'Erdeven, la route bifurque, celle de g. est plus courte de 1 k.; c'est celle de dr. que suit le tram (entre les deux, *dolmen des Sept-Saints*). — 8 k. (par le tram; halte). *Carrefour des*

4 Chemins, desservant (1 k. à dr.) **Belz**, sur la rivière d'Etel qui s'y épanouit largement (*église* en partie romane; *calvaire*; *chapelle Notre-Dame*, du XVe s.; à 2 k. N.-E., chapelle de Saint-Cado, romane, sur un ilôt, voisine de la *glissade de Saint-Cado* (sur un rocher); entre Belz et Saint-Cado. beau **dolmen de Kerlutu**).

9 k. (ou 10 k.). **Etel** est un *port de pêche*. sur l'estuaire de la rivière d'Etel, à 2 k. de la mer. On s'y baigne sur de grandes grèves de sable. La rivière d'Etel est fermée, à son embouchure sur l'Océan, par un curieux banc de sable, dit **barre d'Etel** que peuvent seuls franchir de petits bateaux.

D'Etel une route de 17 k. N.-O., franchissant (4 k. 1/2) le **pont suspendu de Kérisper**. gagne *Port-Louis* (p. 178) ou *Pen-Mané*, d'où l'on passe en bateau à *Lorient* (p. 175). — On peut aussi passer en *bac* la rivière d'Etel et gagner directement la route de Port-Louis et de Pen-Mané (3 k. 1/2 en moins que par l'itinéraire précédent).

CARNAC-PLAGE est, à 2 k. S. de Carnac, une station balnéaire bien fréquentée et qui semble appelée à prendre une certaine importance.

Hôtels : — *Grand-Hôtel de Carnac-Plage* (l'été; petit déj. 1 fr. et 1 fr. 25, déj. 2 fr. 50. dîn. 3 fr.; ch. à 1 lit 2 fr. 50 à 5 fr., à 2 lits 5 à 6 fr.; pens. 6 à 9 fr.; bains; 📞; tennis).

Villas meublées : — (4 à 10 lits) 100 à 300 fr. par mois en juin, 200 à 500 fr. en juillet et sept., 400 à 1,000 fr. en août. — S'adr. à Me *Marquet*, notaire à Carnac, ou à l'*Agence Carnac-Plage*.

ITINÉRAIRE (*V.* la carte, p. 184). — De la *gare de Plouharnel-Carnac*, le tram et la route suivent la route de *Carnac* (p. 185). Le tram s'arrête à l'entrée du bourg; puis, tandis que la route continue directement vers la Trinité-sur-Mer, il descend vers la mer.

6 k. **Carnac-Plage** se compose exclusivement de son hôtel et de villas (les approvisionnements sont au bourg de Carnac) et a été créé de toutes pièces en bordure d'une vaste **plage** de sable; sa situation est belle et orientée au midi, sur la baie de Quiberon. — Les excursions sont les mêmes que de Carnac (*V.* ce nom).

Au delà de Carnac-Plage, le tram remonte vers (10 k. de Plouharnel) *la Trinité-sur-Mer*.

LA TRINITÉ-SUR-MER est une station balnéaire simple et familiale, avec d'assez nombreuses locations meublées, sur l'estuaire de la rivière de Crach. Les prix sont modérés et l'approvisionnement facile.

Hôtels : — *de l'Océan* (déj. 2 fr., dîn. 2 fr. 50); — *de Bretagne*; — *des Voyageurs* (pensions à ces 3 hôtels, dep. 5 par j.).

Locations meublées : — villas avec jardin (5 à 6 pièces), 300 fr. par mois env.; — chambres, logements et petites maisons, 40 à 50 fr. par mois et par ch.

9 k. (de Plouharnel-Carnac) par la route, ou 10 k. par le tram. **La Trinité-sur-Mer** est un petit port de pêche (*parcs à huîtres*) traversé par la route de Carnac à Locmariaquer. L'estuaire de la rivière de Crach est dominé par le grand *pont de Kérisper*. — Les excursions se font soit à *Carnac* (p. 185), soit à *Locmariaquer* (p. 188).

QUIBERON

(MORBIHAN)

Cl. Artaud-Nozais.

Orléans, 613 k. de Paris (changement de train à Auray), en 10 h. env. : 57 fr. 55, 38 fr. 85, 25 fr. 35. — Billets de bains de mer, val. 33 j. : 69 fr. 05, 47 fr. 40, 35 fr. 50, all. et ret.

27 k. d'Auray (V. ce nom pour distance de Paris).

Omnibus : — pour les hôtels et les bateaux de Belle-Ile : 50 c.

Hôtels : — *Penthièvre et de la Plage* (petit déj. 1 fr., déj. ou dîn. 3 fr., ch. dep. 3 fr. ; bains ; ⊠) ; — *de France* (petit déj. 75 c. et 1 fr., déj. 2 fr. 50, dîn. 3 fr. ; ch. dep. 2 fr. 50, l'été 3 fr. ; pens. 7 et 8 fr. ; bains ; ⊠) ; — *Central* (petit déj. 50 et 75 c., déj. 2 fr., dîn. 2 fr. 50, ch. dep. 2 fr. ; pens. 5 fr. ; en août 6 fr.), près l'église ; — *de l'Océan* (déj. 1 fr. 75, dîn. 2 fr. ; 5 fr. par j.) ; — *Hôtel de Famille* (petit déj. 50 c., déj. ou dîn. 2 fr. ; pens. 5 et 6 fr.). — Nombreux petits *restaurants* à 1 fr. 50 et 1 fr. 75, la plupart avec chambres meublées.

Chalets meublés : — (sur la plage) 600 à 700 fr., 5 à 6 pièces ; 800 à 1,200 fr., 7 à 10 pièces.

Chambres et logements meublés : — dans le bourg et à *Port-Haliguen* ; 30 à 40 fr. par mois et par ch.

Agences de location : — sur place, pendant l'été ; — *Braud*, à Lorient, r. Bodélio, 99.

Loueurs de voitures et ânes : — aux hôtels.

Bains de mer : — cabines et costumes.

Poste-et-télégraphe : — près de l'église.

Spécialité : — galette Sarah-Bernhardt.

QUIBERON, important port de pêche, est une des stations balnéaires les plus fréquentées de la Bretagne. Une belle plage, deux bons hôtels, d'autres à prix modiques, de nombreuses locations meublées, y attirent l'été de nombreux touristes. C'est en outre le point d'accès de *Belle-Ile*. Le pays est dénudé et exposé à tous les vents, mais la mer y est magnifique. A Quiberon se rattachent les petits centres balnéaires de *Penthièvre*, *Saint-Pierre-Quiberon* et *Port-Haliguen*.

ITINÉRAIRE (*V.* la carte, p. 184). — *A*. D'*Auray* la route de Quiberon passe (10 k.) entre les beaux *dolmens* ruinés de *Kériaval* et de *Mané-Kérioned*, laisse à dr. (11 k.) le *dolmen de Runesto* et atteint (12 k. 1/2) *Plouharnel-Carnac* (p. 185), où on laisse à g. la route de *Carnac*, à dr. celle d'*Etel*. — Au delà de Plouharnel, la route se rapproche de la mer et du ch. de fer et contourne le golfe de Plouharnel, qui assèche à marée basse. — 14 k. 1/2. On croise le ch. de fer, qu'on longera d'un côté ou d'un autre, dans toute la longueur de l'étroite presqu'île de Quiberon (dunes de sable et bois de pins). — 19 k. *Plage de Penthièvre* (*V.* ci-dessous). — 20 k. On laisse à dr. le *fort Penthièvre*, là où l'isthme est le plus mince. — 21 k. *Kerhostin*, ham. — 23 k. *Saint-Pierre-Quiberon* et *menhirs du Moulin* (*V.* ci-dessous). — 16 k. *Saint-Julien*, ham., et *fort Saint-Julien*. — 27 k. *Quiberon*.

B. — D'*Auray*, le ch. de fer de Quiberon dessert (7 k.) *Belz-Plœmel*, puis (14 k.) *Plouharnel-Carnac* (p. 185; tram à vap. pour *Carnac* et pour *Etel*). — Au delà de Plouharnel, le ch. de fer atteint la mer et rejoint la route de terre. Il contourne le fond du golfe de Plouharnel, qui assèche à 4 k. 1/2 à marée basse, et s'engage dans l'étroite **presqu'île de Quiberon**, traversant des **dunes** de sable désertiques, d'un curieux aspect.

19 k. **Penthièvre** (hôt. : *Hôtellerie des Pins*, déj. ou dîn. 2 fr. 50, ch. 2 fr., pens. dep. 6 fr. 50; quelques *chalets*; *Agence de location de Penthièvre*), arrêt desservant la nouvelle **plage de Penthièvre** (en formation; sable), située à l'issue d'un beau **bois de pins**. Elle s'étend vers la g. jusqu'au **fort Penthièvre** (XVIIIe s.), sur un rocher battu par les flots. C'est l'endroit le plus mince de l'isthme qui, au fort, ne mesure pas plus de 300 m. de large. — A 2 k. en mer, *île Téviec*.

21 k. *Kerhostin* (arrêt), ham. à g.

23 k. **Saint-Pierre-Quiberon** (*modestes pensions et locations meublées*, chez l'habitant), petite station balnéaire, assez rudimentaire. Le bourg est au bord de la mer, à 1 k. à g., et voisin des **alignements du Moulin** (21 menhirs). — De Saint-Pierre-Quiberon se fait l'excursion suivante (*à mer basse*; chemin de piétons; 5 k. 1/2 ou 7 k. 1/2 O. env., all. et ret.) : on traverse la voie en deçà de la gare, en tournant le dos à Saint-Pierre, et on suit la direction des poteaux télégraphiques. Ceux-ci conduisent à un petit cap où on voit la *maisonnette* du télégraphe (2 k.), avant lequel, à dr., on laisse le minuscule *port de pêche* de *Portivy*. Ce cap, d'où l'on aperçoit à dr. le fort Penthièvre, regarde vers la g. la **Côte Sauvage**, tournée vers la pleine mer, et qui se continue jusqu'à Quiberon avec ses **rochers** blanchâtres et déchiquetés. Suivant le bord de la mer vers la g., on contourne une anse profonde, creusée de petits fiords, après laquelle on trouve une première grève de sable, avec des **grottes** d'un accès facile, puis une seconde, avec la belle **arcade** de rocher de **Port-Blanc** (à dr. de la grève; 4 k.). On peut, de Port-Blanc : regagner directement la gare (5 k. 1/2), par le v. de *Kergroix*; ou continuer à suivre la côte pendant 1 k. env., jusqu'aux rochers de **Port-Bara**, d'où l'on regagne le ch. de fer à travers champs (vers la g. en tournant le dos à la mer; 7 k. 1/2 au total) ou *Quiberon* (3 k. S.).

28 k. **Quiberon**. — De la gare (omn. pour le port et le bateau de Belle-Ile, 1 k. env. : 50 c.) on prend une rue à g., qui descend vers la mer, dépasse l'**église** (moderne; de style pseudo-roman) et traverse une

place où s'élève la *statue de Hoche* par Dalou (le 21 juillet 1795, Hoche infligea à l'armée des émigrés royalistes, qui avaient tenté de débarquer en France sous la protection de l'escadre anglaise, le célèbre désastre de Quiberon).

Arrivé en vue de la mer, on voit à g. la **plage de Port-Maria**, de sable fin, avec cabines et chalets. — On tourne au contraire vers la dr. pour gagner le port. Le **port**, qu'abritent des môles de granit et qu'éclaire un *phare*, a une importante flottille de barques de pêche (*confiseries de sardines* : poissonnerie et vente à la criée). En face, sur l'horizon, on découvre Belle-Ile.

EXCURSIONS. — **1°** A 3 k. E. du bourg (chemin de piétons longeant la côte ; à mi-route, *chapelle* moderne *de Saint-Colomban*, ou *de Saint-Clément*, près de laquelle, dans une propriété, est un beau **menhir**), la **pointe de Conguel**, rocheuse et effilée, termine la presqu'île de Quiberon. Le **passage de la Teignouse** (*phare* ; nombreux récifs) la sépare de *l'île Houat* (10 k. ; *V.* ci-dessous : 6°).

2° Port-Haliguen : 🚲 1 k. 1/2 E. — La route prend derrière l'église et laisse à dr. le v. de *Roch-Priol*, avant d'atteindre *Port-Haliguen* (*auberges ; locations meublées* chez l'habitant, 30 à 40 fr. par ch.). C'est un petit port sur la baie de Quiberon, mieux abrité que Quiberon des vents d'ouest ; il forme un bassin où l'on entre par une passe étroite. Des baigneurs, d'habitudes simples, y viennent loger. En face, on voit Carnac-Plage, la presqu'île de Locmariaquer, l'entrée du Golfe du Morbihan, Port-Navalo et la presqu'île de Rhuis. C'est à Port-Haliguen que vient, par gros temps et vents d'ouest, aborder le bateau de Belle-Ile.

D'autres baigneurs se logent également (*mêmes prix*) aux petits villages côtiers de **Kermorvan** (1 k. N.-O. de Port-Haliguen ; 1 k. N.-E. de la gare de Quiberon) et de **Saint-Julien** (1 k. N.-O. de Saint-Julien).

3° Beg-ar-Goalennec : 🚲 1 k. O. jusqu'à Mané-Meur, puis chemin de piétons, 1/2 k. La route prend près de l'église, en face de l'hôtel Central. — 1 k. *Mané-Meur*, ham. sur une petite éminence, au delà duquel, à g. du sentier, *menhir*. — 2 k. On arrive à la « Côte Sauvage » et aux trous rocheux de **Beg-ar-Goalennec**, où la mer s'engouffre avec fracas.

De là on peut : soit revenir à Quiberon en contournant la côte vers la g. (2 k.) ; soit remonter la Côte Sauvage vers la dr. On atteindrait ainsi *Port-Bara* (3 k. env.), *Port-Blanc* (1 k. au delà), et on pourrait revenir par la station du 🚂 de *Saint-Pierre-Quiberon* (1 k. de Port-Blanc ; *V.* p. 192).

4° Alignements du Moulin, havre de Portivy, grottes de Port-Blanc et de Port-Bara. — On s'y rend *à pied* par la côte (*V.* ci-dessus : 3°), ou par la station de *Saint-Pierre-Quiberon*, que l'on gagne soit par la route de terre (4 k. 1/2 N.), soit par le 🚂 ; *V.* p. 192. — Au delà, *fort* et *plage de Penthièvre* (p. 192).

5° Belle-Ile-en-Mer : *V.* ce nom.

6° Iles Houat et Hœdic (*excursion qui n'est recommandable qu'aux personnes ne craignant pas la mer*). — On peut s'y rendre de Quiberon par le *bateau postal*, à voile (13 et 23 k. S.-O. : 1 fr.), qui fait le trajet tous les 3 ou 5 j. suivant la saison ; mais il faut alors rester 3 ou 5 j. à Houat, son port d'attache ; on devra en outre écrire au curé de Houat, pour lui demander l'hospitalité, et on fera bien d'emporter des vivres. Le courrier se charge de vous conduire et de vous ramener, *le même jour ou le lendemain*, au prix de 15 fr. env. On peut aussi faire la traversée avec un pêcheur. — L'été, des excursions en , indiquées par affiches, s'y font de Quiberon et de Belle-Ile; le voyage se trouve ainsi simplifié.

L'île Houat (le *Canard*), parallèle à Belle-Ile dans sa longueur, a

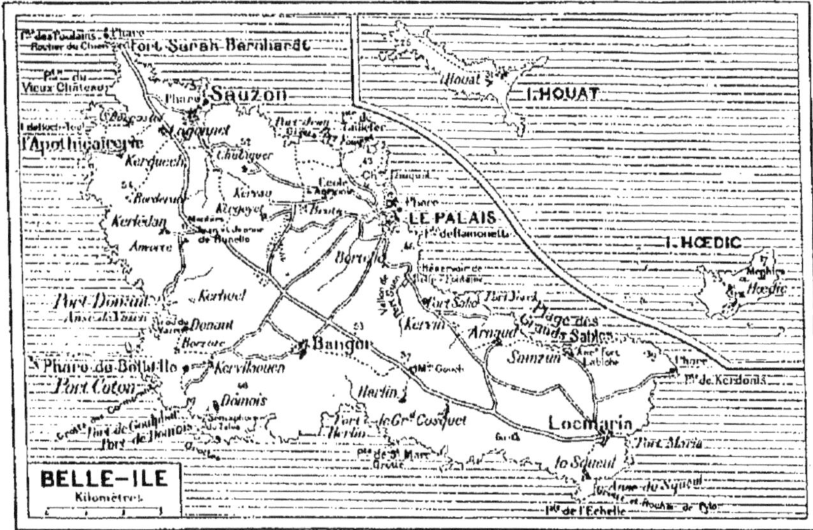

4 k. 1/2 de long, 1/2 k. à 1 k. de large. *L'île Hœdic* (le *Caneton*) a 2 k. 1/2 de long et 1 k. de large, et est entourée de rochers. Houat a 305 hab. et Hœdic 366, qui sont tous parents les uns des autres. La terre cultivable y est morcelée à l'infini (3,765 parcelles à Hœdic); on y récolte le blé et la pomme de terre. Ce sont les femmes qui s'occupent de la culture; les hommes sont marins et vont vendre leur pêche (homards et crevettes) sur le continent.

A Hœdic se voient 2 *menhirs* (dans l'un d'eux est une niche avec une statue de la Vierge). Le curé ou *recteur* de Houat a, ainsi qu'une petite Communauté religieuse, l'administration de l'église, de la cantine et de l'épicerie, du moulin et du four communal; on s'adresse à lui si l'on veut coucher dans l'île.

BELLE-ILE-EN-MER

(MORBIHAN)

Cl. P. Gruyer.

de Quiberon, 15 k., en 45 min. env. : 2 fr. et 1 fr. 50 ; all. et ret. (4 j.), 3 fr. et 2 fr. — 2 ou 3 départs par j., suivant saison (V. les horaires ; on les trouve dans l'Indicateur Chaix du Ch. de fer d'Orléans).

On se rend aussi à Belle-Ile : — d'Auray, le lundi s. ou le mardi mat., 42 k. env. : 2 fr. 50 et 2 fr. ; — de Lorient, le samedi, 50 k. : 3 fr. et 2 fr. ; all. et ret. (8 j.) : 5 fr. et 3 fr. — Un autre service se fait de Nantes, le jeudi, 131 k. : 7 fr. et 5 fr. ; all. et ret. (8 j.) : 11 fr. et 8 fr. — N.-B. Vérifier les jours et prix aux horaires.

L'été, des excursions à Belle-Ile, annoncées par affiches et journaux locaux, partent de Vannes (46 k.), du Croisic (48 k.), du Pouliguen (55 k.), de Saint-Nazaire (77 k.).

Hôtels : — AU PALAIS : — *du Commerce* (petit déj. 75 c. et 1 fr., déj. 2 fr. 50, dîn. 3 fr., ch. 2 et 3 fr. ; pens. 7 fr. :), pl. de l'Hôtel-de-Ville ; — *de France* (mêmes prix), quai Macé ; — *Hôtel-restaurant Le Goff* (déj. 1 fr. 50, dîn. 1 fr. 75, ch. dep. 1 fr. ; pens. 4 fr. 50), r. de l'Hôpital ; — *Loréal* (prix modérés), r. de l'Hôpital, 38.

V. aussi (p. 196) à *Sauzon*, à l'*Apothicairerie* et à *Kervilaouen*.

Restaurant : — *Nantais* (prix modérés), r. Willaumez.

Voitures publiques pour : — *Sauzon* (2 fois par j.) : 1 fr. ; — *l'Apothicairerie* (l'été) : 2 fr. env.

Loueurs de voitures : — *Hardouin*, pl. de la République ; — *Huchet*, av. Carnot ; — *Caudal*, pl. Bigarré ; — *Barthe*, r. Willaumez. — 4 à 5 fr. pour *Sauzon* ; 12 à 15 fr. par j. voit. à 1 chev. ; 24 fr. à 2 chev.

Locations meublées : — AU PALAIS : — quelques maisons de 5 pièces env., dep. 120 fr. par mois ; logements de 3 pièces dep. 80 fr.

A SAUZON : — quelques maisons meublées, de 400 fr. à 1,200 fr. pour la saison ; logements dep. 50 fr.

On trouve des *logements meublés*, à prix modérés, dans les autres villages de l'île, notamment à *Kervilaouen*.

Renseignements pour les touristes : — s'adr. à *Petitjean* (librairie ; Guides-Joanne ; ; locations meublées).

BELLE-ILE-EN-MER, la plus importante des îles bretonnes, longue de 17 k., large de 5 à 7 k., est dénudée dans son ensemble; son attrait est tout entier dans ses falaises grandioses, déchiquetées par la mer. C'est une des excursions classiques de la Bretagne et on y trouve plusieurs petits centres balnéaires, au *Palais*, à *Sauzon*, à *Kervilaouen*. En dehors des hôtels, on s'y loge chez les habitants, qui sont avenants et d'une propreté trop rare en Bretagne; les plus humbles maisonnettes sont blanchies à la chaux chaque année.

ITINÉRAIRE. — Le bateau aborde au **Palais** (on aperçoit à g. les cabines de la plage), qui est comme la petite capitale de l'île, pittoresque d'aspect avec son **port** protégé par 2 *jetées*, ses **remparts** et la masse énorme de sa **citadelle** (*colonie pénitentiaire*), commencée au XVIe s. et renforcée par Vauban. Le creux vallon où s'abrite le Palais a de grands arbres et des jardins.

De la **place de la République**, centre de la ville, on se rend (1 k. env.) par la *rue Willaumez*, en haut de laquelle on passe une *porte-poterne* pour descendre ensuite vers la grève, à la petite **plage de bains de Ramonette**, dans un vallon qui s'ouvre sur la mer.

EXCURSIONS. — **1°** Cette tournée est la plus intéressante (28 k. ou 35 k.); voit. publ. du Palais à Sauzon, 2 fois par j. : 1 fr.; voit. publ., l'été, du Palais à l'Apothicairerie : 2 fr. env.; voit. de louage pour l'ensemble de l'excursion : 12 à 15 fr., 1 chev.; 24 fr., 2 chev. — 7 k. (du Palais). **Sauzon** (hôt. *du Phare*, déj. 2 fr. 25, dîn. 2 fr. 50, ch. 2 fr., pens. 5 fr. 50; *locations meublées*), port de pêche, à l'extrémité d'un vallon escarpé, et petite station balnéaire familiale.

11 k. **Fort Sarah-Bernhardt**, ancien fortin déclassé, habité par la célèbre tragédienne. Un chemin de piétons continue, au delà, vers de superbes **rochers** et vers la **Pointe des Poulains**, île à marée haute.

15 k. 1/2. **L'Apothicairerie** (hôt. *Apothicairerie*, déj. ou dîn. 3 fr., ch. 2 fr. 50), ou *grotte de l'Apothicaire*, est une des merveilles naturelles de la Bretagne; son arche de rocher, où bouillonne la mer, encadre la **Côte Sauvage**, aux récifs déchiquetés. — 19 k. Bifurc. qui, à g., ramènerait directement au Palais par la route de l'aller et où l'on continue la route stratégique. — 21 k. 1/2. *Menhirs de Jean et Jeanne de Runello* (à 2 k. à dr., **grottes de Port-Donant**). — 24 k. 1/2. On croise une route par laquelle, à g., on reviendrait directement au Palais (28 k.), et que l'on prend vers la dr.

28 k. Le **Grand-Phare** (47 m.; 304 marches; pourboire), voisin du ham. de *Kervilaouen* (aub.-rest. *des Voyageurs*; *chambres meublées*), ainsi que des **grottes de Port-Coton** (1 k.) et **de Port-Domois** (3 k.). Du phare on revient à *Bangor* (30 k.; *auberge*; *chambres meublées*) et l'on rentre au Palais par la belle **porte de Bangor** (35 k.).

2° Les autres points intéressants de l'île sont **Locmaria** (12 k. S.-E. du Palais) et les **Grands-Sables** (8 k. S.-E. du Palais). — Pour ces excursions et pour plus de détails sur Belle-Ile, *V.* le Guide-Joanne : *Bretagne*.

VANNES
(MORBIHAN)

Cl. Laurent.

Orléans, 566 k. de Paris, en 9 h. env. : 52 fr. 40, 35 fr. 40, 23 fr. 05. — Billets de bains de mer, val. 33 j. : 62 fr. 90, 42 fr. 85, 32 fr. 25. 513 k. de Paris, par Nantes (389 k.) et Redon (456 k.); — 116 k. de Quimper.

Hôtels : — *du Commerce et de l'Épée** (petit déj. 1 fr. 25, déj. 3 fr., dîn. 3 fr. 50, ch. de 3 à 12 fr.; pens. 10 à 15 fr.; bains; chauff. central;), r. du Méné, près l'hôtel de ville; — *Hostellerie du Dauphin** (petit déj. 1 fr. et 1 fr. 25, déj. 3 fr., dîn. 3 fr. 50, ch. dep. 3 fr.; bains; chauff. central;), pl. de l'Hôtel-de-Ville; — *de France** (petit déj. 1 fr., déj. 2 fr. 50, dîn. 3 fr., ch. 2 fr. 25 à 3 fr. 25), r. Billault, 1; — *de Bretagne* (petit déj. 60 c. et 75 c., déj. ou dîn. 2 fr. 50, ch. 2 fr.), av. Victor-Hugo; — *du Morbihan* (déj. ou dîn. 2 fr., ch. 1 fr. 50; pens. 5 fr.), r. du Marché-au-Seigle, 11; — *Café-hôtel de la Paix*, r. du Méné; — *de la Gare* (prix modérés), près de la gare.

Voitures de place : — la *course*, 75 c. (prise aux stations: gare, port et pl. de l'Hôtel-de-Ville) et 1 fr. (prenant à domicile); — l'*heure* (en ville) 1 fr. 50. — Pour *Conleau*, voit. à 4 pers., 1 fr. 50; à 6 pers., 1 fr. 80.

Loueurs de voitures : — *Dupont*, pl. de l'Hôtel-de-Ville; — *Gloux*, r. du Méné, 13; — *Broguet*, r. du Méné; — *Arnaud*, r. d'Auray.

Voitures publiques pour : — *Conleau* (au port de Vannes), 30 c.; — *Arradon* (pl. de l'Hôtel-de-Ville), 50 c.

Bateaux pour : — le *Golfe du Morbihan*, V. p. 201.

Poste-et-télégraphe : — pl. de la Halle-aux-Grains.

Renseignements : — s'adr. ou écrire au *Syndicat d'Initiative*, r. de la Monnaie, 2

VANNES, V. de 28,375 hab., ch.-l. du départ. du Morbihan, est situé au fond de la petite mer intérieure, dite golfe du Morbihan. La ville est ancienne et intéressante à visiter. C'est le point d'accès de toute une série de petites stations balnéaires : *Conleau*, *Larmor-Baden*, *Ile aux Moines*, *Port-Navalo*, *Saint-Gildas de Rhuis*, *Damgan* et *Billers*.

ITINÉRAIRE. — De l'autre côté de la *place de la Gare* est la *gare des ch. de fer départementaux* (pour Saint-Gildas, Port-Navalo, Damgan et Billers). — L'*avenue de la Gare*, continuée par l'*avenue Victor-Hugo*, aboutit à la **rue du Méné**, la principale de la ville. En suivant celle-ci vers la dr., on débouche sur la vaste **place de l'Hôtel-de-Ville** (*statue du connétable de Richemont*, par Lodue).

L'**Hôtel de Ville**, assez bel édifice moderne (2 lions en fonte), renferme un petit **Musée** de *peinture* et *sculpture* (s'adr. au concierge : pourboire), où l'on voit notamment un tableau d'*Eugène Delacroix* (Christ en croix) et un Portrait par *Henner*. Au rez-de-chaussée : Olivier de Clisson, statue équestre par *Frémiet*, moulage de la statue qui est au château de Josselin.

Sur la même place, *collège Jules-Simon*, avec **chapelle** de 1652.

De la place de l'Hôtel-de-Ville, l'étroite rue *Émile Burgeault* (1re à g. après la rue du Méné) conduit à la petite **place Henri-IV**, bordée de **maisons anciennes**, et à la cathédrale.

La **Cathédrale Saint-Pierre**, élevée au XIIIe s. (style gothique), a été remaniée du XVe au XVIe s. (gothique flamboyant et Renaissance), et au XVIIIe s. Le *portail* principal a été refait en 1875.

La *face latérale* de g., qui donne sur la rue des Chanoines, est la plus intéressante (grand *portail* flamboyant de 1515, muré par un autel intérieur ; restes d'un *cloître* de la Renaissance ; *chapelle en rotonde*, de 1537). — A l'int., la nef est du XVe s. ; la voûte, ronde, a été remaniée au XVIIIe s. Au bas-côté dr. (chapelle des fonts-baptismaux), *bas-relief* de la Renaissance (la Cène) ; (3e chap.) beau **mausolée**, en marbre, de Mgr de Bertin († 1774), par Fossati. Au chœur, *maître-autel* en marbre blanc, par Fossati. A l'abside (on entre par une étroite arcade), **chapelle de Saint-Vincent Ferrier** (1536-1637), avec un riche *maître-autel* de la Renaissance, en pierre blanche et marbres de couleur. Au transept g., *tombeau* (1777) de St Vincent Ferrier ; reliquaires contenant le chef du saint et autres débris.

La cathédrale est au centre de la vieille ville, qui a conservé quelques logis curieux et quelques maisons anciennes. Au no 1 de la *place Saint-Pierre* s'ouvre la *rue des Orfèvres*, où l'on trouve (no 17) la **cellule de St Vincent Ferrier** (demander la clef à la boutique voisine : 25 c.). La rue des Orfèvres aboutit à la *rue des Halles*, en face de la *rue Noé*. — A l'angle de ces deux rues, deux figures grotesques, dites **Vannes et sa femme**. Au no 2 de la rue Noé, *maison du Parlement* ou **Château-Gaillard** (on peut visiter ; 57 panneaux peints du XVIe s.). — Prenant la rue des Halles, à dr. (vieilles maisons ; à dr., **salle de théâtre**, ancienne salle des Halles, où les États de Bretagne décidèrent leur réunion à la France), on arrive à la *rue Saint-Salomon* (2 **maisons** du XVIe s., nos 10 et 13). La rue Saint-Salomon, à dr., ramène à la place Henri-IV, voisine de la cathédrale.

Prenant, place Henri-IV, la *rue des Chanoines*, on longe le flanc g. de la cathédrale et on arrive à la vieille **Porte-Prison** (tour à mâchicoulis). On la franchit et, inclinant légèrement à g., on atteint, par la *rue Saint-Nicolas* (à dr.), l'église Saint-Patern.

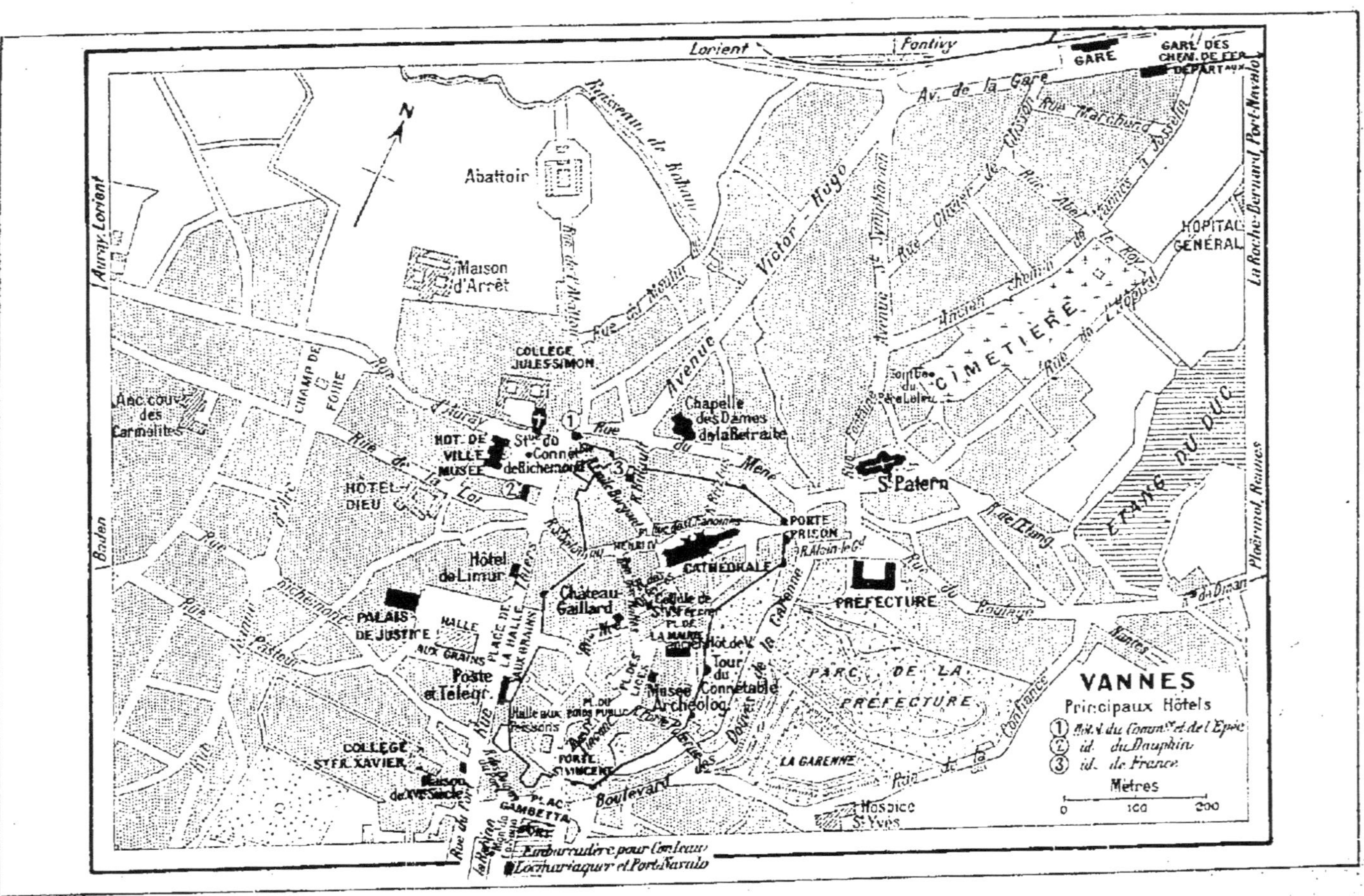
VANNES
Principaux Hôtels
① Hôt. du Commerce et de l'Epée
② id. du Dauphin
③ id. de France
Mètres
0
100
200
GARE
GARE DES CHEM. DE FER DÉPARTAUX
Lorient
Pontivy
Av. de la Gare
Rue Marchand
Abattoir
Maison d'Arrêt
Ruisseau de Rohan
Victor-Hugo
Avenue
COLLÈGE JULES SIMON
Chapelle des Dames de la Retraite
CIMETIÈRE
HOPITAL GÉNÉRAL
ÉTANG DU DUC
St Patern
PORTE PRISON
CATHÉDRALE
PRÉFECTURE
PARC DE LA PRÉFECTURE
LA GARENNE
Hospice St Yves
HOT. DE VILLE
MUSÉE
HÔTEL-DIEU
Hôtel de Limur
Château Gaillard
PALAIS DE JUSTICE
HALLE AUX GRAINS
PLACE DE LA HALLE AUX GRAINS
Poste et Télégr.
Tour du Connétable
Musée Archéolog.
PORTE ST VINCENT
PLACE GAMBETTA
Boulevard
COLLÈGE STFR. XAVIER
CHAMP DE FOIRE
Anc. couv. des Carmélites
Auray, Lorient
Baden
Rue Pasteur
Rue de la Loi
Rue du Mené
Rue du Roulage
Rue Thiers
Rue de l'Abattoir
Rue de l'Étang
Nantes
Ploërmel, Rennes
La Roche-Bernard, Port-Navalo
Embarcadère pour Conleau
Locmariaquer et Port-Navalo

L'**église Saint-Patern** (1727) renferme une belle *chaire* à prêcher et un *maître-autel* en marbre blanc, avec *retable* sculpté du XVIIIe s.
Dans le *cimetière*, qui se trouve à quelques pas derrière l'église, à g. (par la *rue Sainte-Catherine*), **tombe du P. Leleu**, jésuite (✝ 1819), qui voulut mourir à genoux; auprès, **croix ornée** ancienne et beau **tombeau d'un évêque**, gothique, avec statue couchée.

De l'église Saint-Patern, une courte rue (à g. en sortant de l'église) amène à la **Préfecture**, grand édifice moderne, de style Louis XIII.
La *rue Alain-le-Grand*, à dr., amène ensuite au **boulevard des Douves de la Garenne**, bordé à g. par le parc de la Préfecture, puis par la *promenade* publique *de la Garenne*; à dr. coule le ruisseau de Rohan, au pied des vieux remparts.

Les vieux **Remparts** (XIVe, XVe et XVIIe s.) qui, sur les autres faces de la ville, ont à peu près disparu, sont bien conservés de ce côté. Ils présentent un bel ensemble, avec leurs tours et leurs bastions, les vieilles maisons et la cathédrale qui les surmontent, la rivière et les jardins qui sont à leur pied. Les deux tours principales sont la *tour Trompette* et la **tour du Connétable**, celle-ci du XIVe s. et la plus haute.
Tournant à dr. et traversant la **rivière** près d'un lavoir pittoresque, on rentre en ville par la **Porte-Poterne** et par la rue du même nom, qui aboutit à la **place des Lices** (à l'angle de cette place et de la *place du Poids-Public*, tourelle en encorbellement, du XVIIe s.). Au n° 8 de la place des Lices (à dr.) se trouve le Musée archéologique.

Le **Musée Archéologique** (50 c. pour une pers.; 1 fr. pour plusieurs pers.) appartient à la Société Polymathique du Morbihan. Il est installé au 2e étage. C'est un des plus riches d'Europe en antiquités préhistoriques, provenant des fouilles du tumulus de Saint-Michel de Carnac, de la butte de Thuniac, de Gavrinis, de Locmariaquer, etc. Il renferme aussi des objets précieux du moyen-âge et des antiquités diverses. — Un petit *musée d'Histoire Naturelle* y est adjoint.

De la place des Lices, la *rue Saint-Vincent* descend à la **porte Saint-Vincent**, ornée de la statue du saint et des armes de la ville, et à la **place Gambetta**, qui donne sur le **port**, où l'on embarque pour le *golfe du Morbihan* (Conleau, île aux Moines, Larmor-Baden, Locmariaquer et Port-Navalo (V. p. 201). Il n'est accessible qu'à marée haute.
Le long du port, à dr., s'étend la **promenade de la Rabine** (à l'entrée, voitures pour Conleau; p. 201), avec petit *monument de Le Sage*, né à Sarzeau. — En face du monument de Le Sage, *kiosque à musique*, et **ancien Evêché** (*chapelle* de 1737). Les bâtiments sont actuellement en remaniement et le beau **jardin** doit être transformé en promenade publique. — En suivant, au delà, la promenade et la route qui lui fait suite, on atteindrait la sortie du port et (4 k.) l'île de Conleau (p. 201).

Tournant le dos au port, on prend (à g. de la place Gambetta) la *rue Thiers* (au n° 2 de la *rue du Port*, **maison** d'angle, avec inscrip. de 1565 et sculptures; statue de St Yves dans une niche), qui amène **place de la Halle-aux-Grains** (sur cette place, *Poste-et-Télégraphe*, *halle aux grains* et *palais de justice*).
Continuant à suivre la rue Thiers, on rencontre à g. l'**Hôtel de Limur**, qui renferme diverses *collections scientifiques*, d'ethnographie, géologie et minéralogie (on visite; carte de visite exigée). — La rue Thiers ramène à la place de l'Hôtel-de-Ville, d'où l'on regagne la gare.

GOLFE DU MORBIHAN

(MORBIHAN)

Cl. David.

2 ou 3 fois par j. (heures selon la marée; consulter les horaires), de Vannes à Port-Navalo; 27 k., avec les escales, en 2 à 3 h. env., selon les courants : 1 fr. 80 et 1 fr. 50; all. et ret., val. 2 j. : 2 fr. 25 et 1 fr. 90.

Le *Golfe du Morbihan*, ou plus simplement **LE MORBIHAN**, qui a donné son nom au département, est une petite mer intérieure, aux rivages extrêmement découpés, parsemée d'une quantité d'îles et d'îlots. Elle communique, à son extrémité, avec l'Océan par un étroit goulet. Les courants sont d'une extrême violence et entravent gravement la navigation à voile; par contre, la traversée en bateau à vapeur est d'ordinaire très douce. Plusieurs petites stations balnéaires s'échelonnent sur les rives du golfe : *Conleau*, *Ile-aux-Moines*, *Larmor-Baden*, *Locmariaquer* et *Port-Navalo*. — De gracieux paysages, un peu monotones, entourent le Morbihan. Nous conseillons de faire seulement le trajet d'aller par bateau et de reprendre, à Port-Navalo, le ch. de fer départemental de Vannes, ou inversement. — On peut encore, de Locmariaquer, se diriger sur Auray ou Carnac (*V.* p. 202).

ITINÉRAIRE. — On s'embarque à *Vannes*, à la *promenade de la Rabine* (p. 200), lorsque la mer est haute, au *Pont-Vert* ou au *Pont-Noir* (1 k. env.; fiacres : 75 c. et 1 fr.) à marée basse, souvent à l'aide d'une planche mal commode.

4 k. **Ile de Conleau** (4 k. par la route de terre; voit. à Vannes : 30 c. par pers.; voit. à 4 places : 1 fr. 50; hôt. *Beau-Séjour*; *chalets* meublés, de 600 à 1,000 fr. la saison). C'est une petite station balnéaire, fréquentée surtout par les Vannetais. L'île est jolie, avec son bois de pins, mais on ne peut s'y baigner qu'à marée montante, à cause des déjections qu'y envoie au reflux le port de Vannes.

On débouche ensuite dans le golfe du Morbihan par un passage pittoresque et rocheux.

7 k. *Ile d'Arz* (auberge), longue de 3 k.

Le bateau se rapproche ensuite de la côte d'*Arradon* (escale irrégulière; villas, châteaux; 6 k. de Vannes par la route de terre; voit. publ. : 50 c., voit. de louage : 2 fr. l'h.).

12 k. 1/2. **Ile aux Moines** (hôt. : *Vve Petit*, 5 à 6 fr. par j.; *Vve Couturier*, mêmes prix; *logements et nombreuses petites maisons meublées*, 30 à 40 fr. par mois et par ch.), petite station balnéaire familiale, retirée et tranquille; les logis y sont propres et les jardins nombreux et pleins de fleurs. — On se baigne à une petite plage, avec cabines, située près du **bois d'Amour**, où le bateau fait escale (joli bois de pins). — L'île est longue de 5 k. 1/2 et accidentée. On y voit : deux autres bois (le *bois des Soupirs* et le *bois des Regrets*); un *cromlech*, à *Kergonan*; un beau *dolmen*, à *Pen-hap*, au faîte d'une lande. — Du petit *port de* Pen-hap, ou de l'extrémité S. de l'île, on peut gagner en *bateau* (*temps et marée permettant*; 1 à 2 k. env. de traversée) la presqu'île de Rhuis, *Port-Navalo* ou *Saint-Gildas*.

19 k. **Larmor-Baden** (14 k. de Vannes par la route de terre; 13 k. d'Auray; hôt. *des Iles*, déj. 2 fr. 50, dîn. 3 fr., ch. dep. 3 fr., pens. 7 à 12 fr.) est une petite station balnéaire plutôt aristocratique, créée par l'hôtel des Iles, en dehors duquel il y a peu de ressource. — On visite de Larmor-Baden (50 c. par pers.; minimum 1 fr.) le fameux **tumulus de Gavrinis**, dans l'île du même nom, un des plus beaux monuments celtiques de la Bretagne.

24 k. **Locmariaquer**, petite station balnéaire, célèbre surtout par ses mégalithes celtiques (*V.* p. 188), d'où l'on peut gagner *Auray* par la route de terre (13 k. N.; *service d'auto* 2 fois par j. : 1 fr. 50) ou *Carnac* (12 k. 1/2 N.-O.; p. 187, *B*). — *N.-B. L'itinéraire de visite de Locmariaquer, en arrivant par le bateau, doit être pris au rebours de celui de la route de terre.*

27 k. **Port-Navalo**, petite station balnéaire, au delà de laquelle le Golfe du Morbihan se réunit à l'Océan; *V.* p. 204. — départemental de Port-Navalo à *Vannes*, par *Saint-Gildas-de-Rhuis*; *V.* p. 203.

SAINT-GILDAS et PORT-NAVALO
(MORBIHAN)

Cl. Laurent.

Orléans de Paris à Vannes (*V. ce nom pour distance et prix*). — *départemental de Vannes à Saint-Gildas-de-Rhuis, 35 k. (2 fr. 40 et 1 fr. 60) et à Port-Navalo, 46 k. (3 fr. 25 et 2 fr. 15).*

de Vannes à Port-Navalo (*V. p. 201*).

28 k. de Vannes à Saint-Gildas-de-Rhuis; 9 k. de Saint-Gildas-de-Rhuis à Port-Navalo; — 34 k. de Vannes à Port-Navalo, par la route directe.

Hôtels : — A SAINT-GILDAS : — ancienne *Communauté des Sœurs St Louis* (pens. 5 fr. ; grand jardin) ; — *Hôtel Saint-Gildas* (l'été ; déj. 2 fr. et 2 fr. 50, dîn. 2 fr. 50, ch. 2 et 3 fr. ; pens. 5 et 6 fr.).

A PORT-NAVALO : — *De la Plage et de la Gare* (déj. ou dîn. 2 fr. 50, ch. 2 et 3 fr. ; pens. dep. 5 fr.) ; — *des Voyageurs* ; — *de Rhuis* (déj. ou dîn. 2 fr. 50, repas à 1 fr. 50, ch. dep. 1 fr. 50 ; pens. 5 et 6 fr.).

Locations meublées : — à *Saint-Gildas*, quelques logements chez l'habitant (assez primitifs) et quelques maisons (30 à 40 fr. par mois et par ch.) ; — à *Port-Navalo*, quelques logements chez l'habitant (même prix que ci-dessus), quelques chalets ; — on trouve aussi quelques logements à *Arzon* (même prix que ci-dessus), 2 k. de Port-Navalo.

SAINT-GILDAS-DE-RHUIS et **PORT-NAVALO** sont deux petites stations balnéaires familiales, situées sur la presqu'île de Rhuis, dénudée, mais où la mer est belle et où l'on trouve de grandes grèves de sable. Le climat, relativement doux, y permet par endroits la culture de la vigne.

ITINÉRAIRE. — *A*. De *Vannes*, la route de terre suit d'abord la route de Nantes que l'on quitte à 5 k. pour prendre la bifurc. de dr. — 9 k. *Noyalo*. — 15 k. *Saint-Armel* (vignes). — 10 k. *Saint-Colombier*. — 19 k. Une route à g., un peu avant le *château de Kerlévenant* (on visite), conduirait (*recommandé*; 4 k. en plus) aux *ruines de Sucinio* (*V.* ci-dessous), d'où l'on regagnerait directement Sarzeau. — 22 k. *Sarzeau* (*V.* ci-dessous). — A Sarzeau la route bifurque : celle de dr. gagne directement *Port-Navalo* (31 k. de Vannes); celle de g. va à *Saint-Gildas* (28 k. de Vannes), d'où l'on regagne ensuite la route de Port-Navalo (37 k. au total), un peu avant la *butte de Thumiac* (*V.* ci-dessous).

B. — De *Vannes*, le ch. de fer emprunte la ligne de *la Roche-Bernard* jusqu'à (16 k.) *Surzur*. — 22 k. *Saint-Armel*. — 25 k. *Saint-Colombier*.

30 k. **Sarzeau** (hôt. *Le Sage*, déj. ou dîn. 2 fr. 50, ch. 1 fr. 50), avec une *église* de 1626, plusieurs *maisons anciennes* à lucarnes ouvragées et la *maison natale de Le Sage*, l'auteur célèbre de *Gil-Blas de Santillane*. — A 4 k. S.-E. de Sarzeau, ruines magnifiques du **château de Sucinio**, élevé au XIIIe s., remanié au XVe (25 c. par pers.; belle *porte* d'entrée avec *bas-relief* sculpté; *remparts* dont on suit le faîte; nombreuses *tours* à mâchicoulis).

35 k. **Saint-Gildas-de-Rhuis**, petite station balnéaire, avec peu de ressources. — On y voit une intéressante **église** (XIIe-XVIe s.), avec *tour* carrée du XVIIIe s. Belle abside romane. A l'int., 2 beaux chapiteaux romans servent de *bénitiers*; au transept dr., *retable* sculpté; au transept g., *tombeaux* de St Félix et St Goustan, abbés de Saint-Gildas; au pourtour du chœur, belles *pierres tombales*; au trésor, *reliques* diverses. — Face à l'église, ancienne **Abbaye** (pension de famille) reconstruite au XVIIIe s., dont fut abbé le célèbre Abélard, l'amant d'Héloïse (XIIe s.). — A 1 k. env., au delà de l'Abbaye, **pointe du Grand-Mont**, avec *fontaine* et *grotte de Saint-Gildas*. — *Plage de bains* de *Port-Maria*.

40 k. *Le Net*, ham. (à g., *menhir*), à 1 k. au delà duquel on passe au pied de la **Butte de Thumiac**, ancien tumulus celtique, éventré (20 m. de haut); belle vue du sommet.

44 k. **Arzon** (*auberge*; *logements meublés*), petit ham. de pêcheurs. A l'*église*, vitrail du *Vœu à Ste Anne*, fait à la sainte, en 1673, par 42 marins d'Arzon qui partaient pour la guerre de Hollande.

46 k. **Port-Navalo**, port de pêche et petite station balnéaire familiale, à l'issue du golfe de Morbihan dans l'Océan, avec peu de ressources, sauf aux hôtels. Le site est dénudé, mais on a autour de soi la mer, de toute part. — La **pointe du Port-Navalo** porte un *phare*; on y jouit d'une vue magnifique sur la côte de Carnac, la presqu'île de Quiberon et Belle-Ile.

Face à Port-Navalo s'étend la presqu'île de *Locmariaquer* (p. 188), où l'on peut se faire passer en *bateau à voile*, 2 fr. 50 env., *marée permettant*; — de Locmariaquer à *Auray*, *service d'auto*, p. 187; — de Locmariaquer à *Carnac*, 12 k., p. 187.

De Port-Navalo à *Vannes* : ⛴ par le *golfe de Morbihan*, p. 201.

DAMGAN et BILLERS

(MORBIHAN)

Cl. David.

Orléans de Paris à Vannes (V. ce nom pour distance et prix). — départemental, 22 k. (1 fr. 70 et 1 fr. 15), de Vannes à Ambon et 4 k. d'Ambon à Damgan ; — départemental, 28 k. (2 fr. 15 et 1 fr. 45), de Vannes à Muzillac et 2 k. 1/2 S. de Muzillac à Billers.

22 k. de Vannes à Ambon et 4 k. d'Ambon à Damgan ; — 6 k. d'Ambon à Muzillac et 2 k. 1/2 de Muzillac à Billers.

DAMGAN et **BILLERS** sont deux très petites stations balnéaires, dans un pays encore peu fréquenté, région de chasse et de pêche, assez détournée, où la vie est à bon compte. Quelques familles et des artistes vont s'y installer l'été. Le pays, qui se rapproche de la Loire, est à peine breton d'aspect.

ITINÉRAIRE. — De *Vannes*, le ch. de fer (ligne de la Roche-Bernard) suit la même direction que la route de terre. Il dessert d'abord (10 k.) *Theix*, puis (16 k.) *Surzur*, où il laisse à dr. la ligne de Saint-Gildas et Port-Navalo.

22 k. *Ambon*, au fond de l'estuaire de la rivière de Pénerf (marais salants), avec une *église* du XIIe s., 2 dolmens et 3 cromlechs.

Damgan (hôt. *des Bains*, 5 fr. par j.; *logements meublés*, dep. 50 fr. par mois; *petites maisons*, dep. 70 fr. par mois en juin, 90 fr. en juillet, 190 fr. en août, 120 fr. en sept.) est à 4 k. S. d'Ambon, dans un pays bas qui regarde l'Océan.

De Damgan dépendent 2 autres petits centres balnéaires : — **Kervoyal** (hôt. *des Touristes*, 5 fr. par j.), à 2 k. E. (à g. en regardant la mer), près de la **Pointe de Kervoyal**, qui marque l'entrée de l'embouchure de la Vilaine; — **Pénerf** (hôt. *Family-Hôtel*, 5 fr. 50 par j.), à 4 k. O. de Damgan (à dr. en regardant la mer). Pénerf est un petit port de pêche, sur une presqu'île qui s'avance entre la mer et l'embouchure de la *rivière de Pénerf* (parcs à huîtres), qui assèche en grande partie à marée basse.

Un *bac* (*marée permettant*) passe de Pénerf au ham. du *Tour du Parc*, d'où l'on peut gagner *Vannes*, par une route de 24 k., ou *Sarzeau* (12 k. 1/2; p. 204) et la presqu'île de Rhuis. — En face de l'extrémité de la presqu'île de Pénerf, entourée de récifs et où s'élève une tour, s'avance en mer la **pointe de Penvins**, à 5 k. 1/2 E. (4 k. 1/2 par la grève) des *ruines de Sucinio* (p. 204).

28 k. *Muzillac* (hôt. *Hervé*, déj. ou dîn. 2 fr., ch. 1 fr. 50; loueur de voit. pour Billers : 2 fr.), avec quelques *maisons anciennes*.

De Muzillac, la route de **Billers** (2 k. 1/2 S.; hôt. *Nicolas-Aillard*, 5 fr. par j., 120 fr. par mois; quelques *logements meublés*) passe (1 k.) près d'un *calvaire* du XVIIIe s., où l'on prend la bifurc. de dr. (celle de g. conduirait au *moulin de Rohec*, d'où l'on découvre un vaste panorama). Le petit v. de Billers est situé sur une hauteur, parmi de grands vallonnements du sol et de vastes horizons, à 2 k. 1/2 de la mer. *L'église* a une tour-clocher du XVIIIe s. et un maître-autel sculpté. — Au-dessous de Billers coule vers la mer le curieux **étier** de Billers, que remontent les bateaux, parmi des prairies marécageuses et des marais salants.

Pour gagner la mer, on suit une route qui (1 k.) passe près de l'**abbaye de Prières** (à g.; s'adr. au concierge, pourboire). Dans un *parc* entouré de murs, les *communs* et une **tour** carrée (remaniée), qui domine le paysage, sont tout ce qui reste de l'ancienne abbaye de Prières; dans une *chapelle* moderne, *tombe* avec *effigie* de Jean Ier, duc de Bretagne, fondateur de l'abbaye en 1250, et d'Isabelle de Castille, femme de Jean III, † 1328.

Au delà de l'abbaye, on atteint (2 k. 1/2) le petit *port* et la **pointe de Penlan**, où l'on se baigne sur de petites grèves caillouteuses (à g., embouchure de la Vilaine).

EXCURSIONS. — Au delà de Muzillac, le ch. de fer, continuant à suivre la même direction que la route de terre, atteint (43 k. de Vannes) le magnifique **viaduc** métallique, d'une seule arche (il a coûté 1 million, est long de 192 m., large de 7 et le tablier est à 41 m. au-dessus de l'eau), jeté sur la Vilaine. Celle-ci, encadrée de rochers à pic et gonflée par la marée, a la largeur d'un véritable fleuve.

De l'autre côté du pont, on arrive à **La Roche-Bernard** (hôt. *des Voyageurs*, déj. ou dîn. 2 fr. 50, ch. 1 fr.), qui a conservé quelques maisons anciennes.

Un 🚂 départemental relie La Roche-Bernard à *Guérande* (42 k.; p. 216), par *Herbignac* (8 k.; hôt. *des Voyageurs*), *Piriac* et *la Turballe* (30 et 34 k.; p. 207). — D'Herbignac, un embranchement du ch. de fer permet également de gagner *Saint-Nazaire* (32 k.; p. 219).

(LOIRE-INFÉRIEURE.)

Cl. Vasselier.

Orléans *de Paris à Guérande, 517 k. en 8 à 10 h. env. : 52 fr. 15, 35 fr. 25, 22 fr. 95; mêmes prix en empruntant, de Paris, la ligne de l'État jusqu'à Saint-Nazaire. — Billets de bains de mer, de Paris à Guérande, val. 38 j. : 62 fr. 65, 42 fr. 85, 32 fr. 15, all. et ret. — départemental de Guérande à la Turballe, 8 k. (80 c. et 60 c.) et à Piriac, 12 k. (1 fr. 25 et 95 c.), en 20 et 30 min.*

7 k. et 12 k. de Guérande.

Hôtels. — A LA TURBALLE : — *du Commerce* ou *Nicol* (déj. ou dîn. 1 fr. 50 et 2 fr. 50, ch. dep. 1 fr.; pens. 4 fr. 50 à 6 fr.;), Grande-Rue; — *Pension Ker-Fleurie* (6 fr. en juillet-août; 5 fr. en sept.), sur le quai.

A PIRIAC : — *Rio* ou *des Voyageurs* (déj. ou dîn. 2 fr. 50, ch. 2 fr.; pens. 6 fr.;), sur le port; — *de la Plage* (6 fr. par j.), entre la gare et la mer.

Locations meublées : — on trouve à *la Turballe* des *chambres* et *logements meublés* (très primitifs) chez les pêcheurs; — à *Piriac*, des *chambres* et *logements meublés*, ainsi que des *maisons* et *chalets*; — le tout à prix modérés (dep. 30 fr. par ch. et par mois; au-dessous, hors saison).

LA TURBALLE et **PIRIAC** sont deux petites stations balnéaires, très simples, dans un pays dénudé (surtout autour de la Turballe). Piriac offre plus d'agrément et de ressources.

ITINÉRAIRE (*V.* la carte, p. 221). — De *Guérande* (p. 216), le ch. de fer dessert d'abord (8 k.) **La Turballe**, important *port de pêche* sardinier, sale et populeux, pittoresque par le va-et-vient de ses pêcheurs et de ses barques aux voiles multicolores. — La *Grande-Rue*, que suit le ch. de fer, traverse le bourg dans toute sa longueur, parallèle aux **quais**, où se trouvent la *poissonnerie* et la *vente à la criée*. Le **port**, fermé par trois môles, éclairé par deux *feux-fixes*, asséché à marée basse. Plusieurs *confiseries de sardines* utilisent la pêche : on peut visiter une des plus importantes, l'*usine Pellier frères*, située à l'extrémité du bourg (à dr. en regardant la mer). — Comme station balnéaire, il n'y a à la Turballe que l'immense grève de sable qui s'étend vers la g., jusqu'en face du Croisic, durant 5 k. ; sa pente est malheureusement très rapide et *des précautions sont nécessaires* pour s'y baigner.

Au delà de la Turballe, la route et le ch. de fer suivent la côte.

10 k. *Lérat*, petit port de pêche (quelques *logements meublés* ; peu de ressources).

12 k. **Piriac**, port de pêche minuscule et petite station balnéaire, aux maisons blanches. — Le bourg proprement dit est vers la dr. (en regardant la mer) ; l'*église* se trouve sur une place, avec quelques arbres, et est voisine du **port** où s'abritent des barques ; quelques maisons anciennes, parmi lesquelles le logis de *la Huguenoterie*. — Le *bourg balnéaire* se développe plutôt vers la g. On se baigne sans cabine, sur de petites grèves entrecoupées de rochers offrant dans leurs cavités des abris naturels.

Suivant la côte, dans cette direction (chemin de piétons ; se faire accompagner d'un enfant du pays pour la visite des grottes), on atteint (20 min. env.) la **pointe du Castelli** (on découvre à g. jusqu'aux clochers du Croisic et du Bourg-de-Batz, à dr. l'embouchure de la Vilaine et la côte de Bretagne), pittoresque, avec un *sémaphore* et de beaux **rochers** ; un de ces rochers, recouvert de gazon, s'appelle *la Couette* ; deux autres, plus petits, sont *les Oreillers*. Des **grottes** s'ouvrent (à marée basse) dans les rochers côtiers : *Trou du Moine-Fou*, *Grotte à Madame*, *Grotte du Chat* (on y avance à 30 m. env. ; un chat que l'on y avait jeté en ressortit, dit-on, à 2 k. de distance). Enfin, un peu plus loin, sur la grève, une *pierre druidique* (longue de 4 à 5 m.) creuse, sillonnée de raies descendant de 10 trous circulaires, percés sur sa face supérieure, est dite vulgairement le *tombeau d'Almanzor* (le sire Almanzor, parti pour la 8e croisade avec St Louis, s'était embarqué à cet endroit et sa femme Iseult venait y attendre son retour ; la tempête y rejeta un jour son vaisseau, qui s'y brisa, et Iseult y ensevelit son époux).

EXCURSIONS. — **1°** De Piriac, on peut se rendre (6 k. 1/2) avec une barque de pêche (5 fr. env.) à l'**île Dumet**, rocheuse, longue de 1 k. env., qui émerge des flots en face de Piriac. Elle est propriété privée (moutons et lapins), avec un gardien et les débris du *fort de Ré* construit en 1755 et détruit par les Anglais.

2° Au delà de Piriac, le ch. de fer, qui s'éloigne de la côte et traverse des *marais salants*, atteint (31 k. de Guérande) *Herbignac* (hôt. *des Voyageurs* ; ✉ pour *Saint-Nazaire*) et se poursuit jusqu'à **La Roche-Bernard** (p. 206). Il s'y raccorde avec la ligne départementale de *Vannes* (43 k. de la Roche-Bernard ; p. 205-206).

LE CROISIC

(LOIRE-INFÉRIEURE)

Cl. Vasselier.

🚂 *Orléans, 520 k. de Paris, en 8 h. env. par rapide (1re et 2e cl.), en 9 h. 1/2 env. par express (toutes classes) : 52 fr. 65, 35 fr. 55, 23 fr. 15; mêmes prix en empruntant, de Paris, la ligne de l'État jusqu'à Saint-Nazaire. — Billets de bains de mer, val. 33 j. : 63 fr. 20, 43 fr. 15, 32 fr. 40, all. et ret.*

🚗 *26 k. de Saint-Nazaire, par Pornichet (12 k.), La Baule (16 k.), le Pouliguen (19 k.) et le Bourg-de-Batz (23 k.).*

Hôtels : — AU PORT : — *Guilloré-Masson* (déj. 2 fr. 50, dîn. 3 fr., ch. dep. 2 fr.), sur le quai ; — *Central* (mêmes prix), idem ; — *des Étrangers* (l'été: petit déj. 60 c., déj. 2 fr. 50, dîn. 3 fr., ch. dep. 2 fr.; pens. dep. 6 fr.), pl. du Pilori.

A LA GARE : — *Moderne* (petit déj. 60 et 75 c., déj. ou dîn. 2 fr. 50; repas à 1 fr. 75; service à la carte; ch. dep. 2 fr.; pension 6 à 10 fr.; 📞).

A LA PLAGE DE PORT-LIN : — *de l'Océan* (petit déj. 75 c., déj. 2 fr. 50, dîn. 3 fr., ch. dep. 2 fr.; cabines de bains; prix majorés en saison).

ENTRE LE CROISIC ET LE BOURG-DE-BATZ : — *Atlantic-Hôtel*, à la plage Valentin (plusieurs fois fermé et rouvert; s'informer).

Locations meublées : — chalets à la plage de *Port-Lin*, de 600 à 1,000 fr. la saison; — en ville, chambres et logements meublés, de 35 à 50 fr. par ch. env.

Régates : — en août.

LE CROISIC, station balnéaire fréquentée, port de pêche et de commerce, est situé dans un pays dénudé, entre l'Océan et un petit golfe intérieur bordé de marais salants. C'est une petite ville maritime, pittoresque, blanche et propre, avec des constructions anciennes. La plage proprement dite est à *Port-Lin* (V. ci-dessous). Outre ses hôtels et les chalets de la plage de Port-Lin, le Croisic offre chez l'habitant un grand nombre de chambres, logements et appartements meublés; les ressources en vivres y sont abondantes et c'est le type de l'endroit où l'on peut vivre chez soi. Aussi de nombreuses familles s'y fixent-elles.

ITINÉRAIRE. — De la gare, on laisse à g. la route de Port-Lin (1 k. env.; *V.* ci-dessous) pour gagner la ville, vers la dr., en passant au pied de la promenade du **Mont-Esprit**. — On arrive bientôt au **port**, situé sur le **golfe** intérieur du **Grand-Trait** et du **Petit-Trait**; suivant les quais, on atteint la **Poissonnerie** (*bateau-automobile*, 30 c. all. et ret., pour la **pointe de Pen-Bron** et son *hôpital maritime*).

S'écartant du quai vers la g., on trouve la **place du Marché** avec un joli petit **Hôtel de Ville**, ou **château d'Aiguillon**, de l'époque Henri IV (*bibliothèque publique*, de 10 h. à midi, le jeudi et le dim.; prêt : 5 c. et 10 c. par vol. et par quinzaine). — Un peu au delà, vers la g., est la très belle **église N.-D.-de-Pitié**, du style ogival flamboyant (1494-1507; **tour** de 56 m. avec lanterne du XVIIe s.; beau *porche* latéral).

Revenant au quai, on arrive à l'extrémité du port et à la butte gazonnée du **Mont-Lenigo**, puis à une allée de cyprès aboutissant à l'important *Sanatorium des Frères Saint-Jean-de-Dieu*. Vers la dr. se détache la longue et curieuse **jetée du Tréhic**, s'avançant de 1 k. en mer (ne pas s'y aventurer par gros temps).

En continuant la route, on fait le tour de la Pointe du Croisic et on gagne, par la Grande-Côte, la plage de Port-Lin (6 k. env.; *recommandé*; pour cet itinéraire, *V.* ci-dessous : 1°).

PLAGE DE PORT-LIN. — Une route de 1 k. env., ou *boulevard de l'Océan*, relie directement la gare du Croisic à la **plage de Port-Lin**, qui regarde la pleine-mer (cabines, bains de mer chauds). — Au delà de Port-Lin, la Grande-Côte se prolonge, à l'E., vers la **plage Valentin** (1 k. 1/2 de Port-Lin, par la côte et des chemins de sable; 1 k. 1/2 de la gare du Croisic, par la route du Bourg-de-Batz), peu sûre, avec un hôtel plusieurs fois ouvert et fermé. Elle est à mi-chemin du *Bourg-de-Batz*, dont on aperçoit le haut clocher dominant l'horizon. — Vers l'O. (à dr. en regardant la mer), pointe du Croisic (*V.* ci-dessous).

EXCURSIONS. — **1° Tour de la Pointe du Croisic** : ❀ 6 k. 1/2 env. — Sortant du Croisic par le Mont-Lenigo et le Sanatorium des Frères Saint-Jean-de-Dieu (1 k.), la route longe le sanatorium vers la g. et l'on voit, à g., à l'extrémité d'une petite lagune, le petit *manoir de Kerbodu*. Au delà du sanatorium se trouvent à dr. quelques chalets. — 3 k. **Pointe du Croisic**, avec un vieux fort transformé. La pointe est cerclée de rochers qui découvrent à marée basse. En face, *phare* et *récifs du Four*, à 7 k. en mer; vers la dr., rade du Croisic, la Turballe et pointe du Castelli. — La route contourne la pointe et, se relevant vers un monticule surmonté d'une masure, appelée le *Corps de Garde* (c'est de là que la vue d'ensemble est la plus belle), arrive sur l'autre face de la presqu'île, qui regarde l'Océan. C'est la **Grande-Côte**, abrupte, aux rocs déchiquetés par les flots, crevassés, avec des formes pittoresques. On remarque le *Grand-Autel*, dans le creux duquel on pêche le homard, et le *trou du Kourican*, ou *Korrigan*, cavité profonde où gronde la mer. — 4 k. 1/2. On voit à g., sur une petite butte, le *menhir de Pierre-Longue*. Puis, longeant de petites *plages* (*de Portereau, du Sable-Menu, de la Demoiselle*), en partie bordées de chalets, on atteint (5 k. 1/2) la plage de Port-Lin. — De Port-Lin, une route de 1 k. ramène à la gare.

2° Excursions en mer à *Belle-Ile*, *Saint-Nazaire*, *Nantes*, etc., indiquées par affiches.

3° Les autres excursions se font au **Bourg-de-Batz**, au **Pouliguen**, à **la Baule**, à **Guérande** et à **Pornichet** (*V.* ces noms).

(LOIRE-INFÉRIEURE)

Cl. P. Gruyer.

Orléans, 518 k. de Paris, en 8 h. env. par rapide (1re et 2e cl.), en 9 h. 1/2 env. par express (toutes classes) : 52 fr. 30, 35 fr. 10, 23 fr. ; mêmes prix en empruntant, de Paris, la ligne de l'État jusqu'à Saint-Nazaire. — Billets de bains de mer, val. 33 j. : 62 fr. 75, 42 fr. 95, 32 fr. 20, all. et ret.

23 k. de Saint-Nazaire, par Pornichet (12 k.), la Baule (16 k.) et le Pouliguen (19 k.); — 3 k. du Croisic.

Hôtels : — *des Voyageurs* (déj. ou dîn. 2 fr. 50; pens. 5 à 7 fr.); — *du Commerce* (petit déj. 60 c. et 75 c., déj. ou dîn. 1 fr. 50 et 2 fr. 50, ch. 2 fr.; pens. 5 fr., en août 6 fr.), près de la gare.

ENTRE BATZ ET LE CROISIC : — *Atlantic-Hôtel* (plusieurs fois fermé et rouvert; s'informer), à la plage Valentin.

Agences de location : — *Agence Montfort*, pl. de l'Église; — *Agence principale (Malary)*, r. de la Gare (près de l'église).

Chambres et maisons meublées : — 35 à 50 fr. par lit et par mois.

LE BOURG-DE-BATZ (prononcer *Bâ*; *V.* la carte p. 221) est une modeste station balnéaire. Le pays, situé dans la région des marais salants, est d'aspect sévère, dans un site rude et sans ombrage; la plage est médiocre. Batz reçoit cependant un certain nombre de familles modestes, car les locations et la vie y sont d'un prix peu élevé. Les habitants du Bourg-de-Batz exercent en grande partie, sous le nom de *paludiers*, l'industrie du sel; leur costume (grand chapeau de feutre et culotte courte) fut longtemps un des plus typiques de la Bretagne.

ITINÉRAIRE. — De la gare, laissant en arrière les *marais salants*, qui miroitent sous le ciel comme de grands miroirs, on prend devant soi l'*avenue de la Gare*. Celle-ci (raffineries de sel) aboutit à la place centrale du bourg, ou *place de l'Église*, traversée par la grande route du Pouliguen au Croisic.

L'église Saint-Guénolé (XVe-XVIe s.), restaurée, est un bel édifice gothique; la **tour**, de 60 m. (1667), se termine en coupole et domine toute la région (on y monte); sous cette tour s'ouvre un beau *porche* de style flamboyant, en partie défiguré. On entre par le **porche latéral**, qui donne sur la place. — A l'int., qui a grand style, on voit : au bas-côté g., de curieuses *clefs de voûte* sculptées et (1er pilier) une *statue de Ste Marguerite*; au bas du bas-côté dr., dans une armoire à volets peints, *statue de N.-D. de Bonne-Nouvelle* (1671); au maître-autel, *retable* sculpté, du XVIIe s.

Sur la place de l'Église se trouvent en outre le **musée de Costumes** (50 c.; *costumes des anciens paludiers*; meubles bretons), et le *Cabaret-artistique* Maurice. — Vers la g. (en venant de la gare) s'ouvre **la rue de la Mairie**, la principale du bourg, et où est l'hôtel des Voyageurs (petit *musée d'histoire naturelle*, faune et flore du pays).

Passant au contraire, à dr., devant la façade principale de l'église, on arrive bientôt aux ruines pittoresques de la **chapelle Notre-Dame du Mûrier**, qui a conservé de jolis détails gothiques des XVe et XVIe s. Cette chapelle avait été fondée par un sieur Rieux de Renrouet, de Guérande, en exécution d'un vœu fait en mer, pendant une tempête, et à la suite duquel il avait abordé en face du Bourg-de-Batz, guidé par une lumière filtrant à travers le feuillage d'un mûrier.

Peu après l'église, un petit bois sert de **jardin public**. — On arrive ensuite à la **plage** (cabines et costumes), où l'on se baigne à marée haute. — Elle est voisine du **port** (pêche au homard), qui a une petite *jetée*, à une centaine de m. de laquelle est le *menhir de Pierre-Longue*. Des *carrières de granit* sont exploitées auprès du bourg.

EXCURSIONS : — **1°** La côte, à dr. du Bourg-de-Batz (en regardant la mer), faite de dunes sablonneuses et de rochers tailladés par les flots, se dirige vers *le Croisic*. A mi-chemin (🚲 1 k. 1/2 de Batz ou du Croisic) se trouve la **plage Valentin**, avec l'Atlantic-Hôtel (plusieurs fois fermé et rouvert; s'informer); cette plage n'est recommandable pour le bain qu'avec certaines précautions, par suite de la pente rapide de la grève. — A g. du Bourg-de-Batz, *pointe de Penchâteau*; V. p. 214.

2° Guérande (p. 216), par le curieux village de *Saillé* et les **Marais salants** : 🚲 8 k. N.-E.

3° Les autres excursions se font au **Croisic**, au **Pouliguen**, à **la Baule** et à **Pornichet** (*V.* ces noms).

LE POULIGUEN

(LOIRE-INFÉRIEURE)

Cl. Neurdein.

Orléans, 512 k. de Paris, en 8 h. env. par rapide (1re et 2e cl.), en 9 h. 1/2 env. par express (toutes classes) : 51 fr. 85, 35 fr., 22 fr. 80; mêmes prix en empruntant, de Paris, la ligne de l'État jusqu'à Saint-Nazaire. — Billets de bains de mer, val. 33 j. : 62 fr. 20, 42 fr. 60, 31 fr. 90 all. et ret.

49 k. de Saint-Nazaire, par Pornichet (12 k.) et la Baule (16 k.); — 4 k. du Bourg-de-Batz : — 7 k. du Croisic.

Hôtels : — *Grand-Hôtel* * (l'été; petit déj. 75 c., déj. 4 fr., dîn. 5 fr., ch. dep. 4 fr.; pens. 12 et 15 fr.; bains sur la plage; — *Neptune* (petit déj. 75 c., déj. 2 fr. 50, dîn. 3 fr., ch. dep. 3 fr.;), sur le port; — *des Familles* (déj. 2 fr. 50, dîn. 3 fr., ch. dep. 1 fr. 50), sur le quai du Port; — *des Étrangers* (pens. 7 fr. 50 par j.), r. du Pont; — *des Voyageurs*, idem.

Entre le Pouliguen et la Baule, du bord de la mer : — *de la Plage* (*Mauspha*). V. *La Baule*.

Restaurants : — à 1 fr. 50, près de la gare.

Chalets meublés : — de 200 à 1,500 fr. par mois.

Logements meublés : — 3 lits, salle à manger, cuisine, de 80 à 120 fr. en juillet et sept.; 200 à 300 fr. en août.

Chambres meublées : — 20 à 50 fr. par mois.

Agences de location : — *Agence Malin*; — *Agence principale* (*Joseph Boulo*); — *Benoit*.

Voitures de louage : — *Chapron*.

Location d'ânes : — 75 c. à 1 fr. 50 l'heure.

Bains de mer (cabines et costumes) : — *Bains Pineau*; — *Bains Chedmois*.

Tram pour : — *la Baule* (l'été), 30 c.; all. et ret., 50 c.

LE POULIGUEN, station balnéaire très fréquentée, plutôt familiale, est un port de pêche très ancien, qui a presque l'apparence d'une petite ville. On y trouve toutes les ressources nécessaires à la vie et de nombreuses locations meublées, chambres ou logements, chez l'habitant. Autour du bourg proprement dit s'élèvent chalets et villas.

ITINÉRAIRE. — La station est à 500 m. env. du bourg, sur le bord des *marais salants* qui s'étendent vers Guérande, le Bourg-de-Batz et le Croisic. *L'avenue de la Gare* conduit à la *rue du Pont* (route du Croisic à Saint-Nazaire), par laquelle, à g., on gagne le **port**. Celui-ci est formé d'un étroit canal ou « étier » qui alimente en arrière les marais salants et se déverse à l'opposé dans la mer.

Laissant devant soi le **pont** qui communique avec la rive opposée, on tourne à dr. pour longer les **quais** du port, que bordent les maisons du vieux bourg, entre lesquelles s'ouvrent de petites rues étroites et tortueuses, mais généralement propres. La *rue de l'Ancienne-Église* (3e à dr.) conduit à l'ancienne église, dans laquelle et autour de laquelle se tient le **marché** ; la *rue de l'Église* (2 rues plus loin ; angle de l'hôtel Neptune) amènerait à la nouvelle **église**, moderne et sans intérêt, avec clocher de pierre. — De l'autre côté du port, où s'abritent des bateaux (exportation du sel et des bois de pins) et des barques de pêche (poissons, huîtres, homards et langoustes), aux voiles joliment colorées, on voit au contraire de belles villas modernes, entourées de jardins.

Continuant à suivre le quai, on atteint le *bureau du port* et la **promenade du Mail**, plantée d'arbres. — A dr., une petite rue transversale conduit au **Bois**, qui sert de jardin public. — Le Mail est garni de petites boutiques, bazars, tirs, pâtisseries, souvenirs ; on y loue aussi des ânes. On arrive ainsi à l'extrémité du port, qui s'ouvre en mer entre deux *jetées*. La plus longue porte un petit *phare* à feu rouge.

1° De là on a, à g., sur l'autre rive (*passeur* 5 c. ; 10 c. pour une pers. seule), l'extrémité de la vaste et magnifique plage qui se prolonge jusqu'à *la Baule* (3 k. : l'été, tram à vap. Decauville), entièrement bordée de villas et passant successivement devant l'Hôtel de la Plage, le Casino de la Baule et l'Hôtel Royal (*V.* p. 216).

2° A g., s'étend immédiatement la **plage du** Pouliguen (sable un peu mou), bordée par le Grand-Hôtel, et où l'on se baigne (tentes, cabines, costumes, maîtres-baigneurs) aux heures de marée (la mer se retire à 1 k. 1/2). Au delà, on voit la pointe de Penchâteau (*V.* ci-dessous).

EXCURSIONS. — **1°** En suivant la côte au delà de la plage des bains (*V.* ci-dessus) on atteint (🚲 2 k. ; l'été, omnibus : 50 c.) la **pointe de Penchâteau**, qui ferme la baie et la protège des vents d'ouest. La pointe, d'où l'on découvre toute la baie du Pouliguen et de la Baule, est entourée de rochers et de récifs, dont **les Impairs** (1 k. de la côte ; coquillages et crevettes), où l'on peut se rendre à marée basse.

[Au delà de la pointe de Penchâteau commence la **Grande-Côte**, qui court vers le Bourg-de-Batz et le Croisic. Elle offre des rochers déchiquetés et de petites plages côtières, dangereuses par leurs remous, où il faut éviter de se baigner. Elle se creuse de grottes, accessibles à mer basse, dont la **grotte du Korrigan**.

Il faut une demi-journée env. (*recommandé*) pour faire à pied la côte (6 k. à vol d'oiseau) jusqu'au *Bourg-de-Batz* (*V.* ce nom), d'où l'on peut rentrer au Pouliguen par le ch. de fer.

2° Du Pouliguen à **Guérande** (p. 216), par le curieux village de *Saillé* et les **Marais salants** : 🚲 5 k. 1/2 N. ; *V.* la carte p. 221.

3° Les autres excursions se font au **Bourg-de-Batz**, au **Croisic**, à **la Baule** et à **Pornichet** (*V.* ces noms).

LA BAULE
(LOIRE-INFÉRIEURE)

Cl. Thirel-Hamon.

Orléans, 511 k. de Paris, en 7 h. 1/2 env. par rapide (1re et 2e cl.), en 9 h. env. par express (toutes classes) ; 51 fr. 50, 34 fr. 80, 22 fr. 65 ; mêmes prix en empruntant, de Paris, la ligne de l'État jusqu'à Saint-Nazaire. — Billets de bains de mer, val. 33 j. : 61 fr. 80, 42 fr. 25, 31 fr. 70, all. et ret.
16 k. de Saint-Nazaire, par Pornichet (12 k.) ; — 3 k. du Pouliguen ; — 7 k. du Bourg-de-Batz ; — 10 k. du Croisic.

Hôtels : — SUR LA PLAGE : — *Hôtel-Royal** (l'été; petit déj. 1 fr. 50; déj. 4 fr., din. 6 fr., sans vin; ch. de 4 à 20 fr.; pens. dep. 12 fr.; chauffage central; bains); — *Grand-Hôtel de la Baule** ; — *de la Plage* ou *Mauspha** (petit déj. 1 fr. 50, déj. 3 fr., dîn. 4 fr., ch. 3 à 6 fr.; pens. 7 à 12 fr.; [garage]), à mi-route du Pouliguen ; — *Splendid-Hôtel et Hôtel-de-France**.

SUR LA ROUTE DE LA MER, DANS LE BOIS DE PINS : — *Family-House* [*villa Jeanne d'Arc*] (petit déj. 75 c. et 1 fr., déj. ou din. 2 fr. 50 ; pens. 6 à 10 fr. selon mois).

AUTOUR DE LA GARE, DANS LE BOIS DE PINS : — *Moderne* (dep. 8 fr. par j.) ; — *Le Riche* (petit déj. 60 c., déj. 2 fr. 50, din. 3 fr., ch. dep. 2 et 3 fr.; pens. 7 à 10 fr.); — *Continental* (déj. 2 fr. 50, dîn. 3 fr. ; repas à 1 fr. 75) ; — *Hôtel-Restaurant de la Gare* (repas dep. 1 fr. 75).

PENSION DE FAMILLE : — *Villa Saint-Joseph* (pension pour dames) tenue par des religieuses.

Restaurants : — *de la Concorde**, r. de la Concorde (près de la plage) ; — *Parisien* (repas à 1 fr. 75 et 2 fr.), sur la route de la mer.

Chalets meublés : — en grand nombre, presque tous avec jardin et munis du confortable moderne (de 200 à 1,500 fr. par mois env.).

Agences de location : — *Weller* (hôtel Moderne), près de la gare ; — *Agence parisienne* (Crignon), sur la route de la mer ; — *Malin-Weller*, id. : — *Augereau*, id. ; — *Brochard*, id.

Etablissements de bains de mer (cabines, costumes, baigneurs, etc.):

— *Bains de l'Hôtel-Royal*; — *Bains de la Baule* (*Audureau*) avec estacade.

Locations d'ânes : — sur la plage. *Tram* pour : — *le Pouliguen* (l'été) : 30 c.; all. et ret. : 50 ●.

LA BAULE, station balnéaire de 1er ordre, une des plus importantes de la Bretagne, y représente avec Dinard, près Saint-Malo, le type de la grande plage normande. Elle a dû sa fortune tant à sa plage magnifique qu'à ses bois de pins, aux odorantes senteurs, qui couvrent son territoire et lui ont valu le surnom d' « Arcachon de la Bretagne ». La douceur du climat et la protection des pins contre les grands vents de mer permettent d'y séjourner du premier printemps à l'extrême automne· Une foule brillante s'y presse durant tout l'été. La Baule est exclusivement composée de chalets et de villas; la vie, dans son ensemble, et les locations y sont plutôt chères.

ITINÉRAIRE. — La gare est située au **Bois d'Amour**, qui s'étend à dr., vers le vieux bourg d'*Escoublac* (3 k.), envahi jadis par les sables mouvants (c'est pour arrêter ceux-ci qu'ont été plantés les pins).

On prend, à g. de la gare, la belle **avenue de la Gare**, bordée de chalets et de boutiques diverses, sur laquelle s'embranchent une foule de petites routes taillées dans les pins. Elle conduit directement (10 min. env.) à la *place de la Chapelle* (**chapelle** catholique; boite aux lettres; baromètre; un peu plus loin, *bureau de poste* auxiliaire), où se tient le *marché*, les mardi, jeudi et samedi, et à la plage.

La **plage** de la Baule, de sable ferme et fin, est une des plus belles de France. Elle est bordée de luxueuses villas et d'hôtels superbes et offre aux baigneurs toutes les ressources désirables (cabines, locations de costumes, maîtres-baigneurs). — L'immense grève en arc de cercle se dirige à g. vers *Pornichet* (*V.* ce nom), distant de 4 k. 1/2. Elle se rattache, vers la dr., au *Pouliguen*, entièrement construite de ce côté et suivie, en bordure de la mer, par une belle route côtière que dessert, l'été, le petit tram à vapeur Decauville, dit « la Navette ».

Longeant la plage dans cette direction, on rencontre l'*Hôtel-Royal*, puis le **Casino Municipal** (juin à fin septembre; café glacier, petits chevaux, concert, représentations théâtrales), qu'avoisine le chalet de la *poste-télégraphe-téléphone*. L'hôtel de la Plage vient ensuite et, en continuant, on arrive (3 k.; point terminus du tram) à la rive g. de l'estuaire du Pouliguen (*V.* ce nom), que l'on traverse en barque.

EXCURSIONS (*V.* la carte, p. 221). — **1° Guérande** : 6 k. ou Orléans (6 k. en 10 min. env. : 65 c., 45 c., 30 c.; all. et ret. : 1 fr. 20, 85 c., 55 c.). — Guérande (hôt. : *des Princes*, déj. 2 fr. 50, dîn. 3 fr., ch. dep. 2 fr.; *Salmon*) est une petite ville ancienne et pittoresque. On entre dans la ville par la **porte Vannetaise**, ouverte dans les beaux **remparts** (xve s.) qui l'enclosent encore entièrement, et, par la *rue de Vannes*, on arrive à l'**église Saint-Aubin** (xiie-xvie s.; très bel édifice roman et gothique; à l'ext., *chaire à prêcher*; à l'int., beaux chapiteaux romans, *chaire* du xviiie s., beau *maître-autel*, chapelle avec *tombeau de Tristan de Carné*, belles *verrières* au chevet du chœur). — Au delà, on gagne, par la *rue Saint-Michel*, la belle **porte Saint-Michel** (on visite; s'adr. au concierge, pourboire), qui ouvre sur la *place du Marché-au-Bois*. — On revient en faisant le tour extérieur des remparts, vers la dr. ou vers la g.

2° Les autres excursions se font au **Pouliguen**, au **Bourg-de-Batz**, au **Croisic** et à **Pornichet** (*V.* ces noms).

(LOIRE-INFÉRIEURE)

Cl. Neurdein.

Orléans, 507 k. de Paris, en 7 h. 1/2 env. par rapide (1re et 2e cl.), en 9 h. env. par express (toutes classes) : 51 fr. 50, 34 fr. 80, 22 fr. 65 ; mêmes prix en empruntant, de Paris, la ligne de l'État jusqu'à Saint-Nazaire. — Billets de bains de mer, val. 33 j. : 61 fr. 25, 41 fr. 85, 31 fr. 45, all. et ret.

12 k. de Saint-Nazaire, par la route directe; 15 k. 1/2 par la route côtière; — 4 k. de la Baule; — 7 k. du Pouliguen; — 11 k. du Bourg-de-Batz; — 14 k. du Croisic.

Hôtels : — SUR LA PLAGE DE PORNICHET-LES-PINS : — *Grand-Hôtel de l'Océan** (l'été); — *Family-Hôtel** (petit déj. 1 fr., déj. 3 fr., dîn. 3 fr. 50, ch. 2 à 6 fr.; pens. dep. 8 fr.; ; bains; cabines); — *de la Plage et des Bains.*

AUTOUR DE LA GARE DE PORNICHET-LES-PINS : — *de France* (petit déj. 60 c., déj. 2 fr. 50, dîn. 3 fr., ch. 2 à 5 fr.; pens. 7 fr. 50 env.; jardin; chevaux et voit. de louage); — *de Paris*; — *des Voyageurs.*

AU VIEUX-PORNICHET : — *des Étrangers et des Familles* (petit déj. 75 c., déj. 2 fr. 50, dîn. 3 fr., ch. dep. 3 fr.; pens. dep 8 fr.;); — *des Princes*; — *de Pornichet.*

A LA PLAGE DE BONNE-SOURCE (2 k.) : — *Villa-Donat* (pension pour dames).

A SAINTE-MARGUERITE (4 k.) : — *de la Plage Sainte-Marguerite** (omnibus à la gare de Pornichet, 1 fr.; voit. ou auto sur demande; petit déj. 1 fr. 25, déj. 3 fr. et 3 fr. 50, dîn. 3 fr. 50 et 4 fr., ch. dep. 3 fr.; pens. dep. 8 fr.; tennis; jeu du golf; cabines de bains, location de villas).

Chalets meublés : — 200 à 600 fr. env. en juillet et sept.; 800 à 1,000 fr. en août.

Petites maisons et logements meublés : — dep. 100 fr. par mois; — chambres meublées.

Agences de location : — A PORNICHET-LES-PINS : — *Bonin*; — *Juteau-Godefroy*; — *Boucher*; — *Rio.*

AU VIEUX-PORNICHET : — *Mme Leblais.*

A SAINTE-MARGUERITE : — à l'hôtel de la Plage.

Loueurs de voitures : — *Petitgas,*

près la gare; — *Corbet*; — *Candal.*

Anes : — à la Grande-Place (Vieux-Pornichet).

PORNICHET (*V.* la carte p. 221), station balnéaire des plus fréquentées, réunit de belles et élégantes villas et des installations plus modestes. Situé à l'extrémité de l'immense grève en arc de cercle qui, par la Baule, se poursuit jusqu'au Pouliguen, Pornichet s'étend lui-même sur un espace considérable, en plusieurs sections (*V.* ci-dessous), qu'un tram électrique doit prochainement rattacher entre elles et relier à Saint-Nazaire par la côte. Des *courses de chevaux*, *régates* et fêtes diverses ont lieu à Pornichet pendant la saison d'été.

ITINÉRAIRE. — *A*. **Pornichet-les-Pins**, où est la gare, comprend le bourg balnéaire moderne, créé de toutes pièces sur les dunes plantées de pins, qui bordent la côte. De la gare (omnibus des hôtels pour le Vieux-Pornichet et pour Sainte-Marguerite), où l'on trouve une première série d'hôtels et les agences de location, on gagne directement, en face de soi, la plus belle plage, dite **plage de Mazy**. Cette plage a quelques hôtels luxueux, établissement de bains, cabines (le sable est beau, mais un peu mou) et de riches villas. Elle se dirige, à dr., vers *la Baule* et se rattache, à g., au Vieux-Pornichet (*V.* ci-dessous).

B. — **Le Vieux-Pornichet**. — On s'y rend de la gare, en suivant à g. l'*Avenue de la Gare*, route longue de 1 k. 1/2, qui traverse bientôt un **bois** parsemé de villas, avec beaux jardins ombragés, et qui débouche sur une vaste **place**. Là se trouvent réunis la *mairie*, les *écoles*, la *poste-et-télégraphe*, des hôtels et des boutiques, ainsi que des marchands ambulants, tirs, loteries, jeux. Le public est surtout celui de la petite bourgeoisie. — A dr. de la place s'étend la **plage**, voisine d'un petit *port*, et qui se termine à une pointe rocheuse, construite de maisons et de chalets. — Du Vieux-Pornichet on rejoint vers la dr. la plage de Pornichet-les-Pins (*V.* ci-dessus); vers la g. on va à Bonne-Source et à Sainte-Marguerite (*V.* ci-dessous).

C. — **Bonne-Source** (2 k. 1/2 de la gare de Pornichet). — Du Vieux-Pornichet, continuant la route au delà de l'hôtel de Pornichet, on passe la petite pointe rocheuse qui ferme le bourg, puis après s'être un instant rapproché de la mer on s'en éloigne. — A dr. de la route, en bordure de la mer, sur des dunes de sable mou, s'étend la petite **plage de Bonne-Source** (peu d'abri; petites maisons et villas).

D. — **Sainte-Marguerite** (4 k. 1/2 de la gare de Pornichet). — Au delà de Bonne-Source, la route se relève, ainsi que la côte, qui devient plus pittoresque et d'où l'on découvre une belle vue de mer (on distingue plusieurs îlots dont celui de **Pierre Percée**, la *Roche aux Mouettes* de Jules Sandeau, et, à sa g., le *phare du Grand-Charpentier*). Au delà de la *pointe de Congrigou*, on redescend dans le charmant vallon boisé à l'issue duquel s'étend la **plage de Sainte-Marguerite**, petite station aristocratique, avec de belles villas entourées de jardins et un bon hôtel; elle est fréquentée par des Anglais et des Américains (*Golf-Club*). La plage, légèrement inclinée mais sûre, est d'un beau sable fin.

Au delà de Sainte-Marguerite (tram électrique en construction pour Saint-Nazaire), la *pointe de Chemoulin* porte un sémaphore et précède le centre balnéaire de *Saint-Marc* (3 k. de Sainte-Marguerite; *V.* p. 222), où l'on se rend de Saint-Nazaire (8 k. de Saint-Marc).

EXCURSIONS. — Les excursions se font à **la Baule**, au **Pouliguen**, au **Bourg-de-Batz** et au **Croisic** (*V.* ces noms).

(LOIRE-INFÉRIEURE)

Cl. Delavau.

Orléans, 495 k. de Paris, en 7 h. env. par rapide (1re et 2e cl.), en 8 h. 1/2 env. par express (toutes classes) : 49 fr. 75, 33 fr. 55, 21 fr. 90. — Billets de bains de mer, val. 33 j. : 59 fr. 70, 40 fr. 30, 26 fr. 65 all. et ret.

Etat, 447 k. de Paris, en 7 h. env. par rapide (toutes classes); mêmes prix que ci-dessus, ainsi que pour les Billets de bains de mer.

62 k. de Nantes; — 389 k. de Nantes à Paris, par le Mans (209 k.), Sablé (257 k.), Château-Gonthier (287 k.), Segré (309 k.), Saint-Mars-la-Jaille (349 k.) et Carquefou (378 k.).

Hôtels : — *Grand-Hôtel* * (petit déj. 1 fr. 25, déj. 3 fr., dîn. 3 fr. 50, ch. dep. 3 fr. 50; pens. dep. 10 fr.; bains; chauff. central; ; location d'autos), r. Ville-ès-Martin, 36; — *des Messageries* (petit déj. 1 fr., déj. 2 fr. 50, dîn. 3 fr., ch. 2 fr. 50 à 4 fr.; pens. 7 fr. 50; chauff. central), r. Ville-ès-Martin, 18; — *de Bretagne* (petit déj. 75 c. et 1 fr., déj. 2 fr. 50, dîn. 3 fr., ch. 2 fr. 50 à 6 fr.), r. Ville-ès-Martin, 5; — *des Colonies* (déj. ou dîn. 2 fr. 50, ch. 2 fr.; bains), pl. de la Gare; — *de l'Univers* (petit déj. 60 c., déj. ou dîn. 2 fr. 25; pens. 6 fr. 50; on parle anglais et espagnol), près la gare.

Poste de secours du T. C. F. : — au Grand-Hôtel.

Bateaux pour : — *Nantes*, t. l. j. : 2 fr. 50 et 1 fr. 50; all. et ret. 4 fr. et 2 fr. 50; billets mixtes avec le ch. de fer, 5 fr., 4 fr. et 2 fr. 75; l'été, billets à prix réduits le dimanche.

SAINT-NAZAIRE (B), V. maritime et industrielle de 35.762 hab., 7e port de commerce de France par ordre d'importance, est situé sur la rive dr. de la Loire, à son embouchure dans l'Océan, et son essor grandit chaque jour. La ville est toute moderne, sur un plan régulier et tiré au cordeau. Saint-Nazaire est un centre balnéaire important, soit par lui-même, soit par un certain nombre de petites plages qui l'avoisinent et dont la principale est *Saint-Marc*.

ITINÉRAIRE. — Sortant de la gare, on se trouve sur une grande place carrée, à dr. de laquelle on voit l'entrée des bureaux de la **Cie Générale Transatlantique** (lignes des Antilles, de Colon et la Vera-Cruz, et de Santander, Espagne; *pour visiter un navire, s'adr. au Secrétariat de la Cie*).

De ce même côté, on prend en face de soi la *rue Thiers*, qui amène en quelques pas, **à** g., aux deux édifices parallèles de la **Poste-et-Télégraphe** et de la **Chambre de Commerce**, où sont la *Bibliothèque et le Musée*. — Le **Musée** (public le dim. de 1 h. à 5 h. en été, de 1 h. à 4 h. en hiver; les autres j., sonner le concierge, pourboire; entrée par la r. Thiers) renferme des *peintures* et *sculptures*, surtout modernes.

Sortant du Musée et tournant le dos, au port, on prend, rue Thiers, la rue *Amiral Courbet*, qui amène presque aussitôt à la **rue de Nantes**, une des principales artères de la ville et la plus commerçante. Elle aboutit à dr. à la place de la Gare, et se dirige à g. vers la pleine mer. La suivant dans ce sens, on arrive à la **place Carnot**, où on coupe la **rue Ville-ès-Martin** (dans celle-ci, à dr. et à g., se trouvent les principaux hôtels; à dr., en face du Grand-Hôtel), **église paroissiale**, vaste édifice moderne, inachevé et sans intérêt.

De la place Carnot, on continue par la **rue de l'Océan**, qui fait suite à la rue de Nantes, et qui amène en passant devant la *Sous-Préfecture*, à g., au magnifique **boulevard de l'Océan**. Le long de celui-ci s'étend la **plage** de Saint-Nazaire, dite **du Petit-Trait** (le public y est mêlé; la bonne société se baigne un peu plus loin, vers la dr., du côté du Casino, ou plus loin encore à la plage de la Ville-ès-Martin, *V.* p. 221).

1° Si l'on suivait vers la dr. le boulevard de l'Océan, on arriverait (1 k. env.; petit **square** avec *monument aux morts pour la patrie*, par Carillon) au joli **jardin public**, que suit, 200 m. plus loin, le *Casino* (souvent fermé). — Au delà, route de la Ville-ès-Martin (*V.* p. 221; 2 k. env.; omnibus depuis Saint-Nazaire; tram projeté), petite plage de bains.

2° Suivant vers la g. le boulevard de l'Océan, on arrive à l'**avant-port**, formé de 2 **longues jetées**, de 500 m. de long chacune, qui s'avancent comme des antennes (de petits môles servent de brise-lames et portent de grandes lampes électriques; *spectacle pittoresque de l'entrée et du départ des grands navires*).

Au fond de l'avant-port s'ouvre l'étroit *chenal à écluses* (**pont tournant et pont roulant**), qui donne entrée aux bassins intérieurs du **port** de Saint-Nazaire : **bassin de Saint-Nazaire**, où se trouvent (à g.) les quais d'embarquement de la Cie Transatlantique (*V.* ci-dessus), et **bassin de Penhouët**, qui lui fait suite. Celui-ci, un des plus vastes du monde, couvre 22 hect. et a 3,000 m. de quais (*chantiers de construction de l'Atlantique* et *de la Loire*; on ne visite pas).

Vers la dr., on gagnerait, par le *quai de la Loire*, le **ponton des bateaux de la Loire**, pour *Nantes* et pour *Mindin* (rive opposée de la Loire; plage de *Saint-Brévin* (*V.* p. 222). — Vers la g., on regagne la rue Ville-ès-Martin et la gare.

On peut encore aller voir à Saint-Nazaire le **dolmen**, monument druidique auj. englobé dans un des faubourgs de la ville. Au-dessus de la gare d'Orléans et face à la petite *gare des chemins de fer départementaux* de la Roche-Bernard, la *rue de Cran* conduit à la *rue du Dolmen*, que l'on prend vers la dr. On y trouve presque aussitôt à dr., dans un petit **square** fermé, un beau dolmen formé de deux pierres levées, hautes de 2 m. et portant une table de 3 m. 30 env. sur une largeur de 1 m. 60. A côté gisent une longue pierre, sans doute un menhir renversé, et d'autres débris mégalithiques.

PLAGES DE SAINT-NAZAIRE. — *A.* Outre la plage de Saint-Nazaire proprement dite (*V.* ci-dessus), on se baigne, au delà, sur la

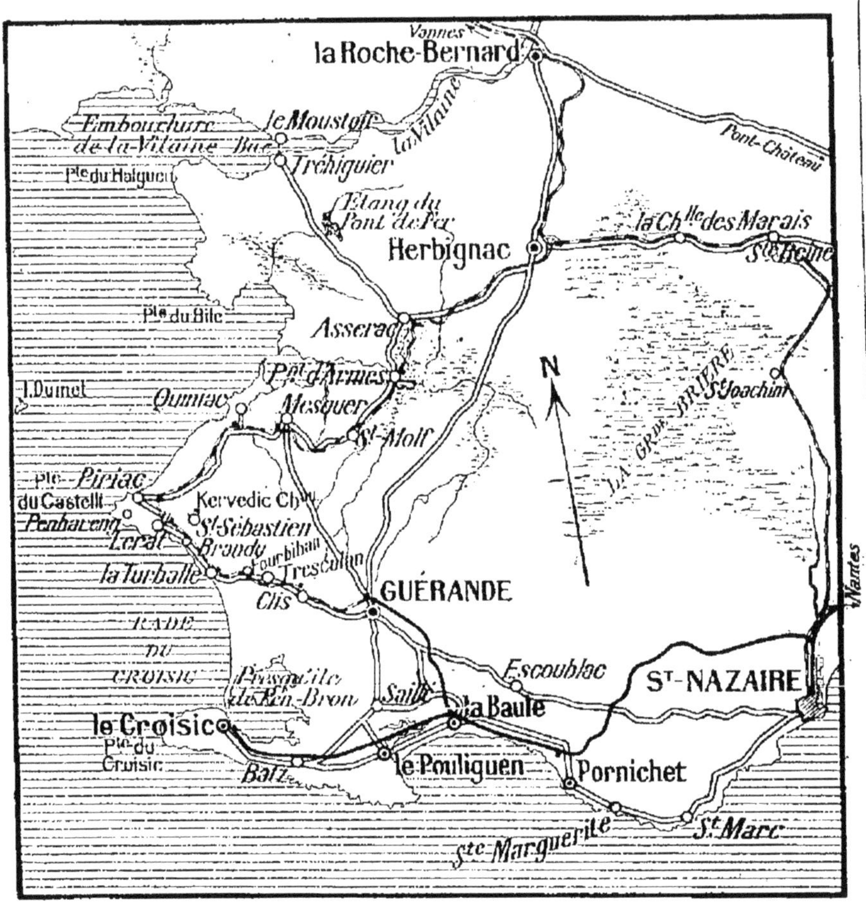

même rive de la Loire, à la **Ville-ès-Martin** et à **Saint-Marc** : 2 k. 1/2 jusqu'à la Ville-ès-Martin ; 8 k. jusqu'à Saint-Marc ; *omnibus* (6 départs par j. env., de la place Carnot) pour la Ville-ès-Martin : 25 c. ; l'été, *omnibus* (4 départs par j. env.) pour Saint-Marc : 1 fr. ; *tram électrique* en construction.

2 k. 1/2. La **plage de Ville-ès-Martin** (*restaurants* ; chalets meublés) se trouve dans une jolie crique (sable), devant laquelle découvrent des rochers plats ; à dr. s'élève un *phare*. — La route revient ensuite vers

l'intérieur, pour passer derrière un *fort* et rejoindre (3 k. 1/2) la route de Pornichet, près d'un bois de chênes, entre l'ancien et le nouveau *phare du Commerce*, au-dessous duquel est une autre petite plage de bains, dite **plage de Pouancé**.

4 k. 1/2. On laisse à g. une route conduisant (2 k. env.) au *Fort de Lève* et au *phare d'Aiguillon* (XVIIIe s.).

8 k. **La plage de Saint-Marc** (hôt. *de la Plage*, déj. 2 fr. 50, din. 3 fr., ch. 2 à 4 fr., pens. 7 à 8 fr. 50, ⊞: *villas meublées*) est dans une charmante situation (sable), à l'issue d'un vallon verdoyant; elle est encadrée de petites falaises. On y trouve toutes les ressources nécessaires à la vie.

Au delà de Saint-Marc, la route atteint (9 k.) la **pointe de Chenemoulin** (*sémaphore* et *télégraphe*), but de promenade pour Saint-Marc. La route passe derrière le sémaphore et, plus loin, laisse à g. le **promontoire de la Lande**, percé d'un *tunnel* naturel, dans le rocher (on y accède par la grève). — La route amènerait ensuite (3 k. de Saint-Marc; 11 k. de Saint-Nazaire) à *Sainte-Marguerite* (*V.* p. 218), autre centre balnéaire situé à 4 k. 1/2 de *Pornichet* (p. 217).

B. — Une seconde série de plages fait face à Saint-Nazaire, sur l'autre rive de la Loire : **Saint-Brévin, les Rochelets, Saint-Michel-Chef-Chef** et **Préfailles.** On s'y rend en traversant la Loire en *bac*, de Saint-Nazaire à *Mindin* (30 c.; all. et ret. 45 c.), où l'on trouve un 🚋 départemental desservant ces plages. — Pour leur description, *V.* le Guide-Joanne : *La Loire*, ou la Monographie-Joanne : *Nantes et Plages de la Loire*, 1 fr.

***EXCURSIONS* : — 1° Nantes par la Loire**, service de ⛴, *V.* p. 219. — Pour la description de Nantes, *V.* p. 17*.

2° Excursions en mer, l'été, indiquées par affiches, pour les points principaux de la côte bretonne (*le Croisic*, *Belle-Ile*, etc.) et, sur la rive g. de la Loire, à **Pornic** et **Noirmoutier**. *V.* la Monographie-Joanne : *Nantes et Plages de la Loire*, 1 fr.

3° Sainte-Marguerite et Pornichet par la côte (🚲 15 k. 1/2; *V.* ci-dessus *A*, et p. 218).

4° Pornichet, La Baule, le Pouliguen, le Bourg-de-Batz, le Croisic, par le 🚋 ou par la route; *V.* chacun de ces noms.

Distances par la route : — *Le Croisic*, par Pornichet, la Baule, le Pouliguen et le Bourg-de-Batz, 26 k.; — *Nantes*, par Savenay, 62 k.; — *Redon*, par Pontchâteau, 51 k.; — *Vannes*, par la Roche-Bernard, 75 k.

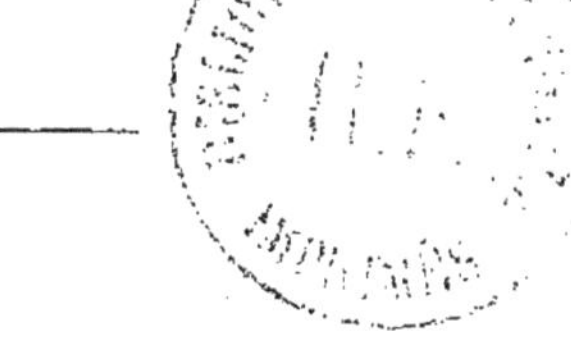

TABLE MÉTHODIQUE

Renseignements généraux 1*
Itinéraire général . . . . 9* à 23*
Bretagne du Nord par chemin de fer, 9* ; — par la route, 14*. — Bretagne du Sud par chemin de fer, 16* ; — par la route, 21*.
Abréviations et signes 24*
Du Mont Saint-Michel à Saint-Nazaire . . . . 1 à 222

CARTES ET PLANS

Carte de la Bretagne (*en pochette, à la fin du volume*).
Billets circulaires 5*
Cartes de circulation . . . . 5* et 6*
Cartes du service vicinal 8*
Audierne à la Pointe du Raz 148
Belle-Ile 194
Beg-Meil à Concarneau et Pont-Aven 165
Brest, en face de la page 114
Carnac et Quiberon, en face de la page 184
Dinan 31
Dinard et Saint-Enogat, en face de la page 22
Dinard au cap Fréhel 42
Huelgoat [Les Bois de] 105
Lannion [Châteaux de] 72
Mont Saint-Michel [Voies d'accès au] 3
Morlaix 87
Plages de la Loire 221
Pont-l'Abbé à Penmarch et Saint-Guénolé 156
Presqu'île de Crozon 119
Quimper 139
Quimperlé à Lorient 171
Rance [Cours de la] 11
Saint-Brieuc 55
Saint-Brieuc à Paimpol 61
Saint-Malo et Saint-Servan, en face de la page 12
Vannes 199

INDEX

N.-B. — Les *plages* et *stations balnéaires* sont indiquées *en lettres grasses.*

Aberwrach [L'] 121
Ambon 29
Apothicairerie [Grotte] 196
Argenton 123
Arz [Ile d'] 202
Arzon 204
Audierne 147
Auray 181

Bangor 196
Batz [Ile de] 101
Baule [La] 215
Beaufort [Château et étangs] 12
Beauport [Abbaye] 66
Beg-ar-Goalennec 173
Beg-Meil 161
Belle-Ile 195
Belz 190
Bénodet 159
Berven [Chapelle de] 110
Bien-Assis [Château] 51
Billers 206
Binic 57
Bodilis 110
Bourg-de-Batz 211
Bréhat [Ile] 66
Bréhec [Plage de] 60
Brest 115
Brignogan 111

Callot [Ile de] 96
Camaret 133
Cancale 21
Carantec 95
Carhaix 106
Carnac 185
Carnac-Plage 190
Champ-Dolent [Menhir] 12
Champ-des-Martyrs 182
Chartreuse d'Auray 182
Châteauneuf 36
Châteaulin 135
Chenemoulin [Pointe de] 222
Chevalier [Ile] 154
Chèvre [Cap de la] 131
Clarté [La] 77
Clohars-Carnoët [Forêt de] 174
Coatfrec [Château] 72
Combourg 12
Combrit 160
Comfort 147
Concarneau 163
Conguel [Pointe de] 193
Coninnais [Château] 31
Conleau [Ile de] 201
Conquet [Le] 127
Croarion [Chapelle de] 153
Crochais [Etangs de la] 27
Croisic [Le] 209
Crozon 130

Dahouët 50
Damgan 205
Diable [Rochers du] 172
Dinan 29
Dinant [Château de] 131
Dinard 25
Dol 12
Douarnenez 143

Ebihens [Ile des] 42
Eckmühl [Phare d'] 158
Elven 20*
Erdeven [Alignements] 189
Erquy 51
Etables 58
Etel 189

Faouët [Le] 172
Folgoët [Le] 111
Fontaine-Minérale 33
Forêt [La] 162
Fort-Bloqué 178
Fouesnant 162
Fougères 10*
Fréhel [Cap] 45
Fret [Le] 130

Garde-Saint-Cast 44
Gavrinis [Tumulus] 202
Genêts 4
Goule-aux-Fées (Grotte) 27
Goulven 112
Groix [Ile de] 179
Grouin (Pointe du) 22
Guengat 145
Guérande 216
Guernesey 12

Guidel.......................... 174
Guildo [Ruines du]........... 44
Guilers.......................... 123
Guilvinec........................ 155
Guimiliau........................ 108
Guingamp........................ 63
Guisseny........................ 112

Hénan [Château]............. 168
Hennebont........................ 179
Herbignac........................ 206
Henvic-Carantec.............. 96
Hœdic [Ile]........................ 193
Houat [Ile]........................ 193
Houle [La]........................ 22
Huelgoat.......................... 103
Hunandaye [Ruines]......... 48

Ile-Saint-Cast.................. 44

Jersey............................ 12
Joie [Abbaye de la].......... 180
Josselin.......................... 19

Kerdour [Château]........... 160
Kerfons [Chapelle de]........ 74
Kerglaw [Forges de]......... 180
Kergoat [Chapelle de]........ 145
Kergornadech [Ruines]....... 110
Kergrist [Château]........... 74
Kergroadès [Château]........ 124
Kerhuon.......................... 113
Kérisper [Pont de]........... 190
Kérity............................ 66
Kérity (près Penmarch)...... 158
Kerjean [Château]............ 110
Kerlas [Chapelle de].......... 145
Kerlescan [Alignements]..... 187
Kerlévenant [Château]....... 203
Kermariat-an-Isquit [Chap.].. 60
Kermario [Alignements]......
Kermorvan [Presqu'île]...... 128
Kermorvan (près Quiberon). 193
Kernuz [Château]............. 152
Kéroman........................ 177
Kéroual [Château]............ 123
Kérouézel [Menhir]........... 124
Kérouzéré [Château].......... 98
Kersaint......................... 125
Kerscaven........................ 157
Kervéatou [Menhir]........... 124
Kervilaouen.................... 196
Kervoyal........................ 205
Kéryolet [Château]........... 164

Lambader........................ 110
Lamballe........................ 47
Lampaul-Guimiliau........... 108
Lampaul-Ploudalmézeau..... 125
Lancieux........................ 40
Landerneau...................... 109
Landévennec................... 120
Landivisiau..................... 110
Lanildut........................ 124
Lanmeur......................... 90
Lannion.......................... 71
Lanvollon........................ 62
Lanrivoaré...................... 124
Larmor.......................... 178
Larmor-Baden................. 202
Latte [Fort de la]............ 46
Légué [Le]....................... 56
Lébon............................ 33
Lérat............................. 208
Lesconil.......................... 155
Lesnevon........................ 112
Lestrignou....................... 157
Lézardrieux [Pont de]........ 66
Locmaria (à Belle-Ile)....... 196
Locmariaquer................. 188
Locquénolé...................... 89
Locquirec........................ 89
Locronan......................... 145
Loctudy......................... 153
Lorient........................... 175

Ménec [Alignements]......... 186
Ménez-Hom [Montagne]. 120 et 130
Minihic-sur-Rance........... 36
Minihy-Tréguier................ 68
Moines [Ile aux].............. 202
Molène [Ile].................... 128
Moncontour..................... 56
Mont Garrot.................... 36
Mont Saint-Michel............ 1
Monts d'Arrée.................. 104
Morbihan [Golfe du].......... 201
Morgat.......................... 129
Morlaix.......................... 85
Moulin [Alignements du]..... 192
Mousterlin [Pointe de]....... 162
Muzillac......................... 206

Nantes........................... 17*
N.-D.-de la Joie [Chapelle]... 158

Ouessant [Ile d']............... 128

Paimpol......................... 65
Palais [Le]....................... 196

Palue [Bois de pins de la]... 132
Palus [Plage du]........... 60
Paramé.................... 17
Pellinec [Anse de]........... 70
Pempoul.................... 98
Penchâteau [Pointe de]...... 214
Pénerf..................... 205
Penmarch.................... 157
Penthièvre................ 192
Pentrez................... 136
Pérennou [Château].......... 160
Perrière [Bains de la]...... 177
Perros-Guirec............ 75
Pierre-Percée [La]........... 218
Piriac...................... 208
Pitié [Chapelle de la]........ 174
Pléhérel................... 52
Pléneuf.................... 50
Plessiquer (Château]......... 187
Plestin-les-Grèves......... 84
Pleurtuit.................... 28
Plévenon.................... 46
Pleyben..................... 136
Ploërmel.................... 19*
Plogoff...................... 149
Plomeur..................... 157
Plonévez-Porzay............ 145
Plouaret..................... 13
Ploudalmézeau.............. 125
Plougasnou................. 92
Plougastel-Daoulas.......... 113
Plouha..................... 60
Plouharnel-Carnac.......... 185
Plouider..................... 112
Ploujean.................... 89
Ploumanach................ 77
Pointe du Raz............... 149
Pointe du Van............... 150
Pont-Aven................... 167
Pontbriand [Ruines de]...... 40
Pont-Croix.................. 147
Pontivy..................... 183
Pont-l'Abbé.................. 151
Ponts-Neufs [Les]........... 48
Pontorson.................... 2
Pornichet.................. 217
Porspoder.................. 124
Port-Bara................... 192
Port-Blanc................. 69
Port-Blanc (près Quiberon)... 192
Port-Haliguen.............. 193
Portivy...................... 192
Port-Launay................. 136
Port-Lazot [Havre de]...... 60
Port-Louis.................. 178
Port-Manech................ 168
Port-Navalo................ 203
Portrieux.................. 59
Portsall.................... 125
Pouancé [Plage de]......... 222
Pouldu [Le]................ 173
Pouliguen [Le].............. 213
Préfailles.................. 222

Quéménéven.................. 145
Questembert................. 19*
Quiberon................... 191
Quimper..................... 137
Quimperlé................... 169

Ramonette [Plage de]...... 196
Rance [Cours de la].......... 34
Redon....................... 19*
Relec [Abbaye]............... 103
Rennes...................... 10*
Richardais [La]............ 27
Roche [La]................... 110
Roche-Bernard [La].......... 206
Roche-Derrien [La]........... 68
Roche-Jagu [Château]........ 66
Rochelets [Les]............ 222
Rosaires [Plage des]....... 56
Roscoff..................... 99
Rosnahro [Château].......... 187
Rosporden................... 20*
Rothéneuf.................. 19
Rustéphan [Château]......... 168

Saint-Brévin................ 222
Saint-Briac................. 39
Saint-Brieuc................. 53
Saint-Cast.................. 43
Saint-Duzec [Menhir]......... 82
Saint-Efflam............... 84
Saint-Enogat............... 26
Saint-Esprit [Croix du]....... 34
Saint-Fiacre [Chapelle]....... 172
Saint-Gildas-de-Rhuis...... 203
Saint-Gonery [Chapelle]...... 70
Saint-Guénolé.............. 157
Saint-Herbot................. 105
Saint-Ideuc.................. 20
Saint-Jacut................. 41
Saint-Jean-de-Doigt........ 91
Saint-Jouan-des-Guérets...... 35
Saint-Julien................ 193
Saint-Laurent [Bains de]... 56
Saint-Lunaire.............. 37

Saint-Malo 5
Saint-Marc 221
Saint-Mathieu [Ruines] 128
Saint-Maurice [Abbaye] 174
Saint-Michel [Tumulus] 186
Saint-Michel-Chef-Chef 222
Saint-Michel-en-Grève 83
Saint-Nazaire 215
Saint-Nic 136
Saint-Nicolas 168
Saint-Pierre-Quiberon 192
Saint-Pol-de-Léon 97
Saint-Quay 60
Saint-Renan 123
Saint-Servan 14
Saint-Suliac 35
Saint-Thégonnec 107
Saint-Tromeur [Chapelle] 156
Saint-Tugean 149
Sainte-Anne-d'Auray 182
Sainte-Anne-de-la-Palue [Chapelle] 146
Sainte-Barbe [Chapelle] 172
Sainte-Marguerite 217
Sainte-Marie de Ménez-Hom 130
Santec 101
Sarzeau 204
Sauzon 196
Sieck 101
Sizun 110
Sucinio [Château] 204
Tas-de-Pois [Les] 134
Taureau [Château du] 96
Thumiac [Butte de] 204
Tombelaine 4
Torche [Anse et Rocher] 158
Toul-Goulic 64
Tonquédec [Château] 72
Toulinguet [Le] 134
Trébeurden 81
Trégastel 79
Trégastel-Primel 93
Tréguier 67
Tréompan [Grève de] 166
Trépassés [Baie des] 150
Trestel [Grève de] 70
Trestraou 76
Trestrignel 76
Trez-Hir [Le] 127
Trinité-sur-Mer [La] 190
Tudy [Ile] 154
Turballe [La] 207

Val-André 49
Vannes 197
Vicomté [La] 27
Vierge [Ile] 122
Ville-ès-Martin 221
Ville-Huë [La] 39
Vitré ..... 9 *

Yaudet [Le] 92

1554-09. — Coulommiers. Imp. PAUL BRODARD. — 7-11.

LUCHON

REINE DES PYRÉNÉES

50 000 VISITEURS PAR SAISON

Trains rapides et de luxe à 14 heures de Paris

Chemin de fer à crémaillère de Superbagnères, inauguré le 1er août 1914. — Altitude 1 800 mètres. Panorama splendide.

« Luchon est la plus riche des stations sulfureuses sodiques. » (Ed. FILHOL).

« Luchon est la Reine des stations sulfureuses. »
« Luchon est la plus forte des eaux sulfurées. » } (Prof. LANDOUZY).

Traitements divers : Diathèse rhumatismale et arthritique. — *Rhumatismes.* — Affections cutanées. — Voies respiratoires. — **Humages** (Inhalation spéciale de Luchon). — Lymphatisme. — Syphilis.

ALLEZ GUÉRIR A LUCHON

CASINO DE 1er ORDRE

Tourisme. — Excursions variées. — Ascension de hauts sommets : Port de Venasque, alt. 2417 m. — Pic de Sauvegarde, alt. 2736 m. — Pic Sacroux, 2678 m. — Tusse de Maupas, alt. 3110 m. — Pic de la Fourcanade, alt. 2882 m. — Pic Posets, alt. 3 367 m. — Maladetta, pic de Néthou, alt. 3 404 m.

GOLF. — SPORTS D'HIVER

MACHINE A ÉCRIRE DE POCHE ET DE VOYAGE

VIROTYP

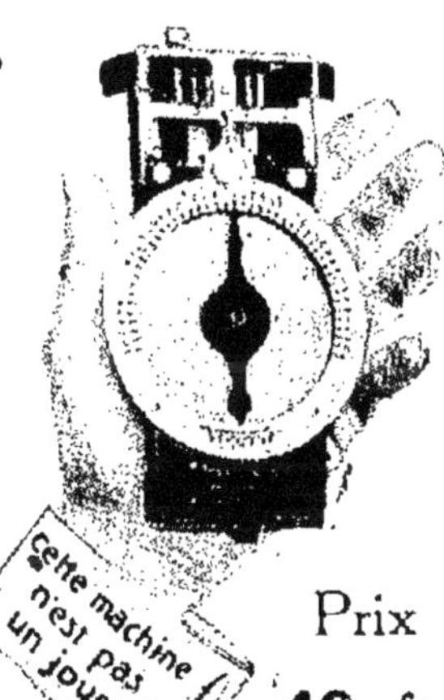

Poids 450 grammes, 9 centimètres de large sur 15 centimètres et demi de long, épaisseur 38 millimètres.

On peut s'en servir sans aucun appui, assis ou debout, dans un bureau, en wagon, en voiture, en automobile.

Quelles que soient les secousses, **son** écriture reste toujours aussi nette et aussi lisible.

Placée sur son pied, est utilisée comme toute machine à écrire pour la correspondance.

Prix **49** fr.

DENTIFRICES
Docteur Pierre. (V. p. 42.)

ESSENCE POUR AUTOMOBILES ET AÉROPLANES
BENZO-MOTEUR

Marque Fenaille et Despeaux
(*Voir page de garde en tête du volume*).

HOTELS

HOTEL DU CHARIOT D'OR

39, rue de Turbigo, près du boulevard de Sébastopol. Entièrement transformé. Confort moderne. Chambres depuis 3 fr. Table d'hôte. Restaurant. Ascenseur. Lumière électrique. Chauffage central. — TÉLÉPHONE Archives 12-03.

Constantin, Prre.

HOTEL CORNEILLE
5, rue Corneille.

Chambres de 3 à 6 fr. Restaurant. Lumière électrique. Bains. Douches. Calorifère TÉLÉPHONE 810-80.

Agréé par le T. C. F.

HOTEL DU DANUBE, 58, rue Jacob, près les Tuileries et la gare d'Orsay. Maison de famille. Pension depuis 8 fr. Déjeuners 3 fr. Dîners 3 fr. 50. Chambres depuis 3 fr. Salon. Bains Électricité. Chauff. central. TÉLÉPHONE Saxe 33-71.

Teissèdre, propriétaire.

HOTEL FÉNELON, 11, rue Férou (près de St-Sulpice). Chambres de 2 à 8 fr.; au mois de 25 à 80 fr. Repas 2 fr. 75 et 2 fr. 50. — Pension 115 fr. — Confort moderne.

Hôtel Mondial

CITÉ BERGÈRE, 5. (Grands boulevards.) Ascenseur. Chauffage central. Chambres avec salle de bains. Toilettes eau courante. Restaurant. TÉLÉPHONE Central 21-32. Adr. télégr. Hôtel-Mondial-Paris.

Mêmes Maisons :

Hôtel de la Cité Bergère, 4, *cité Bergère*. **Hôtel de France**, 2, *cité Bergère*.

HOTEL PRIMA

de Belgique et Hollande,

7, rue de Trévise, *Grands boulevards. Ascenseur.* Chambres depuis 3 fr. Cab. toil. à eau courante chaude et froide. Chauffage central. Restaurant. Télégr. : **HOTEL PRIMA**, Paris. TÉLÉPHONE : Central 55-80.

ALBERT DÉCAUX, Prop.

HOTEL VIGNON, 23, rue Vignon (gare St-Lazare, Madeleine). Chambres depuis 4 francs. Pension depuis 10 fr. Installation moderne. Chauffage central. Ascenseur.

TÉLÉPHONE Louvre 11-10

INSTITUTIONS

École Albert-Le-Grand

E. LEMAIGRE, directeur

71, Rue Raynouard, Paris

Situation des plus hygiéniques.
Externat du *Lycée Janson*.
Préparation à tous les examens.
Éducation complète.
Vie de famille. TÉLÉPHONE 694-38.

MAISONS DE SANTE

Institut Physicothérapique, Paris

25, rue des Mathurins (Opéra)

ÉTABLISSEMENT MÉDICAL

Le plus complet du monde

Traitement des maladies chroniques et dites incurables à l'aide des agents les plus puissants de la physique moderne — **Electricité** : *Static, high Freqency, electric light bath*. **Hydropathy**. *Electric water bath, carbonic acide bath*. Radiant heat. Massage, exercice, X rays, Radium, **Mecanotherapy** (Zander's method). — Vibrotherapy. — *Docteur speaks english. Se habla español.*

MAISON DE CURE ET DE REPOS
15, boulevard de la Madeleine

PHARMACIE CENTRALE DU NORD. (Voir page 149.)

RESTAURANT

Le GRAND VATEL, Restaurant 275, *R. St-Honoré*, Paris. (V. p. 43.)

TEA ROOMS
LE GRAND VATEL

275, *rue St-Honoré*, Paris. Afternoon Tea. — Orchestre. (Voir page 43.)

VOYAGES

Agence Lubin, *boulevard Haussmann, 36, Paris*. (Voir p. 39.)

Compagnie des Messageries Maritimes. (Voir p. 36.)

Compagnie Générale Transatlantique. (Voir p. 38.)

Compagnie de Navigation mixte. (Voir p. 37.)

Compagnie Marseillaise de Navigation Fraissinet et Cie. (Voir p. 37)

Compagnie de Navigation Marocaine et Arménienne Paquet et Cie. (Voir p. 38.)

* Moissac.
* Montargis.
* Montauban.
* Montbéliard.
* Mont-de-Marsan.
* Montdidier.
* Monte-Carlo
* Montélimar.
* Montereau.
* Montluçon.
* Montpellier.
* Montreuil s.-M.
* Montrichard.
* Moret-s.-Loing.
* Morez-du-Jura
* Morlaix.
* Moulins
* Moutiers
* Nancy.
* Nantes.
* Nantua.
* Narbonne.
* Nay.
* Nemours.
* Neufchâteau
* Nevers.
* Nice.
* Nîmes.
* Niort.
* Nogent-le-Rotrou.
* Noyon.
* Nuits-St-Georges.
* Nyons.
* Oloron-Sainte-Marie.
* Orléans.
* Orthez.
* Oyonnax.
* Pamiers.
* Paray-le-Monial.
* Parthenay.
* Pau.
* Périgueux
* Péronne.
* Perpignan.
Pertuis.
* Pézenas.
* Pithiviers.
* Poitiers.
* Pons.
* Pont-à-Mousson.
* Pont-Audemer.
Pont-de-Beauvoisin.
* Pontivy.
* Pont-l'Evêque
* Pontoise
* Provins.
* Puy (Le).
* Quesnoy (Le)
* Quimper.
* Quimperlé
* Rambouillet.
* Redon
* Reims.
* Remiremont.
* Rennes.
Rethel.
Revel.
* Riom.
* Rive-de-Gier.
* Roanne.
* Rochefort-s-Mer.
* Rochelle (La).
* Roche-sur-Yon (La)
* Rodez.
* Romans.
* Romilly-s-Seine.
* Romorantin.
* Roubaix.
* Rouen.
* Royan.
* Rueil.
Ruffec.
* Sab -d'Olonne
* Saint-Affrique.
* Saint-Amand.
* Saint-Brieuc.
* Saint-Chamond
* Saint-Claude.
Saint-Cloud
* Saint-Dié.
* Saint-Dizier.
* Saint-Etienne.
* Saint-Flour
* Sainte-Foy-la-Grande.
* Saintes.
* Saint-Gaudens.
* Saint-Germain-en-Laye.
* Saint-Girons
* Saint-Jean-d'Angély.
* St-Jean-de-Luz.
* St-Junien
* Saint-Lô.
Saint-Loup-s-Semouse.
* Saint-Malo.
* Saint-Nazaire.
* Saint-Omer.
* Saint-Quentin.
* Saint-Remy-de-Provence.
* Saint-Servan.
Salies-de-Béarn.
Salins-du-Jura.
* Salon.
Sancoins.
* Sarlat.
* Saumur.
* Sedan.
* Semur.
* Senlis.
Senones
* Sens.
* Sézanne.
* Sèvres.
* Soissons.
Souillac.
* Tarare.
* Tarascon.
* Tarbes.
* Terrasson.
* Thiers.
* Thizy.
* Thonon-l.-Bains.
* Thouars.
* Tonneins.
* Tonnerre.
* Toul.
* Toulon.
* Toulouse.
Tourcoing.
* Tournus.
* Tours.
Tréport (Le)
* Trouville.
* Troyes.
* Tulle.
Tullins.
* Uzès.
* Valence.
* Valence-d'Agen.
* Valenciennes.
* Valognes.
* Valréas.
* Vannes.
* Vendôme.
* Verneuil-s-Avre.
* Vernon.
* Versailles.
Vervins.
* Vesoul
* Vichy.
* Vienne.
* Vierzon.
Villedieu-les-Poêles.
* Villefranche-de-Rouergue.
* Villefranche-s.-Saône.
* Villeneuve-s-Lot.
* Villeneuve-s-Yonne.
* Villers-Cotterets.
* Vitré.
* Voiron.
* Vouziers.
* Yvetot

AGENCES EN AFRIQUE

Alger, Casablanca, Oran, Sfax, Sousse, Tanger, Tunis.

AGENCES A L'ÉTRANGER

Londres, Old Broad Street, 53; Bureau de West End, 65, 67, Regent Street; et **St-Sébastien** (Espagne) 1, rue Miramar.

La **Société** a, en outre, **101 Succursales, Agences et Bureaux** à Paris et dans la Banlieue, **553 Bureaux auxiliaires** rattachés aux agences et des **Correspondants** sur toutes les places de France et de l'Etranger.

Correspondants en Belgique : Société Française de Banque et de Dépôts, Bruxelles, 10, rue Royale ; — Anvers, 74, place de Meir ; — Ostende, avenue Léopold.

OPÉRATIONS de la SOCIÉTÉ GÉNÉRALE :

Dépôts de fonds à intérêts en compte ou à échéance fixe. — **Ordres de Bourse** (France et Etranger) ; **Souscriptions sans frais ; Vente aux guichets de valeurs livrées immédiatement** (obligations de chemins de fer, obligations et Bons à lots, etc., **Escompte et Encaissement de coupons français et étrangers ; Mise en règle de titres ; Avances sur titres ; Escompte et Encaissement d'effets de commerce ; Garde de titres ; Garantie contre le remboursement au pair** et les risques de non-vérification des tirages ; **Virements et chèques sur la France et l'Etranger ; Lettres de crédit et Billets de crédit circulaires ; Change de monnaies étrangères ; Assurances** (vie, incendie, accidents), etc.

Service de coffres-forts et de compartiments de coffres-forts au Siège social, dans les succursales, et dans un très grand nombre d'agences de Paris et de Province, **depuis 5 fr. par mois** ; tarif décroissant en proportion de la durée et de la dimension — **(Demander les notices spéciales** à tous les guichets de la Société.)

(*) Les agences marquées d'un astérisque sont pourvues d'un service de coffres-forts.

CRÉDIT LYONNAIS

FONDÉ EN 1863

SOCIÉTÉ ANONYME - CAPITAL : 250 MILLIONS

ENTIÈREMENT VERSÉS

LYON, SIÈGE SOCIAL : PALAIS DU COMMERCE

PARIS, SIÈGE CENTRAL : BOULEVARD DES ITALIENS, 19

AGENCES DANS PARIS

Place du Théâtre-Français, 3.
Rue Vivienne, 31 (Bourse).
Faubourg Poissonnière, 44.
Rue de Turbigo, 3 (Halles).
Rue de Rivoli, 43.
Rue Rambuteau, 14.
Boulevard de Sébastopol, 91.
Rue du Faub.-Saint-Antoine, 63.
Boulevard Voltaire, 43.
Rue du Temple, 201.
Boulevard Saint-Denis, 10.
Avenue de Villiers, 69.
Boulevard de Magenta, 81.
Avenue Kléber, 108.
Place Clichy, 16.
Boulevard Haussmann, 53.
Rue du Faub.-St-Honoré, 152.
Boulevard Saint-Germain, 58.
Boulevard Saint-Michel, 20.
Faubourg du Temple, 68.
Avenue Bosquet, 36.
Rue de Rennes, 66.
Boulevard Saint-Germain, 205.
Avenue des Gobelins, 14.
Rue de Flandre, 30.
Rue de Passy, 64.
Rue d'Auteuil, 43.
Avenue des Ternes, 37.
Boulevard de Bercy, 1.
Avenue des Champs-Elysées, 55.
Rue Lafayette, 50.
Avenue d'Orléans, 19.
Place Victor-Hugo, 7.
Boulevard Haussmann, 132.
Rue Saint-Antoine, 62.
Rue Royale, 44.
Rue Lecourbe, 2.
Boulevard de Courcelles, 5.
Boulevard Voltaire, 113.
Boulevard Barbès, 5.
Avenue Marceau, 44.
Boulevard Haussmann, 188.
Rue des Martyrs, 62.
Place de Rennes, 6.
AX. — Rue du Commerce, 36.
AU. — Rue de Turenne, 103.
AY. — Place de la Nation, 1.
AZ. — Rue Damrémont, 63 *bis*.
ZA. — Avenue de Clichy, 128
AW. — Rue de Vaugirard, 316.
ZB. — Place Daumesnil, 2.

NEUILLY-SUR-SEINE, avenue de Neuilly, 26.
SAINT-DENIS, rue de Paris, 52.
BOULOGNE-SUR-SEINE, boulevard de Strasbourg, 1
SAINT-MANDÉ, place de la Tourelle, 5.
LEVALLOIS-PERRET, rue de Courcelles, 94.
PARC-SAINT-MAUR, avenue de la Mairie, 1.
NOGENT-SUR-MARNE, Grande-Rue, 166.

PANTIN, rue de Paris, 62.
CLICHY, boulevard National, 96.
MONTROUGE, avenue de la République, 36.
CHARENTON, rue de Paris, 79
COURBEVOIE, rue de Paris, 43.
COLOMBES, rue Saint-Denis, 6.
ASNIÈRES, Grande-Rue, 32.

LE FIGARO

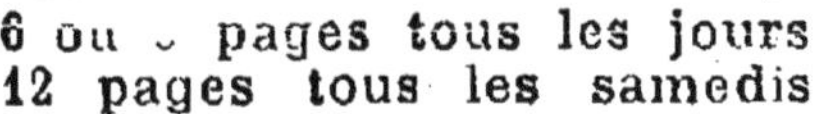

6 ou . pages tous les jours
12 pages tous les samedis

Le Numéro 10 centimes
DANS TOUTE LA FRANCE

Rédaction en chef : Alfred CAPUS, Robert de FLERS

Secrétariat général : Henri VONOVEN

INFORMATIONS

LE FIGARO est outillé de manière à fournir sur chaque événement important, en France et à l'étranger, l'information la plus rapide, la plus complète, la plus sûre. Il a, depuis sa nouvelle direction, un service spécial de dépêches de la dernière heure qui lui sont envoyées de toutes les grandes capitales.

Ouvert à tous les partis, journal indépendant, frondeur, **LE FIGARO** est devenu la tribune la plus libre et la plus retentissante.

C'est le journal le plus répandu du monde entier.

CHAQUE SEMAINE

DESSINS D'ACTUALITÉ

FORAIN, Abel FAIVRE, A. GUILLAUME, DE LOSQUES

Supplément Littéraire

AVEC

UNE PAGE DE MUSIQUE INÉDITE

TOUS LES SAMEDIS

Five o'Clock

Pendant la saison d'hiver, **LE FIGARO** donne, dans **son hôtel**, des concerts auxquels sont invités, à tour de rôle, ses abonnés. **Les abonnés** des départements et de l'étranger, de passage à Paris, **reçoivent aussi** des invitations sur leur demande.

PUBLICITÉ

Les services de Publicité sont installés dans l'hôtel du **FIGARO**, 26, rue Drouot, PARIS

La publicité du **FIGARO** est la plus recherchée

ABONNEMENT

	Paris et Départem	Étranger
Un an	34 fr.	70 fr.
Six mois . .	18 fr.	36 fr
Trois mois .	9 fr.	18 fr. 50

Dans toutes les bibliothèques des gares, dans vos villégiatures, demandez

L'EXPRESS

DE LYON

6 et 8 Pages — JOURNAL RÉPUBLICAIN DU MATIN — 5 Centimes

Grand quotidien illustré à 6 et 8 pages

L'EXPRESS de Lyon
Informe VITE et BIEN

Ses renseignements politiques, littéraires, scientifiques, financiers, agricoles et régionaux sont puisés aux meilleures sources.

(*Agence télégraphique spéciale à Paris*)

Sa diffusion s'étend sur 16 départements

La publicité de **L'EXPRESS de Lyon** est, à dépense égale, l'une des plus productives.

Rédaction et administration : 46, rue de la Charité
Bureaux à Paris : 43, rue de Trévise

Demandez partout dans toutes les bibliothèques de gare, dans vos villégiatures

L'ÉCLAIR DE L'EST

JOURNAL QUOTIDIEN, RÉPUBLICAIN INDÉPENDANT

Grand Quotidien régional à 4 éditions, 4, 6 ou 8 pages

RÉPUBLICAIN INDÉPENDANT

Le plus répandu de la Région de l'Est

Direction, administration et imprimerie : 3, Place Carnot, NANCY
Bureaux à Paris : 43, rue de Trévise

Téléphone : 8-27 — Tirage 20 000

Publicité de 1er ordre

1re page, *la ligne*	10 fr. »
2e page, *la ligne*	8 fr. 25
Chronique de l'Est, *la ligne*	2 fr. »
Chronique locale, *la ligne*	2 fr. 50
3e ou 5e page, Faits divers, *la ligne*	1 fr. »
3e ou 5e page, Réclames, *la ligne*	0 fr. 50
4e ou 6e page, *la ligne*	0 fr. 25

VOYAGES

Sur les Lignes

Bains de Mer de l'Océan

PLAGES DE ROYAN, LES SABLES-D'OLONNE, LA ROCHELLE, PORNIC, SAINT-GILLES-SUR-VIE, CROIX-DE-VIE, CHATELAILLON, FOURAS, ILES D'YEU, DE NOIRMOUTIER, DE RE, D'OLERON, ETC..,

Billets de Bains de Mer délivrés du jeudi précédant la Fête des Rameaux au 31 octobre.

A. — Billets d'aller et retour individuels de 1re, 2e et 3e classes, valables 33 jours, avec faculté de prolongation de deux fois 30 jours, moyennant un supplément de 10 0/0 pour chaque prolongation.

B. — Billets d'aller et retour individuels de 1re, 2e et 3e classes, valables 5 jours, du vendredi de chaque semaine au mardi suivant ou de l'avant-veille au surlendemain d'un jour férié.

C. — Billets d'aller et retour individuels de 2e et 3e classes, valables un jour (le dimanche ou un jour férié), délivrés par les gares situées au sud de la Loire seulement.

Billets d'aller et retour de Famille

POUR LES VACANCES

Billets de toutes classes délivrés du jeudi précédant la fête des Rameaux au 30 septembre, aux familles d'au moins trois personnes payant place entière et voyageant ensemble. Minimum de parcours 250 kilomètres (aller et retour) de ou pour Paris, et 120 kilomètres (aller et retour) de ou pour toute autre gare, autre que Paris.

CARTES D'IDENTITE, délivrées sous certaines conditions aux personnes bénéficiant du billet collectif.

Voyage circulaire au littoral de l'Océan

ENTRE BORDEAUX ET NANTES

Billets individuels et de famille délivrés du jeudi précédant la Fête des Rameaux jusqu'au 31 octobre, valables 33 jours, non compris le jour de la délivrance, avec faculté de prolongation de trois fois 20 jours, moyennant un supplément de 10 0/0 pour chaque prolongation.

ITINERAIRE. — Bordeaux, Blaye, Royan, La Grève, Le Chapus, Fouras, La Rochelle-Ville, La Rochelle-Pallice, Les Sables-d'Olonne, Saint-Gilles-Croix-de-Vie, Pornic, Paimbœuf, Nantes, Clisson, Cholet, Bressuire, Niort, Bordeaux ou inversement.
(Faculté d'arrêt aux gares intermédiaires.)

PRIX. — 1° Billets individuels : 1re cl., **60** fr.; 2e cl., **45** fr.; 3e cl. **30** fr.
2° Billets de famille : Prix ci-dessus réduits de 10 0/0 pour une famille de 3 personnes, jusqu'à 25 0/0 pour un nombre de 6 personnes ou plus.
Billets spéciaux individuels et collectifs de parcours complémentaires pour rejoindre ou quitter l'itinéraire du voyage d'excursion.

DE L'ÉTAT

PRIX RÉDUITS

Sud-Ouest

Excursion en Touraine

Billets délivrés toute l'année, valables 15 jours (non compris le jour de la délivrance) avec faculté de prolongation de 2 fois 15 jours moyennant un supplément de 10 0/0 pour chaque prolongation.

ITINÉRAIRE. — Saumur, Montreuil-Bellay, Thouars, Loudun, Chinon, Azay-le-Rideau, Tours, Chateaurenault, Montoire-sur-le-Loir, Vendôme, Blois, Pont-de-Braye, Saumur.

(*Faculté d'arrêt aux gares intermédiaires*).

PRIX ; 1re classe, 26 francs ; 2e classe, 20 francs ; 3e classe, 13 francs.

Billets spéciaux de parcours complémentaires pour rejoindre ou quitter l'itinéraire.

Cartes d'excursion en Vendée, valables 15 jours

délivrées du jeudi précédant la fête des Rameaux au 31 octobre par les gares situées sur l'itinéraire et comportant la libre circulation sur les lignes ci-après :

RESEAU DE L'ETAT. — *De* **La Roche-sur-Yon** *à* **Fontenay-le-Comte** (*par Velluire et par Vouvant-Cezais*) *aux* **Sables-d'Olonne,** *à* **Saint-Gilles-Croix-de-Vie,** *à* **Machecoul** (*par Challans*) *et à* **Torfou-Tiffauges** (*par Clisson*).

TRAMWAYS DE LA VENDEE. — *De* **La-Roche-sur-Yon** *aux* **Herbiers** *et à* **Legé,** *de* **Chantonnay** *à* **L'Aiguillon-Port** *et à* **Montaigu-Vendée** *et des* **Sables-d'Olonne** *à* **Champ-Saint-Père.**

PRIX : 1re classe, **34** fr. ; 2e classe, **28** fr. ; 3e classe, **18** fr.

Cartes d'excursion valables 15 jours

Pendant la période du jeudi précédant la fête des Rameaux au 31 octobre, il est délivré, par toutes les gares du réseau de l'Etat (*Lignes du Sud-Ouest*), des cartes d'excursion valables pendant 15 jours et comportant la libre circulation, savoir :

Cartes A. — Sur l'ensemble du réseau de l'Etat (*Lignes du Sud-Ouest*).

PRIX : 1re classe, **135** fr. — 2e classe. **100** fr. — 3e classe, **75** fr.

Cartes B. — Sur toutes les lignes du réseau de l'Etat situées au sud de la Loire (y compris les gares de Nantes, La Possonnière, Angers, Saumur et Port-Boulet).

PRIX ; 1re classe, **100** fr. — 2e classe, **75** fr. — 3e classe, **50** fr.

Les demandes des cartes d'excursion pourront être adressées aux chefs de toutes les gares du réseau de l'État (*Lignes du Sud-Ouest*), ou au chef du Contrôle de ce réseau (rue de Châteaudun, n° 42, à Paris).

Billets d'excursion aux îles de Noirmoutier, d'Yeu, de Ré, d'Aix et d'Oléron

VOYAGES A

Sur les Lignes de

Bains de Mer de la Manche

Plages du **Tréport, Dieppe, Saint-Valery-en-Caux, Fécamp, Etretat Le Havre, Trouville, Deauville, Houlgate, Villers-sur-Mer, Courseulles Barfleur, Cherbourg, Carteret, Granville, Saint-Malo, Dinard, Portrieux-les-Bains, Saint-Quay, Saint-Cast, Paimpol, Tréguier, Perros-Guirec Roscoff, Brest, etc., etc.**

Billets d'aller et retour individuels dits de « *Bains de Mer* », délivrés du jeudi précédant la Fête des Rameaux au 31 octobre, valables selon la distance 3, 4 et 10 jours (1re et 2e classes) et 33 jours (1re, 2e et 3e classes).

Les billets de 33 jours peuvent être prolongés d'une ou deux périodes de 30 jours moyennant un supplément de 10 0/0 par période et donnent droit à un arrêt, à l'aller et au retour, à une gare au choix de l'itinéraire suivi.

Billets d'aller et retour de famille pour les vacances

Billets de toutes classes délivrés du Jeudi précédant la Fête des Rameaux au 30 septembre aux familles d'au moins trois personnes payant place entière et voyageant ensemble. Minimum de parcours 250 kilom. (aller et retour) réduit à 120 kilom. (aller et retour) pour les stations à destination des stations balnéaires ou thermales.

CARTES D'IDENTITÉ, délivrées sous certaines conditions aux personnes bénéficiant du billet collectif.

Excursions sur les côtes de Normandie en Bretagne et à l'Ile de Jersey

Billets circulaires valables UN MOIS, délivrés du 1er mai au 31 octobre et pouvant être prolongés d'un nouveau mois moyennant un supplément de 10 °/₀

(Arrêts facultatifs aux gares intermédiaires)

ONZE ITINÉRAIRES différents dont les prix varient entre 50 et 115 francs en 1re classe, entre 40 et 100 francs en 2e classe, **permettent de visiter les points** les plus intéressants de la **Normandie**, de la **Bretagne**, et **l'Ile de Jersey**.

Excursion au Mont-Saint-Michel

(Du jeudi précédant la fête des Rameaux au 31 octobre)

Billets d'aller et retour individuels, de 1re, 2e et 3e classes, valables selon la distance, de 3 à 8 jours.

Excursions sur Rouen et Le Havre

PAR CHEMIN DE FER ET BATEAU A VAPEUR

Billets d'aller et retour individuels de 1re 2e et 3e classes, délivrés de juin à fin septembre, au départ de PARIS, de ROUEN (R. D.) **et du HAVRE,** avec trajet en bateau dans un sens entre **ROUEN** et **LE HAVRE.**

Excursion à l'Ile de Jersey

Par Granville et Saint-Malo

Billets d'excursion de 1re, 2e et 3e classes, délivrés toute l'année au départ de : **Paris, Rouen, Chartres, Le Mans,** et **Angers.**

Par Carteret

Billets d'excursion de 1re, 2e et 3e classes, délivrés de mai à octobre, au départ de : **Paris, Rouen, Le Havre, Caen, Cherbourg, Le Mans et Angers.**

Voyage Circulaire en Bretagne

Billets circulaires de 1re et de 2e classes délivrés TOUTE L'ANNÉE avec billets d'aller et retour complémentaires à prix réduits, permettant de rejoindre et de quitter l'itinéraire du voyage circulaire.

ITINÉRAIRE. — Rennes, Saint-Malo-Saint-Servan, Dinard-Saint-Enogat, Dinan, Saint-Brieuc, Guingamp, Lannion, Morlaix, Roscoff, Brest, Quimper, Douarnenez, Pont l'Abbé, Concarneau, Lorient, Auray, Quiberon, Vannes, Savenay, Le Croisic, Guérande, Saint-Nazaire, Pont-Château, Redon, Rennes.

DE L'ÉTAT

PRIX RÉDUITS

Normandie et de Bretagne

Excursions en Bretagne

Facilités accordées par cartes d'abonnement individuelles et de famille, valables pendant 33 jours.

ABONNEMENTS INDIVIDUELS

Il est délivré, du jeudi précédant la fête des Rameaux au 31 octobre, des cartes d'abonnement spéciales permettant de partir d'une gare quelconque des lignes de Normandie et de Bretagne du réseau de l'État, pour une gare au choix des lignes désignées aux alinéas ci-dessous en s'arrêtant sur le parcours; de circuler ensuite, à son gré, pendant un mois, non seulement sur ces lignes, mais aussi sur tous leurs embranchements qui conduisent à la mer, et enfin, une fois l'excursion terminée, de revenir au point de départ avec les mêmes facilités d'arrêt qu'à l'aller.

Carte valable sur la côte nord de Bretagne : 1re classe, **100** fr.; 2e classe, **75** fr. — Parcours : Ligne de **Granville** à **Brest** (par **Folligny, Dol** et **Lamballe**) et les embranchements de cette ligne vers la mer.

Carte valable sur la côte sud de Bretagne : 1re classe, **100** fr.; 2e classe, **75** fr. — Parcours : Ligne du **Croisic** et de **Guérande** à **Châteaulin** et les embranchements de cette ligne vers la mer.

Carte valable sur les côtes nord et sud de Bretagne : 1re classe, **130** fr.; 2e classe, **95** fr. — Parcours : Lignes de **Granville** à **Brest** (par **Folligny, Dol** et **Lamballe**) et de **Brest** au **Croisic** et à **Guérande** et les embranchements de ces lignes vers la mer.

Carte valable sur les côtes nord et sud de Bretagne et lignes intérieures situées à l'ouest de celle de Saint-Malo à Redon : 1re classe, **150** fr.; 2e classe, **110** fr. — Parcours : Lignes de **Granville** à **Brest** (par **Folligny, Dol** et **Lamballe**) et de **Brest** au **Croisic** et à **Guérande** et les embranchements de ces lignes vers la mer, ainsi que les lignes de **Dol** à **Redon**, de **Messac** à **Ploërmel**, de **Lamballe** à **Rennes**, de **Dinan** à **Questembert**, de **Saint-Brieuc** à **Auray**, de **Loudéac** à **Carhaix**, de **Morlaix** et de **Guingamp** à **Rosporden**.

ABONNEMENTS DE FAMILLE

Toute personne qui souscrit, en même temps que l'abonnement qui lui est propre, un ou plusieurs autres abonnements de même nature en faveur des membres de sa famille ou domestiques habitant avec elle, bénéficie, pour ces cartes supplémentaires, de réductions variant entre **10** et **50 0/0** suivant le nombre de cartes délivrées.

Paris à Londres

Par la gare SAINT-LAZARE, *Via* DIEPPE et NEWHAVEN

Deux départs tous les jours et toute l'année, matin et soir (dimanches et fêtes compris)

VOIE LA PLUS PITTORESQUE ET LA PLUS ÉCONOMIQUE

Billets simples valables sept jours			Billets d'aller et retour valables un mois		
1re classe	2e classe	3e classe	1re classe	2e classe	3e classe
48 fr. 35	35 fr. »	23 fr. 25	82 fr. 75	58 fr. 75	41 fr. 50

Ces billets donnent le droit de s'arrêter, sans supplément de prix, à toutes les gares situées sur le parcours, ainsi qu'à Brighton

Nota. — Les trains du service de jour entre Paris et Dieppe et vice versa comportent des voitures de 1re et de 2e classes à couloir avec W.-C. et Toilette ainsi qu'un wagon-restaurant; ceux du service de nuit comportent des voitures à couloir des trois classes avec W.-C. et Toilette.

Une des voitures de 1re classe à couloir des trains de nuit comporte des compartiments à couchettes (supplément 5 francs par place). Les couchettes peuvent être retenues à l'avance aux gares de Paris et de Dieppe moyennant une surtaxe de 1 franc par couchette.

CHEMIN DE FER DU NORD *(Suite)*

3° **Billets d'excursion** (1) de 2° et 3° classes, les dimanches et jours de fêtes légales, valables pendant une journée. Ces billets sont individuels ou de famille. — Les prix réduits des billets individuels sont indiqués dans le tableau ci-dessous. — Pour les *familles* (ascendants et descendants), il est accordé une nouvelle réduction sur le prix des billets individuels d'excursion, allant de 5 à 25 o/o, selon que la famille se compose de 2, 3, 4, 5 personnes et plus.

Les billets de saison et les billets hebdomadaires sont valables dans les mêmes trains et aux mêmes conditions que les billets ordinaires du service intérieur.

Les billets d'excursion ne sont valables que dans des **trains spéciaux** *ou dans des* **trains du service ordinaire** *désignés à cet effet par la Compagnie.*

4° **Cartes d'abonnement** (1) de 1re, 2e et 3e classes, valables pendant 33 jours, et comportant une réduction de 20 o/o sur le prix des abonnements ordinaires d'un mois. Ces cartes ne sont délivrées qu'à toute personne qui prend deux billets ordinaires au moins ou un billet de saison pour les membres de sa famille ou domestiques allant séjourner sous le même toit dans une station balnéaire désignée ci-dessous. Ces cartes ne sont valables que pour les points de départ et de destination sans arrêt en cours de route.

Les prix au départ de Paris, pour les trois catégories, sont les suivants :

Prix des billets (3) de saison, hebdomadaires et d'excursion

DE PARIS AUX STATIONS CI-DESSOUS	Billets de saison de famille valables pendant 33 jours — Prix pour 3 personnes			Prix pour chaque personne en plus			BILLETS HEBDOMADAIRES Prix (**) par personne			BILLETS d'excursion Prix (*) par personne	
	1re cl.	2e cl.	3e cl.	1re cl.	2e cl.	3e cl.	1re cl.	2e cl.	3e cl.	2e cl.	3e cl.
Berck-Plage (5)	149 40	101 40	66 30	25 60	17 45	11 45	31 »	24 15	17 »	11 15	7 35
Boulogne (ville)	170 70	115 20	75 »	28 45	19 20	12 50	34 »	25 70	18 90	11 10	7 30
Calais (ville)	198 30	133 80	87 30	33 05	22 30	14 55	37 90	29 »	21 85	12 35	8 10
Cayeux	137 55	93 60	61 20	24 »	16 45	10 80	29 30	23 05	15 95	11 »	7 25
Conchil-le-Temple (Fort-Mahon)	140 40	94 80	61 80	23 40	15 80	10 30	28 80	22 50	16 75	9 75	6 35
Dannes-Camiers (5)	157 20	106 20	69 30	26 20	17 70	11 55	31 70	24 40	17 50	10 50	6 85
Dunkerque	204 90	138 30	90 30	34 15	23 05	15 05	38 85	29 95	22 60	12 50	8 20
Enghien-les-Bains	»	»	»	»	»	»	2 »	1 45	» 95	»	»
Etaples	152 40	102 90	67 20	25 40	17 15	11 20	30 90	23 95	17 »	10 35	6 75
Eu	120 90	81 60	53 10	20 15	13 60	8 85	25 40	20 10	13 70	8 85	5 75
Fort-Mahon (plage) (4)	141 30	96 60	64 20	24 15	16 70	11 30	29 50	23 35	16 65	10 80	7 75
Ghyveldé (Bray-Dunes)	213 »	143 70	93 60	35 50	23 95	15 60	39 95	31 15	23 40	12 50	8 20
Gravelines (Petit-Fort-Philippe)	204 90	138 30	90 30	34 15	23 05	15 05	38 85	29 95	22 60	12 50	8 20
Le Crotoy	131 25	89 10	58 20	22 60	15 40	10 10	27 90	21 95	15 15	10 25	6 75
Leffrinckoucke (Malo-Terminus)	209 10	141 »	92 10	34 85	23 50	15 35	39 40	30 55	23 05	12 50	8 20
Le Tréport-Mers	123 »	83 10	54 »	20 50	13 85	9 »	25 75	20 35	13 90	9 »	5 85
Loon-Plage	204 30	138 »	90 »	34 05	23 »	15 »	38 75	29 90	22 50	12 50	8 20
Marquise-Rinxent	182 10	123 »	80 10	30 35	20 50	13 35	35 60	26 80	20 05	11 75	7 70
Noyelles	126 90	85 80	55 80	21 15	14 30	9 30	26 45	20 85	14 35	9 15	5 95
Paris-Plage	156 »	105 90	70 20	26 60	18 15	12 20	32 10	24 95	18 »	11 35	7 75
Pierrefonds	66 »	44 40	29 10	11 »	7 40	4 85	15 40	11 50	7 60	»	»
Pont-de-Briques (Hardelot)	167 40	112 80	73 60	27 90	18 80	12 25	33 50	25 35	18 55	10 95	7 15
Quend-Fort-Mahon	137 70	93 »	60 60	22 95	15 50	10 10	28 30	22 15	15 45	9 60	6 25
Quend-Plage (4)	140 70	96 »	63 60	23 95	15 50	11 10	29 30	23 15	16 45	10 60	7 25
Rang-du-Fliers-Verton	145 20	98 10	63 90	24 20	16 35	10 65	29 60	23 05	16 20	10 05	6 55
Rosendaël (Plage de Malo-les-Bains)	207 60	140 10	91 50	34 60	23 35	15 25	39 20	30 35	22 90	12 50	8 20
Saint-Amand	159 90	108 »	70 50	26 65	18 »	11 75	32 20	24 65	17 75	»	»
Saint-Amand-Thermal	163 20	110 10	72 »	27 20	18 35	12 »	32 80	24 95	18 10	»	»
Saint-Valéry-sur-Somme	131 10	88 50	57 60	21 85	14 75	9 60	27 15	21 35	14 75	9 30	6 05
Serqueux (Forges-les-Eaux)	98 70	66 60	43 50	16 45	11 10	7 25	21 50	16 70	11 25	»	»
Wimille-Wimereux	174 60	117 90	76 80	29 10	19 65	12 80	34 55	26 10	19 30	11 25	7 40
Zuydcoote (Nord-Plage)	211 80	142 90	93 »	35 30	23 80	15 50	39 80	30 95	23 25	12 50	8 20

(*) Sur les prix afférents au parcours de la Compagnie du Nord, une nouvelle réduction de 5 à 25 0/0 est faite sur les billets de famille, selon que la famille est composée de 2 à 5 personnes et au delà.

(**) Des carnets individuels, contenant 5 billets hebdomadaires d'aller et retour, peuvent être utilisés à une date quelconque dans le délai de 33 jours, non compris le jour de distribution.

(1) Ces billets sont personnels et ne peuvent être vendus, sous peine de poursuites judiciaires.

(2) Cette prolongation est faite, au retour, par les soins de la gare de départ, avant l'expiration de la première période moyennant le supplément de 10 0/0 du prix total du billet.

(3) Ces prix ne comprennent pas les 0 fr. 10 de timbre pour les sommes supérieures à 10 francs.

(4) Les billets à destination de Fort-Mahon-Plage et de Quend-Plage ne sont délivrés que du 11 juin au 5 octobre, période pendant laquelle fonctionne le tramway. Avant et après cette période, la distribution et la prolongation restent limitées à Quend-Fort-Mahon.

(5) Les prix à destination de Berck-Plage et de Dannes-Camiers ne comprennent pas la surtaxe locale temporaire (0 fr. 10 par billet d'aller et retour.

CHEMINS DE FER DE L'EST

Services directs internationaux

Des trains rapides quotidiens assurent les services directs de la Compagnie de l'Est avec : **la Suisse**, *via* Belfort-Berne, ou *via* Belfort-Bâle, — **l'Italie** *via* Belfort, Berne, le Lötschberg et le Simplon et *via* Belfort, Bâle et le St-Gothard, — **le Luxembourg**, *via* Longwy, — **l'Allemagne**, *via* Pagny-sur-Moselle et Avricourt, — **l'Autriche-Hongrie** et **l'Europe Orientale**, *via* Avricourt-Strasbourg et *via* Belfort, Bâle, la Suisse et l'Arlberg.

Voyages internationaux à prix réduits, à itinéraires tracés par le voyageur

Les gares du réseau de l'Est délivrent toute l'année des livrets internationaux à coupons combinables, à prix réduits, permettant aux voyageurs d'effectuer des voyages à itinéraires facultatifs sur les chemins de fer français, sur la plupart des chemins de fer de l'Europe ainsi que sur un grand nombre de lignes maritimes.

Parcours minimum, 600 kilomètres. — Durée de la validité des livrets : 60 jours jusqu'à 3000 kilom., 90 jours de 3001 à 5000 kilom. inclus, et 120 jours au-dessus de 5000 kilom.

Voyages circulaires à itinéraires fixes à prix réduits de France en Italie

Des billets circulaires valables 60 jours, permettant de se rendre en Italie par le St-Gothard et d'en revenir par Domodossola ou Modane ou Vintimille sont délivrés toute l'année dans les gares du réseau de l'Est. Ces billets offrent de nombreuses combinaisons d'excursions sur les lignes italiennes.

Billets d'aller et retour de famille et Billets circulaires de saison, à prix réduits

I. **Billets d'aller et retour de famille.** — *a*) Pour les stations thermales situées sur le réseau de l'Est, pour Gérardmer (Vosges) et pour Givet (Vallée de la Meuse).

Délivrance des billets du 15 mai au 14 juin.

b) Pour toutes les stations du réseau de l'Est :

1° Du jeudi qui précède la fête des Rameaux au lundi de Pâques ;

2° Du 15 juin au 30 septembre ;

3° Du 15 au 31 décembre.

II. **Billets circulaires individuels ou de famille** pour excursions dans les Vosges, délivrés dans les gares du réseau de l'Est et au départ des réseaux de l'Etat, d'Orléans et du Nord, dans la période du 1er mai au 15 octobre.

Nota. — Pour tous autres renseignements, consulter le livret des Voyages circulaires, que la Compagnie de l'Est envoie gratuitement aux personnes qui en font la demande.

CHEMINS DE FER DU MIDI

Les voyageurs peuvent effectuer des voyages sur le réseau du Midi (Pyrénées, Côte d'Argent, Gorges du Tarn, Côte Vermeille) au moyen d'une des combinaisons suivantes, comportant de notables réductions sur les prix ordinaires des places :

1° Billets d'aller et retour individuels et de famille de toutes classes.

A destination des stations thermales, balnéaires et climatiques situées sur le réseau du Midi.

Durée (1) : 33 jours.

2° Billets de voyages circulaires : Paris, centre de la France, Pyrénées, Provence et Gorges du Tarn (de 1re et 2e classes)

Durée (1) : 20 jours pour les voyages intérieurs du Midi (G. V., 5) et 30 jours pour les voyages communs avec l'Orléans et le P.-L.-M. (G. V., 105). — En outre, il est délivré, sur les réseaux du Midi et d'Orléans, des billets spéciaux d'aller et retour à prix réduits, pour permettre aux voyageurs porteurs de billets de voyages circulaires de visiter des points situés en dehors du voyage circulaire, notamment Carcassonne. Le voyage circulaire Provence-Pyrénées a une durée de validité de 25 jours.

3° Billets d'aller et retour de famille pour les vacances (2)

Délivrés aux familles d'au moins 3 personnes adultes :

1° Pour les vacances de Pâques, du jeudi qui précède les Rameaux au lundi de Pâques.

Durée : 33 jours (1).

2° Pour les grandes vacances du 15 juin au 30 septembre (inclus). Durée jusqu'au 5 novembre sans prolongation.

4° Cartes d'excursions dans le centre de la France et les Pyrénées (2)
donnant droit à la libre circulation dans les zones à explorer

Ces cartes sont délivrées du 15 juin au 15 septembre, au départ de toutes les gares des réseaux du Midi et de l'Orléans.

Durée de validité : un mois avec faculté de prolongation moyennant supplément.

Il existe 5 zones d'excursions sur lesquelles le voyageur a droit à la *libre circulation.*

En outre, il est délivré du 1er décembre au 1er mars au départ des mêmes gares des cartes d'excursions donnant le droit de circuler librement pendant 15 jours dans chacune des deux zones principales des champs de neige.

Les prix varient suivant le point de départ et la zone choisie. — Des réductions allant de 10 0/0 pour la 2e personne jusqu'à 50 0/0 pour la 6e et les suivantes sont consenties à toute personne qui souscrit en même temps plusieurs cartes de même nature en faveur des membres de sa famille (2).

5° Billets spéciaux d'aller et retour, de toutes classes, pour Lourdes

Délivrés au départ de toutes les gares des réseaux de l'Etat, du Nord, de l'Ouest, de l'Est, de P.-L.-M., d'Orléans, et dans toutes les gares du Midi situées à plus de 150 kilomètres de Lourdes. — Durée de validité variable suivant la longueur du parcours : 4 à 12 jours, non compris le jour du départ. Réduction de 20 0/0 à 40 0/0 suivant la classe et la distance parcourue (3).

AVIS. — *Le Livret-guide officiel illustré contenant une notice descriptive du réseau, des renseignements généraux sur les différentes combinaisons de voyages et l'horaire des trains est mis en vente au prix de 0 fr. 50. A. au service commercial de la Compagnie, à Paris ;* B. *Dans les bibliothèques des gares du réseau du Midi.*

(1) Faculté de prolongation moyennant supplément de 10 p. 100.
(2) Consulter pour les détails le Tarif commun G.V., nos 6 et 106.
(3) Consulter pour les détails le Tarif commun G. V., no 102.

AVIS IMPORTANT

MM. les Voyageurs peuvent se procurer dans les gares et les librairies les Recueils suivants, publications officielles des chemins de fer, paraissant depuis plus de cinquante ans, avec le concours des Compagnies.

L'INDICATEUR-CHAIX. *Paraissant toutes les semaines.* Avec cartes. — Prix. . . . . 1 fr. 25

LIVRET-CHAIX CONTINENTAL. *Paraissant tous les mois.* Deux volumes :
Services français, avec cartes des réseaux. — Prix. . . . 2 fr. »
Services étrangers, avec une carte d'ensemble et onze cartes de régions. — Prix. . . . . 2 fr. 50

Livret spécial des chemins de fer de la Suisse. Avec carte. *Paraissant tous les mois.* — Prix. . . . . » fr. 50

LIVRET-CHAIX SPÉCIAL des Chemins de fer Midi, Espagne, Portugal. Avec cartes — Prix. . . . . » fr. 50

LIVRET-CHAIX SPÉCIAL DE CHAQUE RÉSEAU
Paraissant tous les mois. Avec cartes.
État ; — Orléans, Midi ; — Nord ; — Est ; — Paris-Lyon-Méditerranée. — Chaque livret . . . . » fr. 60

LIVRETS-CHAIX DES VOYAGES CIRCULAIRES
Avec cartes, plans et gravures.
Nord. . . . . » fr. 20
État (*Normandie, Bretagne, Sud-Ouest*); — **Est**. — Chaque. » fr. 30
Livret-Guide de la Cie Paris-Lyon-Méditerranée. — Prix. » fr. 60

LIVRET-CHAIX DE L'ALGÉRIE ET DE LA TUNISIE
Paraissant tous les mois. Avec une carte en deux coul. — Prix. » fr. 50

LIVRET-CHAIX DES ENVIRONS DE PARIS
Paraissant tous les mois. Avec cartes. — Prix . . . . » fr. 50

LIVRETS-CHAIX DE LA BANLIEUE
État, Est, Nord, Orléans, P.-L.-M. Avec cartes.
Chaque livret. . . . . » fr. 20

LIVRET-CHAIX COLONIAL, publié sous le haut patronage du Ministère des Colonies, paraissant deux fois par an, avec cartes. — Prix . . . . 2 fr. 50

LIVRETS-CHAIX DES RUES DE PARIS
(Omnibus, Tramways et Théâtres). Avec plan de Paris et plans numérotés des théâtres. — Prix . . . . 2 fr. »
Nomenclature des Rues de Paris, avec plan de Paris. — Prix, cartonné . . . . 1 fr. 25
Livret-Chaix des Omnibus, Tramways et Bateaux. . » fr. 30

DENTIFRICES
Docteur PIERRE
DE LA FACULTÉ DE MÉDECINE DE PARIS

A BASE
D'ANTISEPTIQUES VÉGÉTAUX

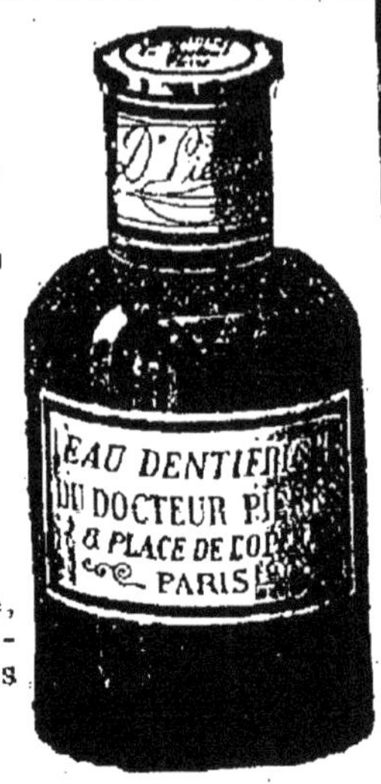

Fournisseurs de : S. M. la Reine mère d'Italie, de la Cour Impériale et Royale d'Autriche-Hongrie, de la Maison Royale d'Espagne, des Célébrités médicales du Monde entier.

Envoi franco d'échantillons sur demande adressée
8, Place de l'Opéra, Paris

SÈVES LARY

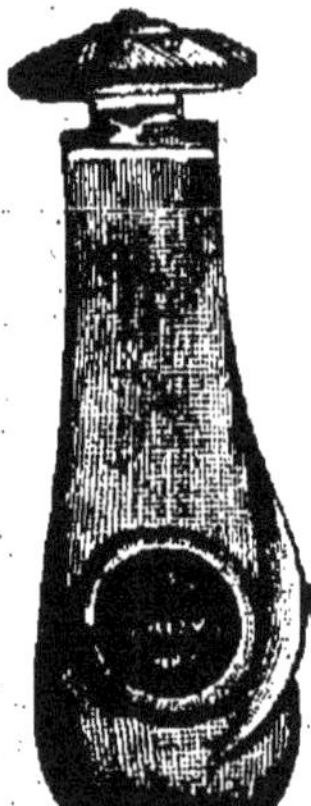

CRÈMES DE BEAUTÉ
extraites des fleurs

Pétrole LARY
Brillantine cristallisée ininflammable
Pour la CHEVELURE

EN VENTE :
7, Rue du 29-Juillet, PARIS
et dans les Grands Magasins

III. — FRANCE, classée par ordre alphabétique de localités
Algérie et Tunisie

Agay, près Saint-Raphaël (Var)

GRAND HOTEL DES ROCHES ROUGES

Electricité. — Chauffage central. — 20 Salles de bains. — **Ascenseur.** — Garages. — Automobiles. — Voitures. — Mulets pour excursions. — *Cuisine renommée.*

GRAND HOTEL DU MONT AIGOUAL

Par VALLERAUGUE (Gard)

Près des gorges du Tarn. Point culminant des Cévennes (1 500 m. d'alt.). — **Superbe** panorama. Cure d'air. — 60 chambres hygiéniques T. C. F. — Ouvert du 15 mai au 1er oct. Grand centre d'excursions. Belles chasses. Restaurant. Pension pour séjour d'au moins une semaine, 8 fr. par jour, vin compris. Garage pour 20 voitures. Remise. Tennis. Dépôt d'huiles et d'essence. — Service d'autocars de juin à septembre. Gare : **Le Vigan.** — *Prosp. sur demande.* — Adr. tél. : **Eckhardt**, Mont-Aigoual. — Ch. **ECKHARDT**.

AIX-LES-BAINS

RÉGINA
Gd HOTEL BERNASCON

Situation élevée à proximité de l'Établissement thermal et des Casinos

Magnifique vue sur le lac et la vallée. — **50 salles de bains.** — **250 chambres avec eau chaude et froide.** — Magnifique villa privée dans le jardin. — **J.-M. BERNASCON, Pr.**

Aix-les-Bains

GRAND HOTEL D'AIX

Grand Hôtel. — *A côté des Casinos et de l'Établissement thermal.* — TOUT LE CONFORT MODERNE. — **GUIBERT** frères et **GAUDIN**, **Propr.**
Adresse télégr. : **GRANOTEL**, Aix-les-Bains. Téléph. 0.93

Aix-les-Bains

ASTORIA ET DE L'ARC ROMAIN

Le plus central. — Dernière création d'Aix-les-Bains.
182 chambres. — 43 salles de bains.
Télégrammes : Astoria, **M. PETIT**, Propriétaire.

Aix-les-Bains

HOTEL DU NORD ET GRANDE-BRETAGNE

Premier ordre en face le Grand Cercle et tout près de **l'établissement thermal.** — Appartements privés avec bains et W.-C. — Restaurant. — Jardin. — **Ascenseur.** — Lumière électrique. — Calorifère — Grand garage. — Arrangements spéciaux pour avril, mai et juin. LEJEUNE-SACONNEY, Directeur.

Aix-les-Bains
GRAND HOTEL DES BERGUES ET NEW-YORK

Avenue de la Gare en face des deux Casinos et près de l'Etablissement thermal. — Installation nouvelle. — Grand confort moderne. — Lumière électrique générale. — Salle de bains. — Chauffage central. — Ascenseur — Pension depuis 9 fr. — **GARCIN**, Propriétaire de l'Hôtel de l'Etablissement thermal et des Iles Britanniques.

Aix-les-Bains
HOTEL TERMINUS

Près de la gare. — Grand confortable. — Jardin ombragé. — Service par petites tables. — Cuisine de premier ordre. — Lumière électrique. — Arrangements sanitaires. — Ascenseur. — Pension depuis 8 fr. — Saison d'hiver : **Hôtel des Palmiers et Château de Plaisance à Monte-Carlo.**

PIGNAT et DARPHIN, Propriétaires.

Aix-les-Bains
INTERNATIONAL PALACE-HOTEL

Appartements avec salle de bains et tout le confort moderne. Prix modérés. Même maison : **HOTEL DU PAVILLON RIVOLLIER** meublé en face la station. Chambres depuis 3 fr. 50. Transport gratuit des bagages de la gare à l'hôtel. — Garage gratuit avec nombreux boxes.

Aix-les-Bains
HOTEL DE LA CLOCHE

Ouvert toute l'année. — Lauréat du T.-C. F. Près la gare et les Casinos. — Vue splendide sur le lac et les montagnes. — Appartements pour familles. — Chauffage central. — Bains. — Electricité — **Garage**. — Jardin très ombragé. — Service par petites tables. — *Pension depuis 8 fr. tout compris : omnibus automobile gratuit de l'hôtel à l'établissement thermal.* **F. VALLENDIER**, Propriétaire.

Ajaccio
GRAND HOTEL ET CONTINENTAL

PLEIN MIDI

130 Chambres et Salons. — Chauffage central. — Bains. — Arrangements depuis 10 fr. par jour. Grand parc et jardins.

LAFOND, Propriétaire

Allevard-les-Bains (Isère)
SPLENDID HOTEL

Dans le Parc de l'Etablissement thermal

Premier ordre — Confort Moderne — Ascenseur

Chauffage central. — Electricité. — Salles de Bains

ALVIGNAC (Lot)
Centre de Tourisme, à 3 k. de Rocamadour
Service d'autobus à tous les trains

Source Minérale de Miers Salmière

Guérison de la constipation, des hémorroïdes, des maladies du foie et de l'obésité — *Cure de désintoxication.* — *Eau d'exportation.* — Saison thermale du 15 mai au 15 octobre.

GRAND HOTEL DE LA SOURCE

Ouvert en juin 1913. — Installation sanitaire parfaite. — **Toilettes à eau courante** chaude et froide dans toutes les chambres. **Bains, Electricité**, etc. — Le plus rapproché de l'établissement thermal. — **Ligne de Paris à Toulouse par Capdenac.** — Billets à prix réduits. — **Excursions** nombreuses et pittoresques.

Amélie-les-Bains (Pyrénées-Orientales)

THERMES ROMAINS

HOTEL DE PREMIER ORDRE

Entièrement remis à neuf. — Diplômé du T. C. F. — Bains sulfureux. — Douches — Massages. — Etuve à désinfection — **Éclairage électrique**. — Grand Parc. — Chalets. — Tennis. — *Garage*.

ANNECY ET SON LAC

Site merveilleux. **Admirable séjour de printemps et d'automne**

Centre d'Excursions réputées de la Haute-Savoie

L'IMPÉRIAL PALACE

Dans son immense Parc séculaire en bordure du Lac. — Panorama grandiose

Hôtel de grand luxe

250 chambr. avec eau chaude et froide. — 80 appartements avec salons et salle de bains. — Orchestre attaché à l'Impérial. — 4 tennis dans le parc, croquets.—Canots-autos, pêche, etc. — *Tous les jours, de 3 h. 1/2 à 5 h. 1/2, Thé-Concert dans le parc, sur les terrasses ou dans les salons.*

Même Maison : **GRAND HOTEL VERDUN**

FACE LE LAC — TOUT 1er ORDRE

René LEYVRAZ, Propriétaire.

Annecy Admirable séjour de printemps et d'automne.

GRAND HOTEL VERDUN

Tout premier ordre. — Le seul en face du Lac et sur la promenade du Paquier. — Appartements avec salle de bains. — Grand garage. — *Ouvert toute l'année.* — Chauffage central. — Sports d'hiver. — *Téléphone 0.10.* — Pension depuis 8 fr. 50. — **René LEYVRAZ, Propriét.**

ANNECY ET SON LAC

GRAND HOTEL D'ANGLETERRE

ET

GRAND HOTEL RÉUNIS

DE TOUT PREMIER RANG. — Appart. avec bains privés. — Garage dans les jardins de l'hôtel. — Chauffage moderne. — Crédit Lyonnais attenant à l'hôtel. — *Succursales* aux gorges du Fier et sur les Bateaux du lac. — Arrangements pour séjour et pension.

M. VALLIN, Propriétaire.

Annecy

GRAND HOTEL DU MONT-BLANC

PREMIER ORDRE. — *Ouvert de mai à novembre*. — Considérablement agrandi. — Pension depuis 8 fr. 50. — Ascenseur. — Grand garage. — Diplômé et lauréat du T. C. F.

A. MICHAUD, Propriétaire

Antibes

HOTEL DE L'ILETTE

Pension de famille. — Vue superbe sur la baie, le cap d'Antibes. — Nice et les Alpes. — Terrasse dominant la mer. — *Restaurant à la carte et à prix fixe*. — Electricité. — Salle de bains. — Chauffage central. — Pêche. — Canotage. — Ouvert toute l'année.

Gabriel LAFOND

Arcachon

HOTEL DES PINS ET CONTINENTAL

Allées Carmen

De tout premier ordre

Situation unique. — Grand jardin. — Chauffage central à eau chaude. — Appartements avec salle de bains et W. C. privés. — Toutes les chambres avec cabinet de toilette et eau courante chaude et froide. — Lumière électrique. — Ascenseur. — *Téléphone* : 46. — Automobile à l'arrivée de tous les trains. **B. FERRAS, Propriétaire-Directeur.**

Arcachon

GRAND HOTEL DE FRANCE

Maison de premier ordre, sur la plage, près le Casino. — Magnifique vue sur le bassin et le boulevard. — Promenade. — Dernier confort moderne. — Electricité. — Chauffage central. — Salles de bains, etc. — Appartements pour l'hiver au midi. — Garage. — *Téléphone* 132. — *Pension depuis 11 fr. par jour.*

Gustave GRENIER, Propriétaire.

Importante industrie ostréicole à Bourcefranc (Charente-Inférieure). — Expédition directe des parcs. — Spécialité de colis postaux de 5 ou 10 kilogr. contenant 60 ou 120 huîtres contre mandat-poste de 5 fr. 60 ou 8 fr. adressé à M. GUSTAVE GRENIER, ostréiculteur à Bourcefranc (Charente-Inférieure).

Arcachon

GRAND HOTEL RÉGINA FORET et d'ANGLETERRE

De tout premier ordre, confort moderne, situation exceptionnelle dans la Forêt de Pins, à 3 minutes de la Plage. — Grand parc. — Bains. — Billard. — Electricité. — Chauffage central. — Ascenseur. — Appartements avec salle de bains. — Auto-garage avec fosse. — *Conditions spéciales pour séjour.* — *Omnibus à tous les trains.* — Prix modérés. — English spoken. — Téléphone : 0 88.

ÉTÉ — **Arcachon** — HIVER

LE GRAND HOTEL

Ouvert en juillet 1910. — Appartements complets. — Chambres avec salle de bains. — Eau chaude et froide dans toutes les chambres. — Restaurant de tout premier ordre. — *Installation moderne.*

A. PACHLER, Directeur.

Arcachon

GRAND HOTEL MODERNE

Ouvert toute l'année. — Situation exceptionnelle au midi en forêt. — A 5 minutes de la Plage. — Grand Parc. — Laboratoire. — Garage. — Bains. — Ascenseur. — Téléphone. — Electricité. — Chauffage central. — *Prix modérés.* — **H. BARICAULT, Propriétaire-Directeur.**

Arcachon

HOTEL BRISTOL ET JAMPY

Boulevard de la Plage. — Rénové en 1913 avec tous les derniers conforts. — Situation unique dominant la mer, près la forêt de pins. — **Chauffage central.** — **Bains.** — **Douches.** — Cuisine et cave recommandées. — *Pension depuis 9 fr. par jour (Vin compris).* — Garage gratuit dans l'hôtel. — Tél. **3.04.** — **V. BOUEILH, Propriét.**

Arcachon

HOTEL D'AQUITAINE

Cours **Lamarque** de Plaisance, 123. — Ouvert toute l'année. — *Maison de famille.* — **Tout près** de l'église Notre-Dame. — *Transformation complète.* — **Belle situation entre plage et forêt.** — Garantie **absolue qu'il n'est pas reçu de malades contagieux.** — **Salles de bains.** — Cuisine soignée. — **Excellent** vin. — Pension dep. 8 fr. par jour (tout compris) et arrangem. pour familles. — English spoken. — **L. RAGAUD ET Cie, nouv. prop.**

Arcachon

VILLA RIQUET

Pension de famille ouverte toute l'année. — Magnifique **situation en pleine forêt**, près de l'église Notre-Dame. — *Hygiène parfaite.* — **Confort moderne.** — **Cuisine très recommandée.** — *Pension depuis 7 fr. 50 par jour.* — Téléphone 1.34. — Garage. — **Mme LANNELUC, Propriét.**

Arcachon

LOCATION DE VILLAS

AGENCE DUCOS

L. SABARDAN gendre, successeur

Vente et Gérance d'Immeubles. — Renseignements gratuits et précis

Agence spéciale de la Ville d'Hiver. *Villa Ducos, près le Casino Mauresque.* — Succursale, pour les chalets de la Plage : 284, boulevard de la Plage, en face le Grand Hôtel. — Adresse postale et télégraphique : Agence Ducos-Arcachon. — Tél. 0.42.

Arcachon

LOCATION DE VILLAS

VILLE D'HIVER et PLAGE

ARCACHON-OFFICE (Anc. Agence **Expert**), *Avenue Gambetta, 1*

Téléphone 0.80. — *Renseignements gratuits*

Arcachon

LOCATION DE VILLAS

AGENCE GÉNÉRALE IMMOBILIÈRE, G. DE CAUBIOS, direct. Avenue Gambetta, 20 (en face poste et Gare). — **Arcachon, Moulleau, Cap Ferret.** Plage, Ville d'été, Ville d'hiver, Forêt. — *Correspondant des Voyages Duchemin.* — Renseignements gratuits. — Téléphone **3.34.**

Argelès-Gazost (Hautes-Pyrénées)

INSTITUT DE THERAPEUTIQUE PHYSIQUE ET D'ORTHOPÉDIE

Traitements par tous les *agents physiques* (électricité, hydrothérapie, gymnastique, massages, mécanothérapie). — Maladies nerveuses du tube digestif, de la nutrition et de la croissance. — *Annexe* : maison médicale de repos (villa du Labéda), cures de régimes, psychothérapie. — *Direction* : Docteurs **FRAIKIN** et **GRENIER de CARDENAL**, anciens chefs de clinique à l'Université de Bordeaux.

Argelès-Gazost

GRAND HOTEL DU PARC ET D'ANGLETERRE

Installation nouvelle. — **H. LASSUS**, Propriétaire. — De tout premier ordre, situation unique dans le vaste parc des Thermes. — Vue incomparable des quatre façades sur la montagne — Grands salons, fumoir, billard, terrasse, restaurant. — Salle de bains. — Eclairage électrique. — Chauffage central. — Téléphone 6. — Garage. — Prix modérés. — *Omnibus*.

Argelès-Gazost

HOTEL DE FRANCE

Ouvert toute l'année

Vue merveilleuse des Pyrénées. — Confort moderne. — **Chauffage central.** — Téléphone n° 4. — Lawn-tennis et Golf dépendant de l'hôtel. — **J. PEYRAFITTE**, Propriétaire.

Argelès-Gazost

HOTEL BEAUSÉJOUR

Charmant hôtel près la gare, les établissements et le parc. — Grand jardin clos avec de magnifiques ombrages. — Garage gratuit. — Pension de 6 à 9 fr. 50. — Hors saison : Chambres et appartements avec ou sans cuisine. — *La meilleure cave des Pyrénées.*

CHEBARDY, Propriétaire

Argelès-Gazost

AGENCE RICAU-LAC

Chalet Pax, près la gare. — Location de Villas et Appartements meublés. — Châteaux et Maisons de campagne dans la Vallée. — Brochures et renseignements sur la station, l'Etablissement Thermal (Eaux sulfureuses, sodiques iodo-bromurées) et sur séjour et excursions aux Pyrénées. — *Téléphone n°* 27. — Mme **RICAU-LAC**.

Arles

GRAND HOTEL DU NORD-PINUS

Place du Forum. — Maison de tout premier ordre et des mieux exposées par ses divers appartements. — Forum romain dans l'hôtel. — Chauffage central. — Automobiles en location. — Electricité. — Téléphone. — Confort et prix modérés. — *English spoken*.

F. BESSIÈRE, Propriétaire

Arles

GRAND HOTEL DU FORUM

Tout premier ordre. — Au centre des curiosités romaines. — Chauff. central. — Chambres avec bains et cabinets de toilette. — Chambre noire. — Salle à manger provençale. — Maison Renaissance à visiter dans l'hôtel avec tour offrant une vue superbe sur le Rhône et la Camargue. — Cave et cuisine renommées. — Déjeuner, 3 fr. 50; dîner, 4 fr. — *Pour séjour, pension à partir de 9 fr.* — Auto-gar. — Tél. 24. — Autom. à la gare. — *English spoken.* — Corresp. des T. C. F. et étrangers. — Famille **MICHEL**, propr.

Arras

HOTEL DE L'UNIVERS

Maison de premier ordre

Recommandée aux familles et aux voyageurs. — Grands et petits appartements. — Salles de bains. — Jardin. — Salons. — Garage. — Chauffage à vapeur. — Téléphone. — Electricité. — *Omnibus à la gare.* — DURET, Propriétaire.

Auch

GRAND HOTEL DE FRANCE

Très recommandé. — En face la Cathédrale et à côté de l'Hôtel de Ville. — Appartements complets avec salle de bains et W.-C. — Eau chaude et eau froide. — Chauffage central. — Electricité. — Garage 2 francs. — Téléphone 50. — Excellente cuisine. — Pension depuis 10 fr. par jour. — English spoken. — Man spricht deutsch. — Se hábla espanol. — Omnibus gare.

Paul CASTÉRA, Propriétaire, ex-maître d'hôtel du Continental à Biarritz.

Avignon

GRAND HOTEL D'AVIGNON

Rue de la République. — Près des Postes et Télégraphes. — Le mieux situé. — De premier ordre. — 80 chambres et salons. — *Grand confortable.* — Etablissement de bains dans l'hôtel ; bains, bains de vapeur ; douches. — Cuisine très soignée. — Prix modérés. — *Omnibus.* — Spécialité de grands vins de Châteauneuf-du-Pape.

A. CHAZALET, Propriétaire.

Avignon

GRAND HOTEL D'EUROPE

Maison de 1er ordre

DIRECTION G. GUIDA

Avignon

REGINA HOTEL

RUE DE LA RÉPUBLIQUE

Premier ordre. — Meublé. — Plein midi. — Appartements avec salle de bains. — W.-C. indépendants. — *Chambre grand lit depuis 4 fr.* — Auto-garage. — *Téléphone* 49. — Automobile à tous les trains.

P. NICOLET, Propriétaire.

Avignon

GRAND HOTEL DE LYON

Place de l'Horloge

Le plus près du château des Papes. — Restaurant. — Service à la carte et à prix fixe. — Chauffage central. — Lavabos eau courante chaude et froide. — Chambres Touring-Club depuis 2 fr. 50. — Pension depuis 7 fr. par jour tout compris. — *Téléph.* 4.18.

J. RAYNAUD, Propriétaire.

Ax-les-Thermes (ARIÈGE)

HOTEL DE LA PAIX

Avenue Adolphe-Authier. — Maison de premier ordre, spéciale pour familles, tenue par le propriétaire. — Situation exceptionnelle, au centre des promenades, entre les Thermes et le Casino. — Garage. — Téléphone. — Electricité. — *Cuisine très soignée.* — Arrangements pour familles. — Prix modérés.

FONT-DOUBY, Propriétaire. *T. C. F.*

Bagnères-de-Bigorre

Grands Hôtels Victoria et d'Angleterre

La plus belle situation sur la promenade des Coustous

CONFORT MODERNE — ASCENSEUR

J. PEREZ, Propriétaire

Bagnères-de-Bigorre

Grand Hôtel de France

OUVERT TOUTE L'ANNÉE

Éclairage électrique

Garage pour autos

Maison de 1er ordre

Entièrement restaurée

Près de l'établissement thermal et du Casino. — Confort moderne.

Cuisine renommée. — Galerie promenoir. — Téléphone n° 16

V. Daniel **STYLITE**, Propriétaire

Bagnères-de-Bigorre

GRAND HOTEL BEAU-SEJOUR

Place Lafayette et Allée des Coustous. — *Changement de propriétaire.* — Ouvert toute l'année. — Maison de premier ordre. — Cuisine et service très soignés. — Bonne cave. — Service par petites tables. — Terrasse. — Lumière électrique. — Garage. — Pension depuis 8 fr. par jour, petit déjeuner compris. — Arrangements pour familles. — Omnibus à tous les trains. — **Adrien PLANTÉ**, nouveau Propriétaire.

Bandol

GRAND HOTEL BEAU-RIVAGE

Premier ordre. — Ouvert toute l'année. — Chambres T. C. F. — Electricité, chauffage central. — Hydrothérapie complète. — Bains de mer chauds et froids. — Garage. — Vastes jardins très abrités. — Situation exceptionnelle au bord de la mer. — Déjeuner 3 fr. Diner 3 fr. 50. Pension depuis 7 fr. — Chambre 8 fr. — Prix modérés pour familles. — Omnibus à tous les trains. — **ZUNINO et Cie, Propriétaires.**

Bastia (Corse)

CYRNOS PALACE HOTEL

Hôtel de 1er ordre avec tout le confort moderne

Salles de bains. — Lumière électrique. — Ascenseur, **etc.**
Situé au bord de la mer et en plein midi
PRIX MODÉRÉS
English spoken. — Man spricht deutsch

Bayonne

HOTEL D'EUROPE ET GUIPUZCOANA

Rue Thiers, 33. — Recommandé aux familles et touristes pour **sa situation centrale** et ses prix modérés. — *Pension 8 fr. par jour*, petit déjeuner du matin et **lumière** électrique — A proximité du tramway de Bayonne à Biarritz. — **Omnibus à tous les** trains. — Téléphone : 4.09. — **BARBE-MARTIN, Propriétaire.**

Bayonne

HOTEL CAPAGORRY

Restaurant, rue Thiers, 14 et 14 bis. — Dans le plus beau quartier **de la ville** — Entièrement remis à neuf, confortable. — *Salles de bains.* — **Eau courante chaude et** froide. — Terrasse. — Téléphone. — Electricité. — Cuisine **soignée.** — **Pension** depuis 8 fr. par jour, tout compris même le petit déjeuner du matin. — **Omnibus gare.**
CAPAGORRY, Propriétaire.

HYGIÈNE DE LA TOILETTE

Coaltar saponiné Le Beuf

(*Voir page bleue au commencement du volume*)

Beaulieu

AGENCE GÉNÉRALE

E. KURZ, éditeur de l'Annuaire de Beaulieu

Ventes et achats de propriétés. — Location de villas et **d'appartements.** — Gérance d'immeubles. — **Bureaux : en face la Gare.**

Beaulieu-sur-Mer

AGENCE BOVIS

BOVIS, Architecte-Directeur, 3, avenue de la Gare. — **Location de villas et d'appartements de choix.** — Vente et achat de propriétés. **M. Bovis, éditeur de l'unique GUIDE AVEC PLAN** de Beaulieu et ses environs, **l'expédiera gratuitement sur demande aux lecteurs** des **Guides Joanne.**

Belle-Isle-en-Mer (MORBIHAN)

LA POINTE DE TAILLEFER. — *Le plus délicieux des séjours d'été en Bretagne.* — On y trouve des Villas meublées ou non offrant tout le confort moderne. — Cinq pièces, cuisine, entrée, jardin, cabinets de toilette, water-closets avec fosses septiques, eau partout. — Grande terrasse dominant la mer. — Vue splendide sur Quiberon, Le Croisic, Saint-Nazaire, les îles de Houat et de Hœdic. — Deux superbes plages dont la proximité rend inutile l'usage des cabines pour le bain. — 250 fr. à 400 fr. par mois. — S'adr. à **M. Abel CRAISSAC**, à Belle-Isle-en-Mer (Morbihan). — *English spoken*

Berck-Plage
HOTEL DE RUSSIE

Situation centrale. — A deux minutes de la mer. — Installation moderne. — Grand confort. — Chauffage central. — Bains aux étages. — Electricité. — Téléphone 0.88. — Garage. — *Le seul hôtel de Berck-Plage ayant un grand jardin.* — Pension depuis 10 fr. par jour. — Arrangements pour familles. **Emile LEPAN. Propriétaire.**

Béziers
HOTEL DE LA COMPAGNIE DES CHEMINS DE FER DU MIDI

En communication directe avec la gare. — Tout le confort moderne. — Géré par la Société des Chemins de fer et Hôtels de Montagne aux Pyrénées.

Biarritz
AGENCE BENQUET

Première agence fondée en 1872. — LOCATIONS DE VILLAS ET VENTES DE PROPRIÉTÉS. — Fournit les renseignements sur hôtels et pensions de familles. — Journal : *L'Indicateur des Ventes et Locations,* 15 cent. le N°. — Adresse : **Victor BENQUET**, Biarritz. — *Téléphone* 91.

Biarritz
AGENCE DE BIARRITZ

2, rue Simon-Etcheverry (près de la Mairie)

Grand choix de villas, chalets, maisons, magasins et appartements meublés ou non. — Gérance d'immeubles. — Ventes, achats de terrains et de propriétés. — *Renseignements gratuits.* — Téléphone 4.22. — **J.-B. LOUMIAN, Directeur.**

Biarritz
GRANDE AGENCE DE LOCATIONS

Location de villas et vente de propriétés. — Téléphone 2-43.

Paul DELVAILLE, *place de la Mairie,* 12.

Change de monnaies. — Excursions automobiles, Espagne et pays basque. — Billets pour les courses de taureaux à San Sébastien. — Pelote basque. — *Renseign. gratuits.*

Biarritz
AGENCE BARRÈRE

Près la nouvelle gare du Midi. — Agence du Syndicat d'initiative du pays Basque. — *Location de villas et d'appartements de choix,* grandes et petites villas, grands et petits appartements meublés ou non. — *Ventes et achats de propriétés.* — Renseignements gratuits et toujours consciencieux. — *Adresse télégraphique :* AGENCE BARRÈRE, Biarritz. — *Téléphone* 5.75. — *Se habla español.*

Biarritz
AGENCE MASSARD

Avenue Edouard-VII, n° 13 (sous les arceaux). — Vente et achat de propriétés et terrains. — Location de villas et appartements. — Vente de fonds de commerce. — Renseignements sur *Hôtels et pensions de famille.* — Journal *Le Moniteur* donnant tous les renseignements. — *Facilités pour passage. Douane.* — **Adresse télégraphique : Massard-Biarritz.** — *Téléphone* 5.70.

Biarritz

HOTEL DES PRINCES

Maison de premier rang, près de la Poste et des Casinos. — Recommandée aux familles pour son confortable. — *Cuisine et caves renommées.* — Ascenseur. — Téléphone. — Lumière électrique. — Arrangements pour familles.— Prix modérés. — **L. COUZAIN**, Prop.

Biarritz

HOTEL DE FRANCE

La plus belle situation de Biarritz entre les deux Casinos. — De tout premier ordre. — Dernier confort moderne. — Restaurant à la carte et à prix fixe. — Tea Room. — Prix modérés. — Moderate charges. — Arrangements pour familles. **C. LABAT**, propriétaire.

Biarritz

NOUVEL HOTEL DE L'EUROPE

Ouverture le 1er mars 1910. — *Installation moderne.* — Dans toutes les chambres, cabinet toilette avec lavabos à eau chaude et froide —Chauffage central.— Salles de bains. — Ascenseur. — Electricité. — Téléphone. — Vue sur la mer. — Pension depuis 10 francs par jour, sauf août et septembre. **L. CASENAVE**

Biarritz

MONHAU-EXCELSIOR HOTEL

Restaurant. — *Pension de famille.* — De premier ordre. — Magnifique situation sur la mer entre le Casino Belle-Vue et le Casino municipal. — Chauffage central. — Vaste salle à manger vitrée, très aérée dominant la plage. — Superbe vue. — Bains. — Téléphone.— Ascenseur — Jardin. — Arrangements pour familles et séjour. — Prix modérés. — **L. BEAUXIS, Propriétaire.**

Biarritz

HOTEL COSMOPOLITAIN

Avenue Victor-Hugo et Place de la Mairie. — Situation très centrale, entre les deux casinos. — **Vue sur la mer.** — *Tout le confort moderne.* — Ascenseur. — Salles de bains. — Lumière électrique. — Chauffage central. — Cuisine très soignée.— Pension depuis 9 fr. par jour, sauf août et septembre. — *Arrangements pour familles et séjour.* — Téléphone 0.37. **GENETIER, Propriétaire.**

Biarritz

GRAND HOTEL DU PARC ET DU HELDER

Avenue et place de la Liberté

Situation centrale, près des gares et des casinos — Vue sur la mer. — Chauffage central. — Salle de bains.— Electricité. — Téléphone 0.20.— **Cuisine très soignée** faite par le propriétaire. — Pension, l'hiver depuis 8 fr., et l'été depuis 9 fr. — OMNIBUS A TOUS LES TRAINS.— **Henri PÉDEZERT, Propriétaire.**

Biarritz

VILLA SAINT-JACQUES ET DE POLOGNE

Maison de famille. — Avenue du Jardin-Public. — De construction récente. — Situation centrale. — *Calorifère.* — Eau et gaz à tous les étages. — Lumière électrique dans les chambres. — *Prix d'hiver, depuis 6 fr. 50. Prix d'été, depuis 7 fr. 50. Tout compris, même le petit déjeuner du matin.*

Docteur TOUSSAINT, Propriétaire-Directeur.

Bordeaux

HOTEL DE FRANCE

ET

GRAND HOTEL

NOUVELLEMENT RESTAURÉ

CONFORT MODERNE

Appartements complets avec bains et toilettes

Chauffage central

Bordeaux

GRAND HOTEL MÉTROPOLE ET EXCELSIOR-HOTEL

Près du Grand Théâtre

et des Quinconces

— Ascenseur —

Auto-garage dans l'hôtel

La meilleure cuisine du Midi.

— Déjeuners, 4 francs —

Dîners, 5 francs

Restaurant à la carte. — Chambres de 4 à 15 fr. — Arrangements pour familles.

A. ROUHETTE, Propriétaire

Bordeaux

HOTEL DE BORDEAUX

1, 2, 3, 4, 5, Place de la Comédie

TÉLÉPHONES : **403, 439, 484.** — ADRESSE TÉLÉGRAPHIQUE : **Otelbordo**

Restaurant de premier ordre. — **Cuisine renommée.** — Entièrement neuf. — Eau chaude et froide dans toutes les chambres. — Appartements complets avec salon, salle de bains, W.-C. et téléphone de réseau. — Chauffage central. — Deux ascenseurs. — Salles de bains indépendantes. — Cabine téléphonique à chaque étage. — Arrangements pour séjour prolongé.

Chambres à partir de 4 francs.

ASCENSEUR **Bordeaux** TÉLÉPHONE 1600

HOTEL DES QUATRE SŒURS

Place de la Comédie (Grand centre)

Dernier confort. — A proximité des théâtres, des promenades et des grandes Cies maritimes. — **Magnifique Hall.** — Salons de réception, de lecture, et de correspondance. — Fumoirs.—**Electricité.** — **Hydrothérapie.** — CHAUFFAGE CENTRAL à eau chaude. — Appartements depuis 2 fr. 75. — **R. SIMION**, Propriétaire-Directeur.

Bordeaux

GRAND HOTEL MONTRÉ

4 *grandes façades sur larges rues.* **Entrée : rue Montesquieu, 4.** Tél. 629 150 *chambres et appartements.* — Installation avec tout le dernier confort. — Au centre de la ville, à proximité des meilleurs restaurants et de la grande poste. — Deux ascenseurs électriques. — Chauffage central à eau chaude et à la vapeur. — Deux grands halls. — Auto-garage gratuit. — Eau courante chaude et froide dans les cabinets de toilette. — Laboratoire photographique. — Ventilation par aspiration automatique. — *Chambres avec salle de bains; toilette, W.-C., etc., y attenant.* — Trois grandes salles d'expositions avec gradins. — Bains et douches aux étages. — Plusieurs salons de lecture, correspondance, fumoir. — *Chambres depuis 2 fr. 75 par jour.* — Service et lumière électrique compris. — Tarif dans chaque chambre. — *On parle les langues étrangères.* — **MONTRÉ**, Propriétaire.

Bordeaux

HOTEL DE BAYONNE

Restaurant. — Maison de 1er ordre. — Place du Chapelet, à 50 mètres de l'Intendance et à une minute de la Place de la Comédie. — *Cuisine très réputée.* — *Chambres depuis 3 francs* — Electricité partout. — Téléphone. — Arrangements pour familles et séjour. — *Se habla español.* — *English spoken.* — **Eugène AUGÉ**, Prop.

Bordeaux

HOTELS GOBINEAU, DES PRINCES ET DE LA PAIX, RÉUNIS

Restaurant. — *Place de la Comédie.* — *Allées de Tourny.* — *Cours du XXX-Juillet.* — Dernier confort. — Tout en façade. — Ascenseur. — Chauffage central. — Electricité. — Téléphone. — Eau courante chaude ou froide dans les chambres. — Appartements avec salle de bains. — Faculté de ne pas manger à l'hôtel. — Pension depuis 9 fr. — Bureau de poste et télégraphe. — Restaurant à prix fixe et à la carte. **H. DESPAGNET**, Dir.

Bordeaux

GRAND HOTEL DE NICE

Place du Chapelet. — **Magnifique situation**, au centre des plus beaux quartiers. — Chambres et appartements très confortables au rez-de-chaussée et à tous les étages. — *Service du petit déjeuner.* — Bains. — Chauffage central. — Téléphone. — Electricité. — *Se habla español.*

PHILIP et Cie, Propriétaires

Bordeaux

GRAND HOTEL FRANÇAIS

Rue du Temple, 12 (Intendance)

Maison de famille, de construction récente. — 80 chambres très confortables de 2 fr. 50 à 6 fr. — Magnifique hall. — **Restaurant.** — Pension depuis 6, 7 et 8 fr. par jour. — *Bains à tous les étages.* — **Téléphone.** — Eclairage électrique. — Chauffage à la vapeur. — Ascenseur. — *Interprète.* — **AUPIN**, Propriétaire-Directeur.

Bordeaux

RESTAURANT DU LOUVRE

21, Cours de l'Intendance, 21

Déjeuner 2 fr. 50, vin compris. — Dîner, 3 fr. vin compris. — Lumière électrique. — **Tous les soirs, pendant le dîner, projections cinématographiques.** *Maison spécialement recommandée par le T.-C.-F.*

J. PÉRARD, Propriétaire.

Bordeaux

CONFORTABLE HOTEL

35, Allées de Tourny, 35

Maison de famille. — Bonne cuisine. — La plus belle vue sur le plus beau quartier. — Installation moderne. — Circulation eau chaude et froide. — **Toutes les chambres en façade de 3 à 10 francs.** — Pension (tout compris) à partir de 8 fr. — Téléphone 14-25.

Madame DURAND. Propriétaire.

Bordeaux

HOTEL DU PRINTEMPS

Restaurant. — En face de la cour d'arrivée de la gare St-Jean. — **Entièrement transformé.** — Chauffage central. — Electricité partout. — Chambres très confortables depuis 2 fr. — Salle de bains. — Déjeuner, 2 fr. 50 ; dîner, 3 fr. — Service à la carte et à toute heure. — Vins fins des meilleurs crus. — Salon de musique. — A proximité des lignes de tramways. — Transport des bagages gratuit à l'aller et au retour. *Téléphone.* **A. SAUVANT**, Propriétaire.

Bordeaux

RÉGINA HOTEL

Le plus confortable et le plus moderne de la gare Saint-Jean

Face à l'arrivée gare Saint-Jean. — Recommandé par le T.-C.-F. anglais, belge, suisse, espagnol, italien. — Chambres depuis 3 fr. — Pension depuis 9 fr. — *Cuisine de premier ordre.* — Cave recommandée. — Téléphone. — Ascenseur. — *Chauffage central.* — Bains. — Jardin d'hiver. — Jardin d'été. — Auto-garage. — *Interprètes en toutes langues.* **G. ROZIS**, Propriétaire.

Bordeaux

JARDIN-RESTAURANT BEELI

10, rue Voltaire (Intendance)

Déjeuner : 2 fr. 25 (vin compris) Diner : 2 fr. 25 (vin compris)

Les plus jolies salles de Bordeaux. — Service, cave et cuisine de premier ordre. — *Recommandé par le T.-C. de France.*

Bordeaux

PRUNES D'ENTE J. FAU

Si vous voulez vous bien porter, avez toujours sur votre table les excellentes prunes J. FAU. — Colis postaux de 3 à 10 kilogr., qualité extra-supérieure. Prix suivant grosseur du fruit.

Adresse télégraphique : Fau-Prunes-Bordeaux

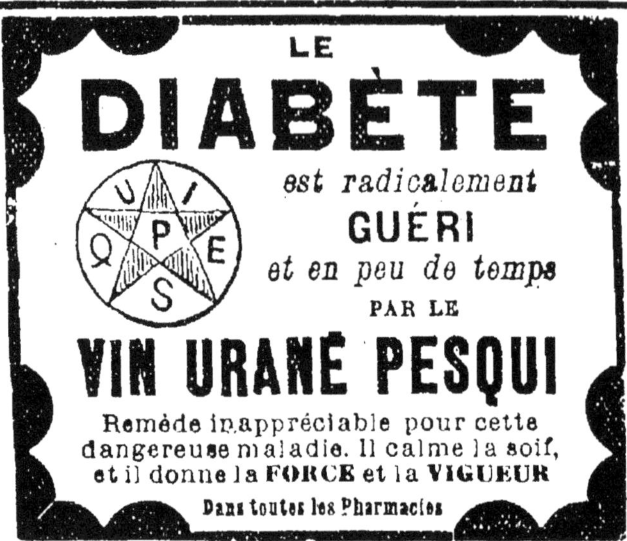

Bormes-les-Mimosas (Var)

Station du « *Sud-France* » entre Hyères et Saint-Raphaël. — *Un des plus beaux sites de la côte d'Azur.*

Le Grand Hôtel & Pavillon de l'Orangerie

Situation élevée merveilleuse. — Parc de 11 hectares. — Tennis. — Croquets. — Lumière électrique et chauffage à eau chaude dans toutes les chambres. — Appartements avec salle de bains. — Autos à la gare Bormes — Pension depuis 8 fr. — Germain **BAGGENSTOSS**, Propriétaire. Suisse. (Ci-devant au « *RITZ HÔTEL* »).

Bormes-les-Mimosas (Var)

AGENCE DES ETRANGERS

FABRIQUE D'AMEUBLEMENTS (confiance absolue)

Vente de terrains à bâtir. — *Location d'appartements meublés et non meublés*

Installation complète d'appartements — Spécialité de chambres Touring-Club pour hôtels et villas. — Meubles de tous styles. — Antiquités.

Adresse télégr. : *Boglio-Bormes.* Augustin BOGLIO, Propr.

Boulogne-sur-Mer

GRAND HOTEL CHRISTOL-BRISTOL

OUVERT TOUTE L'ANNÉE

De tout 1er ordre avec ascenseur, électricité, chauffage central. — Bains. — Appartements avec bains et W.-C. privés. — Auto-garage, etc. — Téléphone 1.28. — Télégrammes : Bristol Boulogne-s.-Mer.

L. SAGNIER, Propriétaire

Cannes

HOTEL GONNET

BOULEVARD DE LA CROISETTE

Ouvert toute l'année. — Magnifiquement situé en face des îles de Lérins. — *Premier ordre.* — Grand jardin. — Arrangements pour séjour. — **F. DAUMAS**, propriétaire.

Cannes

HOTEL BEAU-RIVAGE

Maison de premier ordre sur la Croisette. — Magnifique vue de mer. — Plein midi. — Jardin d'hiver. — Grand jardin. — Atrium. — Electricité. — **Téléphone.** — Ascenseur. — Interprètes.

HAINZL Directeur.

Cannes

HOTEL DES PINS

Premier ordre. — A proximité de l'église russe — Abrité des vents par une forêt de pins. — Vaste jardin. — Téléphone. — Eclairage électrique. — Service spécial de voitures pour la promenade et la ville.

Cannes

HOTEL GRAY ET D'ALBION

Maison de tout premier ordre et d'ancienne renommée avec immense jardin au bord de la mer. — Confort moderne.

Lumière électrique. — Ascenseur. — Chauffage central.

J. FOLTZ, propriétaire.

Cannes

Hôtel Richemont et de la Terrasse

Au milieu d'un grand parc. — Entièrement remis à neuf avec tout le confort moderne. — Chauffage à eau chaude dans toutes les chambres. — Ascenseur. — Bains. — Electricité. — Lawn-tennis. — Téléphone 2.36. — Pension depuis 9 fr. et arrangements pour familles. **HORNER, Propriétaire.**

Cannes

HOTEL COSMOPOLITAIN

Au Centre. — Près de la mer. — Plein midi. — Grand jardin. — Complètement transformé et modernisé. — Chauffage central. — Ascenseur. — Salles de bains. — *Cuisine et cave très soignées.* — Prix modérés. — *Ouvert toute l'année.* — **L. MONTAGNE**, nouveau Prop.

Cannes

HOTEL DE PARIS

BOULEVARD D'ALSACE

Avec jardin en plein midi. — Confort moderne. — Chauffage central dans toutes les chambres. — **Restaurant**. Five O'clock tea — Prix modérés. — Garage d'automobiles — Téléph. 0:89. — Nouvelle direction depuis juin 1912. — **Madame L'ECOLIER Pr.**

Cannes

HOTEL WINDSOR

A cinq minutes du centre de la ville. — Magnifique parc. — Plein midi. — Confort moderne avec chauffage à eau chaude dans toutes les chambres. — Ascenseur. — Lumière électrique. — Arrangements spéciaux pour séjour. — Prix modérés. — *L'été :* **Royal Hôtel, à Contrexeville. LE GUEN. Propriétaire.**

Cannes

HOTEL ROYAL

Magnifique situation sur le boulevard de la Croisette. — Au bord de la mer. — Jardin plein midi. — Garage. — **Ascenseur.** — Bains. — Chauffage central. — Pension depuis 10 fr.

Cannes

HOTEL NEVA

RUE DE LA COLLINE

Vue sur la mer. — Plein midi. — Arrangements sanitaires. — Bains. — Electricité. — Grand jardin. — Lawn-tennis. — **Cuisine recherchée.** — Pension depuis 8 fr. par jour. — *Téléphone.*

J. Couttet. Prop. — Saison d'été : **Central hôtel, Chamonix.**

Cannes

HOTEL DE L'UNIVERS

Rue de la Gare et rue d'Antibes

Maison confortable. — Table très recommandée. — Electricité. — Chauffage central. — Ascenseur électrique. — *Téléphone* 0.43. — Pension depuis 8 fr. — Transport gratuit des bagages à l'arrivée et au départ. — **E. VERT, Propriétaire.**

Cannes

HOTEL RÉGINA

Boulevard d'Antibes (Californie). — (Ouvert du 1er octobre au 1er juin). — Près du Centre. — Arrêt du tramway devant l'hôtel. — Très abrité. — Plein midi. — Beau jardin. — Confort moderne. — Chauffage central. — Electricité. — Ascenseur. — Téléphone. — Garage. — Bonne cuisine. — Pension depuis 9 fr. **H. ALETTI, Prop.**

Cannes

WINTER-PALACE SAINT-CHARLES (Californie)

Plein midi. — Vue sur la mer et les îles. — Beau jardin. — Arrêt du tramway à l'entrée. — Confort moderne. — Appartements et chambres avec salle de bains. — Chauffage central. — Ascenseur. — Garage. — Téléphone 213. — **Tennis.** — Cuisine de tout 1er ordre. — Prix modérés et arrangements pour séjour.

J. ROTEN-BRENNIG, Propriétaire.

Cannes

TERMINUS-HOTEL

Ouvert toute l'année. — Situé (en ville) à 50 mètres de la gare et au midi. — Chambres confortables. — Journée depuis 8 fr. — Cuisine spécialement soignée. — Electricité. — Calorifère. — Salon de lecture. — Salle de bains. — Pas de frais d'omnibus. — **P. GILLES, Propriétaire,** *parle anglais et allemand* — **Annexe à l'hôtel : AMERICAN BAR,** 1er ordre. — *Même maison :* **Hôtel Terminus, Le Fayet-Saint-Gervais.** — *Même direction :* **Grand Restaurant, col de Voza,** alt. 1 700 m. — **Buffet Glacier Bionnassay,** alt. 2 400 m. — **Crémaillère du Mont-Blanc.**

Cannes

HOTEL VICTORIA

Plein midi. — Grand jardin. — A 2 minutes de la mer. — Chambres très confortables, avec chauffage à eau chaude. — Cuisine simple et soignée. — Tramway devant la porte. Ouvert toute l'année. — Pension depuis 9 fr. par jour. — English spoken. — Man spricht deutsch.

L.-W. PILATTE, Propriétaire

Cannes

HOTEL DE FRANCE

A 10 minutes de la mer. — Ouvert du 15 octobre au 15 mai. — Plein midi. — Grand jardin. — Ascenseur. — Electricité. — Chauffage central. — Bains. — Appartements hauts et aérés. — Pension à partir de 10 fr. par jour au midi. — *Eté : Central Hôtel, Vittel.* — J. OBERRANZMEIR, Propriétaire.

Cannes

HOTEL INTERNATIONAL RICHELIEU ET VILLA DES PHALÈNES

Boulevard Carnot, rue des Phalènes. — Ouvert toute l'année. — Plein Midi. — Grand jardin. — Abrité. — Confort moderne. — Chambres parquetées avec cabinet de toilette à eau courante. — Electricité. — Chauffage central. — Chambre et pension à partir de 8 fr. — Arrangement pour famille et séjour prolongé. — L. FRANK, Propr.

Cannes

HOTEL DE LYON ET NOUVEL HOTEL

Restaurant du Rostbeaf

Ouverts toute l'année. — En face de la gare. — Complètement neufs. — Installation Touring-Club. — Journée complète depuis 6 fr. 50. — Transport gratuit des bagages aller et retour. — Garçon de l'hôtel à la gare. — Téléphone 3.11.

LOUIS CAMPERI, Propriétaire

Cannes

HOTEL-PENSION SAINT-MAURICE

Boulevard d'Alsace — *Plein midi*

Reconstruit et entièrement remis à neuf. — Chauffage à eau chaude dans toutes les chambres. — Bains. — Electricité. — Chambre noire. — Cuisine bourgeoise. — Arrangements pour familles. — Téléphone 10.45. — J. CHARASSE, Propriétaire.

Cannes

HOTEL-PENSION BEAU-SOLEIL

Boulevard Carnot

Maison neuve. — Plein midi. — Jardin. — Terrasses. — Confort moderne. — Chauffage central. — Bains. — Electricité. — Garage automobiles. — Téléphone 2.23. — Cuisine abondante et soignée très recommandée. — Pension à partir de 8 fr. — English spoken. Mesdames BROCHÉRY-BARON, Propriétaires.

Cannes

ALEXANDRA-HOTEL

BOULEVARD CARNOT

(Tramway passant devant la porte). — Plein midi. — Abrité. — Tranquillité. — Ascenseur. — Agréable jardin. — Chauffage central. — Toutes les chambres avec cabinet de toilette, eau courante chaude et froide. — Salles de bains. — Cuisine très particulièrement soignée. — Pension depuis 10 fr. — Tennis près de l'hôtel. — Automobile à la gare. — Téléphone. — *On parle toutes les langues.* — BARRET, Propriétaire.

Le Cannet, près Cannes (A.-M.)

STELLA HOTEL

A 3 kilomètres de la mer. — Situation élevée. — Vue splendide sur le golfe de Cannes. — Chauffage central à eau chaude dans toutes les chambres. — Electricité. — Ascenseur. — Bains à chaque étage. — Grand jardin plein midi. — Cuisine 1er ordre. — Pension depuis 8 fr. — Arrêt du tramway Cannes-Cannet. — **H. LE SUR**, Propriétaire-Directeur.

Cannes

AGENCE GÉNÉRALE DES ÉTRANGERS

Fondée en 1864

RUE D'ANTIBES, 2, et PLACE DES ILES, 1

DUBSET, Successeur de VIDAL et HUGUES

Villas et appartements à louer — Propriétés à vendre — *Téléphone* 250

Cannes

AGENCE ROUX-AUGIER

Fondée en 1875

VIAL et CRESP, Successeurs

71, RUE D'ANTIBES

Renseignements gratuits et précis sur Villas et Appartements à louer à Cannes, Cannet et environs. Vente de Propriétés.

Cannes

CANNES-AGENCE

F. ANDRAU et Cie

10, RUE BOSSU, près la Croisette

Location de villas et d'appartements. — House and Estate Agency. — Renseignements gratuits. — Agents de la Compagnie générale Transatlantique.

Cannes

AGENCE DES HIVERNANTS

House and estate agency. — Vermietung's bureau

J. MURAOUR, Propriétaire-directeur, 1, rue de la Gare, à côté de l'*Agence Cook* et en face de l'*Hôtel de l'Univers*. — **Renseignements gratuits et rapides** *pour location de villas et d'appartements et achat et vente de propriétés.* — **Téléphone** 6.79. — Adresse télégraphique : **Hivergence, Cannes.**

Cannes

AGENCE ASTOIN

54, rue d'Antibes

Agence Immobilière. — Ventes et locations de villas et domaines. — Relevés de plans. — Nivellement. — Projets de voirie et de constructions. — *Adresse télégr.* : **Astoin**, Cannes. — *Téléphone* : 11.94.

A. ASTOIN, ingénieur-architecte.

Cette

TERMINUS HOTEL

Restaurant des Gourmets

Le plus près des gares du Midi et du P.-L.-M. — Excellente **maison.** — **Installation confortable et moderne.** — Chambres Touring-**Club.** — **Cuisine très soignée.— Prix depuis 7 fr. 50** par jour.— Téléphone **3.46.** — Omnibus à tous les trains. **Henri RAYMOND, Propriétaire.**

Cette

BUFFET DANS LA GARE MÊME

Grand confortable. — Provisions de voyage. — Paniers à 2 **fr. et 3 fr. 75.** — **Repas à 1 fr. 50 et à 3 fr., vin compris.** — **Tables particulières.** — Irréprochable service à la carte. — Cuisine **très soignée.— Cave renommée.** — Grande propreté. — Consommations de **premières** marques. — Direction nouvelle 1912. **BEYLOT père et fils.**

Challes-les-Eaux

GRAND HOTEL CHATEAUBRIAND

De premier ordre. — Construit en 1897, agrandi en 1902. — Merveilleusement situé au levant.— Vue superbe sur le Nivolet, Saint-Michel et les Alpes. — Très recommandé pour sa situation, son grand confortable et son installation hygiénique perfectionnée.—*Bains.* —Electricité. — Tennis. — Garage et fosse. — Villas séparées. — Arrangements pour familles et pour séjour. — *Prix modérés.*— Omnibus à Chambéry. — Arrêt du tramway.

Chambéry (Savoie)

G^d HOTEL de FRANCE	G^d HOTEL des PRINCES
PRÈS DE LA GARE	AU CENTRE DE LA VILLE

Deux maisons modernes de 1er ordre. — Appartements avec bains. — **Ascenseur.** — **Garage, etc.**

Chambéry

GRAND HOTEL de la PAIX et TERMINUS

En face la gare. — **1er ordre.**— *Le plus important, le plus moderne.* — Appartements avec bains et W.-C. attenants ; eau chaude et froide **sur les toilettes.** — **Chauffage.** — Bains. — Electricité. — **Ascenseur.** — Télép. 1-18. — Garage. — **LEBRUN, Propriétaire.**

Chamonix

GRAND HOTEL COUTTET ET DU PARC

— 1er *Ordre* —

Appartements avec bains. — Ascenseur. — Grand parc très ombragé.—Tennis.—Garage avec box.—Téléphone 21.—Saison d'été 15 avril-15 octobre. — Saison d'hiver 15 décembre-15 mars.

GRAND HOTEL ROYAL ET DE SAUSSURE

— 1er *Ordre* —

Grand jardin. — Tennis. — Bains. — **Saison d'été 15 mai-30 septembre.**

COUTTET frères, Propriétaires.

Chamonix

GRAND HOTEL DE LA POSTE

Premier ordre. — Diplômé pour son installation hygiénique. — Lumière électrique partout. — Bains, douches. — Grand garage. — Téléphone n° 6. — Ascenseur. — Déjeuner fourchette, 3 fr.; dîner table d'hôte, 4 fr. — 100 lits depuis 2 fr. 50. — Pension depuis 8 fr.

P. SIMOND, Propriétaire.

Chamonix

CENTRAL HOTEL

De construction récente. — Très belle vue sur la chaîne du Mont-Blanc. — Confort moderne. — Lumière électrique. — Bains. — *Téléphone.* Arrangements depuis 7 fr. — Saison d'hiver : Hôtel Néva, Cannes.

J. COUTTET, Propriétaire.

Chamonix

HOTEL DE L'EUROPE

En face de la poste. — Vue magnifique sur la chaîne du Mont-Blanc. — Lumière électrique. — Bains. — Auto-garage, etc., etc. — Cuisine très soignée. — Chambres depuis 2 fr. — Déjeuner. 2 fr. 50. Dîner, 3 fr. 50. Pension depuis 7 fr. —Téléphone 21. — *L'hiver* : Hôtel Richemont et de Russie, Nice (Voir annonce).

François COUTTET, Propriétaire.

Chamonix

HOTEL DE PARIS

Ouvert toute l'année. Chauffage central. — Au milieu de la ville. — Merveilleuse vue sur la chaîne du Mont-Blanc. — Salon. — Fumoir. —Téléphone 35. — Jardin. —Service par petites tables. —*Cuisine recommandée.* — Pension depuis 7 fr. — H. WEISSEN-COUTTET, Propr.

Chamonix

HOTEL BEAU-SÉJOUR ET RICHEMOND

Entièrement neuf. — En face le Mont-Blanc. — Magnifique situation. — Appartements et chambres avec bains et water-closets privés. — Lavabos à eau chaude et froide dans les chambres — Ascenseur. — Chauffage central. — Téléphone. — Nettoyage par le vide. — Pension à partir de 8 francs. — Famille Jules FOLLIGUET, Propriétaire.

Chamonix

GRAND HOTEL DES ÉTRANGERS

A gauche en sortant de la gare.

Saison d'été; saison d'hiver. — Chauffage central. — Confort moderne. — Pension minimum, 7 francs. — Transport gratuit des bagages aller et retour gare TAIRRAZ, Propriétaire.

Chamonix

TOURING HOTEL ET DU LOUVRE

Situation centrale. — Belle vue de la chaîne du Mont-Blanc. — *Bains.* — *Téléphone.* — Véranda — Cuisine soignée. — Pension depuis 7 fr. — *Vin et petit déjeuner du matin compris.* — Arrangements pour familles nombreuses. — A. PERRIN-FÉLISAZ, Propriétaire.

Châtelguyon-les-Bains

GRAND HOTEL DU PARC ET HOTEL DES PRINCES

PREMIER ORDRE

200 chambres. — 2 ascenseurs. — Lumière électrique

Appartements complets avec salle de bains et W.-C. attenants. — Garage. — Le régime est rigoureusement observé.

Direction : **VÉDRINE Frères**

Mêmes maisons : **Royal-Hôtel**, 33, avenue Friedland, Paris.
— **Grand Hôtel de la Poste**, Rouen.

Châtelguyon

SPLENDID HOTEL ET NOUVEL HOTEL RÉUNIS

Situation unique dans le Parc, vis-à-vis du Casino de l'Etablissement thermal. — *Restaurant à prix fixe et à la carte.* — Terrasses ombragées. — Vue splendide. — Jeux divers. — *Omnibus automobile.* — Concerts symphoniques deux fois par jour. — Garage et fosses pour autos.

Même direction que l'**Hôtel Mirabeau**, rue de la Paix, à Paris.

Châtelguyon

LE GRAND HOTEL

Premier ordre. — En face de l'Etablissement thermal. — *Lumière électrique.* — Ascenseur. — Salles de bains. — Garage avec fosse et atelier de réparations.

A. HABERT, Propriétaire.

Châtelguyon

PALACE HOTEL et Gd HOTEL BARTHÉLEMY

Situation dominante exceptionnelle, au milieu d'un vaste parc. — Chaque quart d'heure, à titre gracieux, de confortables autos relient ces hôtels au quartier bas où sont les sources (trajet en 2 minutes). — Eau chaude et froide dans les cabinets de toilette. — Appartements complets avec bains et W.-C. — Régime.

BARTHELEMY-BITON, Propriétaire.

Châtelguyon

HOTEL ET VILLAS « LES BRUYÈRES »

Proximité des Sources et Bains. — Vue superbe. — Séjour des plus agréables. — Confort et grande tranquillité. — Grand jardin. — Terrasse. — Bonne cuisine. — Régimes. — Restaurant. — Table d'hôte. *Pension depuis 9 fr. par jour.* Téléphone 43. Correspondant T.-C.-F.

E. SINET, Propriétaire.

Châtelguyon

HOTEL DES NATIONS

Correspondant du Touring-Club. — Pension de famille. — Cuisine de régime. — Vaste jardin et terrasse. — Vue splendide. — Ameublement hygiénique. — Lumière électrique. — Garage. — *Prix très modérés. Arrangements pour familles.* **— Omnibus gare de Riom. —** *Téléphone.* **A. SAHUT, Propriétaire.**

Châtelguyon (Puy-de-Dôme)

HOTEL TERMINUS

Maison de famille. — Confort moderne. — Lumière électrique. — Hall. — Billard. — Terrasse et jardin ombragés. — Service par petites tables. — Cuisine réputée et de régime. — *Pension depuis 7 fr. par jour et arrangements pour familles. — Omnibus gratuit à tous les trains.* — Téléphone 36. **DESMARET**, Propriétaire.

Châtelguyon

PRINTANIA HOTEL

Vue splendide. — La situation du **Printania** est unique, **entouré de jardins**, à proximité du parc ; une vraie cure d'air. — **Service par petites tables** et *tables de régime*. — Cuisine très soignée. — **Bains. — Electricité.** — Téléphone **41.** — Jardin. — Pension **depuis 7 fr.**

ROCHE, Propriétaire.

Châtelguyon-les-Bains

HOTEL-VILLA BON ACCUEIL

AVENUE BARADUC, **près les thermes. — Maison confortable. —** Cuisine soignée. — *Service par petites tables de régime.* — Electricité. — **Téléphone.** — Jardin. — Terrasse. — Cure d'air. — Pension **depuis 7 fr.** 50 et arrangements pour familles.

HERMANN et BERTHO, successeurs de VINCENT.

Châtelguyon

GRAND HOTEL DE PARIS

Maison de famille de 1er ordre. — **En plein centre de la station. — Vaste** terrasse et restaurant en plein air. — **Déjeuner, 3 fr. 50; dîner, 4 fr.;** pension depuis 9 fr. — Arrangements spéciaux pour **familles.** — Téléphone 12. — *Garage. — Omnibus à tous les trains.*

BOURGIN, Propriétaire.

Châtelguyon

LE CASTEL GUY HOTEL

Avenue Baraduc, près les Etablissements. — Confort moderne. — **Régime.** — Table d'hôte et petites tables. — *Grand jardin. — Bosquet. — Jeux. — Garage.* — Téléphone 45. — **Pension depuis** 7 fr. — Cure d'air et séjour pour familles. — Villa du **Bel-Air.**

J. CARTAIRADE, Propriétaire.

Châtelguyon

ROYAL HOTEL ET DE LA RESTAURATION

AVENUE BARADUC. — *A 50 mètres de l'établissement et des sources*

Tout le confort moderne. — 120 chambres. — Salles de bains. — Grand jardin et terrasse. — Cuisine soignée. — *Régimes.* **— Pension complète à partir de 9 fr. — Grand restaurant :** déjeuner, 3 fr. 50; dîner, 4 fr., vin non compris. — **Tél.** 11. — Garage.

E. KIEL, Propriétaire.

Eaux-Bonnes

MAISON TOURNÉ (et Grand Hôtel des Thermes)

Premier ordre. En face de l'Etablissement thermal, à côté du jardin Darralde et de l'église. — Grands et petits appartements avec cuisine particulière pour chacun d'eux. — Beaux salons. — Restaurant. — *Eclairage électrique.* — Pension dep. 8 fr. par jour. — **TOURNÉ**, Pharmacien, Propr.

Eaux-Bonnes

HOTEL PIERRE ABBADIE

Jardin Darralde. — Toute l'année. — Pension de famille confortable et bien tenue. Depuis : 7 fr. tout compris. — **EAUX CHAUDES**. *Maison Pierre Abbadie.* — 1er ordre. — Du 15 juin au 1er octobre. — Cure d'air et altitude. — Pension depuis 8 fr. tout compris. — Appartements aérés. Cuisines particulières. Chalet à louer. — Five o'clock. Garage. — **LARUNS**. — A louer l'été jolie villa et jardin — *Adr.* **Maison Pierre ABBADIE.**

Etretat

HOTEL HAUVILLE

Sur la Plage, contigu au Casino. — Maison de premier ordre. — 120 chambres. — Restaurant-vérandas sur la mer. — Grand garage avec fosse pour 20 autos. — Boxes privées. — Arrangement depuis 10 fr. — *Téléphone.* — *English spoken.* — Omnibus aux trains. — Lumière électrique. — **J. MARTIN-BARRAT, Propriétaire.**

L'hiver à Nice : *Hôtel Baie des Anges*, rue de France, 33

Etretat

HÔTEL BLANQUET

English spoken. — Le plus près du Golf. — Premier ordre. — Table d'hôte et restaurant. — Situé sur la plage. — Toutes les chambres et salons ont vue sur la mer. — **Bains. Electricité.** — Omnibus à la gare. — *Téléphone.* — Grand garage avec fosse.

Maison fondée en 1820. — **L. DUVAL. Propriétaire.**

Font-Romeu (PYRÉNÉES-ORIENTALES)

Cerdagne Française

LE GRAND HOTEL

1 800 *mètres d'altitude*

200 chambres. — Salles de bains. — Salons. — Cercle. — Casino. — Grand confort. — Télégraphe. — Téléphone. — Garage. — Desservi par la gare d'Odeillo-Via-Font-Romeu. — Splendides excursions. — Routes merveilleuses.

Fontainebleau

HOTEL LAUNOY

Maison de famille de 1er ordre, très en réputation et très recommandée. — Clientèle d'élite. — Vue sur la façade principale du château. — *Appartements très confortables.* — Vastes salons. — Billard. — Grand jardin ombragé. — Eclairage électrique. — Garage avec fosse. — Déjeuner, 3 fr. 50 ; dîner, 4 fr. 50. — **Pension depuis 10 fr. par jour.** — Omnibus gare. — Point terminus du tramway électrique. — **LAUNOY, Propriétaire.**

Gavarnie (Hautes-Pyrénées) *Altitude* 1 300 *mètres*

GRAND HOTEL DE VIGNEMALE

Hôtel des Voyageurs. — Restaurant du Point de Vue de la Cascade

M. P. VERGEZ-BELLOU

Granville

GRAND HOTEL

15, rue du Couray. — **Très** recommandé. — Vue sur la mer. — Entièrement neuf. — Confort moderne. — Chauffage central. — Electricité. — Bains. — Garage attenant à l'hôtel. — Téléphone 50. — Adresse télégraphique : Grand Hôtel. — **A cinq minutes de la plage** et du bateau. — Depuis 8 fr. par jour. — **A. PASQUIER**, propriétaire.

Grasse

GRAND HOTEL VICTORIA

Entièrement neuf. — *Premier ordre.* — Plein midi. — Vue splendide. — Grand jardin. — Hydrothérapie complète. Chauffage central. — Ascenseur. — Garage. — *Cuisine française très soignée.* — Déjeuner, 4 fr.; dîner, 5 fr.; vin non compris; petit déjeuner, 1 fr. 50. — Pension depuis 8 francs. — Arrangements pour familles. — Téléphone 1.24 — *Omnibus à tous les trains* (gare funiculaire). — **MARENCO-SICARD**, Prop

---

Grasse

LE GRAND HOTEL

Dernier confort moderne. — Garage. — Grand parc. — Golf. — Pension depuis 12 francs par jour.

Cannes

CONTINENTAL HOTEL

Abri poussière et bruit. — **Central.** — Beau jardin. — Tous les **conforts** modernes. — Prix modérés.

H. Rost, propriétaire.

Grasse

HOTEL-PENSION BEAU-SOLEIL

Boulevard Crouët (à proximité des deux gares). — Panorama magnifique. — A l'abri des vents. — Plein midi. — Jardin. — Electricité. — Bains. — Chauffage central. — Cuisine soignée. — Pension depuis 7 francs par jour. — Prix spéciaux suivant saison. — Arrangements pour familles. — Appartements meublés, avec ou sans pension. — Téléphone 1.70.

Grenoble

HOTEL MODERNE

200 lits. — *Situé place Grenette dans la partie la plus centrale de la ville.* — Salon de lecture. — Salles de bains. — Electricité. — **Ascenseur.** — **Chauffage central.** — Hall. — Garages. — Langues — A.C.F., T.C.F., T.C.A.

Téléphone 2.71

Guéthary

HOTEL DE LA PLAGE

Le seul sur la mer. — Panorama admirable et unique de la côte basque française et espagnole. — Jardin. — Chauffage central. — Salle de bains. — Electricité. — **Téléphone n° 5.** — Cuisine très recommandée. — Pension l'été, depuis 8 fr. L'hiver, depuis 7 fr. **LAFITTE, Propriétaire.**

Guéthary

HOTEL JUZAN

Superbe vue de mer et des montagnes. — Excellente maison. — *Eau de source.* — Cuisine de famille. — Appartements confortables sur la mer et au midi. — L'été, pension depuis 8 fr.; l'hiver, depuis 7 fr., tout compris même le petit déjeuner. — Electricité — *Tél. n° 9.* — Auto-Garage. **Vve DUHON**, Propriétaire.

CÔTE BASQUE **Guéthary** CÔTE BASQUE

HOTEL DE LA TERRASSE

(Ancien Hôtel VERGON)

Ouvert toute l'année. — Seul hôtel situé au milieu d'un vaste parc ombragé. — Très belle vue de mer et des montagnes. — Cuisine soignée. — Electricité. — Chauffage. — Garage. — English spoken. — Five o'clock tea. — Law-tennis. — Pension : l'été depuis 8 fr.; l'hiver depuis 7 fr. — *Téléphone* 8. — **E. NIGON**, Propriétaire.

Guéthary

AGENCE DE LOCATION

POUR VILLAS ET APPARTEMENTS MEUBLÉS

Gérance de villas. — Vente de terrains.

A. LAVIELLE, Directeur.

Le Havre

HOTEL DE NORMANDIE

Rue de Paris, 106, 108, et rue Bazan, 71. — 1er ordre. — Agrandissements considérables. — Complètement modernisé. — 100 chambres de 3 à 15 fr. chauffées à la vapeur. — Chambres avec salle de bain particulière. — Electricité. — **Salles de bains.** — **Ascenseur.** — Table d'hôte : déjeuner, 3 fr. — Dîner, 3 fr. 50. — Restaurant de premier ordre. — Cave renommée. — Omnibus à tous les trains. — Interprètes. — Tél. 961. — Recommandé par *A.C.F., T.C.F., A.G.F.* — **MOREAU**, Propriétaire.

Le Havre

HOTEL CONTINENTAL

De premier ordre. — Situation **splendide sur les jetées** et la mer. — Restaurant à la carte et à prix fixe. — Cuisine et cave renommées. — Chauffage central. — Salle de bains. — Garage pour autos. — *Téléphone* 2.26. — *Autobus à tous les trains.* — Prix modérés. — Ascenseur.

J. GIDAN, Propriétaire.

Le Havre

GRAND HOTEL TERMINUS

Cours de la République, 23 (*En face la Gare-Départ*). — Entièrement neuf. — Premier ordre. — Téléphone 275. — Cuisine et cave recommandées. — Restaurant à la carte et à prix fixe. — Salle de bains. — Chauffage central. — Electricité. — Déjeuner, 2 fr. 50; Dîner, 3 fr., vin compris. — *Recommandé du T. C. F.* — **Garage pour autos.**

Pierre ASCHBACHER, Propriétaire.

HENDAYE

Grand Hôtel Eskualduna

Propriété de la Foncière de Hendaye et du Sud-Ouest

Société anonyme au Capital de 4 000 000 de francs

Siège social : **Faubourg Saint-Honoré, 129, Paris**

TOUT LE CONFORT MODERNE

Ascenseur — Électricité

125 chambres — 75 salles de bains

Pour tous renseignements s'adresser :

à la *Foncière de Hendaye et du Sud-Ouest*,

Faubourg St-Honoré, 129, Paris

à M. **DANTIN**, agent général à Hendaye.

Hendaye

GRAND HOTEL CONTINENTAL et de la PLAGE

De premier ordre. — Sur la plage. — Magnifique vue sur le cap Figuié, Fontarabie et les Pyrénées espagnoles. — Électricité. — Bains. — *Téléphone*. — Garage et fosse gratuits. — Chauffage central.

Clément **BERDOU**, Propriétaire

Hyères-les-Palmiers

HOTEL BEAU-SÉJOUR

Dans un joli parc en plein midi

Remis à neuf. — Confort moderne. — Installation sanitaire perfectionnée. — Cuisine très soignée. — Pension depuis 7 fr. — *Mrs Drappier is english*. — **DRAPPIER** propriétaire.

Hyères-les-Palmiers

Grand Hôtel des Voyageurs et Beau Site

Plein soleil

Entièrement restauré. — Chambres Touring-Club. — Électricité. — Chauffage central. — Chambre noire. — Garage à proximité de l'Hôtel. — Déjeuner, 2 fr. 50 ; Dîner, 2 fr. 50 vin compris. — Pension depuis 7 francs. — Arrangements pour familles. — Tél. : [illegible]. — Omnibus gare P. L. M. et Sud-France. T. GIRARDOT, propriétaire.

Hyères

PENSION DE FAMILLE

VILLA LÉO. — Boulevard d'Orient

OUVERT DU 1er OCTOBRE AU 30 JUIN. — Position exceptionnelle en plein midi. Vue sur la mer et sur les îles. — Jardin et grande terrasse à tous les étages.

Pension et chambres depuis 7 fr. par jour

TÉLÉPHONE 1.55 — Mme Vve GAL, Propriétaire.

Hyères

AGENCE DE LOCATION ASTIER

(Fondée en 1892)

Boulevard Gambetta, 16 et 18. — Location de villas et d'appartements de choix meublés ou non. — Vente et achat d'immeubles. — Renseignements gratuits et exacts. — Téléphone : 75. *Adresse télégraphique* : Agence ASTIER.

Maison de 1er ordre — **Hyères** (VAR) — Téléphone 76

AGENCE DE LOCATION PONS

Boulevard des Palmiers, 1-4-6, près de la poste, la plus importante de la région pour locations de villas et appartements meublés ou non. — Achat et vente d'immeubles et terrains. — Renseignements gratuits. — Télégrammes : Agence PONS, Hyères.

Juan-les-Pins (ALPES-MARITIMES)

Entre Cannes et Nice

La plus jolie station hivernale et balnéaire de la Côte d'Azur

LE GRAND HOTEL

Ouvert toute l'année. — Sur le bord de la mer avec un grand jardin. — Plein midi. — Forêt de pins. — Plage sable très fin. — Chauffage central. — Ascenseur. — Tous les conforts. — Prix modérés. — Arrangements pour séjour. — Bains de mer pendant l'été. — Omnibus de l'hôtel à la gare d'Antibes. LUBEKE, Prop.

Juan-les-Pins

AGENCE BOURGOIN

Avenue de la Gare

LOCATION DE VILLAS ET APPARTEMENTS. — Vente de villas, propriétés, terrains et fonds de commerce. — Contentieux, Assurances et Renseignements.

J. BOURGOIN, Ex-officier ministériel, Directeur.

La Franqui-Plage (AUDE)

HOTEL ET RESTAURANT EXCELSIOR

Complètement remis à neuf. — Splendide terrasse sur la mer. — Excellente cuisine et service irréprochable. — *Saison du 1er juin au 30 septembre.* — Vaste parc. — Tennis. — Salles de fêtes. — Garage pour autos avec fosse. — *Téléphone.* — Laiterie. — Belles villas sur la mer très confortables avec ameublement moderne hygiénique. — Appartements complets pour ménages.

Pour tous renseignements s'adresser à la Direction à la Franqui-Plage (Aude).

Lamalou-les-Bains (Hérault) **Lamalou-le-Bas**

GRAND HOTEL MAS

MAS Frères, Propr. — Etablissement de 1er ordre. Grand confortable. **Prix modérés.** 150 ch., salons et fumoirs. 80 ch. laquées. Pension de séjour dep. 10 fr. 50. Appart. avec salle de bains complète, eau chaude et eau froide. Terrasses et jard. entourant l'hôtel situé en face du Casino et à 50 m. de l'Etabliss. thermal. Garage et fosse pour autom. gratuits. Electricité dans toutes les chambres. Téléphone 2. Ascenseur. Tennis. Automob. à tous les trains.

Lamalou-les-Bains (Hérault) **Lamalou-le-Bas**

GRAND HOTEL DU NORD ET CONTINENTAL

Ouvert toute l'année

En face du Casino, tout près de l'établissement thermal. — 80 chambres. — Éclairage électrique. — *Chauffage central.* — Salles de bains. — Ascenseur. — **Prix : de 9 à 12 fr. par jour,** tout compris. — Table d'hôte. — Service particulier. — Téléphone 1. — Garage avec fosse. — **Noël TABARIÉ, Propriétaire.**

Le Lavandou (Var)

GRAND HOTEL ROUX

Ouverture en 1915

Premier ordre. — Plein midi. — Superbe terrasse au bord de la mer et jardins à l'abri des vents. — Dernier confort moderne. — Electricité. — Chauffage central, eau courante chaude et froide dans toutes les chambres. — Appartements avec salle de bains. — Cuisine et cave soignées. — Pensions depuis 7 fr. 50. — Téléphone. — Automobile à la gare.
A. ROUX, Propriétaire.

Lille

GRAND HOTEL

15, 18 à 24, rue Faidherbe

FRANÇOIS, manager

120 chambres et appartements avec tout le confort moderne de 3 à 12 fr.
GRAND CAFÉ GLACIER — RESTAURANT
Recommandé par l'A. C. F. Téléph. intor. 22-40 et 24-14.

Lille

GRAND HOTEL DE L'EUROPE

30 et 32, rue Basse

Cuisine renommée. — 120 chambres. — 30 salles de bains. — Lavabos. — Eau courante chaude et froide dans toutes les chambres. — Grand garage pour 15 autos. — *Téléphone 4.75.* — *English spoken.* — *Man spricht deutsch.*

Limoges

CENTRAL HOTEL

CARREFOUR TOURNY

Prix modérés. — Hôtel entièrement neuf, installé avec tout le confort moderne. — Ascenseur. — Electricité dans toutes les chambres. — Arrangements pour séjour.

Lourdes

BUFFET DANS LA GARE MÊME

Grand confortable. — Paniers et provisions de voyage. — Table d'hôte : déjeuner, 3 fr.; dîner, 3 fr. 50. — Tables particulières : déjeuner, 3 fr. 50; dîner, 4 fr., vin toujours compris. — Téléphone **22**.

Terminus-Touring Hôtel

Attenant au buffet. — Installation moderne. — **CLAVERIE**, Directeur. (Lauréat du T.-C.-F.)

Lourdes

GRAND HOTEL D'ANGLETERRE

Premier ordre. — Maison très en réputation et très recommandée par sa situation comme étant la plus près de la grotte et la plus confortable. — Se méfier des pisteurs payés par certains hôtels pour déprécier l'**Hôtel d'Angleterre** afin d'attirer les clients dans les hôtels par lesquels ils sont payés. — Eclairage électrique. — Garage. — Téléphone 15. — *Omnibus à tous les trains.* — **J. FOURNEAU**, Propriétaire.

Lourdes

GRAND HOTEL HEINS

Villa Solitude et grand Hôtel du Boulevard. — Maisons de premier ordre. — Grand confortable. — 150 chambres, 5 salons. — Bains. — *Lumière électrique.* — Spécialement recommandées au clergé et aux familles. — Pension. — **Prix modérés.** — *Automobile à tous les trains.* — *Se habla espanol.* — *English spoken.* — *Man spricht deutsch.* — Garage gratuit et fosse pour autos. — Tél. **63**. — **François HEINS**, Propr.

Lourdes

Villa Béthanie

En face l'esplanade et la grotte. — Hôtel de premier ordre très recommandé. — Ouvert toute l'année. — Site unique près de la grotte. — Vue superbe sur les Pyrénées. — Confort moderne. — Chauffage. — Eclairage électrique. — Salles de bains. — Téléphone 28. — Service postal. — Auto-garage. — Prix modérés.

M. et Mme BENQUET, Propriétaires.

Lourdes

HOTEL MOURA & DU COMMERCE

Correspondant du Touring-Club de France. — Confort moderne. — Auto-garage. — **Pension depuis 8 fr.** et arrangements pour long séjour et pour familles. — Salles de bains. — Chauffage central dans toutes les chambres. — Téléphone 26. — English spoken. — Se habla espanol. — Chambres Touring-Club.

Madame MOURA, Propriétaire.

Lourdes

HOTEL DE L'UNIVERS

Arqué-Nicolau, Propriétaire. — Boulevard de la Grotte, 14. — A proximité de la Chapelle. — Recommandé au clergé et aux familles. — Confort moderne et hygiénique. — Vastes appartements pour familles. — Service par petites tables. — Jardin d'agrément avec terrasses d'où l'on jouit d'une vue splendide sur les Pyrénées. — **Prix par jour : 8 fr. tout compris.** — Auto-garage. Electricité. Omnibus gare. — Se méfier des pisteurs.

Lourdes

GRAND HOTEL DES AMBASSADEURS

La plus belle situation de Lourdes. — Très près de la grotte. — Recommandable sous tous les rapports. Lumière électrique. Ascenseur. — Auto-garage. — Téléphone. — Calorifère. — *Se habla español.* — *English spoken.* — *Man spricht deutsch.* — **M. ROMAIN**, Propriétaire.

Lourdes

GRAND HOTEL MODERNE

Nouvellement ouvert

De tout premier ordre et le mieux situé. — **Grand confort.**

J. SOUBIROUS, Propriétaire.

Lourdes

NOUVEL HOTEL ET SAINT-LOUIS DE FRANCE

A proximité de la Gare.

Tout à fait au bord du Gave, sans vis-à-vis. — Belle vue sur les montagnes. — Terrasse. — Confort moderne. — Chauffage central. — Bains. — Electricité. — Ascenseur. — Bonne table. — *Pension : 10 fr. par jour.*

Mlle JACOB, Propriétaire, Membre de l'Union fraternelle catholique.

Lourdes

GRAND HOTEL BEAU-SÉJOUR

Ne pas confondre nom de l'hôtel — (*En face de la gare*). — Vue merveilleuse sur les Pyrénées. — Chambres Touring-Club très confortables. — Cuisine soignée. — Magnifique terrasse ombragée. — Electricité partout. — Pension depuis 8 fr. et arrangements pour séjour et pour familles — Table d'hôte — Déjeuner, 3 fr. — Dîner, 3 fr. 50. — Petites tables. — Déjeuner 3 fr. 50. — Dîner, 4 fr. , vin compris. — Porteurs à la gare. — Téléphone 18. — Auto-garage. — **CAMPS-PEYROUZA**, Prop

---

Lourdes

HOTEL SAINT-SAUVEUR

(*à une minute de la Grotte*)

On y est comme chez soi. — Avec tout le confort possible. — Lumière électrique. — Omnibus à tous les trains. — Pension depuis 8 fr. — *Arrangements pour familles.*

M. et Mme Pierre GIRET, Propriétaires.

Lourdes

GRAND HOTEL BEAU-RIVAGE et VILLA J. PÉCASSOU RÉUNIS

Avenue Peyramale. — Hôtel nouvellement construit installé d'après le dernier confort moderne. — Situation centrale et tranquille, à 3 minutes de la Grotte et de l'hôpital de N.-D. des Sept-Douleurs. — Vue splendide sur le Calvaire, le Gave et les Pyrénées. — Jardin-terrasse. — Lumière électrique. — Salle de bains. — Ascenseur. — Propreté irréprochable. — Cuisine très soignée. — **Pension depuis 9 fr. par jour, tout compris.** — Téléph. 53 et 33. — Omnibus à tous les trains. — **M. BRUNON**, prop.

Même Maison : *International Hôtel* — Chatelguyon.

Lourdes

GRAND HOTEL DE LA GROTTE

Rue de la Grotte. — De tout premier ordre — Recommandé pour son confortable. — Chauffage central. — Bains. Douches. — Electricité. — Parc de 10 000 mèt. très bien situé, dominant une admirable vue sur le Gave et les environs. De l'hôtel, on voit les processions de jour et de nuit. — Cuisine renommée. — Omnibus à la gare. — Auto-garage gratuit dans l'hôtel. — English spoken. — Man spricht deutsch. — Se habla español.

Prix à partir de 10 francs par jour suivant saison. — Téléphone 50.

Lourdes

VILLA ESPÉRANCE

Pension de famille. — Près de l'hôpital des Sept-Douleurs, à 5 minutes de la Grotte — Tramway station Pont-Vieux. — **Ravissante situation aux bords du Gave.** — **Jardin très ombragé.** — Appartements confortablement meublés. — Cuisine soignée — *Pension depuis 7 fr. par jour.* **H. DABAT, Propriétaire**

Bagnères-de-Luchon

GRAND HOTEL SACARON

DE TOUT PREMIER ORDRE. — *Entièrement transformé et agrandi*
Tout le confort moderne. — Ascenseur.
DIRIGÉ PAR LA FAMILLE

Bagnères-de-Luchon

GRAND HOTEL BONNEMAISON

De premier ordre. — Situation unique
Allées d'Etigny et place des Quinconces — Le plus proche des Thermes
GRAND CONFORT

Luchon

HOTEL des THERMES et RICHELIEU

Situation unique en face de l'Etablissement thermal et à côté du Casino. — De tout premier ordre. — Appartements privés avec salles de bains et W. C. — Eau chaude et froide dans les chambres. — Chauffage central. — Hall. — Ascenseur électrique. — Garage. — Jardin. — Arrangements et prix modérés en juin, juillet, septembre et octobre. — Ouvert pour les sports d'Hiver. — Tél. 44. — Interprète. — **A. Giroix, Prop.**

Bagnères-de-Luchon

GRAND HOTEL D'ANGLETERRE

De premier ordre. — Situation exceptionnelle allées d'Etigny. — *Près du Casino et de l'Etablissement.* — Appartements pour familles. — Beau parc. — Restaurant à la carte et à prix fixe. — *English spoken.* — *Se habla espanol.* — Omnibus. — Ouvert du 1er mai au 1er octobre. — L'Hiver : LE GRAND HOTEL à Pau. **SEGHIN, Pr-directeur**

Luchon

Grand HOTEL de la POSTE et GOLF-HOTEL

Allées d'Étigny et avenue du Casino
Ouvert toute l'année. — Premier ordre. — Restaurant moderne. — *Chauffage central.* — Bains. — Garage pour 12 autos. — *Téléphone 40.*
PEYRAFITTE-SECAM, Propriétaire

Luchon

HOTEL ROYAL

De tout 1er ordre. — Ouvert en 1911. — Situation splendide sur les Quinconces. — En face des Thermes. — Ascenseur électrique. — Bains privés. — Chauffage central. — Eau chaude et froide dans chaque chambre. — *English spoken.* — *Se habla espanol.* — Man spricht deutsch. — MÊME DIRECTION : **HOTEL-ROYAL-CANNES.**

Luchon

GRAND HOTEL DES BAINS

De premier ordre. — **Allées d'Etigny**, à 50 mètres des Thermes et des Quinconces. — **Clientèle d'élite.** — **Spécialement recommandé aux familles.** — Cuisine réputée. — Auto-garage.
MERENS-MIFFRE, Propriétaire

Luchon

ARNATIVE HOTEL

Au centre des Allées d'Étigny
Restaurant de tout premier ordre. — Entièrement transformé. — Appartements complets avec salles de bains et chambres très confortables. — Cuisine renommée. — Arrangements pour séjour. **SÉNAT, Propriétaire**

Bagnères-de-Luchon

GRAND HOTEL BAQUÉ

ALLEES DES BAINS

Maison de premier ordre, spéciale pour familles, tenue par le propriétaire. — Situation exceptionnelle entre les Thermes et le Casino. — Arrangements pour familles. — *Prix modérés.* Gabriel BAQUÉ, Propriétaire.

Luchon

GRAND HOTEL DE LA PAIX

Allées d'Étigny, près les Thermes, le Casino et la Poste
Ouvert toute l'année. — Confort moderne. — Lumière électrique. — Service par petites tables. — Restaurant dans jardin d'été. — Véranda. — Petit déjeuner, 1 fr. Déjeuner 3 fr. 50. Dîner, 4 fr. vin compris. — Pension de 9 à 12 fr. Petit déjeuner, service éclairage, tout compris. — C. du T. C. F. et F. C. A. — Omnibus gare.
Adolphe CASTAING, Propriétaire.

Bagnères-de-Luchon

GRANDS HOTELS CAVÉ ET D'EUROPE

Allées d'Étigny, 12 et 30. — Ouvert toute l'année. — Chauffage central. — **Téléphone 69.** — Le dernier mot du confort et de l'hygiène moderne. — Restaurant : déjeuner, 2 fr. 50 ; dîner, 3 fr. — Pension, 8 fr. — Garage avec fosse.
B. CAVÉ, Propriétaire.

Luchon

HOTEL DE FRANCE

10 Allées d'Étigny, à 300 mètres des Thermes, du Casino et de la Poste, gare de Superbagnères. — Entièrement remis à neuf. — Installation moderne. — Nouvelle direction. — **Recommandé du Touring-Club.** — Restaurant. — Déjeuner 2 fr. 50 ; dîner 3 fr. (vin compris), chambres de 2 fr. à 8 fr. — Pension depuis 8 fr. par jour jusqu'à 10 fr. maximum tout compris, même le petit déjeuner. — Electricité. — Auto-Garage gratuit dans l'hôtel. — Vaste jardin. — Omnibus gare. — Service régulier de voitures particulières et de breaks et par places par excursions. — Vallée du Lys, Lac d'Oo, etc.
Edouard CASTAING Fils, Propriétaire.

Luchon

GRAND HOTEL PARDEILLAN ET DE BORDEAUX RÉUNIS

15, Allées d'Étigny

Confort moderne. — Cuisine soignée. — Service par petites tables. — Eclairage électrique. — Pension depuis 7 fr. — Grand jardin.
Vve **SAFFORES, Propriétaire.**

Bagnères-de-Luchon

PENSION DE FAMILLE

Maison BONNETTE

Merveilleuse situation, place du Casino, en face du port de Vénasque. — Cuisine très soignée. — **Pension depuis 8 fr., sauf août.** — Arrangements pour familles. — Latitude d'amener son personnel. — *Ecrire ou télégraphier* : **BONNETTE, LUCHON.**

Luchon

PENSION DE FAMILLE

Maison SALAMERO, Cours des Quinconces, 5, en face les Thermes
La plus belle situation de Luchon. — Appartements complets avec cuisine et salle à manger pour familles amenant leur personnel. — Chambres très confortables. — Pension : depuis 8 fr. par jour. — **SALAMERO, Propriétaire.**

Luchon-Superbagnères

LE SPLENDIDE HOTEL

A 1 800 mètres d'altitude

100 chambres — Salons — Salles de bains — Dernier confort

TÉLÉGRAPHE — TÉLÉPHONE

Desservi par le chemin de fer électrique de Luchon-Superbagnères.

Magnifique Panorama — Sports d'hiver

Luz-Saint-Sauveur

GRAND HOTEL DE L'UNIVERS

Ouvert toute l'année. — Sports d'hiver. — Vue splendide. — Maison de premier ordre très réputée. — Restaurant. — Bains. — Electricité. — Garage pour autos. — *Correspondant du T. C. F. et du C. A. F. Pension depuis 8 francs.* — Télép. 8.

Albert PAYOTTE, Propriétaire.

Luz-Saint-Sauveur

HOTEL DE LONDRES

Le plus près de la gare et du bureau des voitures de correspondance pour Gavarnie. — Téléphone n° 9. — Pension depuis 8 fr. — Garage pour autos. — *Succursale à Gavarnie : Hôtel du Point-de-Vue-du-Marboré.*

Dominique POUEY, Propriétaire.

Luz-Saint-Sauveur (les Bains)

GRAND HOTEL DE FRANCE

Maison de famille de premier ordre. — Vue splendide. — Restaurant. — Auto-garage avec fosse. — *English spoken. — Man spricht deutsch. Si parla italiano.* — Pension depuis 8 fr. — Chambres depuis 2 fr. 50. — Départ des voitures pour Gavarnie.

W. KUSS, Propriétaire

Luz-Saint-Sauveur (HAUTES-PYRÉNÉES)

HOTEL PINTAT

DES BAINS ET DES PRINCES REUNIS

« Partir est un destin funeste,
Si j'étais chez d'un grand État
J'aurais pour cuisinier **PINTAT**
Et je me ficherais du reste. »
ARMAND SILVESTRE.

Premier ordre. — Ouvert toute l'année. — Près les Thermes. — Ch. Touring-Club. — Nouvelle installation d'un magnifique restaurant avec terrasse dominant la vallée à 60 m. au-dessus du Gave. Point de vue unique. Pension de 8 à 15 fr. — **PINTAT, Propriétaire.**

Lyon

Royal-Hôtel

PLACE BELLECOUR

Ouvert en août 1912

120 Chambres et Salons — 30 Salles de Bains

Derniers perfectionnements du confort et des commodités modernes

Dans Chaque Chambre ou Appartement	Téléphone. — Pendule électrique. — Toilettes à eau courante (chaude et froide). — Distribution du courant électrique pour tous usages. — Appels silencieux (suppression des sonneries), etc....

Chambres à 1 lit pour 1 personne dep. 5 fr.; pour 2 personnes dep. 6 fr.

Lyon

LE GRAND HOTEL

16, rue de la République.

Nouvelles améliorations en 1913. — Eau courante chaude et froide dans toutes les chambres. — 40 salles de bains. — Chambres depuis 5 francs. — Adresse télégraphique Granotel : Téléphone. **J. DUFOUR.**

Lyon

GRAND NOUVEL HOTEL

11, rue Grolée; 11, quai de l'Hôpital

Le plus tranquille, le plus confortable. — *Vue magnifique sur le Rhône.* **Garage** dans l'hôtel. — Adresse télégraphique : Nouvotel. — Téléphone : 2-95 et 29-95.

J. DUCHEZ, Directeur

Lyon

HOTEL D'ANGLETERRE

Place Carnot 21 et 22. *De premier ordre.* — Entièrement remis à neuf. — Chauffage central. — Electricité. — Arrangements sanitaires. — Ascenseur. — Grand garage avec fosse et atelier de réparations. — Pension depuis 9 fr. — Arrangements pour familles. — Recommandé par le T. C. F. — English spoken. — Man spricht deutsch. — Si parla italiano. — **E. VRAY, Propriétaire.**

Lyon

GRAND HOTEL DES BEAUX-ARTS

Rue de l'Hôtel-de-Ville — Place des Jacobins

LE PLUS CENTRAL — ENTIÈREMENT REMIS A NEUF

Tout le confort moderne. — Chauffage central. — Salles de bains. — Ascenseur. — Garage gratuit. — **Cuisine renommée.** — **Depuis 9 fr. par jour.** — Omnibus à tous les trains. — Téléphone 4-75. **J. MIAILLE, Propriétaire.**

Mâcon

TERMINUS HOTEL

HOTEL DE PREMIER ORDRE

Le plus fréquenté par les familles et les touristes. — Garçon de l'hôtel à tous les trains pour les bagages. — Salon de lecture. — Café. — Excellente cuisine. — Garage moderne et essence pour automobiles. — Correspondant de l'A. C. F.

G. DUPANLOUP, Propriétaire.

Marseille

Grands Restaurants Basso

ET SALON BREGAILLON « ANNEXE »

Quai de la Fraternité, 3 et 5

VUE SPLENDIDE SUR LA MER

Maisons très recommandées. — Coquillages des parcs BASSO, **D. GOT** et **M. DAVID** successeurs. — 1er prix, Exposition culinaire de Paris, 1900 et 1901, pour leurs coquillages, bouillabaisses, soupes de poissons, etc., etc.

Expéditions de bouillabaisses en boites soudées. — Prix : Boîtes pour **deux personnes, 5 fr. 35 ; pour trois, 7 fr. 35 ; pour quatre, 8 fr.,** *à domicile.* Au-dessus, **2** francs en plus par personne.

Marseille

Grand Hôtel Noailles et Métropole

RUE NOAILLES-CANNEBIÈRE

De premier ordre. — Confort moderne. — Réputation européenne. — Meilleure situation, près de la gare, des ports et des promenades. — Autobus pour tous les trains et bateaux. — Appartements avec salle de bains et W.-C. — *Ascenseur.* — *Lumière électrique.* — Chambre à partir de 4 francs. — Arrangements pour familles et séjour prolongé.

E. BILMAIER, Propriétaire, ci-devant THOUNERHOF, Thoune (Suisse)

Marseille

Grand HOTEL DU LOUVRE et DE LA PAIX

Le plus central. — Situation unique au midi. — Grand restaurant. — Installation et confort des plus modernes. — 200 chambres avec toilettes à eau courante, chaude et froide depuis 4 fr., ou avec salle de bains et W.-C. privé depuis 10 fr. — Chauffage central, service et éclairage compris. — Déjeuner, 4 fr. 50. — Dîner, 6 fr. — Garage A. C. F., T. C. F. — Téléphone 56. — Adresse télégraphique : Louvre-Paix.

Restaurant LA RÉSERVE (Echenard) et PALACE HOTEL

Promenade de la Corniche. — Bord de mer. — Site merveilleux. — Panorama grandiose — Le Palais de la Bouillabaisse et de toutes spécialités provençales. — Vaste parc et terrasses dominant la mer.— Déjeuner et dîner depuis 6 fr., Five-o'clock, glaces, etc.— Chambres depuis 5 fr — Appartements avec salle de bains. — Villa pour familles. — Tramway de la Cannebière toutes les 5 minutes. — Garage. — Adresse télégraphique : Palace Hôtel. — Téléphone 201.

ECHENARD-NEUSCHWANDER, propriétaire

Maison correspondante à Hyères (Côte d'Azur). **LE GRAND HOTEL (Iles d'Or).** Restaurant, garage. — **COSTEBELLE-HOTEL.** Costebelle. Golf-Links. — *Les Baux (près Arles)*: — **HOTELLERIE DE LA REINE JEANNE.** Restaurant et garage. Pension. Annexe de La Réserve (Echenard).

Marseille

LE GRAND HOTEL DE MARSEILLE

Cannebière prolongée

1er ordre. — Prix modérés. — Téléphone 938 — Confort le plus moderne. — Grand hall — Circulation d'eau chaude dans toutes les chambres. — Salle de bains privés. — Service par petites tables. — Ascenseur. — Autobus. — Arrangements pour familles.

Louis RUECK et Cie, Propriétaire.

Marseille

Gd HOTEL ET RESTAURANT DES PHOCÉENS

ÉLECTRICITÉ **ISNARD** TÉLÉPH. 14-40

4 ET 6, RUE THUBANEAU

RESTAURANT DE 1ER ORDRE

Marseille

HOTEL DU PETIT LOUVRE

Le seul et unique Restaurant en plein midi sur la Cannebière. — Chambres depuis 2 fr. 50 et arrangements pour familles. — **Ascenseur.** — **Omnibus.** — **Interprète.** — *Téléphone.* — **Veuve GARRONE, Propriétaire.**

Mont-Dore

HOTEL RICHELIEU

Offrant le confort des hôtels de premier ordre et la tranquillité d'une maison de famille. — Conditions très rigoureuses d'hygiène. — Installation moderne. — Excellente cuisine. — **Prix avantageux.**

A. MAISONNEUVE, Propriétaire.

Montpellier

HOTEL DE LA MÉTROPOLE

Près de la gare. — De tout premier ordre. — Merveilleusement installé. — Très recommandé aux familles. — Appartements au midi. — Restaurant. — Grand hall. — Jardin. — Salles de bains. — Chauffage central. — English spoken. — Man spricht deutsch. — Lumière électrique. — Ascenseur. — Téléphone. — **Prix modérés.**

Montpellier

GRAND HOTEL DU MIDI

Nouvellement construit. — 1er ordre. — Eau chaude et froide dans toutes les chambres. — *Escalier en cas d'incendie.* — Chauffage central. — Electricité. — Salles de bains. — Salles d'exposition. — Jardin d'été et d'hiver. — Téléphone. — Ascenseur. — Pension depuis 9 fr. et arrangements pour familles.

Paul **HENRY**, Propriétaire.

Montpellier

HOTEL-RESTAURANT VILLARET

Rue Maguelonne, 7. — Téléph. 1.28. — **Restaurant** de premier ordre. — **Cuisine**, cave recommandées. — Repas à la carte, à prix fixe. — Déjeuner, 3 fr.; dîner 3 fr. 50. — Salons particuliers. — Jardin d'hiver. — *Repas sur commande.* — *Plats pour la ville.* — *Expéditions.* — **S. VILLARET.** — Succursale : **Hôtel Rive-Droite**, à Palavas.

Montroc-s.-Argentières (près Chamonix)

GRAND HOTEL BEL-ALP

Ouvert en 1910. — Près de la gare de Montroc. — Saison d'été. — Saison d'hiver. — Chauffage central. — Confort moderne. — Vue incomparable sur la chaîne du Mont-Blanc. — Téléph. 9. — Pension à partir de 7 fr. TISSAY Frères, Propriétaires-Directeurs.

Morgat

GRAND HOTEL DE LA PLAGE

Le mieux situé. - 80 chambres très confortables. - Electricité. - Salles de bains hygiéniques. W.-C. à chaq. étage. - 3 salles à manger. - Serv. par petites tables. - Diplômé. - T. C. F.; recommandé des A. G. A., A. C. F. - Garage gratuit. - Téléphone no 1. *Autobus au débarcadère au Fret, desservi par l'Hôtel.* - Bateaux et voitures pour excursions. - Tennis. - Parc. - Arrangements pour séjour. *Adresse télégraphique :* TERENE-CROZON. **TÉRÉNÉ, Propr.**

Morgat

GRAND HOTEL DE LA MER

1er ordre. — *Accès direct sur la plage.* — Situation unique sur la mer. — Vaste parc. — Tennis. — Voitures et bateaux automobiles pour excursions. — Service automobile desservant tous les bateaux du Fret à Morgat et vice versa. — Poste et téléphone dans l'hôtel. — 1er prix du T. C. F. concours du bon hôtelier. — T. C. F., A. C. F. diplômé Touring-Club. — Location de villas, vente de terrains. — **A. PÉCHIN, Prop.**

Nantes

GRAND HOTEL DE FRANCE

PLACE DU THEATRE-GRASLIN

Le plus central — Complètement remis à neuf
Électricité — Bains — **Téléphone 635** — Confort moderne
Garage pour autos dans l'hôtel — A. C. F., A. C. A.

Nantes

GRAND-HOTEL

24, Rue Crébillon et place du Théâtre-Graslin. — *Ascenseur.* — Chauffage central hygiénique à eau chaude. — Salles de bains. — *Eau courante froide et chaude dans les chambres.* — Jardin d'hiver. — *Table renommée.* — Service par petites tables. — Garage. — Téléph. 4.08.

Nantes

HOTEL DE BRETAGNE

Dans le plus beau quartier

Complètement remis à neuf. — Le plus grand. le plus beau.
Tout le confort moderne. — Cuisine excellente

Nantes

CENTRAL-HOTEL

Rue Ducouédic, au centre de la ville. — Ouverture en 1914. — Dernier confort moderne. — Restaurant. — Appartements avec Bains et W. C. — Autobus à tous les trains. — Ascenseur. — Chauffage central.
Même Direction : *PAU* **Hôtel Continental.**
POITIERS **Grand Hôtel du Palais.**

Néris

GRAND HOTEL DUMOULIN

DE TOUT PREMIER ORDRE

EN FACE DES THERMES

Villas pour familles

Garage pour autos. — Électricité

Omnibus à tous les trains

Néris-les-Bains (ALLIER)

GRAND HOTEL DE PARIS

Établissement de premier ordre. — Situé en face de l'établissement thermal. — Pavillon et villa avec vaste terrasse bien ombragée, en face le parc et le Casino. — *Excellente cuisine sous la direction du propriétaire.* — Arrangements pour familles — Auto-garage fermé avec fossé. — Électricité dans toutes les chambres. — Omnibus à tous les trains. — Téléphone 6. — A. C. F.

Nice

HOTEL CONCORDIA

RUE COTTA

ALLARDY, propriétaire.

Nice

LITTLE PALACE HOTEL

10, avenue de Beaulieu. — Dernier confort. Plein midi, **situation** unique. Jardin. — Chauffage central. Electricité. — Salle de **bains.** — **Chambre, avec** ou sans pension. — Depuis 8 fr. par jour.

POUYET, propriétaire.

Nice

NOUVEAU PALAIS DONADEI

12 et 16, RUE MACCARANI. — **L. BERTHUCAT,** propriétaire. — Appartements richement meublés. Dernier confort moderne. **Ouvert** toute l'année. Location à la saison et au mois.

Nice

Ch. Jougla, JOUGLA Fils et PAYEN Succrs

Rue Gioffredo, 55 (Pl. Masséna) *Agence fondée en 1858 et depuis fonctionnant à Nice, sans interruption).* — Location de villas et d'appartements. Propriétés d'agrément, hôtels et pensions à vendre, à Nice et sur le littoral — Renseignements précis et gratuits aux lecteurs des *Guides Joanne.* — La plus ancienne agence et la mieux réputée. — Ad. télégr. : JOUGLA-PAYEN-NICE.

Nice

AGENCE E. CAMOIN

21, avenue de la Gare. — Location de villas et **appartements. — Vente** de villas, terrains, propriétés. — **Correspondants dans toutes les grandes villes. — Téléphone 23-82.** — *English spoken. — Man spricht deutsch.* — **Tous les hivers excursions en auto-cars alpins.**

Nice

AGENCE CORRAS

Renseignements gratuits. — Location de villas et **appartements. — Vente et** achat d'immeubles — Fonds de commerce. — **Mobiliers. —** *Formalités de douane, de régie et d'octroi.* — Service de bagages. — **Commission.** — Consignation. — **16, rue Cotta.** — ***Téléphone*** 14-32.

Nice

JOHNSON'S Riviera Agency

Maison anglaise. — Villas et appartements, location et vente. — **Transports** internationaux, bagages, etc., etc. — **DÉMENAGEMENTS, 13, rue Hôtel-des-Postes.** *Télégr.: "JOHNSONIA".*

Nice

AGENCE LATTÈS

10, AVENUE FELIX-FAURE (**Grand Hôtel**)

Fondée en 1842. *La plus ancienne du littoral.* — Location de villas **et appartements** meublés et non meublés. — Ventes et achats de propriétés. — Ventes et achats de fonds **de commerce. — ADRESSE TÉLÉGRAPHIQUE :** Agence Lattès, NICE. Tél. 21-82.

Directeur-propriétaire : **Henri VAGNAIR**

Nice

AGENCE NABIAS

GÉRANCE D'IMMEUBLES, 10, RUE GARNIER. — **Bureaux à Lyon, 26, quai Jayr; correspondant à Paris, 30, rue Rambuteau.** — *Fondée en 1879.* — Une des plus anciennes agences, très réputée. — Vente d'immeubles, terrains, villas, fonds de commerce. — Location d'appartements, villas, magasins. — Loyer aux divers vides ou meublés. — Assurances. — Renseignements gratuits. **Albert NABIAS.**

Nîmes

GRAND HOTEL du MIDI et de la POSTE

1er ordre. — Remis à neuf. Confort moderne. Electricité. Chauffage central, téléphone. *Eau courante chaude et froide dans toutes les chambres. Salles de bains.* — Table d'hôte. — « Restaurant. Jardin d'hiver. » Correspondant du T. C. F. et de l'Automobile-Club. — Prix modérés. — English spoken. — Man spricht deutsch.

L. DENIS, Propriétaire.

Nîmes

GRAND HOTEL DU LUXEMBOURG

De premier ordre. — La plus belle situation sur l'Esplanade, près des Arènes. — Confortable moderne. — Vaste hall. — Electricité. — Garage. — Cuisine très recommandée. — Ascenseur. — Téléphone 2.15. — Chauffage central. — Appartement, salon, et salle de bains. — *English spoken. Man spricht deutsch.* **AURIC, Propr.**

Nîmes

Grand Hôtel de l'Europe et de Provence

Attenant au Bureau central des Postes

Square de la Couronne. — **Grand confort.** — Chambres modernes. — Lumière électrique. — Chauffage central. — Très bonne cuisine recommandée. — Cave renommée et primée. — *Omnibus à tous les trains.* — English spoken.

GAY, ex-chef de cuisine du *Royal Hôtel*, à Paris.

Nîmes

GRAND HOTEL DU CHEVAL-BLANC ET DES ARÈNES

1er ordre. — *Bien situé en face des Arènes.* — Très recommandé. Chambres modernes au ripolin. Exposition midi, vue agréable sur jardin; au nord sur arènes. Lavabos eau chaude et froide. Chauffage central. Bains. Douches. W.-C. chasse. Chambre noire. Electr. Garage grat. à l'hôtel. *Cuisine et cave soignées.* Omnibus gare. Prix p. jour depuis 9 fr. Tél. 0-03. Corresp. Auto-Club France et Belgique. — **AUBERT et FIGUIER, prop.**

Nîmes

GRAND HOTEL MANIVET

Boulevard Victor-Hugo

En face la Maison Carrée. — A côté du théâtre. — Grand confort. — Chauffage central. — Lavabos eau chaude et froide. — Salles de bains. — Ascenseur. — Cuisine et cave recommandées. — Auto-garage. — Téléph. 2-52. — **G. JAMAR, propriétaire.**

Nîmes

HOTEL DES COLONIES

Avenue Feuchères, 4. — Touchant la préfecture à 150 m, à gauche gare. — Entièrement remis à neuf. — Electricité. — Chauffage central. — Bains. — Pension depuis 7 fr. 50 par jour. — Restaurant à prix fixe et à la carte. — English spoken. — Moderate prices. — Téléph. 5-36. — Man spricht deutsch. — **L. BERNIER, propriétaire.**

Nîmes

DURAND

MAISON FONDÉE EN 1790. — **Boulevard de l'Esplanade et Amiral-Courbet sur la route Nationale de Montpellier-Lunel à Remoulins.** — **Restaurant de tout premier ordre.** — **Réputation mondiale** *comme cuisine et cave.* Déjeuner, 4 fr. Diner, 5 fr., vin compris. Restaurant à la carte. Chauffage central. Tel. 0-34 p. toute la France. — **DURAND, prop.**

Orléans

GRAND HOTEL SAINT-AIGNAN

Square Gambetta, Orléans. — **De tout premier ordre.** — Appartements ave salon particulier et bain-toilette. W.-C. — Chauffage à vapeur. — Auto-garage. — English spoken. — Man spricht deutsch. — Lift. — *Téléphone* 0.13.

Dr **DESCHAMPS-LEMAIRE**, Directeur-Propriétaire

Orléans

HOTEL MODERNE

Rue de la République, 37. — Ouvert en 1903. — **De tout premier ordre.** — *Restaurant.* — Situation centrale en face de la gare. — Installation moderne. — Médaille d'argent du T. C. F. pour ses chambres hygiéniques. — Hydrothérapie. — *Calorifère.* — Arrangements sanitaires. — Electricité partout. — *Téléphone.* — Ascenseur. — Auto-garage. — *English spoken.* — **René LABRUT, Propriétaire**

Orléans

TERMINUS-HOTEL

40, rue de la République. — T. C. F. En face de la Gare. A. C. F. — De to 1er ordre avec tout le confortable moderne. — Moitié de l'hôtel en touring-club. — Electricité. — Chauffage central. — Hydrothérapie. — Appartements pour famille. — Tél 46 — Garage avec fosse. — Ascenseur. — **F. GONDARD**, Propriétaire

Orléans

GRAND HOTEL DE LA BOULE D'O

Maison de famille. — Le plus central. — Près la poste et les musées. — To confort moderne. — Electricité. — Hydrothérapie. — Grand garage avec fosse. Cuisine et cave renommées. — Téléphone 425. — Omnibus particuliers à tous les train — English spoken. — Man spricht deutsch.

Orléans

GRAND HOTEL SAINTE-CATHERIN

Rue Sainte Catherine, 66-68. — Au centre de la ville, mais dans une situati très tranquille. — Maison très réputée et recommandée aux familles, à MM. touristes et à MM. les voyageurs. — Cuisine et cave renommées. — Chambres t confortables. — Installation hygiénique moderne. — Salle de bains et douches. Electricité. — Chauffage central. — Téléphone 1-12. — Garage pour autos (entrée garage 5 et 7, rue Saint-Pierre-du-Martroi). — Omnibus à tous les trains. — Pensi depuis 8 fr. **Veuve ASSELIN. Propriétai**

Orléans

LE BUFFET DE LA GARE

Restaurant de tout premier ordre et très recommandé. — Déjeuner (de 10 heure 13 h. 30) ; 1 fr. 50, 3 fr. (vin compris) et à la carte. — Dîner (de 17 h. à 20 h. 3 1 fr. 50, 3 fr. 50 (vin compris) et à la carte. — Panier, repas à emporter : 3 fr. 75. Cave renommée. — Auto-garage. — Jardin. **L. GONDARD. Propriétai**

Paramé

HOTEL DE FRANCE ET VILLA COLBERT

Tout près de la plage. Jardin d'agrément. — 80 chambres très bien meubl plusieurs avec vue de mer, à proximité de la station des tramways Saint-M Rothéneuf et Cancale. — Hôtel et pension de famille renommés par leur bonne te table et confort, garage pour bicyclettes et autos. — Electricité. — **Prix modérés : 6 à 8 fr.** avril, mai, juin et septembre, 8 à 12 fr. juillet et août. **Grands ar gements** pour longs séjours et familles nombreuses.

Pau

GRAND HOTEL GASSION

OUVERT TOUTE L'ANNÉE

Entièrement remis à neuf. — Situation unique au midi sur le Boulevard des Pyrénées. — Appartements avec bains. — Luxe, confort, hygiène moderne. — Ascenseur, téléphone, garage, jardin d'hiver. — Chauffage central dans toutes les chambres. — Arrangements, pension pour séjour.

A. MEILLON, Propriétaire de l'*Hôtel d'Angleterre, à Cauterets*.

Pau

GRAND HOTEL DE LA PAIX

Place Royale. — La plus belle situation. — Entièrement remis à neuf. — Grand confortable. — Eclairage électrique. — Bains. — *Chauffage central dans* toutes les *chambres.* — *Téléphone.* — *Ascenseur.* — *Restaurant.* — Pension depuis 10 fr. et arrangements pour familles. — Correspondant du T. C. F. — Autobus à la gare.

BERNIS, Propriétaire.

Pau

GRAND HOTEL DE LA POSTE

Près le Château et les Promenades. — Entièrement transformé. — Chauffage à vapeur dans toutes les chambres. — Electricité. — Bains. — Téléphone 0.51. — Ascenseur. — Le plus vaste auto-garage gratuit. — Cuisine et cave recommandées. — Pension depuis 10 fr. par jour. — Restaurant. — *Arrangements pour familles.* — English spoken. — Se habla español. — Correspondant A. C. F. — Omnibus gare.

DABBADIE, Propriétaire.

Pau

HOTEL DE FRANCE

Place Royale et Boulevard des Pyrénées

Entièrement reconstruit. — Clientèle de grandes familles

Remeublé par la Maison Maple et C°. — Magnifiques hall et salons. — Appartements et chambres ave salle de bains. — Vue incomparable sur les Pyrénées. — Ascenseurs électriques. — Garage moderne et gratuit. — Le Grand Restaurant, à l'instar des meilleurs de Paris, est ouvert toute l'année. — Chauffage à vapeur dans toutes les chambres.

F. CAMPAGNE, nouveau propriétaire.

Perpignan

GRAND HOTEL

Quai Sadi-Carnot, près de la Préfecture et de la Poste. **De tout premier ordre.** — Hall superbe. — Ascenseur. — Bains. — Téléphone. — Electricité partout. — Arrangements sanitaires parfaits.

Cuisine et cave spécialement recommandées. — **Prix modérés.**

Eugène CASTEL, Propriétaire

Pierrefitte-Nestalas

GRAND HOTEL DE FRANCE

Vis-à-vis de la gare. — Ouvert toute l'année. — Belle vue de montagnes. — Point de départ pour Cauterets, Gavarnie, etc. — Neuf. — Confort moderne. — Electricité. — Bains. — Garage avec fosse. — Chambre noire. — Fumoir. — Salle de billard. — Pension depuis 8 fr. (tout compris). — Téléph. 3. — T. C. F.

Madame RECOLIN, Propriétaire.

Pithiviers

LES FAMEUX PATÉS D'ALOUETTES EN CROUTE

SCHMIT

les plus réputés, les plus fins, les plus soignés, parce que fabriqués par M. SCHMIT lui-même avec des alouettes fraîches spécialement triées.

— **Nombreuses Médailles à toutes les Expositions** —

Extrait du Tarif des envois franco à domicile du 15 octobre au 31 mars

	Avec os	Désossées	Truffées avec os	Désossées truffées	
6 alouettes. . .	4 75	5 75	6 25	7 25	Les droits d'octroi
12 alouettes. . .	8 25	10 25	11 25	18 25	sont
24 alouettes. . .	15 50	19 50	20 50	25 50	à la charge de l'acheteur

Goûtez les Pâtés d'alouettes SCHMIT, vous y reviendrez. — Envoi du catalogue gratuit sur demande.

Ecrire ou télégraphier : **SCHMIT, Pithiviers** (Loiret). Téléphone : 24.

Plombières-les-Bains

HOTEL MÉTROPOLE

Téléphone 18. — **Premier ordre**, entre le Parc et les Thermes. — Salles de bains à tous les étages, eau chaude et froide. — Lumière électrique. — **Ascenseur.** — Auto-garage gratuit. — Tables de régime. — Vastes jardins. — *Les Villas du Parc* (Annexes). — **BAUDOT**, Propriétaire.

Poitiers

GRAND HOTEL DE FRANCE

Le plus central et particulièrement recommandé. — Confort moderne. — Cuisine et cave réputées. — Electricité. — Téléphone. — Garage fermé, avec fosses, pour autos. — Chauffage central. — **Prix modérés.** — *English spoken.* — *Man spricht deutsch.* — A. C. F., T. C. F. — **Omnibus de la ville.** — Spécialité de volailles et de pâtés truffés. — **ROBLIN-BOUCHARDEAU, Propriétaire.**

Poitiers

GRAND HOTEL DU PALAIS

Le plus recommandé aux familles. — Diplômé du Touring Club. — Chambre avec toilette à eau chaude et froide courante. — Ascenseur. — Appartements avec bains. — Chauffage central. — Garage. — Téléphone 0.56. — Omnibus de l'hôtel aux trains.

— PRIX MODÉRÉS —

Royan

HOTEL DU LOUVRE

Boulevard Botton, 10, et rue des Bains, 11. — En face la plage et près des deux Casinos. — Ouverture du 1er juillet au 1er octobre. — Installation moderne. — Chambres très confortables. — **Se recommande pour sa cuisine de famille.** — Prix : Pension depuis 8 fr. 50 vin compris, sauf en août. — Garage pour automobiles.
Madame Vve DIAS, Propriétaire.

Royan-Pontaillac

HOTEL MIRAMAR

Ouvert en 1913. — Sur la plage. — Situation exceptionnelle. — **Très recommandé aux familles.** — Ameublement neuf. — Electricité. — Eau chaude et froide. — Salle de bains. — Excellente cuisine. — Pension tout compris depuis 10 fr. — Tél. 131. **L. DESPAGNET, Propr.**

Royan-Pontaillac

NOUVEL HOTEL DE LA PLAGE

Entièrement neuf. — Vue superbe de la haute mer. — Chambres très confortables éclairées à l'électricité. — Cuisine très soignée. — Prix très modérés. — **Arrangements pour familles.** — Service automobile pour gare et promenades. — Téléphone : 21.
BLANCHARD, Propriétaire.

Royan-Saint-Georges-de-Didonne

GRAND HOTEL DE L'OCÉAN

Sur la Plage. — *Ouvert toute l'année.* — Téléphone n° 8. — Chambres confortables. — Lumière électrique dans tous les appartements. — Table d'hôte. — Restaurant. — Cuisine très soignée. — *Pension depuis 7 fr. par jour, vin, petit déjeuner, service tout compris et arrangements pour familles, sauf juillet et septembre, 8 fr. 50, août, 9 fr 50.* — Garage pour autos. — *Agence de location.* — Omnibus à tous les trains. A. LACAGE, Propriétaire

---

Royan

AGENCE DEVEAUD

31, rue Gambetta. — Location de villas et d'appartements. — Pour l'été : *à Saint-Georges-de-Didonne, Royan, Pontaillac et le Bureau-Saint-Palais.* — **Grand choix.** — Pour l'hiver : *au Parc et à l'Oasis.* — Ventes et achats d'immeubles.
Renseignements gratuits aux clients des Guides Joanne. — Téléphone : 0.23.

Royan

LOCATIONS DE VILLAS

AGENCE MODERNE, 54, rue Gambetta. — Téléph. 24. — **Paul BROTREAU,** directeur, correspondant du **Crédit Lyonnais.** — GRAND CHOIX de villas, appartements à louer ou à vendre.
Royan, Saint-Georges, Pontaillac, Saint-Palais. — Renseignements gratuits

---

Royan

Tél. 33 Maison GUIGNON-BOURDAUD Tél. 33

21, rue Gambetta. — Locations de villas. — Toutes les villas les mieux situées. — Été : *Royan, Foncillon, Chay, Pontaillac, Parc, Bureau-les-Bains, Saint-Georges.* Hiver : *Parc, Oasis, Forêt de Pontaillac.* — Vente et achat d'immeubles.
Renseignements gratuits aux clients des Guides Joanne.

Saint-Jean-Pied-de-Port

CENTRAL HOTEL

Situé sur les bords de la Nive, en face de la cascade. — A. C. F., T. C. F., A. G. A. — Modern confort. — Salon particulier. — Lumière électrique. — Chambre noire. — Diplômé au concours du *Bon Hôtelier*. — Pension 7 fr. par jour. — **Téléphone** 8. **CADIOU**, Propriétaire.

Saint-Malo

Grand Hôtel de France et de Chateaubriand

Place Chateaubriand, à l'entrée de la plage.

Ouvert du 1er avril à fin octobre. — Vue sur la mer. — De tout premier ordre. — Exclusivement fréquenté par les familles soucieuses du bien-être et de la bonne tenue. — 135 chambres. — Salles de bains. — Eclairage électrique. — Installation sanitaire. — **Bains.** — Chambre noire. — Interprète. — Auto-garage A. C. F., C. T. C. — **Prix de pension : 10 à 15 fr.** — Même direction : **Restaurant Continental**, ouvert seulement en juillet, août et septembre. — En face l'entrée de la plage. — Service à la carte de 1er ordre.

Saint-Malo

GRAND HOTEL FRANKLIN

Le seul sur la mer. — *Grand confort moderne.* — Attenant au Casino. — **Restaurant-Terrasse de 50 mètres face à la mer.** — Vue splendide. — Appartements avec salle de bains et W.-C. — Prix modérés. — Auto-Garage attenant. — Saison d'Eté. — Téléphone 1-12. — Autobus à la gare et aux bateaux.

St-NECTAIRE — Albuminuries

Auvergne (Puy-de-Dôme)

Par la gare d'Issoire (P.-L.-M.) et par celle du Mont-Dore (P.-O.)

Services automobiles. — Traitement des **ALBUMINURIES.** — *Etablissement thermal.* — Cure de buvette. — Hydrothérapie. — Affusions lombaires par les Eaux chaudes naturelles. — Sources minérales à domicile sur prescriptions médicales : **Source du PARC, source ROUGE.** — Eaux de table et de régime des **ALBUMINURIQUES : Source des GRANGES**, pure, limpide, légère, **repose le REIN.** — Principaux hôtels : des **Bains Romains**, du **Mont-Cornadore**, du **Parc**, de **Paris**. — Chauffage central. — Casino. — Parc. — Tennis. — Villas. — Lac Chambon et sa plage, chateaux de Murols, etc. — **Saison du 1er mai au 1er octobre.** — Pour tous renseignements s'adresser : **Administration, 63, rue de Turbigo. PARIS.** — *Téléphone* : **Archives 12-50.**

Saint-Raphaël

HOTEL BEAU-RIVAGE

PREMIER ORDRE

Magnifiquement situé plein midi avec **grand jardin terrasse sur la mer.** — **Chauffage** central dans toutes les chambres. — *Lumière électrique.* — **Grand confort.** — **Ascenseur.** — **Garage.**

BRUNET, Propriétaire

Salies-de-Béarn (Basses-Pyrénées)

GRAND HOTEL DU PARC & DE L'ÉTABLISSEMENT THERMAL

Hôtel de tout premier ordre, médaillé et diplômé par le Touring-Club et l'Automobile-Club de France. — Attenant aux bains et aux douches. — Eclairage électrique. — Téléph. nº 2. — Eau chaude et froide dans les chambres. — Chauffage central à eau chaude. — Appartements privés avec salles de bains et water-closets. — Ascenseur. **GRANER, Propriétaire.**

Salies-de-Béarn (Basses-Pyrénées)

HOTEL BELLEVUE & PAVILLON HENRI IV

Ouverts toute l'année. — Situation salubre dans parc de 8 hectares attenant aux thermes. — CONFORT MODERNE. — Chauffage central à eau chaude. — Appartements avec salles de bains, toilettes à eau courante chaude et froide. — W.-C. — Garage. — Box. — Tennis. — Croquet. — Fronton. — Cuisine renommée. — Pension depuis 10 fr. Arrangements pour familles. **R. MANENT**, Propriétaire.

Salies-de-Béarn

VILLA SAINT-JOSEPH

Boulevard de Paris

Maison de confiance très recommandée pour familles, dames, jeunes filles, enfants. — Cure d'air. — Vaste enclos. — Chapelle. — Voiture. — De 7 à 12 francs. — Téléphone 24. — **Mme CURTET**, Directrice.

SALIES-DE-BÉARN

Basses-Pyrénées. — Chemin de fer de Puyoo à Mauléon. — Etablissement ouvert toute l'année — Chauffé pendant la saison d'hiver. — Médaille d'or, Exposition universelle de 1889. — Climat analogue à celui de Pau, modéré et particulièrement sédatif.

Source de Bayaa

BAINS CHLORURÉS SODIQUES, BROMO-IODURÉS

Minéralisation très forte ; les plus riches en chlorure de sodium, de magnésium, en bromures et en iodures

Hygiène de l'enfance, scrofule, lymphatisme, anémie, rachitisme, carie des côtes, tumeurs, engorgements ganglionnaires, typhus scrofuleux, maladies particulières aux dames, rhumatismes et certains cas de paralysie, etc.

Bains pour prendre chez soi. — Bains d'eaux mères en flacons
Eaux mères pour compresses et pour toilette
Eaux mères en fûts et en bonbonnes

Pour tous renseignements, s'adresser au **Comité d'initiative.**

Les bains d'eaux mères sont reconstituants, stimulants, toniques et résolutifs à un très haut degré.
Les eaux mères pour compresses sont éminemment résolutives pour les engorgements, etc., etc.

LA COTE DU SOLEIL (TUNISIE)

KORBOUS

ÉTABLISSEMENT THERMAL

Anciens thermes romains de Carthage

Eaux chlorurées sodiques fortes et sulfatées-calciques, hyperthermales et radio-actives employées en bains, douches, étuves et boisson.

La station thermale de Korbous, située sur le golfe de Tunis, à 48 kilomètres de cette ville (gare de Soliman) est ouverte du 1er novembre au 31 mai. Elle constitue, avec son **établissement hydrothérapique moderne**, ses **hôtels**, ses **villas de style arabe**, sa **corniche de 8 kilomètres** surplombant la mer, son **climat extrêmement tempéré** et son **personnel de spécialistes**, une **station de premier ordre et sans analogue.**

Ses sept sources (de 20 à 60° centigrades), dont plusieurs sont purgatives, ont un débit de près de 5 000 mètres cubes par 24 heures.

Les traitements de Korbous, souverains dans toutes les ***affections rhumatismales*** et ***goutteuses***, combattent victorieusement l'***anémie***, le ***lymphatisme***, la ***scrofule***, les ***affections gynécologiques chroniques*** et ***douloureuses***; guérissent les ***plaies*** et ***ulcères variqueux*** et donnent des résultats immédiats dans toutes les ***affections provenant d'un séjour prolongé dans les pays chauds***, accompagnées d'une ***congestion des organes abdominaux*** (***foie***, ***rate***, etc.), ainsi que dans ***l'atonie intestinale***, les ***colites*** et les ***traumatismes anciens*** ou ***récents***.

GRAND HOTEL DES THERMES

Premier ordre

HOTEL DES SOURCES

Villas et appartements avec salles de bains, exploitées par la Compagnie des Eaux thermales et du Domaine de Korbous. Recommandé par le Touring-Club de France. Téléphone (voir aux renseignements pratiques du **Guide Algérie et Tunisie au** mot : Korbous).

CURE D'AIR — CENTRE D'EXCURSIONS — CHASSE — PÊCHE

Notice illustrée franco sur demande à Paris, r. Meyerbeer, 2 (Opéra), téléph. 315-11, et rue St-Charles, 5, à Tunis, téléph. 412.

IV. — PAYS ÉTRANGERS

BELGIQUE — GRANDE-BRETAGNE — SUISSE
ESPAGNE

NE QUITTEZ PAS

Anvers (BELGIQUE)

Sans visiter le

JARDIN ZOOLOGIQUE

Un des plus beaux de l'Europe.

Prix d'entrée, 1 fr. 25. — Enfants, 0 fr. 75

Avec entrée au GRAND AQUARIUM

Parc splendide, Collections variées, Café, Restaurant, Concerts.

Blankenberghe

EXCELSIOR BELLEVUE HOTEL

Situé au centre de la digue de mer

Établissement de 1er ordre. — Dernier confort. — Appartements avec salon et salle de bains privée. — Lumière électrique. — Chauffage central. — Toutes les chambres sont pourvues de téléphone et de robinets d'eau chaude et d'eau froide. — *Auto-garage.*

GUST. D'HONDT-MICHELS, Propriétaire.

Blankenberghe

CONTINENTAL & PALACE HOTEL

(Centre Digue de Mer)

Lift "OTIS", Lumière électrique, Appartements avec salons et bains, 300 chambres.

De tout premier ordre.

Cuisine française et caves renommées.

L. NUYTEMANS et C. ELLEBOUDT, Propriétaires

Bruxelles

LE GRAND HOTEL

Entièrement remis à neuf en 1911-1912. Chambre avec salle de bains, toilette et W.-C. privés, depuis 10 fr. — Sans bain, depuis 5 fr. — Lavabos à eau chaude et froide dans toutes les chambres.

Envoi du Plan-Tarif franco sur demande.

J. CURTET, Directeur.

BRUXELLES

A COTÉ DU PALAIS DU ROI

HOTEL

de Bellevue et de Flandre

DE TOUT PREMIER ORDRE

Place Royale

Grands et petits appartements avec ou sans salle de bains toilette et téléphone

Eau chaude et eau froide dans la plupart des chambres

CHAUFFAGE CENTRAL

ÉLECTRICITÉ — ASCENSEUR

Confort moderne

Jardin d'hiver. — Salons de lecture et de correspondance.

Garage pour automobiles

Affilié à l'A. C. F. et au Kaiserl. Aüt. Club

(BELGIQUE) **Ostende** (BELGIQUE)

LA REINE DES PLAGES

Résidence d'été de LL. MM. le roi et la reine des Belges et de la famille royale

Dix lieues de promenade le long de la côte. — Beau sable fin sans galets. — A l'heure du bain, la plage offre un aspect des plus animés.

A 5 heures de Londres et de Paris — A 3 heures de Douvres

Merveilleux Kursaal. — Sur la digue. — Deux concerts symphoniques chaque jour par les artistes les plus renommés : Bals, Théâtre et Music-Hall, Fêtes enfantines au Kursaal et sur la plage. —**Bains de mer.**

Réunions sportives. — Terrain de courses Wellington (40 journées de courses). — Courses d'automobiles. — Réunions d'aviation. — Polo. — Golf. — Tir au pigeon. — Tennis. — Régates à l'aviron et à la voile. — Escrime. — **Eaux minérales d'Ostende.** — Alcalines, chloro-bicarbonatées, sulfureuses, lithinées, biboratées de soude.

Recommandées pour : Paresses d'intestins, Arthritisme, Obésité, Diabète, Affections gastro-intestinales. Désordres génito-urinaires chroniques, Dyspepsie, Constipation habituelle, Lithiase biliaire, Coliques néphrétiques, Gravelle, Anémie, Lymphatisme, Herpétisme, affections de la peau et de la membrane muqueuse, Eczéma, Psioriasis, Pharyngite, Laryngite chronique.

Une brochure illustrée est envoyée franco à toute personne qui en fera la demande aux autorités municipales d'Ostende.

Ostende

MAJESTIC-PALACE

DIGUE DE MER

Ouvert toute l'année — Dernier confort moderne

Ostende

THE LITTORAL

L'hôtel de famille le plus sélect et le plus moderne. — Donnant sur la mer. 200 chambres et pièces annexes avec eau chaude et eau froide.

Dirigé par les propriétaires eux-mêmes, HILLEBRAND.

Barcelone

GRAND HOTEL ET DES 4 NATIONS

Splendide situation. — Réputation universelle. — Restaurant français. — Orchestre — 50 chambres. — 40 salles de bains. — Chauffage central. — Chambres depuis 4,50 pesetas. — Pension depuis 12,50 pesetas. — *Agence de la Compagnie des wagons-lits dan l'hôtel.* BUSSONE MAFFIOLI, Propriétaires

Barcelone

GRAND HOTEL CONTINENTAL

Place Cataluña (Coin Rembla). — Entièrement remis à neuf. — Situation unique. — Tout le confort moderne. — 50 chambres avec salles de bains. — Toutes les chambres ont téléphone et eau courante chaude et froide. — Service soigné. — Cuisine française. — *Pension de 11 à 17 fr. 50, chambre et 3 repas.*
Direction personnelle ALBAREDA et Cie.

Barcelone

PALACE HOTEL

Avenue San Pedro. — Derniers conforts modernes. — Toutes les chambres en façade sur la rue. — Appartements complets avec salle de bains et W.-C. — Circulation eau chaude et froide. — Cuisine française. — *Chambre avec salle de bains et pension depuis 12 fr.* — *Pension depuis 10 fr. (tout compris).* — Adresse télégr. Palhôtel. — Téléphone 1350.
V. SAURI, Propriétaire.

Barcelone

GRAND HOTEL FALCON

Sur la Rembla et la place del Téatro. — Belle situation. — Maison de premier ordre bâtie expressément pour hôtel. — Nouvelle salle à manger ayant vue sur la Rembla. — Ascenseur. — Eclairage électrique. — Salle de bains à tous les étages. — Ameublement entièrement remis à neuf. — Prix modérés. — Interprètes et omnibus de l'hôtel à tous les trains et bateaux courriers.

Escorial (L.)

NOUVEL HOTEL

Grand Restaurant Español. Succursale (le plus près du Monastère). — *Cuisine française.* — Déjeuner 3 fr. Dîner 3 fr. 50. Chambres depuis 2 fr. 50. — *Pension 8 fr. par jour tout compris.* — Omnibus ou autobus 0 fr. 50. CANDIDO SUAREZ, Propriétaire.

Fontarabie

HOTEL DE FRANCE

Un point d'arrêt du tramway

Près la plage. — *Belle vue sur mer et montagne.* — En face la promenade de la Marine. — Jardin. — Electricité. — Salle de bains. — Cuisine française recommandée. — Pension depuis 7 francs par jour, tout compris. — Déjeuner, 3 fr. — Dîner, 3 fr. 50. — Chambre depuis 3 francs. Joseph GARCIA, nouveau Propriétaire.

Grenade

HOTEL CASINO ALHAMBRA-PALACE

Situation splendide. — Grand confortable. — Chauffage central. — Ventilation. — Ascenseur. — 90 chambres avec cabinet de toilette et salle de bains. — Cuisine française. — Casino. — Théâtre. — Danses du pays. — Chambres de 8 à 15 pesetas. — Pension depuis 20 pesetas 50 (vin non compris). — *Eau potable recommandée, conduite spécialement de la Sierra Nevada sans traverser un seul point habité.* — Commodité pour se rendre à la gare par un tramway à crémaillère communiquant aux tramways de la ville.

Madrid

GRAND HOTEL INGLÈS

Rue Etchegaray, 8 et 10, et rue Principe, 11.—*Hôtel-Restaurant de 1er ordre.* —Considérablement agrandi et complètement transformé, magnifiques appartements pour familles.—Chambres avec salle de bains et téléph. particul. interurbain.—Eau chaude et froide partout.—Ascenseur.—Chauffage central.—Salle de restaurant pouvant contenir 300 personnes.—Superbe salon.—Chambres depuis 4 pesetas.—Pension complète depuis 12 pesetas.—Interprètes et automobiles de l'hôtel à l'arrivée des trains.

IBARRA et ROMAY, Propriétaires

Madrid

GRAND HOTEL IMPÉRIAL

Calle de la Montere, 22. — Bonne situation.— Maison de famille très tranquille.— Chauffage central dans toutes les chambres.— Salon de lecture.— Salle de bains à chaque étage.— Téléphone 1999. Pension complète depuis 10 pesetas par personne.

PEYDEBASQUE et ARENILLAS, Propriétaires.

Madrid

HOTEL DE LONDRES

2, rue Galdo. — Façade rue Preciados et rue Carmen.— Vue sur la Puerta del Sol.— Construction spéciale pour hôtel inaugurée en 1907.— Ascenseur.— Chauffage central.— Chambres spacieuses et aérées.— Appartements avec salle de bains.— Cuisine française et espagnole.—Service à prix fixe et à la carte.— *Pension depuis 10 pesetas (tout compris).* — Téléphone 29 89.— Interprète et omnibus à tous les trains.

EMILIO ORTEGA. Propriétaire.

Madrid

HOTEL SANTA-CRUZ

Rue Alcala, 19. — Situation très centrale, à côté de la Puerta del Sol.— Confort.— Chauffage central.— Ascenseur.— Bains.— Chambres très agréables.— Vaste salle à manger très aérée sur large rue principale.— Cuisine française soignée.— Prix depuis 10 pesetas par jour.— Téléph. 9-29.— **Directeur et propriét. : T. SANTA-CRUZ.**

Madrid

GRAN HOTEL UNIVERSAL

Rue Atocha, 8-10-12 (coin de la rue Carretas et Conception Jeronimo).— Près de la Puerta del Sol.— Trois façades.— Hygiène et confort.—Chambres très claires, aérées.— Bains.— Ascenseur.— Appartements pour famille.— Salle à manger moderne.— Bonne cuisine française.— Pension depuis 7 pesetas tout compris.— Arrangements pour séjour.— Omnibus, interprètes, téléph.— **SANTIAGO CANO**, propr.

Madrid

PENSION RHIN

Calle Jeronimo, 29

ANTONIO JIMENEZ, Propriétaire.

Ondarroa (Viscaya)

HOTEL DE LA BAHIA

Ouvert toute l'année.— Sur la plage.— Nouvellement construit avec le confort moderne.— Eau de source.— Electricité.— Télégraphe.— Téléphone.— Garage.— Déjeuner, 3,50 pesetas.— Dîner, 4 pesetas, vin compris.— Chambres de 1,50 à 3 pesetas.

Fernando ITURRIBEITIA, Propriétaire.

(*Voir page bleue, au commencement du volume*).

Saint-Sébastien

HOTEL EZCURRA

Sur la promenade de la Zurriola. — Délicieuse vue du Mont Ulia.— *Premier ordre.* — Appartements avec salle de bains. — Chauffage central. — Cuisine française très soignée. — Electricité. — Ascenseur. — Garage. — **FILLES DE EZCURRA**, Propriétaires.

Saint-Sébastien

HOTEL DE PARIS

RESTAURANT.—Calle Fuenterrabia et Principe.— Position centrale. — Installation moderne. — Cuisine française renommée. — Déjeuner, 4 pesetas ; dîner, 5 pesetas, vin compris. — Appartements complets. pour familles. — Chambres depuis 4 pesetas. — **I. SESMA, Prop**[re].

Saint-Sébastien

GRAND HOTEL DE BIARRITZ

Place de l'Arénal

Ouvert depuis le 1er juillet 1912. — Premier ordre. — Vue sur la mer. — Derniers conforts modernes. — Prix modérés.

HOTEL DE NIZA

Sur la Concha

Neuf et derniers conforts. — Salle à manger-terrasse donnant sur la mer. — **Cuisine française soignée.** — Arrangements pour séjour

J. JUANTÉGUI. Propriétaire.

Saint-Sébastien

GRAND HOTEL REINA-VICTORIA

Calle de Prins et San Martin

Confort moderne. — Ascenseur. — 50 chambres. — Salle de bains à chaque étage. — Arrangement pour familles. — *Prix modérés.*

Déjeuners, 4 pes. — Dîner, 5 pos. (vin compris)

On parle français et anglais. — **Interprètes et voitures dans l'hôtel.**

Saint-Sébastien

CHEMIN DE FER DE MONTE-ULIA

Promenade très recommandée. — Splendide panorama de mer et de montagnes. — Parc. — Jardin. — Tennis. — Croquet. — Jeux divers. — Tir aux pigeons. — Funiculaire aérien de 300 mètres, reliant le restaurant à la **Pena del Aguila** — Restaurant de premier ordre. — Service à la carte. — Déjeuner, 5 pesetas. — Dîner, 6 pesetas. — Tramways jusqu'à 10 h. du soir. — Départs tous les quarts d'heure. — Durée de la montée 30 minutes.

V. SUPPLÉMENT

Spécialités pharmaceutiques
Chocolat Menier

Contre la CONSTIPATION
et les Maladies qui en dérivent, prenez les
PILULES de
SŒUR DOROTHÉE
Elles guérissent sûrement.
La Boîte, fco cts 1f 50 en mand.-pte
adressés à Dr LANGLET, Phien,
11, Rue Lagrange, PARIS
DANS TOUTES LES PHARMACIES.

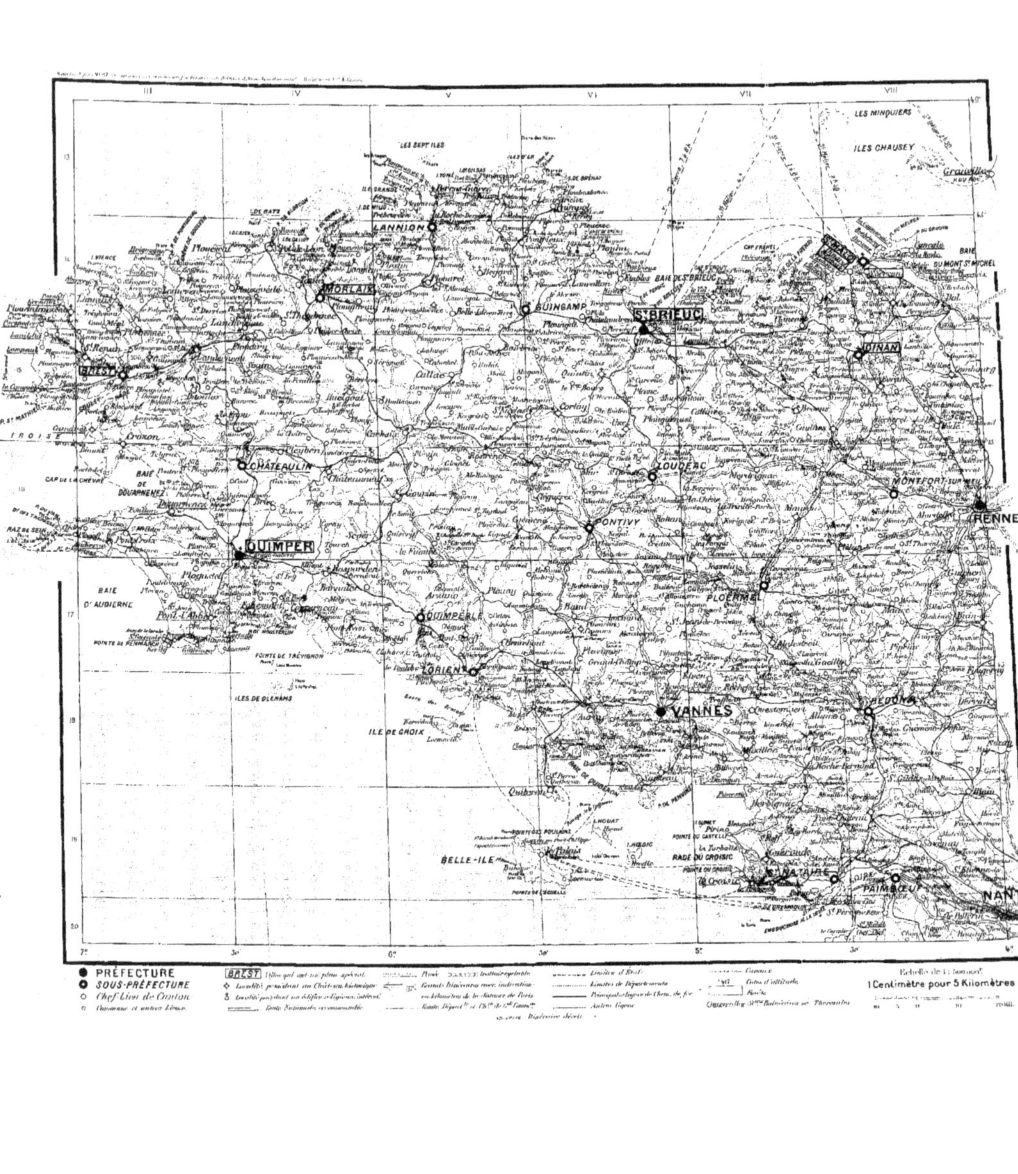
LES SEPT ILES
LES MINQUIERS
ILES CHAUSEY
LANNION
MORLAIX
BREST
GUINGAMP
St BRIEUC
BAIE DE St BRIEUC
BAIE DU MONT St MICHEL
DINAN
IROISE
CHATEAULIN
CAP DE LA CHÈVRE
BAIE DE DOUARNENEZ
RAZ DE SEIN
QUIMPER
LOUDÉAC
PONTIVY
MONTFORT-SUR-MEU
RENNES
PLOËRMEL
BAIE D'AUDIERNE
QUIMPERLÉ
POINTE DE TRÉVIGNON
ILES DE GLÉNANS
LORIENT
VANNES
REDON
ILE DE GROIX
BELLE-ILE
RADE DU CROISIC
St NAZAIRE
PAIMBŒUF
NANT
PRÉFECTURE
SOUS-PRÉFECTURE
Chef-Lieu de Canton
1 Centimètre pour 5 Kilomètres

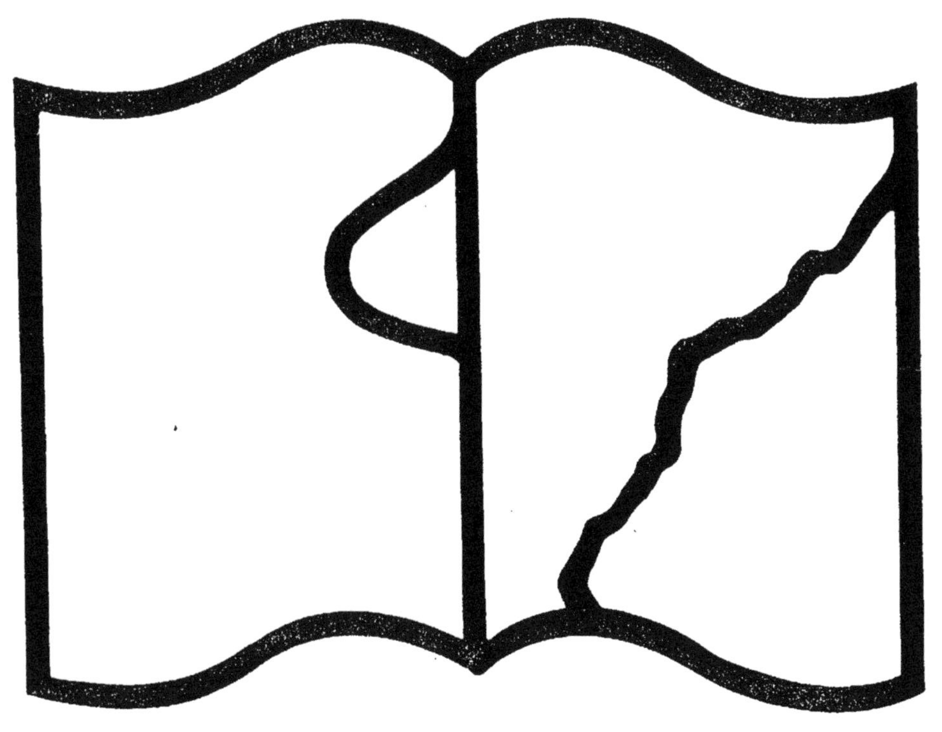

Texte détérioré — reliure défectueuse

NF Z 43-120-11

www.ingramcontent.com/pod-product-compliance
Ingram Content Group UK Ltd.
Pitfield, Milton Keynes, MK11 3LW, UK
UKHW020313200726
13857UKWH00001B/161